Bauwerksdynamik und Erschütterungsmessungen

Armin Ziegler • Daniel Gsell
Marcel Birchmeier

Bauwerksdynamik und Erschütterungsmessungen

2. Auflage

Springer Vieweg

Armin Ziegler
Ziegler Consultants
Zürich, Schweiz

Daniel Gsell
ZC Ziegler Consultants AG
Zürich, Schweiz

Marcel Birchmeier
ZC Ziegler Consultants AG
Zürich, Schweiz

ISBN 978-3-658-38021-2 ISBN 978-3-658-38022-9 (eBook)
https://doi.org/10.1007/978-3-658-38022-9

Die Deutsche Nationalbibliothek verzeichnet diese Publikation in der Deutschen Nationalbibliografie; detaillierte bibliografische Daten sind im Internet über http://dnb.d-nb.de abrufbar.

Springer Vieweg

Planung/Lektorat: Ralf Harms
Springer Vieweg ist ein Imprint der eingetragenen Gesellschaft Springer Fachmedien Wiesbaden GmbH und ist ein Teil von Springer Nature.
Die Anschrift der Gesellschaft ist: Abraham-Lincoln-Str. 46, 65189 Wiesbaden, Germany

Vorwort

Die Bauwerksdynamik ist ein Fachgebiet, das wie kaum ein anderes, gleichermaßen auf soliden theoretischen Kenntnissen als auch auf einer umfangreichen praktischen Erfahrung aufbaut. Dabei ist die erforderliche theoretische Grundlage recht anspruchsvoll, geht sie doch wesentlich weiter als das, was der Bauingenieur für das Lösen von Statik-Aufgaben üblicherweise benötigt. Differenzialgleichungen und Fourier-Transformationen, Impedanzfunktionen und Transferspektren sind zentrale Bestandteile beim Verstehen und Lösen von Dynamik-Problemen. Aber die ganze Theorie, so wichtig sie auch sein mag, genügt noch nicht, um die Dynamikprobleme, die sich dem Bauingenieur in der Praxis stellen, effizient und erfolgreich zu lösen. Es braucht die Erfahrung, die man sich aus vielen – erfolgreich oder weniger erfolgreich gelösten – praktischen Fällen erworben hat. Und erst die Kombination von beidem, Theorie und Praxis, verschafft uns die Fähigkeit schwierige Dynamik-Probleme erfolgreich zu lösen.

Das vorliegende Buch ist aus mehr als 30-jähriger Tätigkeit im Bereich der Bauwerksdynamik entstanden. Eine nicht unwichtige Erkenntnis aus dieser Tätigkeit war, dass zur Bauwerksdynamik gleichberechtigt die Erschütterungsmessung gehört. Wir können uns nicht mit dem Berechnen von Schwingungen befassen, ohne diese Schwingungen in all ihren Facetten auch zu erfahren. Und das geht nur über die Erschütterungsmessung. Erst durch das Messen von Schwingungen bekommen die Zahlenwerte der Schwingungen eine Bedeutung und wir beginnen zu verstehen, was eine Erschütterung für den Menschen, für ein Gebäude oder für eine Anlage bedeutet. Überdies lassen sich mit Messungen die Erkenntnisse aus der Theorie in der Praxis überprüfen oder umgekehrt aufgrund von Messungen neue Theorien aufstellen.

In diesem Sinne ist das vorliegende Buch „Bauwerksdynamik und Erschütterungsmessung“ entstanden. Es hat als Ziel, die wichtigsten theoretischen Grundlagen für die Bereiche Bauwerksdynamik, Baugrunddynamik und Erschütterungsmessung zu vermitteln. Aufbauend auf diesen theoretischen Grundlagen werden die wichtigsten Gebiete der Bauwerksdynamik vertieft behandelt. Dazu gehören die Erschütterungsausbreitung beim Schienenverkehr, Schwingungen von Fußgängerbrücken, Schwingungen von Glockentürmen, die Erschütterungsüberwachung, Erschütterungen durch Maschinen und

Erschütterungen in Laborgebäuden. Das große Gebiet des Erdbebeningenieurwesens ist nicht Gegenstand dieses Buches.

Von großer Bedeutung ist die Simulation von Bauwerksschwingungen mit Hilfe von Computerprogrammen. Die heutigen Computer mit ihren leistungsfähigen Prozessoren erlauben uns, die kompliziertesten Strukturen mit Einbezug des Baugrundes unter unterschiedlichsten dynamischen Belastungen zu berechnen. Aber verstehen wir auch, wie die Ergebnisse zustande gekommen sind und wissen wir auch, ob die berechneten Ergebnisse stimmen? Ein Kapitel ist dieser Fragestellung gewidmet: „Simulation von Bauwerksdynamik-Problemen“. In diesem Kapitel werden die Möglichkeiten und Grenzen bei der Simulation mit FE-Programmen aufgezeigt.

Die Bauwerksdynamik hat ihre besonderen Tücken. Sie hat nämlich keine „sichere Seite“. In der Statik kann man bei Unsicherheit meistens einfach etwas stärker bauen. In der Dynamik funktioniert dieses Prinzip nicht. Eine Verstärkung kann katastrophale Folgen haben, wenn dadurch Resonanz erzielt wird. Auch lässt sich nicht alles aufgrund theoretischer Überlegungen vorhersehen. In diesem Sinne sind die Beispiele im letzten Kapitel dieses Buches zusammengestellt worden. Die Sammlung enthält 35 Beispiele von schwierigen, nicht unbedingt ideal angepackten Dynamik-Problemen. Bei manchen Fällen hätte man – mit genügend Fachwissen und Erfahrung – den richtigen Lösungsweg wissen können. Bei anderen erkennt man den richtigen Weg wirklich erst, wenn der Fehler bereits gemacht ist. Und bei einigen Fällen gibt es gar keine richtige Lösung.

Vielleicht tragen die 35 Beispiele dazu bei, dass in Zukunft die Tücken der Bauwerksdynamik bereits in der Planungsphase erkannt werden. In der Planungsphase lässt sich noch vieles zurecht biegen. Ist das Bauwerk einmal erstellt, lassen sich Fehler in der Bauwerksdynamik nur schwer oder gar nicht mehr korrigieren.

Zürich, Schweiz
Mai 2022

Armin Ziegler
Daniel Gsell
Marcel Birchmeier

Inhaltsverzeichnis

Grundlagen der Bauwerksdynamik 1

Inhaltsverzeichnis

Der Bauingenieur ist in der Regel dafür besorgt, dass seine Bauwerke die Lasten zuverlässig und mit genügender Sicherheit aufnehmen können und sich dabei nichts bewegt. Wenn sich unter statischer Belastung etwas bewegt, ist meistens etwas nicht mehr ganz gut. In der Baudynamik hingegen gehen wir davon aus, dass die Bauwerke sich bewegen dürfen. Solange diese Bewegungen im vorgesehenen Rahmen bleiben und weder für die Sicherheit des Bauwerkes noch für das Wohlbefinden der Menschen ein Problem darstellen, hat alles seine Richtigkeit. Da wir in der Dynamik die Lasten als zeitlich variable Größen einführen müssen und die dadurch ausgelösten Bewegungen der Tragstruktur berechnen wollen, werden die Berechnungsabläufe häufig etwas kompliziert. Dazu kommt, dass unser Vorstellungsvermögen zwar bei statischen Problemstellungen recht gut funktioniert, uns bei dynamischen Aufgaben jedoch häufig im Stich lässt, da Schwingungen von Tragwerken nicht zum alltäglichen Erfahrungsbereich gehören.

Trotz alledem lässt sich ein großer Teil der dynamischen Aufgabenstellungen mit erstaunlich einfachen Mitteln mit ausreichender Genauigkeit lösen. Dieses „einfache“

A. Ziegler et al., *Bauwerksdynamik und Erschütterungsmessungen*, https://doi.org/10.1007/978-3-658-38022-9_1

Hilfsmittel ist die Theorie des Ein-Massen-Schwingers. Sicher sind auch darin einige nicht ganz triviale mathematische Hürden zu bewältigen. Doch weil die daraus resultierenden Formulierungen sehr kurz und elegant sind und uns überdies erlauben, für die meisten in der Baudynamik auftretenden Problemstellungen rasch eine approximative Lösung zu gewinnen, lohnt sich der Aufwand, sich in diese Theorie einzuarbeiten. Das erste Kapitel dieses Buches versucht eine leicht verständliche Einführung in die Theorie des Ein-Massen-Schwingers zu geben. Die Ausführungen basieren zu einem wesentlichen Teil auf dem Lehrbuch „Dynamics of structures" von Prof. R. W. Clough und Prof. J. Penzien, einem Lehrbuch, das immer noch zu den Besten auf dem Gebiet der Bauwerksdynamik gehört.

1.1 Der Ein-Massen-Schwinger

Die wichtigsten physikalischen Eigenschaften eines elastischen Tragsystems unter dynamischer Beanspruchung sind seine Masse, seine elastischen Eigenschaften (Steifigkeit), die Art des Energieverlusts (Dämpfung) und die Krafteinwirkung. In seiner einfachsten Form besteht ein solches System, wie in Abb. 1.1 dargestellt, aus einer Masse, einer Feder und einem Dämpfungselement. Anhand eines solchen Systems lassen sich die wesentlichsten Eigenschaften eines schwingenden Systems herleiten.

1.1.1 Formulierung der Bewegungsgleichung

Der Ein-Massen-Schwinger in Abb. 1.1 ruht auf reibungslosen Rollen und kann somit nur eine horizontale Bewegung ausführen. Die Position der Masse wird durch x(t), d. h. durch die x-Koordinate als Funktion der Zeit, angegeben. Eine zeitlich variable Kraft P(t) wirkt in x-Richtung. Um nun die Bewegungsgleichung für ein solches System herzuleiten, gibt es verschiedene Methoden. Die anschaulichste ist sicherlich die Gleichgewichtsbetrachtung .

Abb. 1.1 Einmassenschwinger

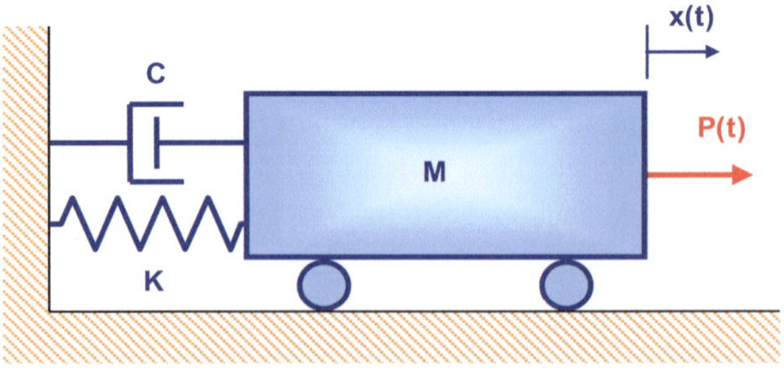

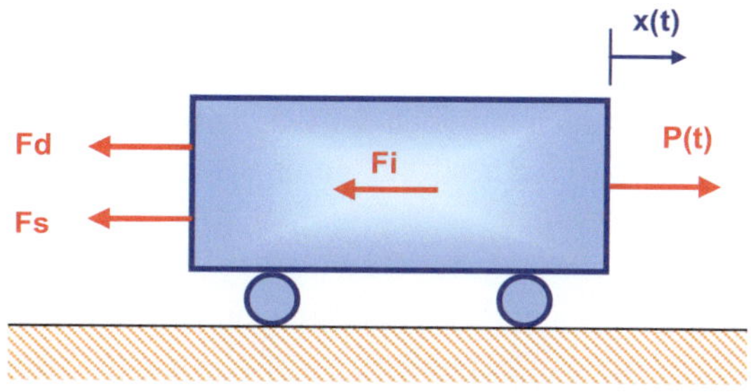

Abb. 1.2 Kräfte beim Einmassenschwinger

Die Kräfte, die auf die Masse M (in Abb. 1.1) wirken, sind in Abb. 1.2 dargestellt. Wir beschränken uns auf die Kräfte in x-Richtung, da wir die Bewegungsgleichung in x-Richtung formulieren wollen.

Die Gleichgewichtsbetrachtung führt uns zu Gl. 1.1:

$$F_i + F_d + F_s = P(t) \tag{1.1}$$

Betrachten wir zuerst die elastische Kraft F_s. Sie ist offensichtlich gegeben durch das Produkt von Federsteifigkeit K und Verschiebung x gegenüber der Ruheposition, d. h. durch die Gl. 1.1a:

$$F_s = K \cdot x \tag{1.1a}$$

Die Trägheitskraft F_i entspricht dem Produkt aus Masse und Beschleunigung, d. h.:

$$F_i = M \cdot \ddot{x} \tag{1.1b}$$

Als Dämpfungsmechanismus nehmen wir einen viskosen Dämpfer an. Dann ist die Dämpfungskraft gegeben durch das Produkt von Dämpfungskonstante C und Geschwindigkeit, d. h. durch Gl. 1.1c:

$$F_d = C \cdot \dot{x} \tag{1.1c}$$

Wenn wir nun die drei Gleichungen (Gln. 1.1a, 1.1b und 1.1c) in Gl. 1.1 einführen, erhalten wir die Bewegungsgleichung des Ein-Massen-Schwingers in der Form von Gl. 1.2:

$$M\ddot{x} + C\dot{x} + Kx = P(t) \tag{1.2}$$

1.1.2 Freies Ausschwingen

Wir betrachten als erstes den Fall des „freien Ausschwingens“, d. h. die Masse M in Abb. 1.1 wird aus einer bestimmten (ausgelenkten) Ausgangslage sich selbst überlassen. Die Gl. 1.2 reduziert sich, da keine äußere Kraft P(t) wirkt, zu:

$$M\ddot{x}(t) + C\dot{x}(t) + Kx(t) = 0 \tag{1.3}$$

d. h. es wirken nur noch die Trägheitskraft, die Dämpfungskraft und die Federkraft. Diese drei Kräfte sind bestimmt durch die Größe x bzw. deren 1. und 2. Ableitung nach der Zeit.

1.1.2.1 Lösung der Bewegungsgleichung

Die Lösung der Bewegungsgleichung (Gl. 1.3) finden wir mit Hilfe eines geschickten Ansatzes (im englischen treffend als „educated guess" bezeichnet) in der Form von:

$$x(t) = Ge^{rt} \tag{1.4}$$

Damit ergeben sich für die 1. und 2. Ableitung von x(t) nach t die Ausdrücke:

$$\dot{x}(t) = Gre^{rt} \tag{1.4a}$$

$$\ddot{x}(t) = Gr^2e^{rt} \tag{1.4b}$$

Setzen wir diese drei Ausdrücke in Gl. 1.3 ein, so erhalten wir Gl. 1.5:

$$\left(Mr^2 + Cr + K\right)Ge^{rt} = 0 \tag{1.5}$$

Wir dividieren Gl. 1.5 noch durch Ge^{rt} und M und erhalten:

$$r^2 + \frac{C}{M}r + \frac{K}{M} = 0 \tag{1.6}$$

Wenn wir nun noch die Größe ω in der Form von:

$$\omega^2 = \frac{K}{M} \tag{1.7}$$

einführen, so erhalten wir die Bewegungsgleichung in einer sehr einfachen Form:

$$r^2 + \frac{C}{M}r + \omega^2 = 0 \tag{1.8}$$

Die Größe ω wird, wie wir weiter unten bald sehen werden, eine wichtige Bedeutung für die Beschreibung eines schwingenden Systems erhalten.

1.1.2.2 Ungedämpfte freie Schwingung

Ist unser System ungedämpft, d. h. C = 0, so reduziert sich Gl. 1.3 auf:

$$M\ddot{x}(t) + Kx(t) = 0 \tag{1.9}$$

Entsprechend vereinfacht sich Gl. 1.8 zu:

$$r^2 + \omega^2 = 0 \tag{1.10}$$

und die Lösung für r ist gegeben durch:

$$r = \pm i\omega \tag{1.11}$$

Diese Lösung (oder besser: diese beiden Lösungen) setzen wir nun wieder in unseren Ansatz von Gl. 1.4 ein und erhalten:

$$x(t) = G_1 e^{i\omega t} + G_2 e^{-i\omega t} \tag{1.12}$$

Die beiden Größen G_1 und G_2 sind zwei vorderhand noch unbestimmte Konstanten, die sich erst durch die Anfangsbedingungen ergeben werden Gl. 1.12. kann durch Verwendung der Euler-Gleichung

$$e^{\pm i\omega t} = \cos \omega t \pm i \sin \omega t \tag{1.13}$$

in eine anschaulichere Form gebracht werden. Wir erhalten dadurch die Bewegungsgleichung in der Form von:

$$x(t) = A \sin \omega t + B \cos \omega t \tag{1.14}$$

Die beiden Konstanten A und B können wir durch Anfangsbedingungen bestimmen, d. h. durch die Verschiebung x(0) und die Geschwindigkeit $\dot{x}(0)$ zurzeit t = 0, welche die Schwingung unseres Systems ausgelöst haben. Indem wir in Gl. 1.14 (bzw. in deren Ableitung) t = 0 einsetzen, erhalten wir B = x(0) und $A\omega = \dot{x}(0)$. Damit ergibt sich aus Gl. 1.14 die Bewegungsgleichung:

$$x(t) = \frac{\dot{x}(0)}{\omega} \sin \omega t + x(0) \cos \omega t \tag{1.15}$$

Diese Bewegungsgleichung stellt eine harmonische Schwingung dar, wie sie in Abb. 1.3 dargestellt ist. Die Größe ω stellt dabei die Winkelgeschwindigkeit dar und wird in rad/s angegeben.

Gebräuchlicher als die Winkelgeschwindigkeit ω ist die Frequenz f, d. h. die Anzahl Perioden pro Sekunde. Der Zusammenhang zwischen diesen beiden Größen ist gegeben durch:

$$f = \frac{\omega}{2\pi} \tag{1.16}$$

Die Dauer einer Schwingung (in Abb. 1.3 mit T angegeben) entspricht dem Kehrwert der Frequenz f und berechnet sich dementsprechend nach:

$$T = \frac{2\pi}{\omega} = \frac{1}{f} \tag{1.17}$$

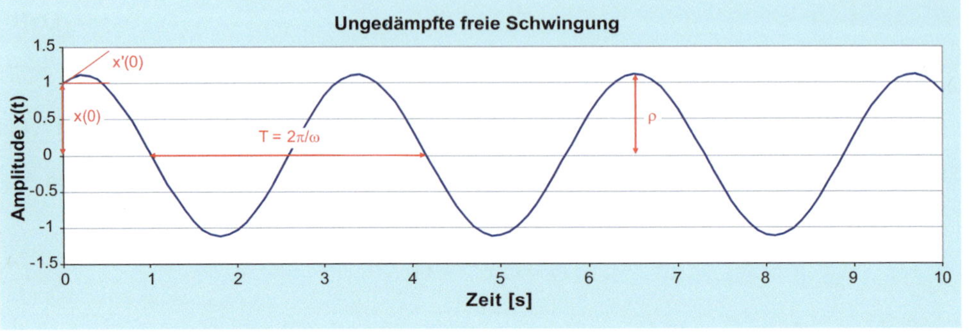

Abb. 1.3 Ungedämpfte freie Schwingung mit ω = 2 rad/s, x(0) = 1 und $\dot{x}(0) = 1$

1.1.2.3 Gedämpfte freie Schwingung

Weist unser System in Abb. 1.2, was in Realität auch stets der Fall ist, eine gewisse Dämpfung auf, so lautet unsere Gleichgewichtsbedingung:

$$M\ddot{x}(t) + C\dot{x}(t) + Kx(t) = 0 \tag{1.18}$$

und wir haben die Bewegungsgleichung (Gl. 1.19) zu lösen:

$$r^2 + \frac{C}{M} r + \omega^2 = 0 \tag{1.19}$$

Die Lösung dieser quadratischen Gleichung ist gegeben durch:

$$r_{1,2} = -\frac{C}{2M} \pm \sqrt{\left(\frac{C}{2M}\right)^2 - \omega^2} \tag{1.20}$$

wobei wir, je nach dem Wert unter der Wurzel, drei verschiedene Lösungen unterscheiden können:

Fall 1:	Der Wert unter der Wurzel ist Null. Dies entspricht der so genannten kritischen Dämpfung.
Fall 2:	Der Wert unter der Wurzel ist Größer als Null. Dies entspricht der überkritischen Dämpfung.
Fall 3:	Der Wert unter der Wurzel ist kleiner als Null. Dies entspricht der unterkritischen Dämpfung.

Kritisch gedämpftes System

Damit der Wurzelausdruck in Gl. 1.20 gleich Null wird, muss C/2 M = ω gelten. Somit ist die kritische Dämpfung C_c gegeben durch:

$$C_c = 2M\omega \tag{1.21}$$

Der Wert für r in Gl. 1.20 ergibt sich dann zu:

$$r = -\frac{C}{2M} = -\omega \tag{1.22}$$

und die Lösung für Gl. 1.18 lautet (mit dem Ansatz von Gl. 1.4):

$$x(t) = (G_1 + G_2 t)e^{-\omega t} \tag{1.23}$$

wobei der zweite Term mit t multipliziert wird, da nur ein Wert für r vorhanden ist in der Lösung. Indem wir nun die Anfangsbedingungen in Gl. 1.23 einführen erhalten wir die endgültige Form der Bewegungsgleichung für den kritisch gedämpften Schwinger als:

$$x(t) = \left[x(0)(1+\omega t) + \dot{x}(0)t\right]e^{-\omega t} \tag{1.24}$$

Abb. 1.4 zeigt eine solche kritische gedämpfte freie Schwingung mit $\omega = 2$ rad/s, $x(0) = 1$ und $\dot{x}(0) = 1$. Man sieht, dass eine solche Schwingung keine Oszillation um den Nullpunkt aufweist sondern asymptotisch in die Null-Lage zurückkehrt, entsprechend dem Exponential-Term in Gl. 1.24.

Unterkritisch gedämpftes System

Ist die Dämpfung kleiner als die kritische Dämpfung, so ist $C < 2M\omega$ und der Wurzelausdruck in Gl. 1.20 wird negativ. Für die weitere Berechnung ist es praktisch, die Dämpfung als Verhältniszahl ξ zur kritischen Dämpfung C_c auszudrücken, d. h.:

$$\xi = \frac{C}{C_c} = \frac{C}{2M\omega} \tag{1.25}$$

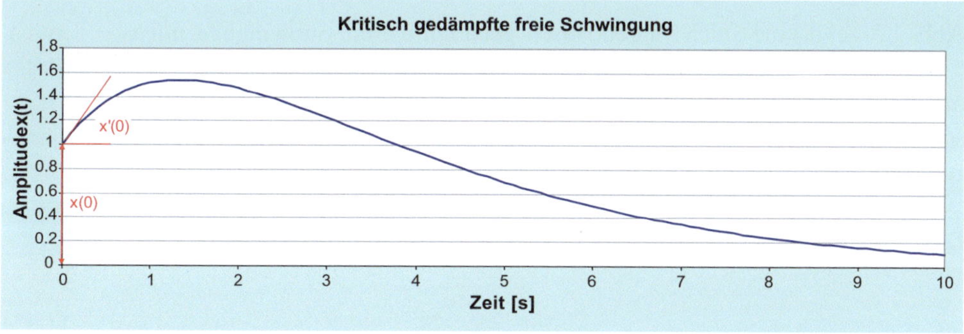

Abb. 1.4 Kritisch gedämpfte freie Schwingung mit $\omega = 0{,}5$ rad/s, $x(0) = 1$ und $\dot{x}(0) = 1$

Dabei wird ξ als Dämpfungsverhältnis oder kurz als Dämpfung bezeichnet und wird in Prozenten der kritischen Dämpfung angegeben.

Wir führen nun Gl. 1.25 in Gl. 1.20 ein und erhalten so:

$$r = -\xi\omega \pm \sqrt{(\xi\omega)^2 - \omega^2} \tag{1.26}$$

Durch Wechsel des Vorzeichens und mit dem neuen Symbol ω_D vereinfacht sich Gl. 1.26 zu:

$$r = -\xi\omega \pm i\omega_D \tag{1.27}$$

mit

$$\omega_D = \omega\sqrt{1-\xi^2} \tag{1.28}$$

Die Größe ω_D ist die gedämpfte Winkelgeschwindigkeit. Bei für Bauwerke üblichen Dämpfungswerten (d. h. $\xi < 20\ \%$) weicht sie nur wenig von der ungedämpften Winkelgeschwindigkeit ω ab.

Die freie Schwingung eines unterkritisch gedämpften Systems erhalten wir nun, indem wir Gl. 1.27 in Gl. 1.4 einsetzen, d. h.:

$$x(t) = G_1 e^{-\xi\omega t + i\omega_D t} + G_2 e^{-\xi\omega t - i\omega_D t} = e^{-\xi\omega t}\left(G_1 e^{i\omega_D t} + G_2 e^{-i\omega_D t}\right) \tag{1.29}$$

Der Ausdruck in Klammern stellt eine einfache harmonische Schwingung dar (vgl. Gl. 1.12). Somit kann dieser Ausdruck auch geschrieben werden als:

$$x(t) = e^{-\xi\omega t}\left(A\sin\omega_D t + B\cos\omega_D t\right) \tag{1.30}$$

Wenn wir nun noch die Anfangsbedingungen x(0) und $\dot{x}(0)$ einführen, erhalten wir schließlich:

$$x(t) = e^{-\xi\omega t}\left[\frac{\dot{x}(0) + x(0)\xi\omega}{\omega_D}\sin\omega_D t + x(0)\cos\omega_D t\right] \tag{1.31}$$

Abb. 1.5 zeigt eine solche unterkritisch gedämpfte freie Schwingung mit $\omega = 3$ rad/s, $\xi = 10\ \%$, $x(0) = 1$ und $\dot{x}(0) = 0$. $\dot{x}(0) = 0$ bedeutet nichts anderes, als dass die Masse aus einer ausgelenkten Lage ($x(0) = 1$) losgelassen wird und frei ausschwingt. Die Masse schwingt dabei um die Null-Lage mit einer Winkelgeschwindigkeit von ω_D. Die Dämpfung wird durch den Term $e^{-\xi\omega t}$ ausgedrückt.

Betrachten wir nun in Abb. 1.5 zwei aufeinander folgende Ausschläge, d. h. x_n und x_{n+1}. Das Verhältnis dieser beiden Werte ist (gemäß Gl. 2.30) gegeben durch:

$$\frac{x_n}{x_{n+1}} = e^{2\pi\xi\frac{\omega}{\omega_D}} \tag{1.32}$$

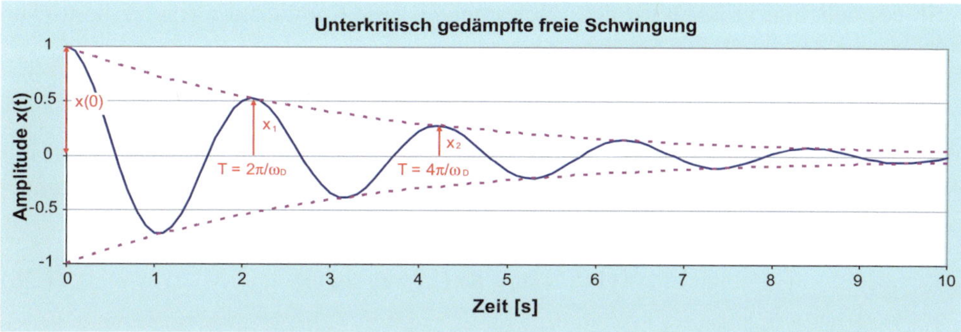

Abb. 1.5 Unterkritisch gedämpfte freie Schwingung mit $\omega = 3$ rad/s, $\xi = 10\,\%$, $x(0) = 1$ und $\dot{x}(0) = 1$

Nimmt man nun den natürlichen Logarithmus (ln) auf beiden Seiten, erhalten wir das sogenannte logarithmische Dekrement δ:

$$\delta \equiv \ln \frac{x_n}{x_{n+1}} = 2\pi\xi \frac{\omega}{\omega_D} \tag{1.33}$$

oder mit Gl. 1.28:

$$\delta = \frac{2\pi\xi}{\sqrt{1-\xi^2}} \tag{1.34}$$

Für kleine Dämpfungen kann Gl. 1.34 vereinfacht werden zu:

$$\delta \cong 2\pi\xi \tag{1.35}$$

Für die Bestimmung der Dämpfung aus einem Ausschwingversuch (wie in Abb. 1.5) nimmt man bei kleinen Dämpfungen mit Vorteil mehrere Schwingungszyklen und erhält:

$$\xi = \frac{\ln\left(x_n / x_{n+m}\right)}{2m\pi\left(\omega/\omega_D\right)} \tag{1.36}$$

Dies lässt sich schließlich für sehr kleine Dämpfungen vereinfachen zu:

$$\xi = \frac{x_n - x_{n+m}}{2m\pi x_{n+m}} \tag{1.37}$$

1.1.3 Harmonische Anregung

Die harmonische Anregung hat im Zusammenhang mit schwingenden Systemen die größte Bedeutung. Dies nicht nur weil sie effektiv recht häufig vorkommt, sondern auch weil jede beliebige (zeitlich variable) Belastung als eine Kombination von harmonischen Anregungen dargestellt werden kann.

1.1.3.1 Ungedämpftes System

Wir nehmen nun an, dass das System in Abb. 1.1 einer harmonischen Belastung P(t) mit Amplitude P_0 und Winkelgeschwindigkeit $\bar{\omega}$ unterworfen sei. Somit sieht die Bewegungsgleichung wie folgt aus:

$$M\ddot{x}(t)+C\dot{x}(t)+Kx(t)=P_0 \sin\bar{\omega}t \tag{1.38}$$

Bevor wir den allgemeinen Fall *mit Dämpfung* betrachten, wollen wir den einfacheren Fall *ohne Dämpfung* untersuchen, für welchen die Bewegungsgleichung

$$M\ddot{x}(t)+Kx(t)=P_0 \sin\bar{\omega}t \tag{1.39}$$

gilt. Die komplementäre Lösung für diese Gleichung ist die freie Schwingung von Gl. 1.14, d. h.

$$x_c(t)=A\sin\omega t+B\cos\omega t \tag{1.40}$$

Die allgemeine Lösung umfasst auch die partikuläre Lösung, d. h. das spezifische Verhalten, das von der dynamischen Belastung hervorgerufen wird. Wir nehmen an, dass die von der harmonischen Belastung hervorgerufene Schwingung ebenfalls harmonisch und mit der Belastung in Phase sei, d. h.:

$$x_p(t)=G\sin\bar{\omega}t \tag{1.41}$$

wobei die Konstante G noch offen ist. Indem wir nun Gl. 1.41 in Gl. 1.39 einsetzen, erhalten wir:

$$-M\bar{\omega}^2G\sin\bar{\omega}t+KG\sin\bar{\omega}t=P_0\sin\bar{\omega}t \tag{1.42}$$

Wir teilen durch $\sin\bar{\omega}t$ und K und erhalten mit $K/M=\omega^2$ und einigen Umformungen:

$$G\left(1-\frac{\bar{\omega}^2}{\omega^2}\right)=\frac{P_0}{K} \tag{1.43}$$

Die Amplitude der durch $P_0\sin\bar{\omega}t$ erzeugten Schwingung ist somit gegeben durch:

$$G=\frac{P_0}{K}\frac{1}{1-\beta^2} \tag{1.44}$$

wobei das Verhältnis zwischen der Anregungsfrequenz und der Eigenfrequenz ausgedrückt wird durch:

$$\beta = \frac{\bar{\omega}}{\omega} \tag{1.45}$$

Die allgemeine Lösung für ein ungedämpftes System unter harmonischer Anregung ist somit gegeben durch die Kombination der komplementären und der partikulären Lösung, d. h.:

$$x(t) = x_c(t) + x_p(t) = A \sin \omega t + B \cos \omega t + \frac{P_0}{K} \frac{1}{1-\beta^2} \sin \bar{\omega} t \tag{1.46}$$

Die Werte für A und B (in Gl. 1.46) hängen dabei immer noch von den Anfangsbedingungen ab, mit denen die Schwingung gestartet wird. Für ein System, das aus der Ruhelage angeregt wird, d. h. mit x(0) = 1 und $\dot{x}(0) = 0$ erhalten wir für die Konstanten

$$A = \frac{P_0 \beta}{K} \frac{1}{1-\beta^2} \qquad B = 0 \tag{1.47}$$

Damit wird Gl. 1.46 zu:

$$x(t) = \frac{P_0}{K} \frac{1}{1-\beta^2} (\sin \bar{\omega} t - \beta \sin \omega t) \tag{1.48}$$

worin die einzelnen Terme folgende Bedeutung haben:

$P_0/K = x_{st}$	Statische Verschiebung, d. h. die Verschiebung, welche die Last P_0 verursachen würde, wenn sie rein statisch wirken würde.
$1/(1 - \beta^2)$	Verstärkungsfaktor, der die Verstärkung der harmonisch wirkenden Belastung gegenüber der statisch wirkenden darstellt
$\sin \bar{\omega} t$	Schwingungsanteil, der die gleiche Frequenz hat, wie die harmonische Anregung
$\beta \sin \omega t$	Schwingungsanteil, der die Frequenz der Eigenschwingung hat

Als geeignete Größe zur Darstellung der Wirkung der harmonischen Anregung kann das Verhältnis zwischen der dynamischen Amplitude zur Auslenkung, welche die gleiche Last statisch hervorrufen würde, dienen, d. h.:

$$V(t) = \frac{x(t)}{P_0/K} \tag{1.49}$$

Mit Gl. 1.48 ergibt sich dieser Verstärkungsfaktor V(t) zu:

$$V(t) = \frac{1}{1-\beta^2} (\sin \bar{\omega} t - \beta \sin \omega t) \tag{1.50}$$

1.1.3.2 Gedämpftes System

Wir kehren nun zurück zur Bewegungsgleichung mit Dämpfung, d. h.:

$$M\ddot{x}(t) + C\dot{x}(t) + Kx(t) = P_0 \sin \bar{\omega} t \tag{1.51}$$

Wir dividieren durch M und verwenden C/M = 2ξω und erhalten somit:

$$\ddot{x}(t) + 2\xi\omega\dot{x}(t) + \omega^2 x(t) = \frac{P_0}{M} \sin \bar{\omega} t \tag{1.52}$$

Die komplementäre Lösung dieser Gleichung ist die gedämpfte freie Schwingung von Gl. 1.30, d. h.:

$$x_c(t) = e^{-\xi\omega t}\left(A \sin \omega_D t + B \cos \omega_D t\right) \tag{1.53}$$

Die partikuläre Lösung für diese harmonische Belastung hat die Form:

$$x_p(t) = G_1 \sin \bar{\omega} t + G_2 \cos \bar{\omega} t \tag{1.54}$$

wobei der zweite Term auf der rechten Seite von Gl. 1.54 erforderlich ist, weil die Schwingung des gedämpften Systems im Allgemeinen nicht in Phase mit der Anregung ist.

Indem wir nun Gl. 1.54 in Gl. 1.52 einsetzen und aufteilen in Produkte von $\sin \bar{\omega} t$ und $\cos \bar{\omega} t$ erhalten wir:

$$\left(-G_1\bar{\omega}^2 - G_2\bar{\omega}(2\xi\omega) + G_1\omega^2\right)\sin \bar{\omega} t = \frac{P_0}{M} \sin \bar{\omega} t \tag{1.55a}$$

$$\left(-G_2\bar{\omega}^2 + G_1\bar{\omega}(2\xi\omega) + G_2\omega^2\right)\cos \bar{\omega} t = 0 \tag{1.55b}$$

Diese beiden Beziehungen müssen einzeln erfüllt sein, da der Sinus-Term und der Cosinus-Term zu unterschiedlichen Zeiten zu Null werden. Indem wir nun beide mit ω^2 dividieren und gruppieren, erhalten wir schließlich:

$$G_1 = \frac{P_0}{K} \frac{1-\beta^2}{\left(1-\beta^2\right) + \left(2\xi\beta\right)^2} \tag{1.56a}$$

$$G_2 = \frac{P_0}{K} \frac{-2\xi\beta}{\left(1-\beta^2\right) + \left(2\xi\beta\right)^2} \tag{1.56b}$$

Wir setzen nun diese Ausdrücke in die partikuläre Lösung Gl. 1.54 ein und fügen die komplementäre Lösung hinzu, um die allgemeine Lösung der Bewegungsgleichung des gedämpften Ein-Massen-Schwingers zu erhalten:

$$x_c(t) = e^{-\xi\omega t}\left(A\sin\omega_D t + B\cos\omega_D t\right) + \frac{P_0}{K}\frac{1}{\left(1-\beta^2\right)^2+\left(2\xi\beta\right)^2}\left[\left(1-\beta^2\right)\sin\bar{\omega}t - 2\xi\beta\cos\bar{\omega}t\right] \quad (1.57)$$

Der erste Term in Gl. 1.57 stellt den transienten Anteil der Reaktion auf eine harmonische Belastung dar. Die Konstanten A und B könnten für jede beliebige Anfangsbedingung berechnet werden, doch wird dieser Teil relativ schnell gedämpft und verschwindet. Er ist im Allgemeinen nicht von Bedeutung und soll hier nicht weiter untersucht werden. Der zweite Term in Gl. 1.57 stellt den Teil der Schwingung dar, der andauert. Er hat die Frequenz der Anregung, ist aber nicht in Phase mit der Anregung. Der uns interessierende Teil der Schwingung hat somit die Form:

$$x_c(t) = \frac{P_0}{K}\frac{1}{\left(1-\beta^2\right)^2+\left(2\xi\beta\right)^2}\left[\left(1-\beta^2\right)\sin\bar{\omega}t - 2\xi\beta\cos\bar{\omega}t\right] \quad (1.58)$$

Die Amplitude ρ dieser Schwingung kann man sich am einfachsten herleiten, indem man den Sinus-Term und den Cosinus-Term als Vektoren grafisch darstellt. Die Vektorsumme der beiden um 90° gegeneinander verdrehten Vektoren erhält man als Wurzel aus der Summe der Quadrate der beiden Vektoren, d. h.:

$$\rho = \frac{P_0}{K}\sqrt{\frac{1}{\left(1-\beta^2\right)^2+\left(2\xi\beta\right)^2}} \quad (1.59)$$

Das Verhältnis zwischen dieser Amplitude ρ und der statischen Auslenkung (P_0/K) bezeichnen wir als dynamischen Verstärkungsfaktor. D berechnet sich somit wie folgt:

$$D \equiv \frac{\rho}{P_0/K} = \sqrt{\frac{1}{\left(1-\beta^2\right)^2+\left(2\xi\beta\right)^2}} \quad (1.60)$$

In Abb. 1.6 ist der dynamische Verstärkungsfaktor D für verschiedene Dämpfungsverhältnisse ξ in Funktion des Frequenzverhältnisses β dargestellt. Bei sehr langsamer Anregung ($\beta \ll 1$) liegt der dynamische Verstärkungsfaktor bei 1, d. h. die dynamische Auslenkung entspricht der statischen Auslenkung; bei sehr schneller Anregung ($\beta \gg 1$) hingegen nähert sich der Verstärkungsfaktor 0, da nun die Masse so viel Widerstand leistet, dass sich praktisch keine Bewegung mehr einstellt. Liegt die Anregungsfrequenz jedoch im Bereich der Eigenfrequenz ($\beta \sim 1$), so ergibt sich – je nach Dämpfung (ξ) – eine mehr oder weniger große Verstärkung, d. h. es tritt Resonanz ein.

1.1.3.3 Resonanzschwingung

Bei Anregungen im Bereich der Eigenfrequenz ($\beta \sim 1$) und bei kleiner Dämpfung lässt sich Gl. 1.60 vereinfachen zu:

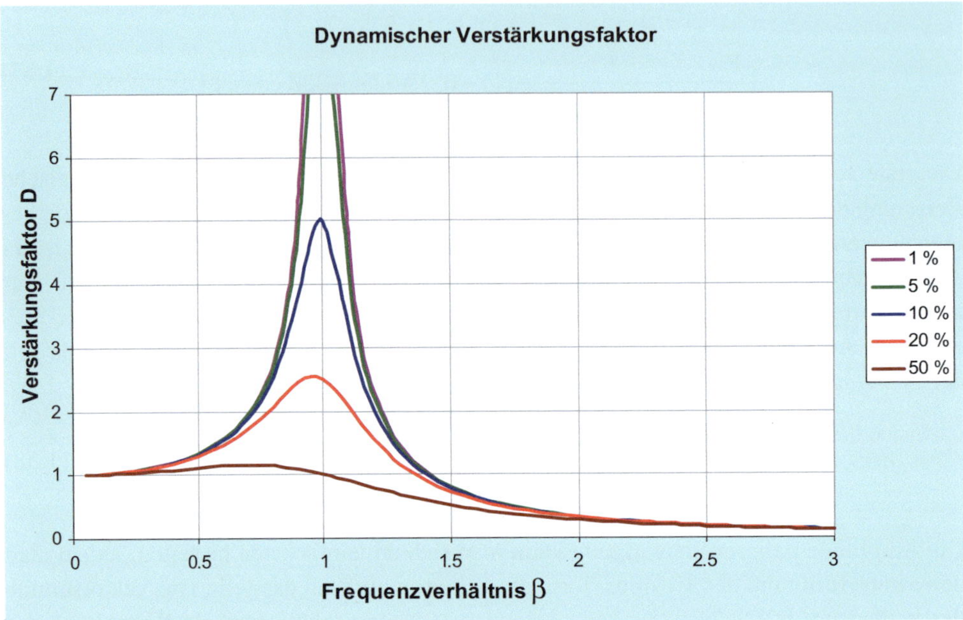

Abb. 1.6 Dynamischer Verstärkungsfaktor D für verschiedene ξ und β

$$D_{\beta=1} = \frac{1}{2\xi} \tag{1.61}$$

d. h. die Verstärkung ist dann umgekehrt proportional zur Dämpfung. Bei stärkeren Dämpfungswerten tritt das Maximum allerdings nicht bei $\beta = 1$ auf sondern – wie man mittels Ableitung von Gl. 1.60 herleiten kann – bei:

$$\beta_{max} = \sqrt{1 - 2\xi^2} \tag{1.62}$$

und der entsprechende Verstärkungsfaktor beträgt:

$$D_{max} = \frac{1}{2\xi\sqrt{1 - \xi^2}} \tag{1.63}$$

Bei üblichen Dämpfungswerten ist der Unterschied zwischen Gln. 1.61 und 1.63 allerdings vernachlässigbar.

1.1.3.4 Erschütterungsisolation

Eine der wichtigsten Anwendungen der Ein-Massen-Schwinger-Theorie ist die Erschütterungsisolation. Dabei unterscheiden wir zwei Fälle: Der Schutz der Umgebung einer Maschine vor den störenden Schwingungen dieser Maschine und der Schutz einer Maschine oder Anlage vor den störenden Schwingungen der Umgebung.

Isolation des Bodens gegenüber einer vibrierenden Maschine
Diese Situation ist in Abb. 1.7 dargestellt. Eine Maschine erzeugt – z. B. durch die Rotation von nicht ausgewuchteten Komponenten – eine vertikale oszillierende Kraft $P(t) = P_0 \sin \omega t$.

Ist die Maschine, wie in Abb. 1.7 dargestellt, auf einem Feder-Dämpfungssystem montiert, so ist ihre Bewegung durch Gl. 1.64 gegeben:

$$x(t) = \frac{P_0}{K} D \sin(\bar{\omega} t - \vartheta) \tag{1.64}$$

worin D in Gl. 1.60 definiert ist. Somit berechnet sich die Kraft, die von den Federn auf die Unterlage ausgeübt wird, zu:

$$F_s = Kx(t) = P_0 D \sin(\bar{\omega} t - \vartheta) \tag{1.65}$$

Die Geschwindigkeit der Bewegung der elastisch gelagerten Maschine erhalten wir durch Ableitung von Gl. 1.64:

$$\dot{x}(t) = \frac{P_0}{K} D \bar{\omega} \cos(\bar{\omega} t - \omega \vartheta) \tag{1.66}$$

Dies ergibt die Kraft, die von den Dämpfungselementen auf die Unterlage ausgeübt wird:

$$F_d = C\dot{x}(t) = \frac{CP_0 D \bar{\omega}}{K} \cos(\bar{\omega} t - \vartheta) = 2\xi\beta P_0 D \cos(\bar{\omega} t - \omega \vartheta) \tag{1.67}$$

Da diese Dämpfungskraft gegenüber der Federkraft um 90° phasenverschoben ist, ergibt sich die gesamte auf die Unterlage abgegebene Kraft zu:

Abb. 1.7 Elastisch gelagerte Maschine

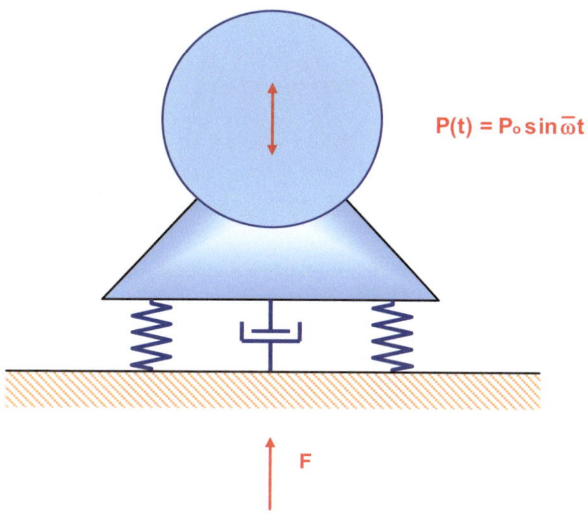

$$F_{max} = \left(F_{s,max}^2 + F_{d,max}^2\right)^{1/2} = P_0 D\left[1+(2\xi\beta)^2\right]^{1/2} \tag{1.68}$$

Das Verhältnis zwischen der maximalen Kraft auf die Unterlage zur maximalen von der Maschine erzeugten Kraft berechnet sich somit zu:

$$TR \equiv \frac{F_{max}}{P_0} = D\sqrt{1+(2\xi\beta)^2} \tag{1.69}$$

und lässt sich in Form des Diagramms von Abb. 1.8 darstellen. Die Kurven sind ähnlich wie in Abb. 1.6, doch gehen hier alle Kurven bei $\beta = \sqrt{2}$ durch denselben Punkt. Dies ist bedingt durch den Einfluss der Dämpfungskraft. Die Dämpfungskraft reduziert die Wirkung der Isolation im Frequenzbereich über $\beta = \sqrt{2}$.

Isolation der Maschine gegenüber einem vibrierenden Boden

Die Situation, bei der eine Maschine oder eine Anlage gegenüber den Erschütterungen des Bodens isoliert werden soll, ist in Abb. 1.9 dargestellt. Die zu isolierende Masse M ruht auf einem Feder-Dämpfungssystem. Der Boden, auf dem das Feder-Dämpfungssystem befestigt ist, führt eine vertikale harmonische Bewegung $x_g(t)$ aus.

Die Gleichgewichtsbedingung lautet hier:

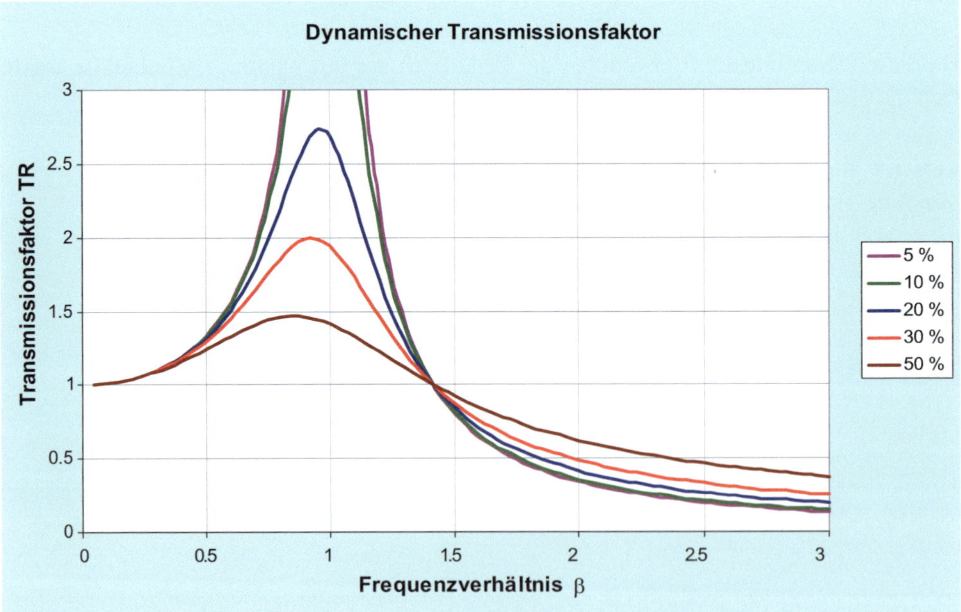

Abb. 1.8 Transmissionsfaktor für verschiedene ξ und β

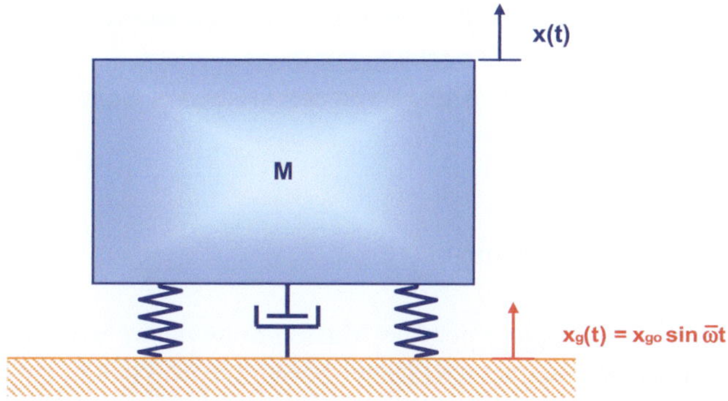

Abb. 1.9 Elastisch gelagerte Maschine

$$M\ddot{x}(t)+C\dot{x}(t)+Kx(t)=-M\ddot{x}_g(t) \tag{1.70}$$

d. h. die äußere Kraft wird durch die Trägheitskraft der Masse M gegeben, d. h.

$$M\ddot{x}(t)+C\dot{x}(t)+Kx(t)=-M\ddot{x}_{g0}\sin\bar{\omega}t \tag{1.71}$$

Die maximale Amplitude ergibt sich wiederum nach Gl. 1.59 zu:

$$\rho=\frac{M\ddot{x}_{g0}}{K}D \tag{1.72}$$

Anstelle der Bodenbeschleunigung führen wir die Bewegung des Bodens (x_{g0}) ein und erhalten:

$$\rho=\frac{M\bar{\omega}^2x_{g0}}{K}D=x_{g0}\beta^2D \tag{1.73}$$

Die Bewegung der Masse relativ zum Boden beträgt somit:

$$x(t)=x_{g0}\beta^2D\sin(\bar{\omega}t-\vartheta) \tag{1.74}$$

Durch vektorielle Addition der Bewegung des Bodens zur Bewegung der Masse erhalten wir schließlich:

$$x^t(t)=x_{g0}\sqrt{1+(2\xi\beta)^2}D\sin\left(\bar{\omega}t-\bar{\vartheta}\right) \tag{1.75}$$

Woraus sich die Formel für den Transmissionsfaktor ergibt:

$$TR\equiv\frac{x_{max^t}}{x_{g0}}=D\sqrt{1+(2\xi\beta)^2} \tag{1.76}$$

Diese Gleichung ist identisch mit Gl. 1.69, sodass wir die Kurven in Abb. 1.8 für beide Fälle, d. h. für die Isolation einer Umgebung vor den störenden Schwingungen einer Maschine und für die Isolation einer Anlage vor den störenden Schwingungen einer Umgebung verwenden können.

1.1.4 Impulsartige Anregung

Nach der *harmonischen Anregung* des Ein-Massen-Schwingers wollen wir nun die *impulsartige* Anregung näher betrachten. Dabei beschränken wir uns auf den Spezialfall „Rechteck-Impuls“.

1.1.4.1 Rechteckförmiger Impuls

Ein Rechteck-Impuls besteht, wie in Abb. 1.10 dargestellt, aus einer kurzen Zeit, während der die volle Last wirkt (Phase 1) und einer Folgezeit (Phase 2), während der keine Last wirkt und das System ausschwingt.

In Phase 1 wirkt eine konstante Last. Die partikuläre Lösung für diese Phase ist die statische Auslenkung d. h.:

$$x_p = \frac{P_0}{K} \tag{1.77}$$

Die allgemeine Lösung ergibt sich zu:

$$x_t = \frac{P_0}{K}(1 - \cos \omega t) \tag{1.78}$$

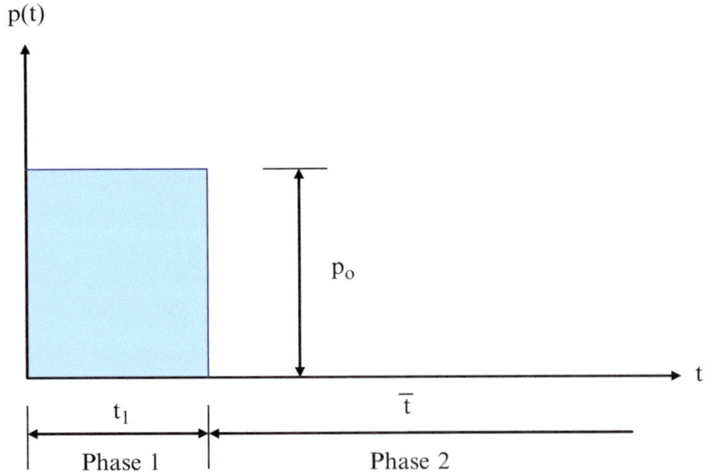

Abb. 1.10 Rechteck-Impuls

Mit Phase 2 beginnt die freie Schwingung, wie wir sie in Gl. 1.15 beschrieben haben, wobei die Anfangsbedingungen durch die Verhältnisse am Ende der Phase 1 bestimmt werden:

$$x_t = \frac{\dot{x}(t_1)}{\omega} \sin \omega \bar{t} + x(t_1) \cos \omega \bar{t} \tag{1.78}$$

Die maximale Amplitude unseres Ein-Massen-Schwingers hängt nun primär von der Dauer des Impulses ab. Dauert der Stoß länger als T/2, d. h. länger als die Hälfte einer Periode, so tritt das Maximum während Phase 1 auf und der dynamische Verstärkungsfaktor beträgt 2. Für kürzere Stoßbelastungen tritt das Maximum in Phase 2 auf und das Maximum ist gegeben durch:

$$\rho = x_{max} = \sqrt{\left[\frac{\dot{x}(t_1)}{\omega}\right]^2 + \left[x(t_1)\right]^2} \tag{1.79}$$

Mit $\dot{x} = P_0 \omega / K \sin \omega t$ und $\omega = 2\pi/T$ erhalten wir:

$$x_{max} = \frac{P_0}{K}\left[\left(1 - 2\cos\frac{2\pi}{T}t_1 + \cos^2\frac{2\pi}{T}t_1\right) + \sin^2\frac{2\pi}{T}t_1\right]^{1/2} \tag{1.80}$$

und damit:

$$x_{max} = \frac{P_0}{K}\left[2\left(1 - \cos\frac{2\pi}{T}t_1\right)\right]^{1/2} \tag{1.81}$$

Dies lässt sich umformen zu:

$$D = \frac{x_{max}}{P_0 / K} = 2\sin\frac{\pi t_1}{T} \qquad \frac{t_1}{T} \le \frac{1}{2} \tag{1.82}$$

Der Verstärkungsfaktor D von Gl. 1.82 ist in Abb. 1.11 als Funktion des Impuls-Dauer-Verhältnisses dargestellt. Daraus lässt sich rasch ablesen, welche Auslenkung ein Stoß verursachen wird. Es ist zu beachten, dass wir die Herleitung für diesen Verstärkungsfaktor für den ungedämpften Ein-Massen-Schwinger durchgeführt haben. Dies ist allerdings kein wesentlicher Mangel, da die maximale Auslenkung nach sehr kurzer Zeit erreicht wird, bevor durch Dämpfung viel Energie absorbiert werden kann.

1.2 Das Pendel

Wie beim Ein-Massen-Schwinger von Abb. 1.1 können wir die Bewegungsgleichung für das Pendel mit Hilfe der Gleichgewichtsbetrachtung herleiten.

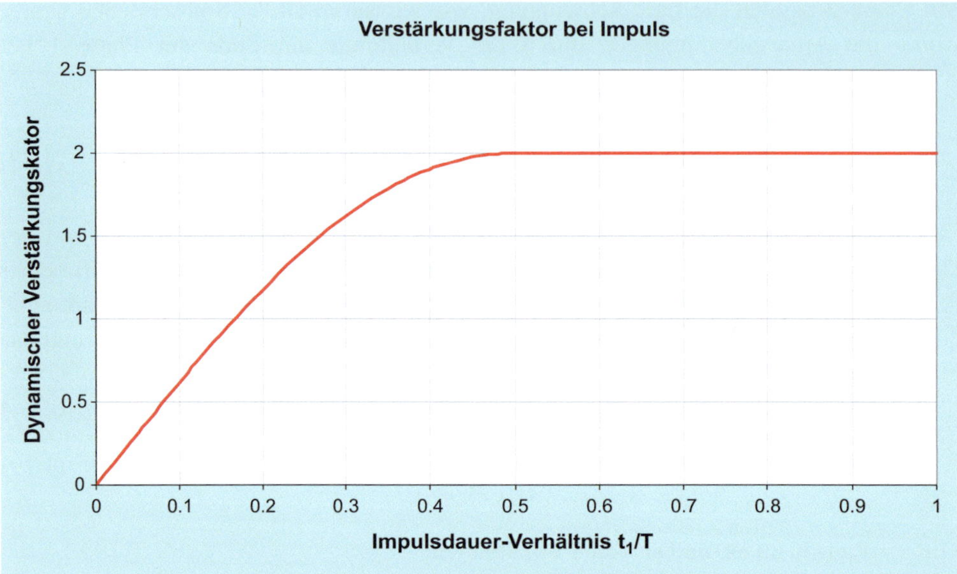

Abb. 1.11 Verstärkungsfaktor für Rechteck-Impuls

Abb. 1.12 Pendel

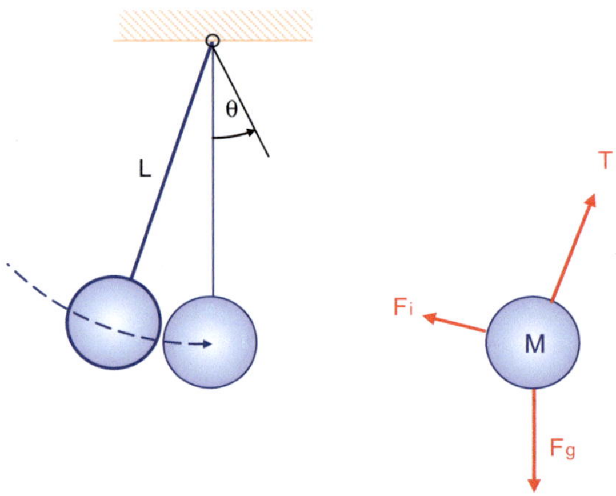

Wir formulieren das Momenten-Gleichgewicht bezüglich des Aufhängepunktes des Pendels (siehe Abb. 1.12) und erhalten:

$$F_i L + F_g L \ \sin \vartheta = 0 \tag{1.83}$$

Einsetzen der Beziehungen für die Trägheitskräfte F_i und für die Gravitationskräfte Fg führt zu:

$$ML^2 \ddot{\vartheta}(t) + MgL \ \sin \vartheta(t) = 0 \tag{1.84}$$

Wir dividieren durch ML und erhalten:

$$L\ddot{\vartheta}(t) + g\sin\vartheta(t) = 0 \tag{1.85}$$

Für kleine Auslenkungen gilt $\sin\vartheta \sim \vartheta$ und damit:

$$L\ddot{\vartheta}(t) + g\vartheta(t) = 0 \tag{1.86}$$

Die Bewegungsgleichung für das Pendel ist somit identisch mit der Bewegungsgleichung des Ein-Massen-Schwingers von Abb. 1.1:

$$M\ddot{x}(t) + Kx(t) = 0 \tag{1.87}$$

Dementsprechend berechnet sich die Winkelgeschwindigkeit des Pendels zu:

$$\omega = \sqrt{\frac{g}{L}} \tag{1.88}$$

und die Eigenfrequenz zu:

$$f = \frac{1}{2\pi}\sqrt{\frac{g}{L}} \tag{1.89}$$

1.3 Der einfache Balken

Auch beim Balken führt die Herleitung der Bewegungsgleichung über das Gleichgewicht der Kräfte. Wir formulieren die Gleichgewichtsbedingung an einem herausgeschnittenen Element der Länge dx, wie in Abb. 1.13 dargestellt.

Die Summe der vertikalen Kräfte ergibt:

$$Q + p\,dx - \left(Q + \frac{\partial Q}{\partial x}dx\right) - f_i\,dx = 0 \tag{1.90}$$

wobei $f_i dx$ der Trägheitskraft

$$f_i\,dx = m\,dx\frac{\partial^2 u}{\partial t^2} \tag{1.91}$$

entspricht. Damit wird Gl. 1.90 zu:

$$\frac{\partial Q}{\partial x} = p - m(x)\frac{\partial^2 u}{\partial t^2} \tag{1.92}$$

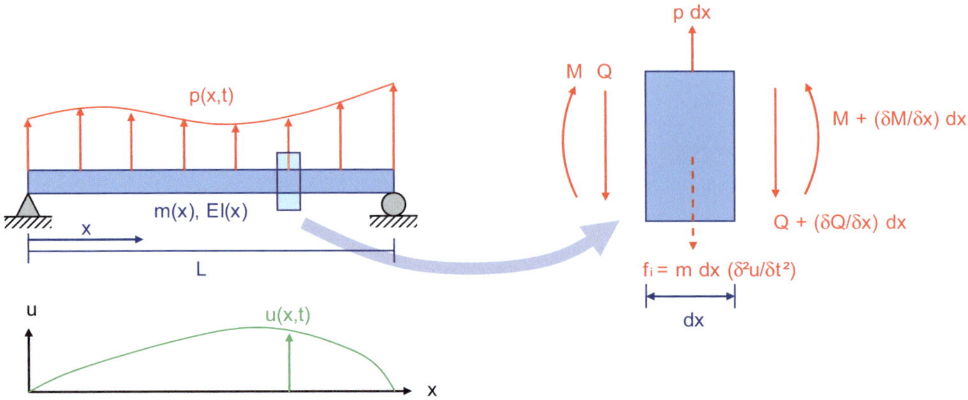

Abb. 1.13 Gleichgewicht am Balkenelement

Die Summe der Momente ergibt:

$$M + Q\,dx - \left(M + \frac{\partial M}{\partial x} dx \right) = 0 \tag{1.93}$$

Da die Ableitung von M der Querkraft entspricht, d. h.

$$\frac{\partial M}{\partial x} = Q \tag{1.94}$$

ergibt sich aus Gl. 1.92:

$$\frac{\partial^2 M}{\partial x^2} + m(x) \frac{\partial^2 u}{\partial t^2} = p(x,t) \tag{1.95}$$

Mit der Beziehung:

$$M = EI \frac{\partial^2 u}{\partial x^2} \tag{1.96}$$

erhalten wir schließlich die Bewegungsgleichung des einfachen Balkens zu:

$$\frac{\partial^2}{\partial x^2} \left(EI \frac{\partial^2 u}{\partial x^2} \right) + m(x) \frac{\partial^2 u}{\partial t^2} = p(x,t) \tag{1.97}$$

Für die freie Schwingung, d. h. ohne äußere Belastung gilt:

$$\frac{\partial^2}{\partial x^2} \left(EI \frac{\partial^2 u}{\partial x^2} \right) + m(x) \frac{\partial^2 u}{\partial t^2} = 0 \tag{1.98}$$

Wir versuchen eine Lösung zu finden mit dem Ansatz

$$u(x,t) = \varphi(x)q(t) \tag{1.99}$$

d. h. eine Lösung, in der die Schwingung durch ein Produkt von zwei Funktionen dargestellt wird: Die erste Funktion ist eine Funktion von x, d. h. sie stellt die Biegelinie dar. Die zweite Funktion ist eine Funktion der Zeit und stellt somit den Bewegungsablauf dar. Es gilt:

$$\frac{\partial^2 u}{\partial t^2} = \varphi(x)\ddot{q}(t) \tag{1.100a}$$

$$\frac{\partial^2 u}{\partial x^2} = \varphi''(x)q(t) \tag{1.100b}$$

Wir setzen nun die Gl. 1.100a und b in Gl. 1.98 ein und erhalten:

$$m(x)\varphi(x)\ddot{q}(t) + q(t)\left[EI(x)\varphi''(x)\right]'' = 0 \tag{1.101}$$

was, nach Division durch m(x) φ(x) q(t) Gl. 1.102 ergibt:

$$\frac{-\ddot{q}(t)}{q(t)} = \frac{\left[EI(x)\varphi''(x)\right]''}{m(x)\varphi(x)} \tag{1.102}$$

Der Ausdruck auf der linken Seite des Gleichheitszeichens ist eine Funktion der Zeit allein, während der Ausdruck auf der rechten Seite eine Funktion von x allein darstellt. Damit die Differenzialgleichung (1.102) für alle Werte von x und t gültig ist, müssen die beiden Ausdrücke Konstanten darstellen, die wir mit ω bezeichnen wollen. Damit entstehen aus der partiellen Differenzialgleichung (1.102) zwei gewöhnliche Differenzialgleichungen, eine als Funktion der Zeit und eine als Funktion des Raumes:

$$\ddot{q} + \omega^2 q = 0 \tag{1.103}$$

$$\left[EI(x)\varphi''(x)\right]'' - \omega^2 m(x)\varphi(x) = 0 \tag{1.104}$$

Gl. 1.103 hat die gleiche Form wie die Bewegungsdifferenzialgleichung des Ein-Massen-Schwingers mit einer Eigenfrequenz ω (vgl. Gl. 1.9).

Wir betrachten im Folgenden den Spezialfall des gleichförmigen einfachen Balkens, bei dem EI(x) = EI und m(x) = m gilt. Gl. 1.104 vereinfacht sich dadurch zu:

$$EI\varphi''''(x) - \omega^2 m\varphi\omega(x) = 0 \tag{1.105}$$

oder

$$\varphi''''(x) - \beta^4 \varphi(x) = 0 \tag{1.106}$$

mit

$$\beta^4 = \frac{\omega^2 m}{EI} \tag{1.107}$$

Die allgemeine Lösung für Gl. 1.106 lautet:

$$\varphi(x) = C_1 \sin \beta x + C_2 \cos \beta x + C_3 \sinh \beta x + C_4 \cosh \varphi \beta x \tag{1.108}$$

Durch Einführen der Randbedingungen und Anfangsbedingungen lassen sich die noch freien Konstanten C_1 bis C_4 bestimmen. Für den Fall des einfachen, an beiden Enden aufgelegten Balkens müssen die drei Konstanten C_2, C_3 und $C_4 = 0$ sein und $C_1 \sin \beta L = 0$. Damit muss $\sin \beta L = 0$ gelten und damit $\beta L = n\pi$. Mit Gl. 1.107 erhalten wir auf diese Weise:

$$\omega_n = \frac{n^2 \pi^2}{L^2} \sqrt{\frac{EI}{m}} \tag{1.109}$$

und

$$\varphi_n(x) = C_1 \sin \frac{n\pi x}{L} \tag{1.110}$$

Mit φ_n werden die Biegelinien in den einzelnen Eigenfrequenzen, die so genannten Eigenformen definiert. In Abb. 1.14 sind die ersten 4 Eigenformen dargestellt.

Eigenfrequenzen für einfache Balken mit verschiedenen Auflagerbedingungen finden sich in zahlreichen Nachschlagewerken. In Abb. 1.15 sind für einige häufig auftretende Fälle die Eigenfrequenzen zusammengestellt.

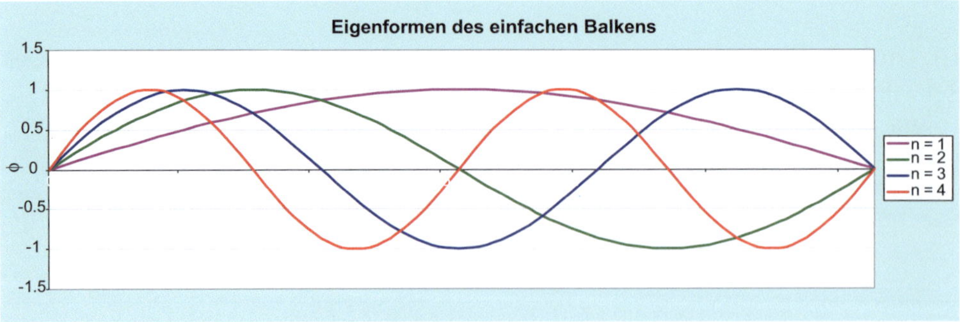

Abb. 1.14 Eigenformen des einfachen Balkens

Eigenfrequenz: $f_n = \frac{\lambda_n^2}{2\pi L^2}\sqrt{\frac{EI}{m}}$

m = Masse pro Einheitslänge des Balkens
L = Spannweite
E = Elastizitätsmodul
I = Trägheitsmoment

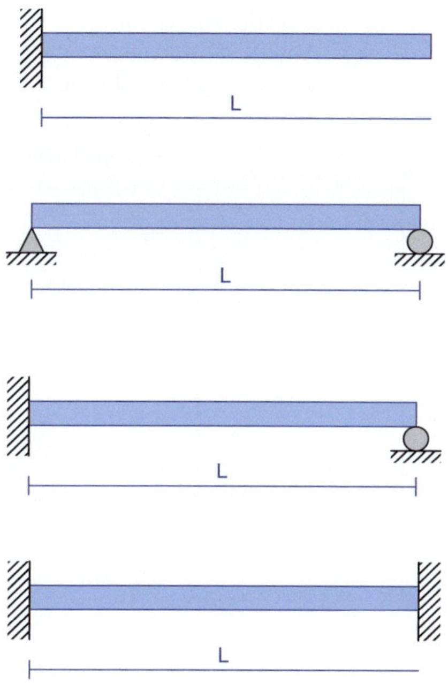

$\lambda_1 = 1.875$
$\lambda_2 = 4.694$
$\lambda_3 = 7.855$
$\lambda_4 = 10.996$
$\lambda_5 = 14.137$

$\lambda_1 = \pi$
$\lambda_2 = 2\pi$
$\lambda_3 = 3\pi$
...
$\lambda_n = n\pi$

$\lambda_1 = 3.926$
$\lambda_2 = 7.068$
$\lambda_3 = 10.210$
$\lambda_4 = 13.352$
$\lambda_5 = 16.493$

$\lambda_1 = 4.730$
$\lambda_2 = 7.853$
$\lambda_3 = 10.995$
$\lambda_4 = 14.137$
$\lambda_5 = 17.279$

Abb. 1.15 Eigenfrequenzen des einfachen Balkens

1.4 Rechteck-Platten

Ähnlich wie beim Balken lässt sich auch bei der Platte die Bewegungsgleichung mit Hilfe der Gleichgewichtbetrachtung herleiten. Die mathematischen Formulierungen sind einfach etwas komplizierter. Wir wollen deshalb auf die Herleitung verzichten und lediglich die Ergebnisse für zwei häufig vorkommende Fälle präsentieren (Abb. 1.16).

Eigenfrequenz: $f_{nm} = \frac{\lambda_{nm}^2}{2\pi a^2}\sqrt{\frac{Eh^3}{12\gamma(1-\nu^2)}}$

a = Länge der Platte
b = Breite der Platte
h = Dicke der Platte
γ = Masse pro Fläche
E = Elastizitätsmodul
ν = Querdehnungszahl
n = Anzahl Halbwellen in Plattenlänge
m = Anzahl Halbwellen in Plattenbreite

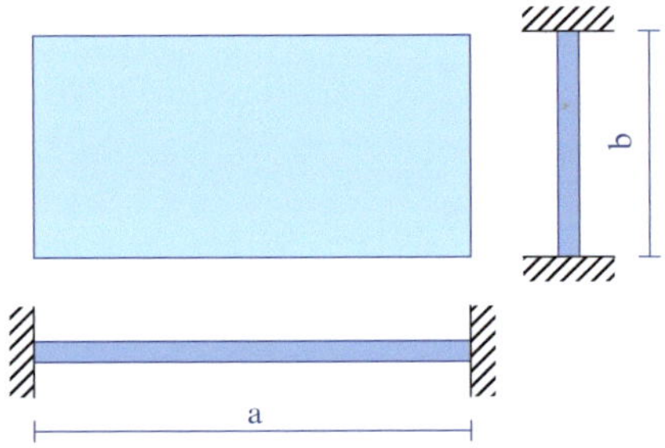

a/b	λ_{nm}^2 und (nm)			
0.4	23.65 (11)	27.82 (12)	35.45 (13)	46.70 (14)
2/3	27.01 (11)	41.72 (12)	66.14 (21)	66.55 (13)
1.0	35.99 (11)	73.41 (21)	73.41 (12)	108.3 (22)
1.5	60.77 (11)	93.86 (21)	148.8 (12)	149.74 (31)
2.5	147.80 (11)	173.9 (21)	221.5 (31)	291.9 (41)

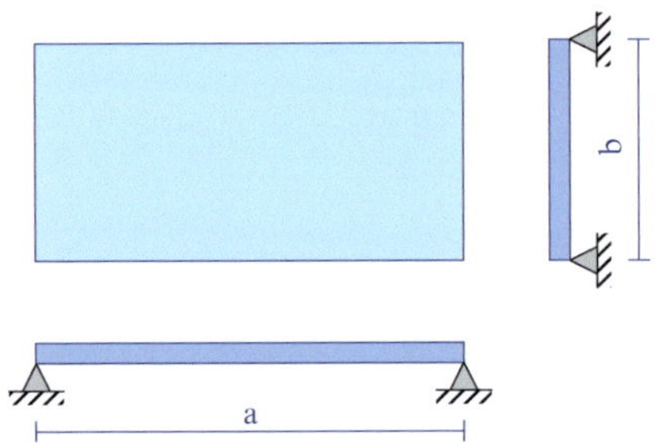

a/b	λ_{nm}^2 und (nm)			
0.4	11.45 (11)	16.19 (12)	24.08 (13)	35.14 (14)
2/3	14,26 (11)	27.42 (12)	43.86 (21)	49.35 (13)
1.0	19.74 (11)	49.35 (21)	49.35 (12)	78.96 (22)
1.5	32.08 (11)	61.69 (21)	98.70 (12)	111.0 (31)
2.5	71.56 (11)	101.16 (21)	150.5 (31)	219.6 (41)

Abb. 1.16 Eigenfrequenzen bei Rechteck-Platten

Grundlagen der Baugrunddynamik

2

Inhaltsverzeichnis

A. Ziegler et al., *Bauwerksdynamik und Erschütterungsmessungen*, https://doi.org/10.1007/978-3-658-38022-9_2

Der Baugrund spielt in der täglichen Arbeit des Baudynamikers sicherlich nicht die Hauptrolle. Zwar leiten wir alle dynamischen Lasten letzten Endes in den Baugrund ein, doch scheint dieser sich wesentlich gutmütiger gegenüber dynamischen Lasten zu verhalten als die Konstruktionen, die wir über dem Boden errichten. Der Hauptgrund für das gutmütige Verhalten des Bodens gegenüber dynamischen Lasten liegt in seiner starken Dämpfung. Im Gegensatz zu den schlanken Bauwerken über dem Boden, bei denen ein Zusammentreffen von Anregungsfrequenz und Eigenfrequenz sehr leicht zu gefährlichen Resonanzschwingungen führen kann, ergeben sich im Baugrund selten spektakuläre Schadenfälle infolge Resonanzschwingungen. Die Konsequenzen eines Fehlers sind weniger dramatisch, was allerdings nicht heißt, dass sie nicht ebenso kostspielig sein können. Nicht richtig dimensionierte Maschinenfundamente oder falsch eingeschätzte Immissionen von Eisenbahnen können mindestens so kostspielige Wirkungen zeitigen wie die weit spektakuläreren Schwingungen von Fußgängerbrücken.

Während uns für die Konstruktionen über dem Boden recht gute Methoden für die Erfassung des dynamischen Verhaltens zur Verfügung stehen, erweist sich der Baugrund als wesentlich schwieriger. Bereits die einfachste Problemstellung, wie zum Beispiel eine impulsartige Einzellast auf dem elastischen Halbraum, führt zu äußerst komplizierten Ausdrücken mit Integralen und Laplace-Transformationen. Für die praktische Arbeit des Baudynamikers sind diese komplizierten Methoden weniger geeignet. Es existieren aber auch vereinfachte Ansätze zur Lösung von dynamischen Problemen im Baugrund. Diesen wollen wir uns in den nächsten Abschnitten zuwenden und aufzeigen, wie sie nutzbringend eingesetzt werden können.

Ausgangspunkt bildet die eindimensionale Wellenausbreitung. Anhand dieses Modells lassen sich verschiedene Phänomene, die auch im dreidimensionalen Raum auftreten, einigermaßen verstehen. Aber bereits für das Problem des starren Fundamentblockes auf elastischem Halbraum lässt sich für praktische Anwendungen keine exakte Theorie einsetzen. Man behilft sich stattdessen mit dem bekannten Ein-Massen-Schwinger-Modell. Ein zweites Gebiet, in welchem die Baugrunddynamik eine wesentliche Rolle spielt, ist die Ausbreitung von Erschütterungen beim Schienenverkehr. Diese Problemstellung wird im Kap. 4 ausführlich behandelt. Das dritte Gebiet, das wir aber nur am Rande streifen werden, ist die Baugrunddynamik bei Erdbebenproblemen.

2.1 Eigenschaften des Baugrundes unter dynamischer Belastung

Der Baugrund ist ein äußerst inhomogenes Material, das für mathematische Modelle, wie wir sie für dynamische Berechnungen gerne anwenden möchten, sehr schlecht zugänglich ist. Der Boden ist inhomogen und in jeder Hinsicht nicht-linear. Von den für die dynamische Berechnung wesentlichen Parametern ist gerade noch die Masse einigermaßen zuverlässig bekannt. Alle anderen Parameter wie E-Modul, Querdehnungszahl und Dämpfung müssen durch aufwändige Versuche und oft indirekt bestimmt werden. Und am Ende stehen uns doch nur approximative Werte zur Verfügung. Doch dies ist die Realität und sie ist bei den dynamischen Berechnungen zu berücksichtigen.

2.1.1 Zusammensetzung

Der Baugrund setzt sich (wie in Abb. 2.1a schematisch dargestellt) im Wesentlichen aus den drei Komponenten Mineralien (Kugeln, Plättchen), Wasser und Luft zusammen. Bereits einfachste Versuche mit Stahlkugeln gleicher Größe haben gezeigt, dass mathematische Modelle für Kugeln nicht im Stand sind, das dynamische Verhalten (im Beispiel von Abb. 2.1b: die Wellengeschwindigkeit) korrekt zu bestimmen. Dies hat schon vor mehr als 50 Jahren zur Schlussfolgerung geführt, dass „wir nicht erwarten dürfen, dass das Verhalten des Bodens mit theoretischen Modellen übereinstimmt, sondern dass wir das dynamische Verhalten von Boden mit experimentellen Methoden bestimmen müssen“ [1].

2.1.2 Geometrie

Zur Inhomogenität im Kleinen kommt die Unregelmäßigkeit im Großen hinzu. Nur äußerst selten finden wir einen Baugrund, der bis in große Tiefen aus dem gleichen Material besteht wie in Abb. 2.2a. Zumeist ist der Boden geschichtet, weist Grundwasser auf und hat eine unregelmäßige Oberfläche, alles Einflüsse, die eine Modellierung des Baugrundes erschweren.

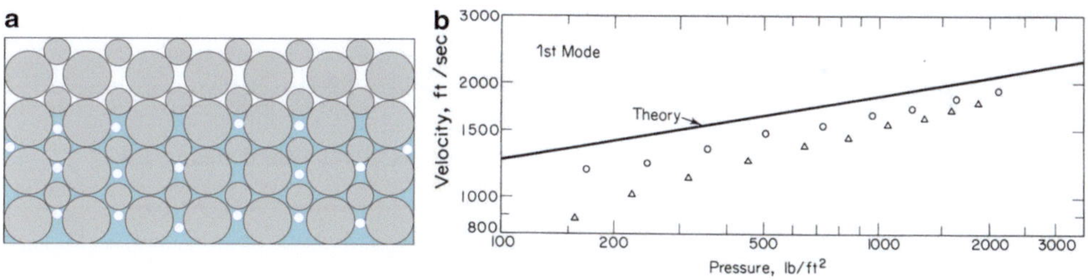

Abb. 2.1 **a** Baugrund zusammengesetzt aus Kugeln verschiedener Größe, Wasser und Luft, **b** Vergleich der theoretischen mit der gemessenen Wellengeschwindigkeit in einer Packung von Stahlkugeln bei unterschiedlichen Drücken. (Aus Richart [1, S. 151])

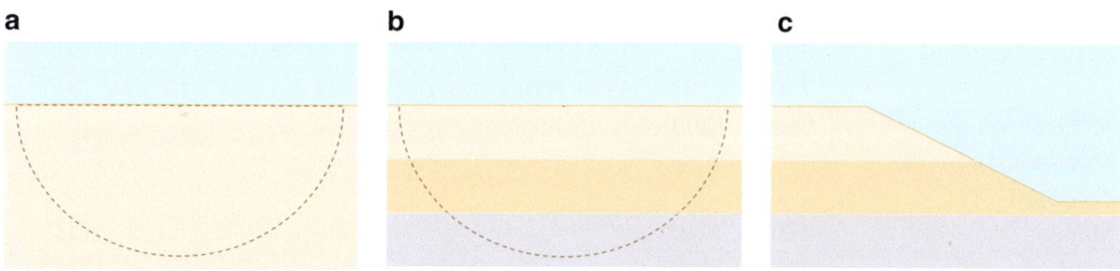

Abb. 2.2 **a** Baugrund als ideal-elastischer Halbraum, **b** Baugrund als geschichteter Halbraum, **c** Baugrund mit unregelmäßiger Oberfläche

2.1.3 Wellengeschwindigkeit

Die Wellengeschwindigkeit ist für uns die wichtigste Kenngröße des Bodens. Nicht etwa, weil wir uns besonders für die Geschwindigkeit der Wellen an sich interessieren, sondern weil diese Größe noch relativ einfach zu messen ist und weil wir daraus die für die dynamischen Berechnungen benötigten E- und G-Moduli ableiten können. Wie wir in den folgenden Kapiteln noch sehen werden, lassen sich aus der P- und aus der S-Wellengeschwindigkeit der E- und der G-Modul nach folgenden Gleichungen berechnen:

$$v_S^2 = \frac{G}{\rho} \tag{2.1a}$$

$$v_L^2 = \frac{M}{\rho} \tag{2.1b}$$

$$M = E \cdot \frac{1-\nu}{(1+\nu)(1-2\nu)} \tag{2.1c}$$

In Tab. 2.1 sind für einige wichtige Böden die P- und S-Wellengeschwindigkeiten zusammengestellt. Da bei der Ausbreitung von Wellen nur sehr kleine Dehnungen involviert sind, entsprechen die daraus abgeleiteten G- und E-Moduli ebenfalls den Moduli für sehr kleine Dehnungen.

Tab. 2.1 P- und S-Wellengeschwindigkeiten für einige wichtige Böden

Bodenart	P-Wellen-Geschwindigkeit v_P (m/s)	S-Wellen-Geschwindigkeit v_S (m/s)	Querdehnungszahl ν	Quelle
Deckschichten, locker gelagert, verwittert, nicht gesättigt (Tiefe 3 bis 6 m)	200 … 800			[2]
Ton (gesättigt)	1500	150	0,5	[3]
Gehängelehm (nicht gesättigt)	300 … 1000			[2]
Sand und Kies (dicht gelagert)	480	250	0,30 … 0,35	[3]
Sand (feinkörnig)	300	110	0,30	[3]
Kies (mittelkörnig)	750	180		[3]
Molasse-Mergel, Molasse-Sandstein, verwittert	900 … 1800			[2]
Moräne	1200 … 2400			[2]
Sandstein	1500 … 4500	750 … 2200		[3]
Kalk	3500 … 6500	1800 … 3800		[3]
Granit	4600 … 7000	2500 … 4000		[3]

2.1.4 Steifigkeit und Dämpfung

Steifigkeit und Dämpfung , beides Parameter, die für das dynamische Verhalten von ausschlaggebender Bedeutung sind, zeigen beim Baugrund – wie in Abb. 2.3 und 2.4 dargestellt – ein ausgesprochen nicht-lineares Verhalten. Solange sich die Schubdehnung im Bereich von Promillen bewegt, bleibt die Steifigkeit praktisch unverändert. Dasselbe gilt auch für die Dämpfung. Dies bedeutet, dass in diesem Dehnungsbereich, der übrigens für

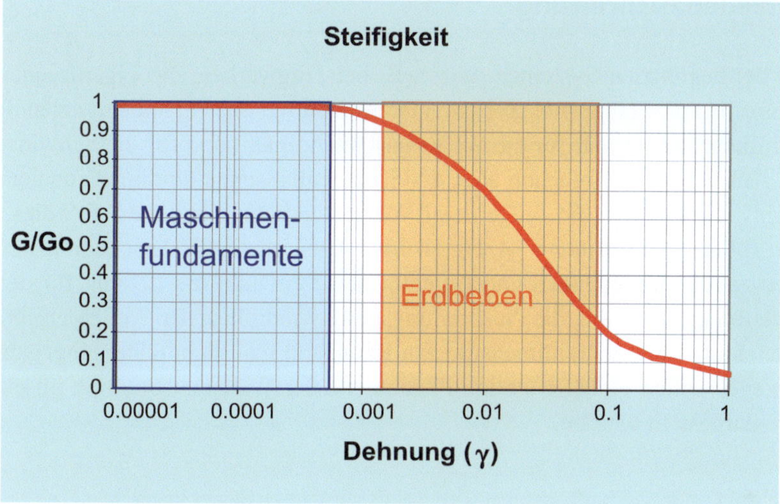

Abb. 2.3 Schubsteifigkeit in Funktion der Schubdehnung

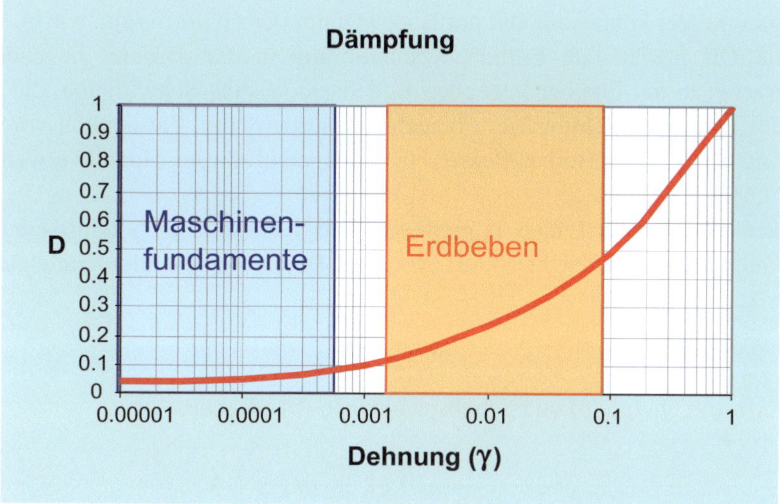

Abb. 2.4 Dämpfung in Funktion der Schubdehnung

viele baudynamische Aufgaben wie z. B. die Schwingungsberechnung für ein Maschinenfundament, der einzige akzeptierte Bereich ist, von einem linear-elastischen Verhalten des Bodens ausgegangen werden darf. Bei der Untersuchung von „lokalen Bodeneffekte" im Rahmen von Erdbebenberechnungen hingegen sind Dehnungen im Promille- bis Prozentbereich durchaus möglich, weshalb hier die Dehnungsabhängigkeit explizit berücksichtigt werden muss.

2.2 Wellenausbreitung

Während bei begrenzten Systemen, wie z. B. bei Tragwerken, die Eigenfrequenzen und die Eigenformen die Hauptrolle spielen, interessieren wir uns bei unbegrenzten Systemen, wie beim Baugrund, primär für die Wellengeschwindigkeit und für die Schwingungsausbreitung. Anhand eines einfachen aber durchaus realistischen eindimensionalen Modells wollen wir im Folgenden die „allgemeine Wellengleichung" herleiten. Für diese Wellengleichung sollen zwei Lösungen gezeigt werden: Die Lösung für den „begrenzten" Schubträger, die zu Eigenfrequenzen und Eigenformen führt und die Lösung für den unendlichen Schubträger, die uns die Ausbreitungsgeschwindigkeit der Wellen ergibt. Auf die Wellengleichung für den dreidimensionalen Raum soll hier nicht näher eingegangen werden. Hingegen sollen einige wichtige Phänomene der Wellenausbreitung im elastischen Halbraum dargestellt werden.

2.3 Eindimensionale Wellenausbreitung

Betrachten wir einen einfachen Schubträger , wie er in Abb. 2.5b dargestellt ist. Ein solcher Schubträger könnte ein Teil des Bodens unter den Häusern sein, wie in Abb. 2.5a dargestellt. Die horizontale Erdbebenerschütterung in der darunter liegenden Felsschicht erzeugt in der darüber liegenden Bodenschicht eine Schwingung, die mit dem Modell des einfachen Schubträgers berechnet werden kann. Tatsächlich wird für die Berechnung der „lokalen Bodeneffekte" bei Erdbeben oft dieses Modell verwendet (vgl. Abschn. 2.6).

An einem Element der Länge dx greifen an den Schnittflächen Schubspannungen (τ) und als Volumenkraft die Trägheitskraft (m · a) an. Da die Summe aller Kräfte gleich Null sein muss, gilt:

$$m \cdot a = \sum K \tag{2.2}$$

oder in Form von Dichte (ρ) und Schubspannungen (τ) ausgedrückt:

$$\rho \cdot dx \cdot A \cdot \frac{\partial^2 u}{\partial t^2} = \left(\tau + \frac{\partial \tau}{\partial x} dx - \tau \right) \cdot A \tag{2.3a}$$

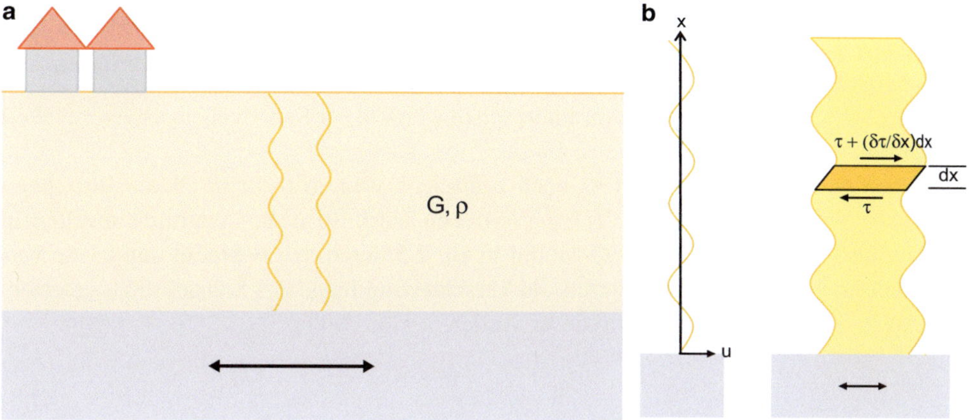

Abb. 2.5 **a** Baugrund mit Erdbebenanregung , **b** Baugrund als einfacher Schubträger

Dies lässt sich vereinfachen zu:

$$\rho \cdot \frac{\partial^2 u}{\partial t^2} = \frac{\partial \tau}{\partial x} \tag{2.3b}$$

mit

ρ Dichte
A Querschnittsfläche
u Verschiebung quer zur x-Achse

Für den ungedämpften Fall ist die Schubspannung τ proportional zur Schubdehnung, d. h.:

$$\tau = G\gamma = G\frac{\partial u}{\partial x} \tag{2.4}$$

Damit erhält man durch Einsetzen in Gl. 2.3b:

$$\rho \cdot \frac{\partial^2 u}{\partial t^2} = G\frac{\partial^2 u}{\partial x^2} \tag{2.5}$$

Das dynamische Verhalten des Schubträgers wird somit durch die Differenzialgleichung (2.5) beschrieben. Mit der Schreibweise

$$v_S{}^2 = \frac{G}{\rho} \tag{2.6}$$

ergibt sich aus Gl. 2.5 die so genannte „Allgemeine Wellengleichung“

$$\frac{\partial^2 u}{\partial t^2} = v_S{}^2 \frac{\partial^2 u}{\partial x^2} \tag{2.7}$$

wobei v_s, wie wir im Folgenden Abschnitt sehen werden, der Scherwellengeschwindigkeit entspricht.

Neben dem Schubträger gibt es noch zahlreiche weitere Systeme, deren Bewegung durch die Wellengleichung (Gl. 2.7) beschrieben wird. So z. B. Longitudinalwellen in einem dünnen Stab. Hier ist der G-Modul in Gl. 2.5 durch den E-Modul und u, die Verschiebung quer zur Stabachse, durch die Verschiebung längs zur Stabachse zu ersetzen. Die Ausbreitungsgeschwindigkeit dieser Wellen beträgt dann

$$v_L{}^2 = \frac{E}{\rho} \tag{2.8}$$

Bei einem Stab mit behinderter Seitendehnung – was eher der Situation im Boden entspricht – ist anstelle des E-Moduls der M-Modul (Kompressionsmodul) zu verwenden. Der M-Modul ist über die Querdehnungszahl ν mit dem E-Modul wie folgt verknüpft ist:

$$M = E \cdot \frac{1-\nu}{(1+\nu)(1-2\nu)} \tag{2.9}$$

Bei kleinen Werten von ν (d. h. ν 0,2) ist der Unterschied zwischen E und M vernachlässigbar.

Die Lösung der „Allgemeinen Wellengleichung“ erhält man durch Separation der Variablen, d. h. mit der Annahme, dass die Lösung für Gl. 2.7 als Produkt einer Funktion von x allein und von t allein existiert, d. h.

$$u(x,t) = X(x) \cdot T(t) \tag{2.10}$$

Durch partielles Ableiten von Gl. 2.10 nach x bzw. nach t ergibt sich

$$\frac{\partial^2 u}{\partial x^2} = X'' \cdot T \tag{2.11a}$$

und

$$\frac{\partial^2 u}{\partial t^2} = X \cdot \ddot{T} \tag{2.11b}$$

und durch Einsetzen der Gl. 2.11a und b in die Wellengleichung (Gl. 2.7) erhalten wir

$$X \cdot \ddot{T} = v^2 X'' T \tag{2.12a}$$

oder

$$\frac{\ddot{T}}{T} = v^2 \frac{X''}{X} \tag{2.12b}$$

als notwendige Bedingung, dass u(x,t) = X(x) T(t) eine Lösung ist. Die linke Seite von Gl. 2.12b ist eine Funktion von t, die rechte Seite eine Funktion von x allein; somit muss jede Seite gleich einer Konstanten (hier mit η bezeichnet) sein und es gilt

$$\frac{\ddot{T}}{T} = v^2 \frac{X''}{X} = \eta \tag{2.13}$$

Von den drei Möglichkeiten, η 0, η = 0 und η 0, kommt nur die letzte in Frage, da sich nur so eine harmonische Bewegung ergibt. Somit können wir $\eta = -\lambda^2$ setzen und erhalten

$$X'' + \frac{\lambda^2}{v^2} X = 0 \quad \rightarrow \quad X(x) = A \cos\frac{\lambda}{v}x + B \sin\frac{\lambda}{v}x \tag{2.14a}$$

$$\ddot{T} + \lambda^2 T = 0 \quad \rightarrow \quad T(t) = C \cos\lambda t + D \sin\lambda t \tag{2.14b}$$

Die allgemeine Lösung lautet schließlich

$$u(x,t) = X(x)T(t) = \left(A\cos\frac{\lambda}{v}x + B\sin\frac{\lambda}{v}x\right)\cdot\left(C\cos\lambda t + D\sin\lambda t\right) \tag{2.15}$$

Und stellt eine Schwingungsbewegung mit der Kreisfrequenz λ dar. Die Werte für A, B, C und D werden durch die Rand- bzw. durch die Anfangsbedingungen bestimmt. Für den Fall mit einem fixierten und einem freien Ende, wie er in Abb. 2.3b vorliegt, gelten folgende Randbedingungen:

$$u(0, t) = 0 \tag{2.16a}$$

und

$$\tau(l, t) = G\left.\frac{\partial u}{\partial x}\right|_{l,t} = 0 \tag{2.16b}$$

Das heißt, die Verschiebung am fixierten Ende ist gleich Null, ebenso die Schubspannungen am freien Ende. Durch Einsetzen der ersten Randbedingung (Gl. 2.16a) in Gl. 2.15 erhalten wir

$$A\cdot\left(C\cos\lambda t + D\sin\lambda t\right) = 0 \tag{2.17}$$

woraus folgt, dass A = 0. Mit der zweiten Randbedingung (Gl. 2.16b) und Gl. 2.4 erhalten wir

$$\frac{\lambda}{v} B \cos \frac{\lambda l}{v} \cdot \left(C \cos \lambda t + D \sin \lambda t \right) = 0 \tag{2.18}$$

woraus wir schließen, dass

$$\cos \frac{\lambda l}{v} = 0 \quad \text{und} \quad \frac{\lambda l}{v} = \frac{(2n-1)\pi}{2}, \quad n = 1, 2, 3, \ldots \tag{2.19}$$

Die Eigenkreisfrequenz λ_n (entspricht beim Einmassenschwinger ω_n) ergibt sich zu

$$\lambda_n = \frac{(2n-1)\pi v}{2l}, \quad n = 1, 2, 3, \ldots \tag{2.20}$$

Es existieren theoretisch unendlich viele Eigenkreisfrequenzen λ und Eigenformen, doch wird man sich bei praktischen Problemen auf einige wenige beschränken. Die Lösung für die n-te Eigenform lautet nach Gl. 2.15

$$u_n(x,t) = \sin\left(\frac{\lambda_n}{v} x \right) \cdot \left(C_n \cos \lambda_n t + D_n \sin \lambda_n t \right) \tag{2.21}$$

Die Konstante B ist hier in C_n und D_n enthalten. Der erste Faktor in Gl. 2.21 beschreibt den geometrischen Verlauf der n-ten Eigenform ohne jedoch die Amplitude festzulegen. Die ersten drei Eigenformen des einseitig fixierten Schubträgers sind in Abb. 2.6 dargestellt. Der zweite Faktor gibt die Amplitude der einzelnen Eigenformen an. Die allgemeine Lösung erhalten wir schließlich durch Summation der theoretisch unendlichen Anzahl Eigenformen u_n, d. h.

$$u(x,t) = \sum_{n=1}^{\infty} \sin\left(\frac{\lambda_n}{v} x \right) \cdot \left(C_n \cos \lambda_n t + D_n \sin \lambda_n t \right) \tag{2.22}$$

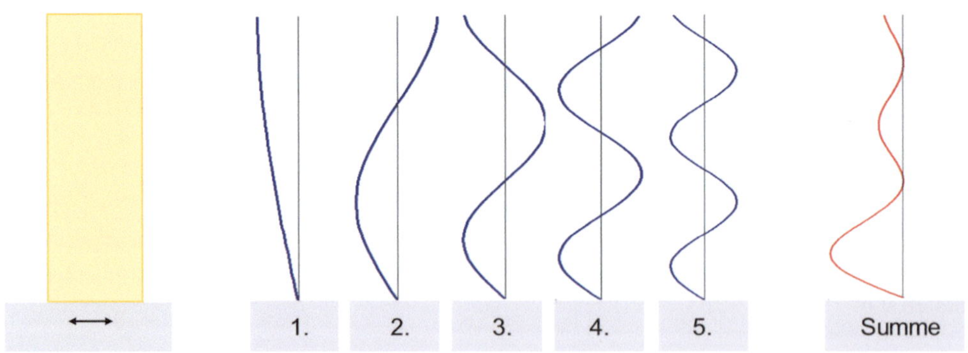

Abb. 2.6 Eigenformen beim Schubträger

D'Alembert-Lösung

Im vorangegangenen Abschnitt wurde die Lösung der „allgemeinen Wellengleichung" (2.7) mittels Separation der Variablen gezeigt. Daneben existiert eine weitere, sehr elegante Lösungsmethode, die als d'Alembert-Lösung bekannt ist. Sie kann vor allem dort vorteilhaft eingesetzt werden, wo es um stoßartige Belastungen geht.

Für eine Funktion f(x − vt), für die eine zweite Ableitung existiert, gilt nach der Kettenregel

$$\frac{\partial f}{\partial t}(x-vt) = -v\dot{f}(x-vt); \quad \frac{\partial f}{\partial x}(x-vt) = f'(x-vt) \tag{2.23}$$

$$\frac{\partial^2 f}{\partial t^2}(x-vt) = v^2\ddot{f}(x-vt); \quad \frac{\partial^2 f}{\partial x^2}(x-vt) = f''(x-vt) \tag{2.24a}$$

Vergleicht man Gl. 2.24a mit Gl. 2.24b so erkennt man leicht, dass u = f(x − vt) eine Lösung der Wellengleichung

$$\frac{\partial^2 u}{\partial t^2} = v_s^2 \frac{\partial^2 u}{\partial x^2} \tag{2.24b}$$

darstellt. Gleiches gilt für eine ebenfalls zweifach differenzierbare Funktion g(x + vt). Da Gl. 2.24b eine lineare Gleichung ist, folgt, dass die Summe

$$u = f(x-vt) + g(x+vt) \tag{2.25}$$

ebenfalls eine Lösung darstellt und zwar – wie man zeigen kann – die vollständige Lösung von Gl. 2.24b. Diese Form der Lösung der Wellengleichung ist besonders geeignet, um die Bedeutung des Parameters v in Gl. 2.24b, d. h. der Wellengeschwindigkeit, zu erkennen.

Betrachten wir z. B. die Wellenausbreitung in einem unendlich langen Stab (Abb. 2.7). Durch einen Schlag quer zur Stabachse wird zum Zeitpunkt t = 0 eine Störung erzeugt. Eine solche Störung breitet sich nach beiden Seiten aus und legt bis zum Zeitpunkt t_1 die Strecke s zurück. Dieser Vorgang wird mathematisch durch Gl. 2.25 beschrieben: Zum Zeitpunkt t = 0 gilt u = f(x) + g(x), d. h. die Störung in Abb. 2.7 oben setzt sich zusammen aus den beiden Funktionen f(x) und g(x). Zu einem späteren Zeitpunkt t_1 lautet Gl. 2.25 $u = f(x - vt_1) + g(x + vt_1)$. Die Funktion $f(x - vt_1)$ hat den gleichen Verlauf wie f(x), ist jedoch um die Distanz vt_1 nach rechts verschoben. Die Form der Auslenkung bleibt somit erhalten, doch wandert sie in einem Zeitintervall t_1 eine Distanz $s = vt_1$, d. h. mit einer Wellengeschwindigkeit v nach rechts. In analoger Weise definiert g(x + vt) eine Welle, die mit einer Geschwindigkeit v nach links wandert.

2.3.1 Wellenausbreitung im elastischen Raum

Bei der Herleitung der Bewegungsgleichung für den elastischen Raum geht man prinzipiell gleich vor wie bei der Herleitung der Wellengleichung für den Schubträger. Aller-

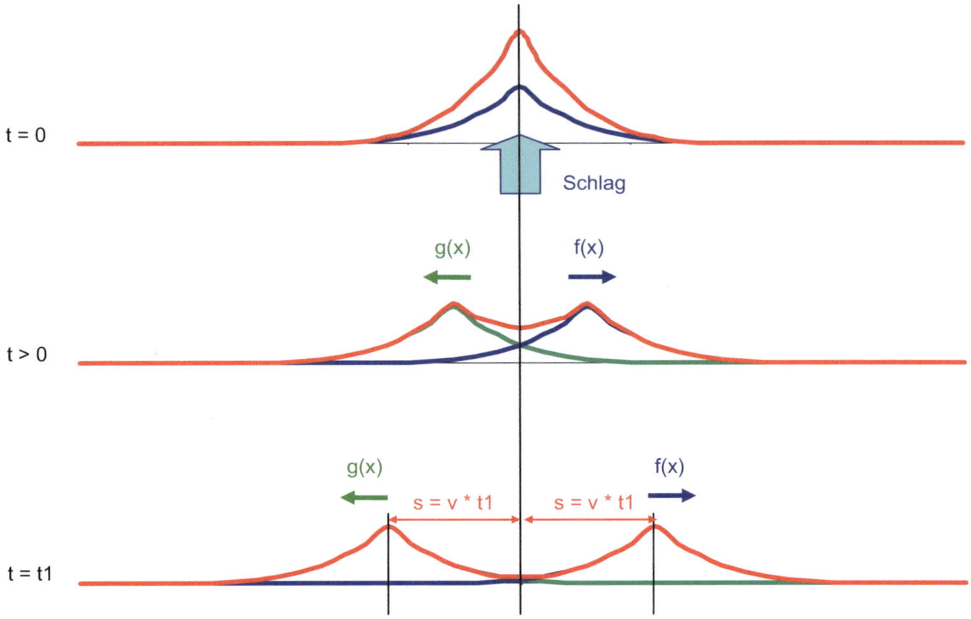

Abb. 2.7 Wellenausbreitung im Stab

dings sind die dabei auftretenden Formulierungen wesentlich komplizierter. Wie beim eindimensionalen Fall lässt sich zeigen, dass auch im dreidimensionalen Raum Scherwellen und Kompressionswellen existieren. Beim Boden mit einer freien Oberfläche (Halbraum) treten zusätzlich noch Rayleigh-Wellen auf, die den Oberflächenwellen im Wasser nicht unähnlich sind. Beim geschichteten Halbraum treten sogar noch Love-Wellen auf.

Für die Arbeit in der Praxis sind besonders die ersten drei Wellentypen, d. h. Kompressionswellen, Scherwellen und Oberflächenwellen (Rayleigh-Wellen) von Bedeutung. Die Kompressions- oder Longitudinalwellen weisen die größte Wellengeschwindigkeit auf und werden deshalb oft auch P-Wellen (primary waves) genannt. Ihre Wellengeschwindigkeit hängt mit dem E-Modul bzw. dem Kompressionsmodul des Bodens zusammen:

$$v_L^2 = \frac{M}{\rho}; \quad M = E \cdot \frac{1-\nu}{(1+\nu)(1-2\nu)} \tag{2.26}$$

Die Scherwellen sind etwa halb so schnell wie die Kompressionswellen. Ihre Wellengeschwindigkeit hängt mit dem Schubmodul des Bodens zusammen:

$$v_S^2 = \frac{G}{\rho} \tag{2.27}$$

Die Rayleigh-Wellen weisen etwa die gleiche Wellengeschwindigkeit auf wie die Scherwellen.

2.3.2 Wellenausbreitung im elastischen Halbraum

Im elastischen Halbraum entstehen durch eine Anregung an der Oberfläche – wie in Abb. 2.8 dargestellt – zwei Arten von Wellen: Raumwellen, die sich halbkugelförmig in die Breite und Tiefe ausbreiten und Oberflächenwellen, die sich – ähnlich wie Wasserwellen – nur horizontal (mit beschränkter Tiefenwirkung) ausbreiten. Zur ersten Kategorie gehören die Kompressionswellen (P-Wellen) und die Scherwellen (S-Wellen), zur zweiten gehören die Rayleigh-Wellen (R-Wellen).

Während in einem Stab (mit gleich bleibendem Querschnitt) die Schwingungsamplitude unverändert bleibt, nimmt sie bei der Ausbreitung im Raum entsprechend ab, da das Volumen, durch das die Schwingungsenergie fließt, mit zunehmendem Abstand von der Quelle zunimmt. Da sich die Energie proportional zum Quadrat der Schwinggeschwindigkeit verhält, nimmt die Schwingungsamplitude im Fall der Punktquelle im Raum linear, d. h. mit $1/r$ ab. An der Oberfläche ist die Abnahme stärker. Dort entspricht die Amplitudenabnahme $1/r^2$. Oberflächenwellen nehmen weniger stark ab. Rayleigh-Wellen nehmen mit $1/r^{0,5}$ab [1]. In Tab. 2.2 ist das Abminderungsverhalten für die 4 wichtigsten Fälle der Schwingungsausbreitung an der Oberfläche zusammengestellt.

Abb. 2.9 veranschaulicht die Abminderung dieser 4 Wellenarten, zusammen mit der gemessenen Erschütterungsabnahme neben einer Eisenbahnlinie.

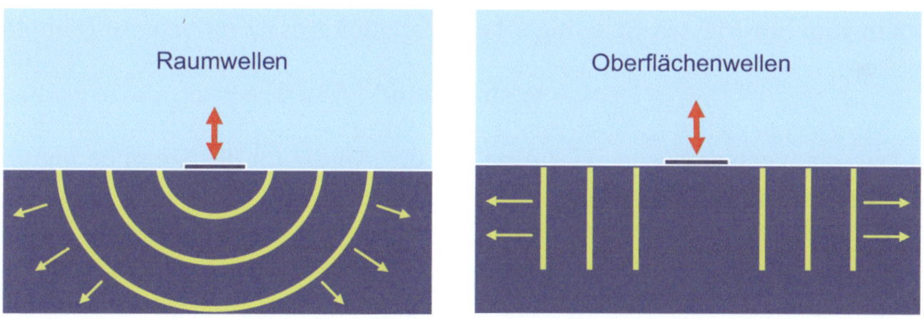

Abb. 2.8 Ausbreitung von Raumwellen und Oberflächenwellen

Tab. 2.2 Wellenausbreitung an der Oberfläche des idealen Halbraums (nur geometrische Dämpfung)

Wellenart	Abminderung bei Punktquellen	Abminderung bei Linienquellen
Raumwelle an der Oberfläche	$v = v_0 \left(\frac{r_0}{r}\right)^2$	$v = v_0 \left(\frac{r_0}{r}\right)^1$
Oberflächenwelle	$v = v_0 \left(\frac{r_0}{r}\right)^{0,5}$	$v = v_0 \left(\frac{r_0}{r}\right)^0$

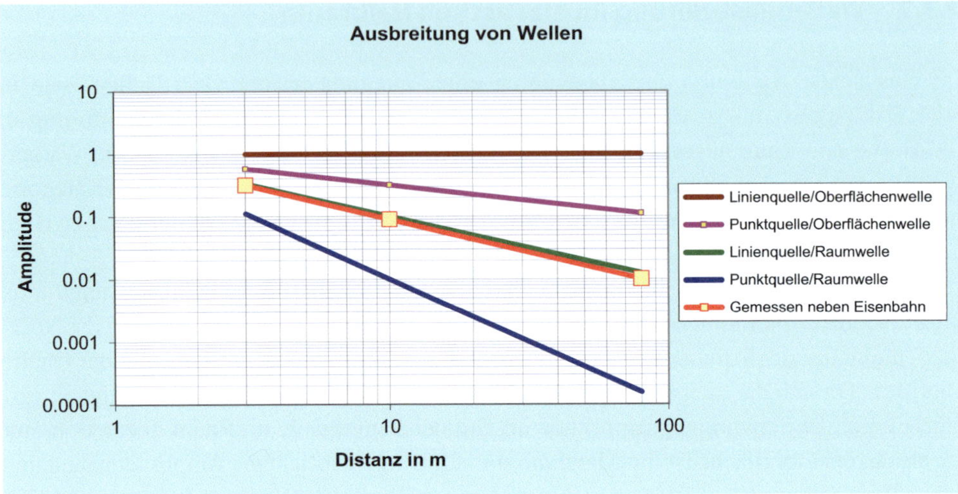

Abb. 2.9 Abminderung von Oberflächen- und Raumwellen an der Oberfläche

In den Gleichungen von Tab. 2.2 ist nur die Amplitudenabnahme infolge Vergrößerung des durch die Wellen beanspruchten Raumes, d. h. die geometrische Dämpfung, berücksichtigt. Die Amplitudenabnahme durch innere Reibung, die so genannte Materialdämpfung , muss zusätzlich eingeführt werden.

Mit dem vom Ein-Massen-Schwinger her bekannten Ansatz für viskose Dämpfung

$$v = v_0 \sin 2\pi ft \cdot e^{-2\pi fDt} \tag{2.28}$$

erhalten wir durch entsprechende Umwandlung den Ansatz für die Abminderung im idealen Halbraum mit Materialdämpfung :

$$v = v_0 \left(\frac{r_0}{r}\right)^{n(f)} e^{\left(-\frac{2\pi fD}{v_B}(r-r_0)\right)} \tag{2.29}$$

Der Exponent „n(f)“ berücksichtigt dabei die geometrische Dämpfung und der Exponent „$(2\pi fD/v_B)/(r - r_0)$“ die Materialdämpfung. Damit steigt die Materialdämpfung mit zunehmender Frequenz, was dazu führt, dass tiefe Frequenzen noch in großen Distanzen wahrgenommen werden, während hohe Frequenzen rascher abklingen.

In Abb. 2.10 sind die Abminderung beim viskos-gedämpften Ein-Massen-Schwinger (gemäß Gl. 2.28) und die Abminderung infolge viskoser Materialdämpfung beim Halbraum (gemäß Gl. 2.29) grafisch dargestellt. Deutlich erkennbar ist der wichtige Einfluss der Frequenz bei der Ausbreitung von Oberflächenwellen (Abb. 2.10b).

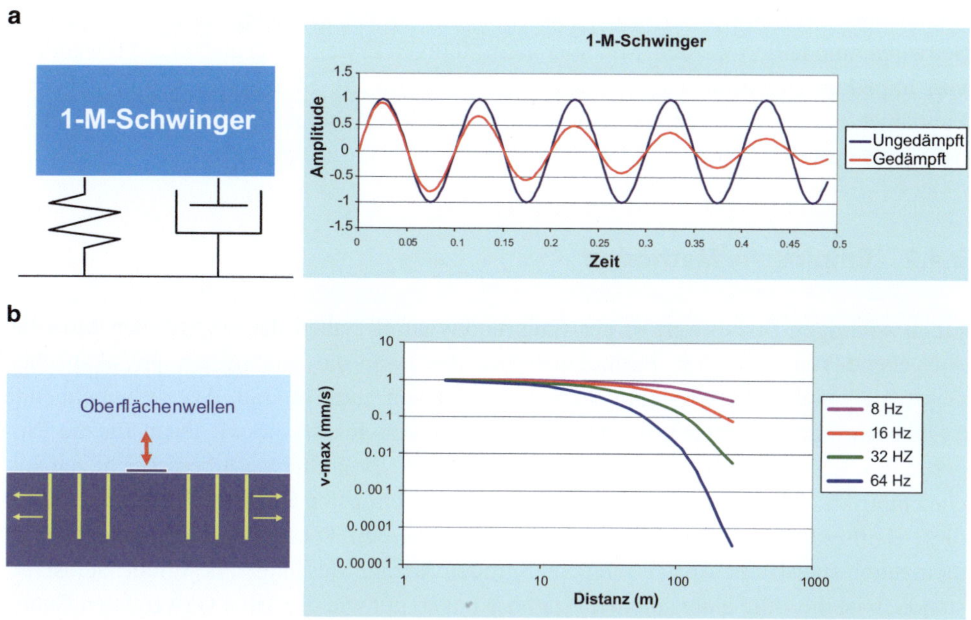

Abb. 2.10 **a** Abminderung der Schwingungsamplitude mit der Zeit infolge Dämpfung beim Ein-Massen-Schwinger, **b** Abminderung der Schwingungsamplitude mit der Distanz infolge Dämpfung bei Oberflächenwellen

2.4 Praktische Lösungsansätze

Wie bereits eingangs erwähnt, werden wir – falls wir eine mathematisch exakte Lösung anstreben – beim Boden bereits bei den einfachsten Problemstellungen mit extrem komplizierten mathematischen Formulierungen konfrontiert. Eine Impuls-Last auf einem Halbraum zum Beispiel führt über Laplace-Transformationen und komplizierte Integrale zu einer Lösung, die uns angesichts der Unsicherheit beim Bestimmen der Bodenkennwerte kaum befriedigen wird. Praxisgerechter sind approximative Methoden, die uns erlauben, mit geringem mathematischem Aufwand die häufiger auftretenden Problemstellungen adäquat zu lösen und die Zusammenhänge zu verstehen.

2.4.1 Ein-Massen-Schwinger-Modelle

Wie bei den Tragstrukturen stellt auch beim Baugrund der Ein-Massen-Schwinger ein geeignetes Hilfsmittel für die Lösung verschiedener Problemstellungen dar. Maschinenfundamente zum Beispiel können mit erstaunlich guter Genauigkeit als Ein-Massen-Schwinger modelliert werden. Mit einer geringfügigen Erweiterung und unter Verwendung von Impedanz-Funktionen lassen sich sogar komplizierte Situationen wie eingebettete Fundamente oder geschichtete Böden berechnen. Im Abschn. 2.5 wird diese Methode näher erläutert.

2.4.2 Empirische Methoden

Einen wichtigen Stellenwert in der Baugrunddynamik haben die empirischen Modelle. Ausgehend von einfachen Formulierungen, die zwar die wichtigsten physikalischen Gesetzmäßigkeiten berücksichtigen, aber weit davon entfernt sind, das zu berechnende System korrekt zu erfassen, werden Gleichungen entwickelt, die wir leicht für die Prognose des Schwingungsverhaltens verwenden können. Typischerweise berücksichtigen solche empirische Gleichungen nur die (hoffentlich) wichtigsten Einflussfaktoren, indem für diese Einflussfaktoren freie Parameter eingeführt werden. Diese freien Parameter werden dann durch statistische Auswertung einer großen Anzahl Messungen bestimmt. Selbstverständlich ist die Güte einer solchen Prognose nur so gut wie die dabei verwendeten Daten. Liegt in den Grunddaten eine große Streuung vor, so wird auch die Prognose mit einer großen Unsicherheit behaftet sein.

Ein typisches Beispiel für ein solches empirisches Modell ist die Berechnung der Erschütterungsimmissionen beim Schienenverkehr. In seiner einfachsten Form wird die Erschütterung im Gebäude mit einer einfachen Gleichung in der Form von

$$v = v_0 \cdot F_t \cdot F_s \cdot F_b \cdot \left(\frac{r_0}{r}\right)^m F_a \cdot F_d \tag{2.30a}$$

aufgrund der Erschütterung neben dem Gleis (v_0) berechnet. Der einzige physikalische Grundsatz ist im Term $(r_0/r)^m$ enthalten, den wir aus der Abminderung der Wellen im Halbraum kennen. Alle übrigen Parameter, mit denen die Beschaffenheit der Trasse (F_t), der Schienen (F_s), des Bodens unter den Schienen (F_b), der Ankopplungseffekt (F_a) und die Verstärkung der Schwingungen durch Geschossdecken (F_d) berücksichtigt werden, stammen aus der statistischen Auswertung von Messungen. Eine gute Abschätzung der Erschütterungen in einem Gebäude neben der Eisenbahnlinie (ohne Weichen) bei der Durchfahrt von Reisezügen erhält man in der Regel mit folgenden Parametern:

$$v_{RMS} = 0{,}08\,\text{mm/s} \cdot 1{,}0 \cdot 1{,}0 \cdot 1{,}0 \cdot (8\,\text{m}/r)^{1{,}04} \cdot 0{,}4 \cdot 4{,}0 \tag{2.30b}$$

Diese Methode kann noch verfeinert werden, indem Gl. 2.30a nicht für die Schwingung als Ganzes, sondern für jedes Terzband einzeln formuliert wird, womit die Frequenz-

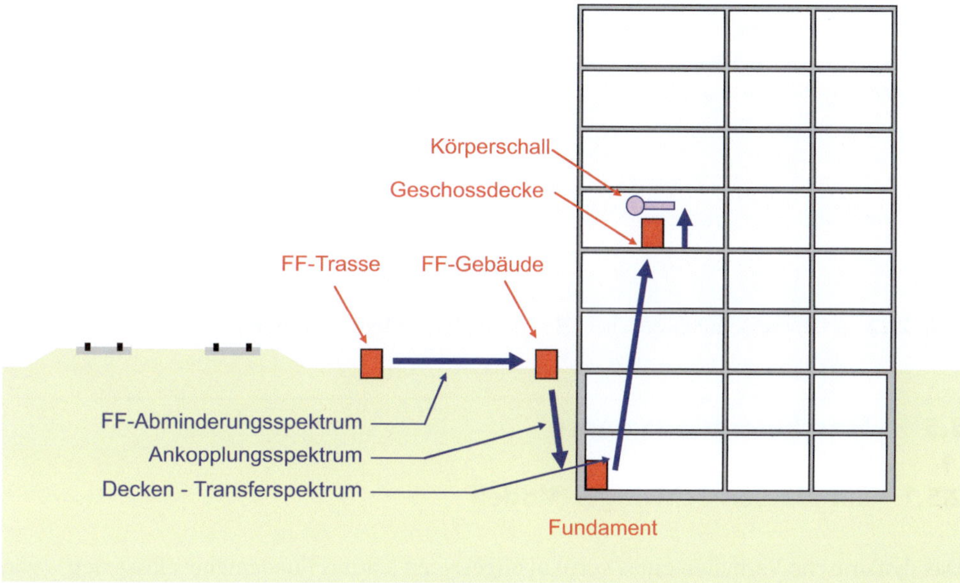

Abb. 2.11 Schematische Darstellung der Berechnung der Immissionen mit Hilfe von Quell- und Transferspektren

abhängigkeit zahlreicher Phänomene bei der Erschütterungsausbreitung berücksichtigt wird. Die Erschütterung auf der Geschossdecke ergibt sich dann – wie in Abb. 2.11 schematisch dargestellt – durch sukzessive Multiplikation des Quellspektrums (neben dem Gleis) mit den Transferspektren, die den Weg vom Gleis bis in die Wohnung charakterisieren.

2.4.3 FE-Modelle

Das FE-Programm PLAXIS ist ein weit verbreitetes Programm für die statische und dynamische Berechnung des Baugrundes bzw. von Tragstrukturen auf oder im Baugrund. Im Beispiel von Abb. 2.12 (aus PLAXIS Dynamics Manual Version 7) wird ein Generator analysiert. Neben den üblichen dynamischen Aspekten wie Trägheitskräfte und dynamische Belastung berücksichtigt PLAXIS die Interaktion zwischen dem Fundament und dem umgebenden Boden. Sowohl die Ausbreitung der Wellen (d. h. die geometrische Dämpfung) als auch die Materialdämpfung infolge viskosen Verhaltens des Bodens werden berücksichtigt.

Die Modellierung der FE-Netz-Grenzen ist ein Schlüsselpunkt in der Berechnung. Um Reflexionen an den Modellrändern – die ja in Wirklichkeit nicht auftreten können – zu vermeiden, werden spezielle Randbedingungen eingeführt, damit die Wellen, die den Rand erreichen, absorbiert werden.

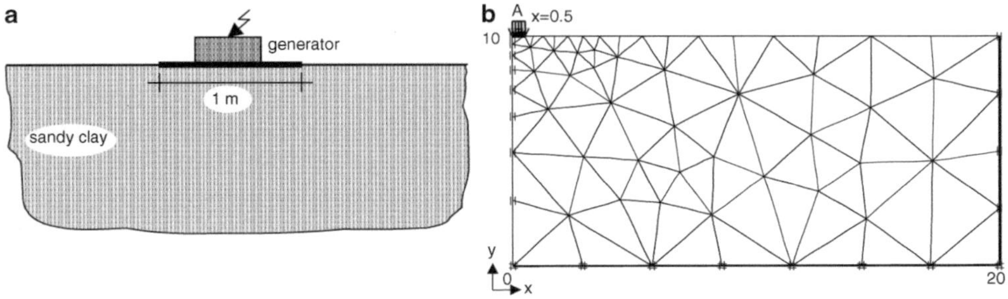

Abb. 2.12 **a** Generator auf elastischem Baugrund, **b** FE-Model mit Plaxis

2.5 Maschinenfundamente

2.5.1 Ein-Massen-Schwinger-Modell

Das dynamische Verhalten eines vertikal angeregten starren Fundamentes lässt sich – wie in Abb. 2.13 dargestellt – durch ein einfaches Feder-Dämpfer-System approximieren. Die Bewegungsgleichung für ein vertikal schwingendes Fundament ist damit identisch mit der Bewegungsgleichung eines Ein-Massen-Schwingers, d. h. es gilt

$$m\ddot{z} + c\dot{z} + kz = P(t) \tag{2.31}$$

wobei die Koeffizienten k und c aufgrund der Fundamentgröße r und der Baugrundparameter G, ν und ρ bestimmt werden. Dieses Modell lässt sich nicht nur für die Vertikalschwingung sondern auch für Horizontal-, Kipp- und Torsionsschwingungen anwenden.

In Abb. 2.13c sind die Parameter für die 4 Schwingungsarten des starren Fundamentes zusammengestellt. Die Steifigkeiten sind dabei identisch mit den Steifigkeiten des statischen Falles, die Koeffizienten für die Dämpfung entsprechen der Dämpfung im Resonanzbereich. Die effektive Masse m (bzw. Trägheitsmoment I_y und I_z) berechnet sich, indem man zur Masse von Fundament und Maschine eine zusätzliche fiktive Masse (bzw. Trägheitsmoment) addiert. Damit wird nicht etwa ein Teil des Bodens, der in Phase mit dem Fundament mitschwingt, berücksichtigt, sondern diese zusätzliche Masse ist deshalb nötig, weil die Steifigkeit mit zunehmender Frequenz abnimmt und nicht gleich der statischen Steifigkeit bleibt. Anstatt die Steifigkeit zu reduzieren, wird, was denselben Effekt hat, die Masse erhöht.

In Abb. 2.14 sind die mit Hilfe der Ein-Massen-Schwinger-Analogie berechneten Resonanzkurven für ein Gebläse-Fundament von 124 t Gesamtgewicht (Fundament: 92 t, Gebläse 32 t) dargestellt. Zwischen 8 und 12 Hz treten – vor allem in horizontaler Richtung und infolge Kippen – erhebliche Schwingungen auf. Man sieht, dass die Vertikalschwingung eine sehr starke Dämpfung aufweist, während die Dämpfung der Horizontal- und Kippschwingungen eine Größenordnung kleiner ist. Dies ist auch einleuchtend, wenn

a

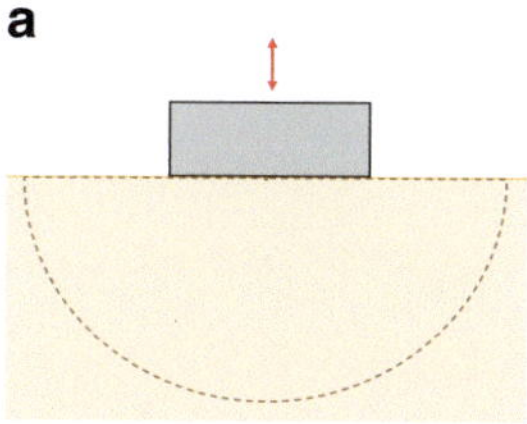

b

	Vertikal-schwingung	Horizontal-schwingung	Kipp-schwingung	Torsions-schwingung
Steifigkeit	$\frac{4Gr}{1-\nu}$	$\frac{8Gr}{2-\nu}$	$\frac{8Gr^3}{3(1-\nu)}$	$\frac{16Gr^3}{3}$
Massen-Verhältnis $\bar{B}$	$\frac{m(1-\nu)}{4\rho r^3}$	$\frac{m(2-\nu)}{8\rho r^3}$	$\frac{3I_y(1-\nu)}{8\rho r^5}$	$\frac{I_z}{\rho r^5}$
Dämpfungs-Verhältnis D	$\frac{0.425}{\sqrt{\bar{B}}}$	$\frac{0.29}{\sqrt{\bar{B}}}$	$\frac{0.15}{(1+\bar{B})\sqrt{\bar{B}}}$	$\frac{0.5}{1+2\bar{B}}$
Fiktive zusätzliche Masse	$\frac{0.27m}{\bar{B}}$	$\frac{0.095m}{\bar{B}}$	$\frac{0.24I_y}{\bar{B}}$	$\frac{0.24I_z}{\bar{B}}$

c

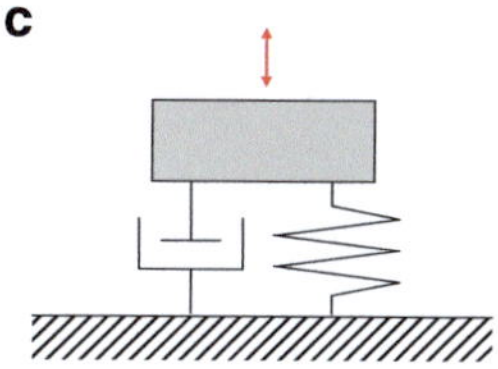

Abb. 2.13 **a** Fundamentblock auf elastischem Halbraum, **b** Ein-Massen-Schwinger als Ersatzsystem für den Fundamentblock auf elastischem Halbraum, **c** Äquivalente Parameter für die Berechnung eines starren Kreisfundamentes auf dem elastischen Halbraum mit Hilfe der Ein-Massen-Schwinger-Analogie

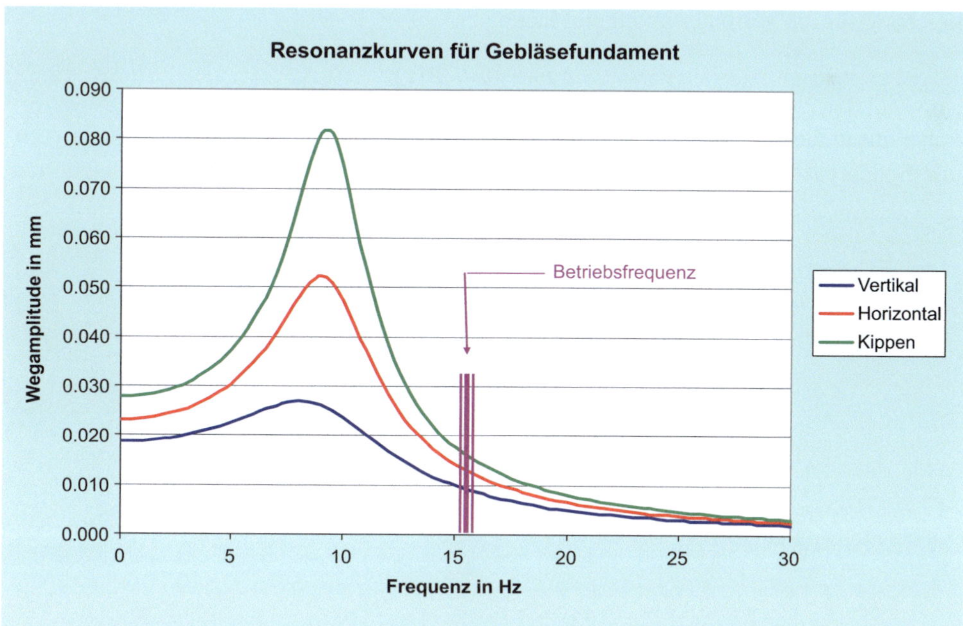

Abb. 2.14 Resonanzkurven für ein Gebläse-Fundament, berechnet mit Hilfe der Ein-Massen-Schwinger-Analogie

man bedenkt, dass bei der Vertikalschwingung ein wesentlich Größerer Bereich des Bodens angeregt wird als bei der Kippschwingung. Beim Entwurf eines Maschinenfundamentes ist deshalb darauf zu achten, dass Kippschwingungen möglichst vermieden werden.

2.5.2 Impedanzfunktionen

Im vorangegangenen Abschnitt wurde die dynamische Berechnung der starren Platte auf dem elastischen Halbraum mit Hilfe der Ein-Massen-Schwinger-Analogie beschrieben. Das Problem wird dabei – mit Hilfe einer Näherungslösung – zurückgeführt auf die bekannte Bewegungsgleichung

$$m\ddot{z} + c\dot{z} + kz = P(t) \tag{2.32}$$

wobei für m, c und k frequenzunabhängige Größen eingesetzt werden. Bei der Impedanzmethode werden dieselben Einmassenschwinger-Gleichungen verwendet, doch werden frequenzabhängige Größen, die so genannten Impedanzfunktionen, eingesetzt.

Wird ein starres Fundament gemäß Abb. 2.15 durch eine harmonische Belastung angeregt, so ergibt sich als stationärer Anteil der Bewegung eine harmonische Schwingung x(t) und dementsprechend eine harmonische Bodenreaktion R(t). Wie in Abb. 2.15 angedeutet, verlaufen diese 3 Größen im Allgemeinen nicht in Phase. Die Bewegungsgleichung für die Vertikalschwingung lautet

$$m\ddot{z} + R(t) = P(t) \tag{2.33}$$

wobei mit m die Gesamtmasse von Fundament und Maschine, mit R(t) die gesamte vertikale Bodenreaktion und mit P(t) die vertikale Anregung bezeichnet wird. Vergleicht man

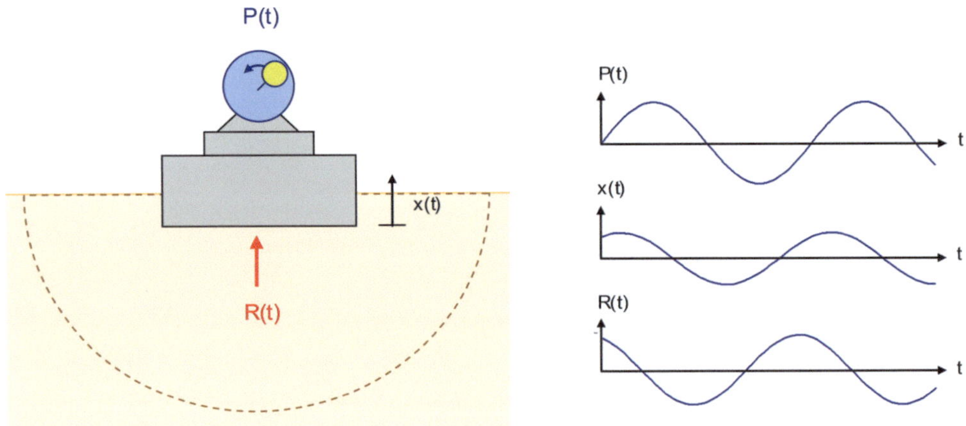

Abb. 2.15 Maschinenfundament auf elastischem Halbraum

Gl. 2.33 mit der Ein-Massen-Schwinger-Gl. (2.32), so sieht man, dass Feder- und Dämpfungsterm zusammengefasst sind in R(t).

Bei einer harmonischen Schwingung des Fundamentes, d. h. für $x(t) = x_0e^{i\omega t}$ ergibt sich auch eine – im Allgemeinen phasenverschobene – Bodenreaktion $R(t) = R_0e^{i\omega t + \varphi}$. Das Verhältnis zwischen R(t) und x(t), das für jede Frequenz einen bestimmten Wert annimmt, wird als Impedanzfunktion bezeichnet

$$\mathbf{K} = \mathbf{R}(t)/x(t) \tag{2.34}$$

wobei **K** wegen der Phasenverschiebung eine komplex-wertige Größe darstellt. Im Folgenden werden für Impedanzfunktionen und – falls zur Unterscheidung erforderlich – auch für komplexe Amplituden fettgedruckte Buchstaben verwendet. Mit Gl. 2.34 lautet die Bewegungsgleichung des starren Fundamentes

$$m\ddot{x}(t) + \mathbf{K}x(t) = P(t) \tag{2.35}$$

was sich, sobald die Impedanzfunktion $\mathbf{K}(\omega)$ vorliegt, einfach lösen lässt.

Bei einem starren Fundament existieren folgende Schwingungen: Die Vertikal- und die Torsionsschwingung sowie die Horizontal- und Kippschwingung. Vertikal- und Torsionsschwingungen sind bei einem Fundament, wie es in Abb. 2.15 dargestellt ist, nicht gekoppelt, d. h. die beiden Schwingungen sind unabhängig voneinander. Horizontal- und Kippschwingungen hingegen sind gekoppelt, da die Wirkungslinie der horizontalen Trägheitskraft nicht mit der Wirkungslinie der horizontalen Reaktionskraft zusammenfällt.

Der Berechnungsablauf für die Vertikalschwingung folgt – wie in [4] ausführlich beschrieben – folgendem Muster:

1. Aufstellen der Bewegungsdifferenzialgleichung:

$$m\ddot{z}(t) + \mathbf{R_z}(t) = \mathbf{P_z}(t) \tag{2.36}$$

2. Formulierung der Belastung:

$$\mathbf{P_z}(t) = P_z e^{i(\omega t + \varphi_z)} \tag{2.37}$$

3. Formulierung der Bewegung des Fundamentes:

$$\mathbf{z}(t) = z e^{i(\omega t)} \tag{2.38}$$

4. Formulierung der Bodenreaktion:

$$\mathbf{R_z}(t) = R_z e^{i(\omega t)} \quad \left(\text{mit } R_z = \mathbf{K_z} z\right) \tag{2.39}$$

5. Einsetzen in Bewegungsdifferenzialgleichung (2.36):

$$-m\omega^2 z + \mathbf{K_z} z = P_z e^{i\varphi_z} \tag{2.40}$$

6. Auflösen nach z:

$$z = \left(P_z e^{i\varphi_z}\right) / \left(\mathbf{K_z} - m\omega^2\right) \tag{2.41}$$

Die Berechnung der Vertikalschwingung eines starren Maschinenfundamentes mit Hilfe von Impedanzfunktionen reduziert sich somit auf die Lösung der Gl. 2.41. Die Torsionsschwingung berechnet sich in analoger Form. Für die Horizontal- und Kippschwingungen werden die Ausdrücke wegen der gegenseitigen Kopplung etwas komplizierter.

In den Gln. 2.42a, 2.42b, 2.42c und 2.42d ist der vollständige Satz von 4 Gleichungen für die 4 möglichen Schwingungsformen eines starren Fundamentblockes zusammengestellt.

$$z = \left(P_z e^{i\varphi_z}\right) / \left(\mathbf{K_z} - m\omega^2\right) \tag{2.42a}$$

$$\Theta = \left(M_z e^{i\varphi_\vartheta}\right) / \left(\mathbf{K}_\Theta - I_z\omega^2\right) \tag{2.42b}$$

$$x = \left(P_x \mathbf{K}^*_\eta e^{i\varphi_x} - M_y \mathbf{K}^*_{\mathbf{x}\eta} e^{i\varphi_\eta}\right) N \tag{2.42c}$$

$$\eta = \left(M_y \mathbf{K}^*_\mathbf{x} e^{i\varphi_\eta} - P_x \mathbf{K}^*_{\mathbf{x}\eta} e^{i\varphi_x}\right) N \tag{2.42d}$$

mit

m	Massen von Fundament und Maschine
I_z	Massenträgheitsmoment bezüglich der vertikalen Achse
I_y	Massenträgheitsmoment bezüglich der horizontalen Hauptachse durch den Massenschwerpunkt
z	Vertikale Bewegung
x	Horizontale Bewegung
θ	Rotation um vertikale Achse
η	Rotation um horizontale Achse
$\mathbf{K}^*_x$	$\mathbf{K}_\mathbf{x} - m\omega^2$
$\mathbf{K}^*_{x\eta}$	$\mathbf{K}_{x\eta} - \mathbf{K}_\mathbf{x} z_s$
$\mathbf{K}^*_\eta$	$\mathbf{K}_\eta - I_y\omega^2 + \mathbf{K}_\mathbf{x} z_s - 2\mathbf{K}_{x\eta} z_s$
N	$\left(\mathbf{K}^*_\mathbf{x}\mathbf{K}^*_\eta \quad \mathbf{K}^{*\,2}_{x\eta}\right)^{1}$

Sofern für den zu untersuchenden Fall Impedanzfunktionen vorliegen, ist die Berechnung mit Impedanzfunktionen nicht wesentlich komplizierter als die Lösung mit der Ein-Massen-Schwinger-Analogie. Für eine große Anzahl von Fundament-Baugrund-Situationen mit unterschiedlichen Fundamentgrundrissen, Einbettungstiefen und Boden-

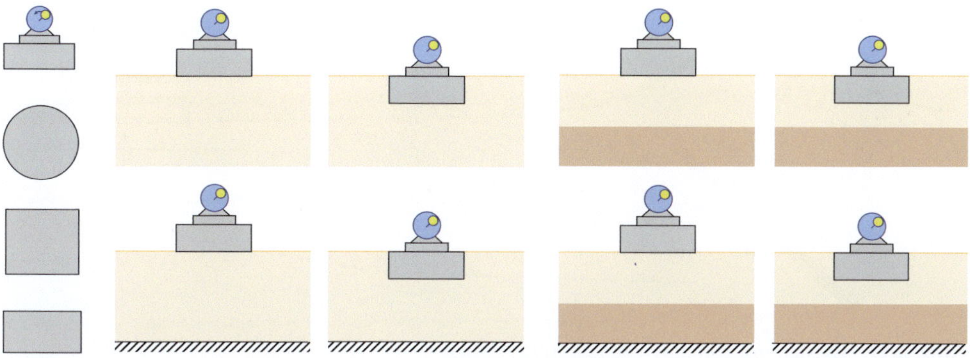

Abb. 2.16 Fundamentformen und Baugrund-Konfigurationen

schichtungen existieren auch bereits Impedanzfunktionen. Eine gute Sammlung von Impedanzfunktionen findet sich z. B. in [4–6]. Hier werden die Impedanzfunktionen in grafischer oder tabellarischer Form für die in Abb. 2.16 dargestellten Fälle (und zahlreiche weitere) angegeben.

2.6 Erdbebenprobleme

2.6.1 Erschütterungsverstärkung durch den Baugrund

Erdbebenwellen wandern vom Erdbebenherd durch die Felsschichten und gelangen durch die Lockergesteinsschichten in unsere Gebäude. Da die Wellengeschwindigkeiten in den Lockergesteinsschichten wesentlich tiefer sind als in den darunter liegenden Felsschichten, werden die Wellenfronten abgelenkt und es entstehen vorwiegend horizontale Scherwellen, wie in Abb. 2.17 skizziert.

Für den idealisierten Fall wie in Abb. 2.18 mit einer homogenen Lockergesteinsschicht über einer Felsschicht, wie in Abb. 2.17 dargestellt, können wir das Ergebnis des einfachen Schubträgers aus Gl. 2.20 verwenden.

$$\lambda_n = \frac{(2n-1)\pi v}{2l}, \quad n = 1, 2, 3, \ldots \tag{2.43}$$

Die erste Eigenfrequenz ergibt sich somit zu

$$\lambda_1 = \frac{\pi v}{2l} \tag{2.44}$$

womit wir bei einer Schichtmächtigkeit von $l = 25$ m und einer Scherwellengeschwindigkeit in der Lockergesteinsschicht von $v_S = 200$ m/s eine Eigenkreisfrequenz von $\lambda = 12{,}57$ rad/s und eine Frequenz von 2 Hz erhalten. Dies bedeutet, dass an diesem Stand-

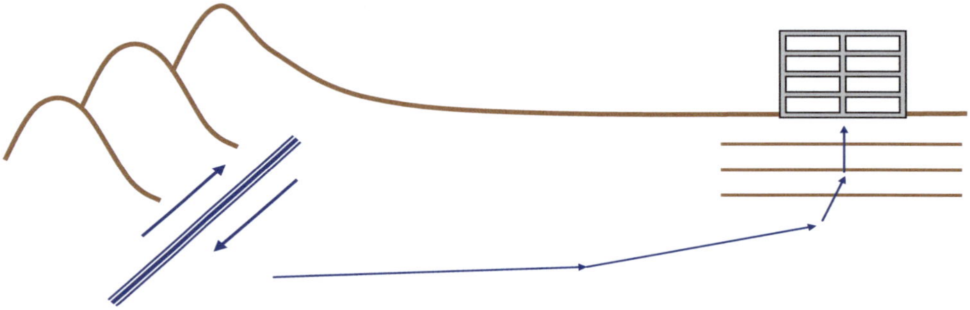

Abb. 2.17 Entstehung von horizontalen Scherwellen

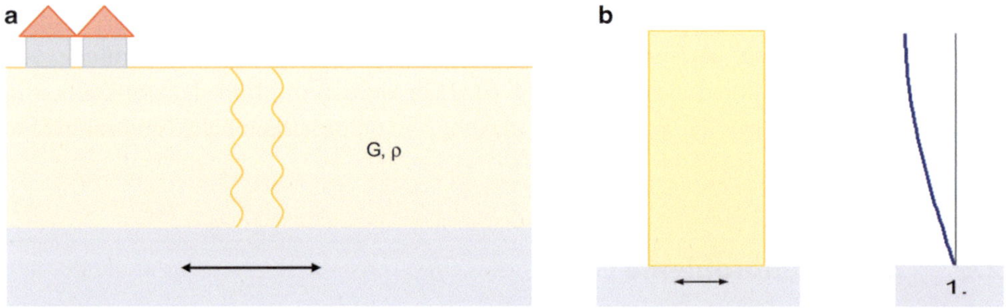

Abb. 2.18 **a** Idealisierter Fall mit einer homogenen Lockergesteinsschicht über einer Felsschicht, **b** Unten fixierter Schubträger mit Horizontalanregung

ort Gebäude mit einer Eigenfrequenz von 2 Hz besonders gefährdet sind. Selbstverständlich sind die Verhältnisse in Wirklichkeit selten so einfach und man wird für die Berechnung Computerprogramme einsetzen, die auch kompliziertere Schichtungen und nicht-lineares Verhalten des Bodens berücksichtigen können. Das Grundprinzip der Berechnung bleibt jedoch das gleiche.

2.6.2 Dynamischer Erddruck

Bei der Berechnung des dynamischen Erddruckes wird zumeist auf ein pseudo-statisches Verfahren zurückgegriffen. Dabei wird das von Rankine um 1870 für den statischen Fall entwickelte Verfahren zur Berechnung des aktiven und passiven Erddruckes erweitert um eine zusätzliche Kraft, welche die Trägheitskraft des aktiven bzw. des passiven Erdkeils darstellt. Dieses Verfahren, um 1926 von Okabe und Mononobe entwickelt, ist in Abb. 2.19 schematisch für den aktiven Erddruck dargestellt.

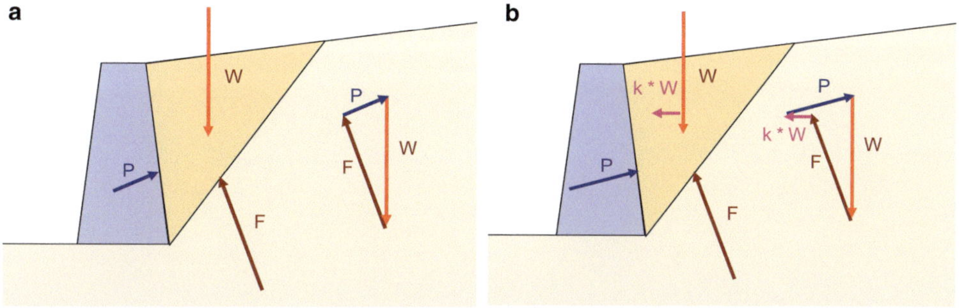

Abb. 2.19 **a** Kräftepolygon für die Berechnung des aktiven Erddrucks beim statischen Fall, **b** Kräftepolygon mit zusätzlicher Horizontalkraft zur Berücksichtigung des Erdbebens

Neben den drei Kräften W (Eigengewicht des aktiven Erdkeils), F (Reaktionskraft auf der Gleitfläche) und P (Resultierende des Erddruckes) wirkt bei einer horizontalen Erdbeschleunigung in Richtung des abgestützten Erdreichs eine zusätzliche Kraft k * W, die dem Produkt aus Masse x Horizontalbeschleunigung entspricht. Dadurch vergrößert sich der Erddruck P, da die Summe aller Kräfte Null ergeben muss.

Das in Abb. 2.19 dargestellte Verfahren ist sicherlich eine starke Vereinfachung gegenüber der Wirklichkeit. Doch ähnlich wie beim Ersatzlastverfahren für Bauwerke, das im Prinzip die dynamischen Kräfte aus der ersten Eigenform als statische Ersatzlast einführt, ergibt die Methode von Okabe und Mononobe genügend genaue Ergebnisse [7].

2.6.3 Dynamische Böschungsstabilität

Ähnlich wie beim dynamischen Erddruck behilft man sich bei der Berechnung der dynamischen Böschungsstabilität ebenfalls der pseudo-statischen Methode. Das Gleichgewicht wird nach üblichen statischen Verfahren formuliert. Zusätzlich wird die quasi-statische Ersatzkraft k * W (in Abb. 2.20a) eingeführt. Überschreitet die Summe der treibenden Kräfte die rückhaltende Kraft S, so ist mit einem Abgleiten der Böschung zu rechnen. Um die Größenordnung des Abgleitens abzuschätzen, wird ein Ersatzsystem, bestehend aus einem Block auf einer Gleitfläche, gebildet. Die Neigung der Gleitfläche ist dabei gleich der Neigung der rückhaltenden Kraft S.

Der Verschiebungsweg ergibt sich schließlich als Fläche zwischen dem Geschwindigkeitsverlauf der Bodenbewegung und der Linie, welche die kritische Beschleunigung a darstellt, d. h. die Beschleunigung, bei welcher der Block zu gleiten beginnt [8].

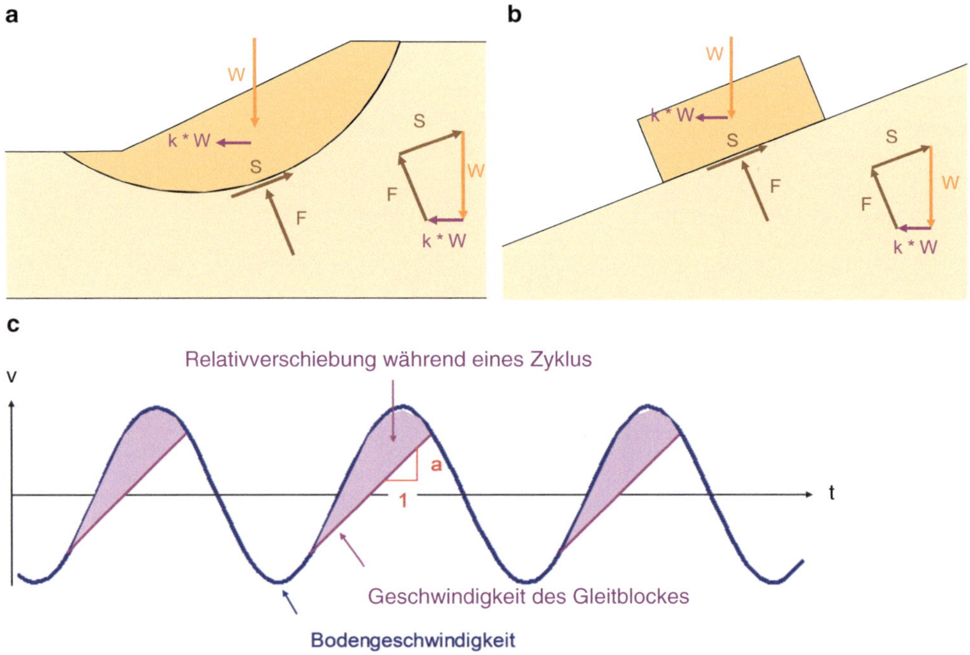

Abb. 2.20 **a** Kräftepolygon für die Berechnung der Böschungsstabilität, **b** Ersatzblock mit gleichen Kräften wie für die Böschung, **c** Darstellung der Relativverschiebung bei Gleiten infolge zyklischer Bodenbeschleunigung

Literatur

1. Richart, F.E., Hall, J.R. und Woods R. D. (1970). *Vibrations of Soils and Foundation,* Prentice Hall, Inc., Englewood Cliffs, New Jersey
2. Bundesamt für Zivilschutz (1964), *Handbuch der Waffenwirkungen für die Bemessung von Schutzbauten.*
3. Prasad, B.B. (2009). *Soil Dynamics and Vibration Engineering,* PHI Learning, New Delhi
4. Gazetas G. (1983). *Analysis of machine foundation vibrations: state of the art*, Soil Dynamics and Earthquake Engineering, 1983, Vol. 2, No. 1
5. Wong H.L. und Luco J.E. (1985), *Tables of impedance functions for square foundations on layered media,* Soil Dynamics and Earthquake Engineering, 1985, Vol. 4, No. 2
6. Sieffert J-G. und Cevaer F. (1991), *Handbook of Impedance Functions,* Ouest Editions Presses Académiques, Nantes
7. Kramer S.L. (1996). *Geotechnical Earthquake Engineering,* Prentice Hall, Upper Sadle River, New Jersey
8. Departement of Defense, USA (1997). *Soil Dynamics and Special Design Aspects,* MIL-HDBK-1007/3

Erschütterungsmessung im Bauwesen 3

Inhaltsverzeichnis

Schwingungs- oder Erschütterungsmessungen haben im Bauwesen in den letzten Jahrzehnten eine sehr große Bedeutung erlangt. Dank den großen Fortschritten in der Sensortechnologie und in den Analysewerkzeugen ist der Einsatz von Erschütterungsmessgeräten einerseits stark vereinfacht worden, gleichzeitig sind die dabei erzielbaren Ergebnisse enorm verbessert worden. Das vorliegende Kapitel soll dem Leser eine Einführung in die Sensortechnologie geben und ihn vertraut machen mit den wichtigsten Auswerteverfahren, soweit sie bei Messungen im Bauwesen von Bedeutung sind. Darnach wird anhand von sechs typischen Anwendungen im Bauwesen aufgezeigt, welche Sensoren sinnvollerweise eingesetzt werden und welche Probleme bei solchen Messungen auftauchen können.

A. Ziegler et al., *Bauwerksdynamik und Erschütterungsmessungen*,
https://doi.org/10.1007/978-3-658-38022-9_3

3.1 Sensoren

Die Hilfsmittel zur Bestimmung der drei Größen *Weg, Geschwindigkeit* und *Beschleunigung* sind elektro-mechanische Sensoren, die uns erlauben, die gewünschten Messgrößen mit fast unglaublicher Präzision zu ermitteln. Um die Anwendungsmöglichkeiten richtig einschätzen zu können und vor allem um die Grenzen der Anwendbarkeit zu erkennen, ist ein gewisses Grundverständnis der Funktionsprinzipien von Vorteil. Im Folgenden sollen für jede Messgröße ein Beispiel eines Messaufnehmers, sein Funktionsprinzip und seine Anwendungsmöglichkeiten kurz beschrieben werden.

3.1.1 Geschwindigkeits-Sensor

Abb. 3.1 zeigt den triaxialen Geschwindigkeitssensor MS2003⁺ von SYSCOM. Im Gehäuse befinden sich drei Geofone und die zugehörige Elektronik, die uns erlaubt, Schwinggeschwindigkeiten von weniger als 0,000004 mm/s zu messen.

Das Prinzip des Geofons ist dem eines Fahrraddynamos nicht unähnlich. Der Dynamo dreht sich in einem Magnetfeld und je schneller er dreht, umso mehr Strom produziert er. Die Spule des Geofons (vgl. Abb. 3.2a) bewegt sich ebenfalls in einem Magnetfeld – allerdings linear – und je schneller sie sich bewegt, umso Größer ist die abgegebene Spannung. Die Spule ist an einer Feder aufgehängt und bewegt sich wie ein Ein-Massen-Schwinger d. h. mit der üblichen Überhöhung bei der Eigenfrequenz (rote Linie in Abb. 3.2a). Oberhalb der doppelten Eigenfrequenz bewegt sich die Masse – wegen ihrer Trägheit – praktisch nicht mehr und die Relativbewegung zwischen Masse und Gehäuse entspricht der zu messenden Erschütterung. Unterhalb der halben Eigenfrequenz bewegt sich die Masse praktisch gleich wie das Gehäuse und bei sehr tiefen Frequenzen von unter 0,1 Hz existiert praktisch keine Relativbewegung zwischen Masse und Gehäuse. Dementsprechend wird dann auch keine Schwingung mehr gemessen. Die eingebaute Elektronik ist dafür besorgt,

Abb. 3.1 Sensor MS2003$^+$ von SYSCOM

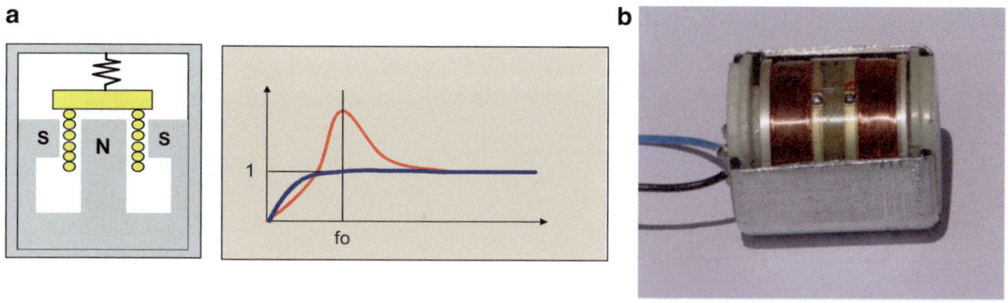

Abb. 3.2 **a** Funktionsprinzip des Geofons, **b** Messzelle

dass das gemessene Signal im interessierenden Bereich linearisiert wird (blaue Linie in Abb. 3.2a). Beim Sensor MS2003⁺ reicht die Linearisierung bis auf 1 Hz hinunter.

Die Einsatzmöglichkeiten des Geschwindigkeitssensors nach dem Geophon-Prinzip werden weitgehend durch seinen Messbereich (Amplitude und Frequenz) und durch sein Funktionsprinzip bestimmt. Beim MS2003⁺ reicht der Amplitudenbereich von 0,000004 bis 115 mm/s und der Frequenzbereich von 1 bis 315 Hz. Zu beachten ist, dass ein Geofon im tieffrequenten Bereich, wegen der beschränkten Relativbewegung zwischen elastisch aufgehängter Masse und Gehäuse, eine reduzierte maximale Schwinggeschwindigkeit aufweist.

Mit dem Geschwindigkeitssensor MS2003 lassen sich die meisten Messaufgaben im Bereich der Bauwerksdynamik bewältigen. Nicht geeignet ist er allerdings bei Schwingungen mit tiefen Frequenzen (d. h. unter 1 Hz.), bei Schwingungen mit Größeren Amplituden (d. h. Größer 1 mm) und bei Bewegungen mit bleibenden Verschiebungen.

3.1.2 Beschleunigungs-Sensor

Die Abb. 3.3a–f zeigen den Beschleunigungssensor MS2004⁺ von SYSCOM und sein Funktionsprinzip. Als Gedankenmodell wählen wir die Waage von Abb. 3.3b. Eine Beschleunigung nach oben würde die Masse rechts nach unten ziehen und der Zeiger würde nach links ausschlagen. Dies wird allerdings durch eine Kraft mittels aufgebrachter Spannung korrigiert, sodass die Waage stets in der Nullposition bleibt. Die aufzubringende Spannung ist somit proportional zur Beschleunigung. Diese traditionell mechanische Bauweise des Sensors wird heute miniaturisiert hergestellt (MEMS-Technologie, siehe Abb. 3.3c). Dabei wird die Masse durch ein dünnes Plättchen (Abb. 3.3e) verkörpert, die Feder durch feine Biegestäbchen. Die Wegmessung wird nach dem Kondensatorenprinzip und die Rückführkraft durch elektrostatische Ladung der äußeren Plättchen realisiert.

Im Gegensatz zum Geschwindigkeitssensor lassen sich mit diesem Beschleunigungssensor auch sehr tiefe Frequenzen messen. Denn seine Frequenzganglinie ist konstant bis auf null Hertz (siehe Abb. 3.3f). Allerdings ist der Beschleunigungssensor im tiefen Frequenzbereich nicht so empfindlich wie der Geschwindigkeitssensor.

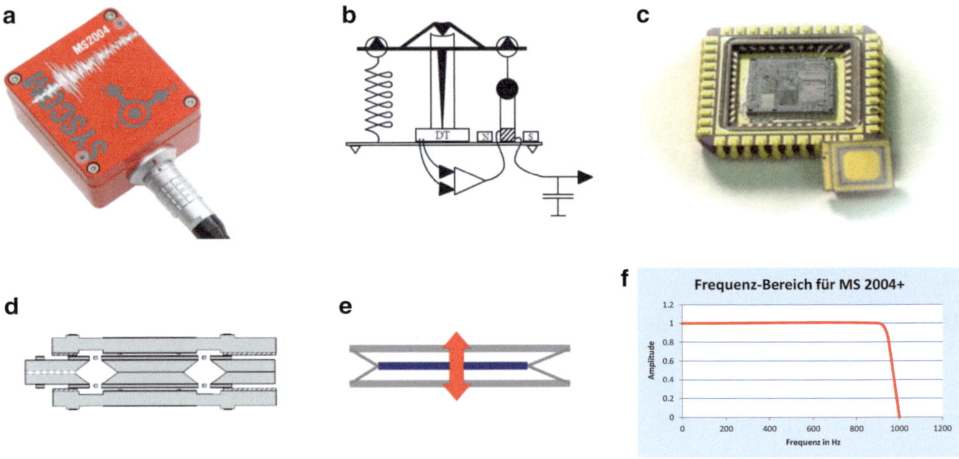

Abb. 3.3 **a** Sensor MS2004+, **b** Funktionsprinzip FBA, **c** Messzelle des MS2004+, **d** Schnitt durch Messzelle, **e** Messzelle schematisch, **f** Frequenzgang

3.1.3 Weg-Sensor

Die direkte Messung des Schwingweges bietet oft Größere Schwierigkeiten als die Messung der Beschleunigung oder der Geschwindigkeit, denn bei der Messung des Schwingweges ist ein ruhender Referenzpunkt erforderlich. Für die Messung der Durchbiegung einer Brücke z. B. ist eine mechanische oder optische Verbindung mit dem Boden unter der Brückenmitte nötig, was bei einer Flussbrücke nicht ohne weiteres machbar ist.

Bei der Brücke in Abb. 3.4 wurde die Einsenkung in Feldmitte mit einem magnetostriktiven Wegsensor aufgezeichnet. Der Sensor selbst war auf einem Stativ auf der Straße unter der Brücke montiert, der Weggeber hing an einer 30 m langen Kette. Die Messgenauigkeit liegt im Bereich von 0,004 mm. Die Aufzeichnung in Abb. 3.4 zeigt das Anheben des Brückenfeldes bei der Befahrung des Nachbarfeldes (6 bis 11 s) und die Einsenkung während des Befahrens des Messfeldes. Im Zeitraum von 17 bis 25 s war der Lastwagen parkiert. Beim Wegfahren ergab sich eine zusätzliche Einsenkung und dann wieder ein Anheben während der Befahrung des Nachbarfeldes.

Abb. 3.5 zeigt schematisch das Arbeitsprinzip des magnetostriktiven Wegsensors: Durch ein Messelement (Stab) wird ein Stromimpuls geschickt, der ein Magnetfeld verursacht. Gleichzeitig befindet sich an einer bestimmten Stelle des Messelementes ein Positionsmagnet mit seinem eigenen Feld. Die Positionsbestimmung erfolgt durch Laufzeitmessung. Typische Anwendungsmöglichkeiten dieses Sensors sind Einsenkungen von Brücken oder dynamische Rissöffnungs-Messungen.

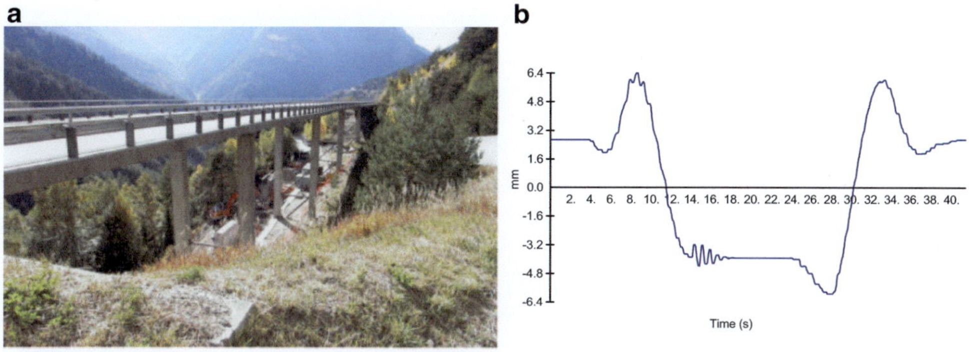

Abb. 3.4 **a** Brücke am Simplon, **b** Aufzeichnung der Durchbiegung bei der Durchfahrt eines Lastwagens

Abb. 3.5 Funktionsprinzip des magnetostriktiven Wegsensors

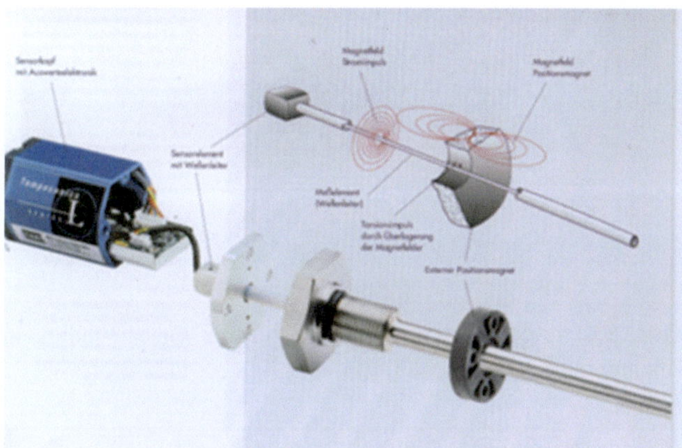

3.1.4 Messbereiche und Empfindlichkeit

Offensichtlich gibt es nicht *einen richtigen* Sensor, der für alle Anwendungen geeignet ist, sondern wir müssen uns vor jeder Messung überlegen, welche Größe wir primär messen wollen und in welchem Amplituden- und Frequenzbereich sich die zu messende Schwingung bewegt. Abb. 3.6 zeigt die Messbereiche der beiden Sensoren MS2003^{+} (Geschwindigkeit) und 2004^{+} (Beschleunigung) von SYSCOM. Mit diesen beiden Sensoren lassen sich praktisch alle Messaufgaben im Bereich der Bauwerksdynamik bewältigen.

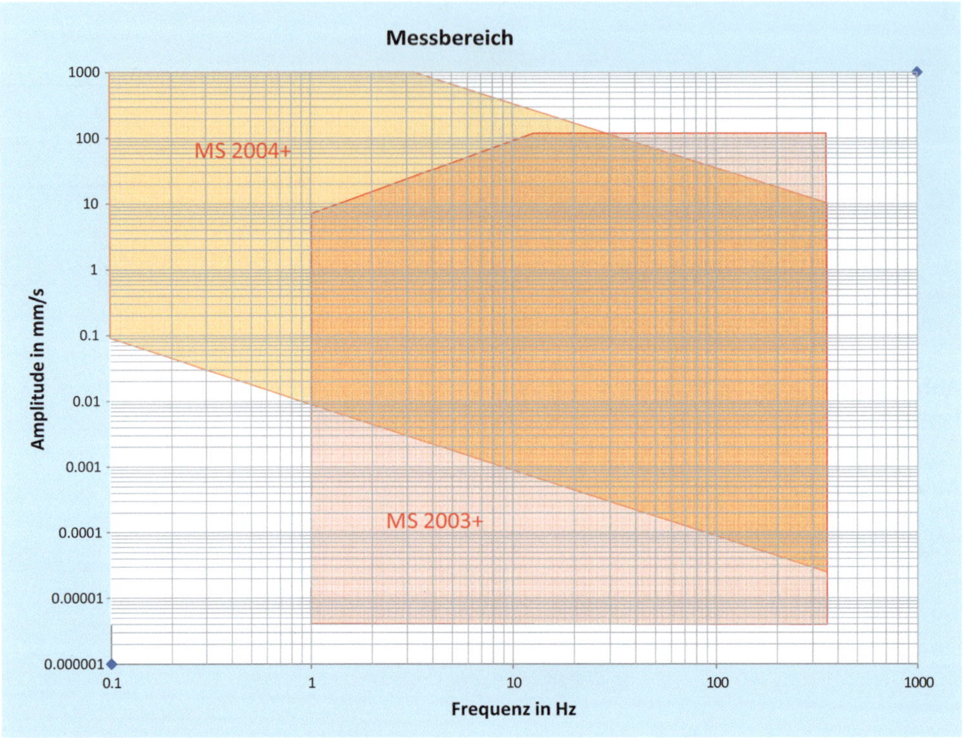

Abb. 3.6 Vergleich der Messbereiche für Geschwindigkeitssensor MS 2003+ und für Beschleunigungssensor MS2004+

3.2 Digitale Signalverarbeitung

Wenn wir Erschütterungsmessungen durchführen, durchlaufen die Messdaten – ohne dass wir davon speziell Kenntnis nehmen – einen komplizierten Weg von der Erschütterung am Messort bis zur Darstellung der Messdaten im Messbericht. Die genaue Kenntnis der dabei ablaufenden Vorgänge ist für die Messung zwar nicht unbedingt erforderlich, doch hilft sie, Messungen optimal durchzuführen.

3.2.1 Die Messkette am Beispiel des MR 2002 CE

Unsere Messkette besteht aus den Komponenten Schwingungssensor, Schwingungsrecorder und PC. Für unsere nachfolgenden Betrachtungen ist allerdings eine andere Aufteilung, nämlich (wie in Abb. 3.7 dargestellt) die Aufteilung in einen *analogen* und in einen *digitalen* Teil von noch Größerer Bedeutung.

Im analogen Teil existieren die gemessenen Schwingungen als kontinuierliche Signale, z. B. in Form von zeitlich veränderlichen Spannungen. Im digitalen Teil sind die Schwin-

<table>
<tr><th colspan="6">Messkette beim MR2002</th></tr>
<tr><th>Sensor</th><td rowspan="3"></td><th colspan="2">Motion Recorder MR2002</th><td rowspan="3"></td><th>PC mit VIEW2002</th></tr>
<tr><td>Analog</td><td>Analoger Teil</td><td>Digitaler Teil</td><td>Digital</td></tr>
<tr><td>MS2003+ (v)
MS2004+ (a)</td><td>Filter
Verstärker</td><td>Speichern
u.v.a.m</td><td>Frequenzanalyse
u.v.a.m</td></tr>
<tr><th colspan="3">Analoger Teil</th><th colspan="3">Digitaler Teil</th></tr>
</table>

Abb. 3.7 Erschütterungsmesskette am Beispiel des MR2002

gungen diskretisiert, d. h. sie existieren als Zahlenreihen. In regelmäßigen Zeitintervallen wird bei der Digitalisierung der momentane Wert der Spannung in eine Zahl umgewandelt und abgespeichert, wodurch die erwähnten Zahlenreihen als Ersatz des kontinuierlichen Spannungssignals entstehen. Die beiden Bereiche, d. h. der analoge und der digitale Bereich, sind sozusagen zwei verschiedene Welten. In jedem Bereich gelten bestimmte Gesetzmäßigkeiten und es existieren auch spezifische Fehlerquellen. In jedem Bereich sind bestimmte Aufgaben bei der Signalverarbeitung durchzuführen und was man im analogen Bereich versäumt hat, kann man nicht einfach im digitalen Bereich nachholen.

3.2.1.1 Analoger Teil

Der analoge Teil umfasst den Sensor, die analoge Signalaufbereitung und natürlich das Kabel dazwischen. Wir gehen einmal davon aus, dass der Sensor ein korrektes, der Schwinggeschwindigkeit proportionales Spannungssignal abgibt. Das Spannungssignal wird über das Sensorkabel zum Recorder geleitet. Und hier können schon die ersten Fehler auftreten: Analoge Signale – speziell in langen Kabeln – können durch elektromagnetische Einflüsse verändert werden. Bei digitalen Signalen existiert dieses Problem nicht. Deshalb soll das Sensorkabel immer möglichst kurz gewählt werden.

Kommt das analoge Signal – hoffentlich unverfälscht – beim Recorder an, so darf es noch nicht direkt digitalisiert werden, sondern muss zuerst durch den sogenannten Signal-Conditioner aufbereitet werden. Dazu gehören im Allgemeinen zwei Schritte:

- die Tiefpassfilterung mit dem sog. Anti-Aliasing-Filter und
- die Verstärkung (falls erforderlich).

Diese beiden Schritte müssen im analogen Teil vorgenommen werden und können nicht später im digitalen Teil nachgeholt werden.

Das Anti-Aliasing-Filter ist ein Tiefpassfilter, das nur die Frequenzen unterhalb der halben Abtastrate des AD-Wandlers passieren lässt.

3.2.1.2 Digitaler Teil

Die Schnittstelle zwischen dem analogen und dem digitalen Teil bildet der Analog-Digital-Wandler, kurz AD-Wandler genannt. Er berechnet in regelmäßigen Zeitintervallen, z. B. jede Millisekunde, aus dem momentanen Spannungswert eine entsprechende Zahl. Der 20-Bit AD-Wandler im MR2002 teilt den Messbereich von −4 bis +4 V auf in 2^{20} d. h. in 1.048.576 Intervalle ein.

Der kleinste Schritt umfasst dadurch eine Intervallgröße von 0,00002 mm/s. Im MR2002 werden die Messdaten als Zahlenreihen mit Zahlen zwischen 0 und 1.048.576 abgespeichert. Erst die anschließende Signalverarbeitung im Programm WINCOM oder im VIEW2002 werden daraus wieder mm/s oder mm/s^2 machen.

Der letzte Schritt im Messablauf ist die Datenauswertung z. B. mit dem Programm VIEW2002. Hier werden Rechenverfahren wie digitale Frequenzanalyse, digitale Filter usw. verwendet. Und hier kann eine gewisse Kenntnis der Hintergründe der digitalen Signalverarbeitung von Vorteil sein. Im Folgenden sollen diejenigen Aspekte der digitalen Signalverarbeitung dargestellt werden, die im Zusammenhang mit der Auswertung von Erschütterungsmessungen im Bauwesen von Bedeutung sind.

3.2.2 Auswertung im Zeitbereich

Bei der Auswertung im Zeitbereich wird das Signal als Zeitreihe belassen, d. h. das Signal bleibt eine Funktion der Zeit. Im Gegensatz dazu wird bei der Auswertung im Frequenzbereich, wie sie im Abschn. 3.3.4 behandelt wird, das Signal durch Transformation in den Frequenzbereich umgewandelt, so dass das Signal als Funktion der Frequenz betrachtet werden kann.

Die wohl wichtigsten Auswertungen im Zeitbereich sind:

- Maximalwert,
- Gleitende Mittelwerte,
- Integration,
- Differentiation.

Im Allgemeinen stellen diese Auswertungen keine besonderen Probleme, weshalb sie hier nur kurz besprochen werden sollen.

3.2.3 Maximalwerte und gleitende Mittelwerte

Maximalwerte lassen sich bei digitalen Signalen sehr einfach bestimmen, vorausgesetzt, dass die Null-Linie bekannt ist. Oft behilft man sich mit einer einfachen Null-Linien-Korrektur, bei der z. B. angenommen wird, dass der Mittelwert des gesamten Signals dem Nullwert entspricht.

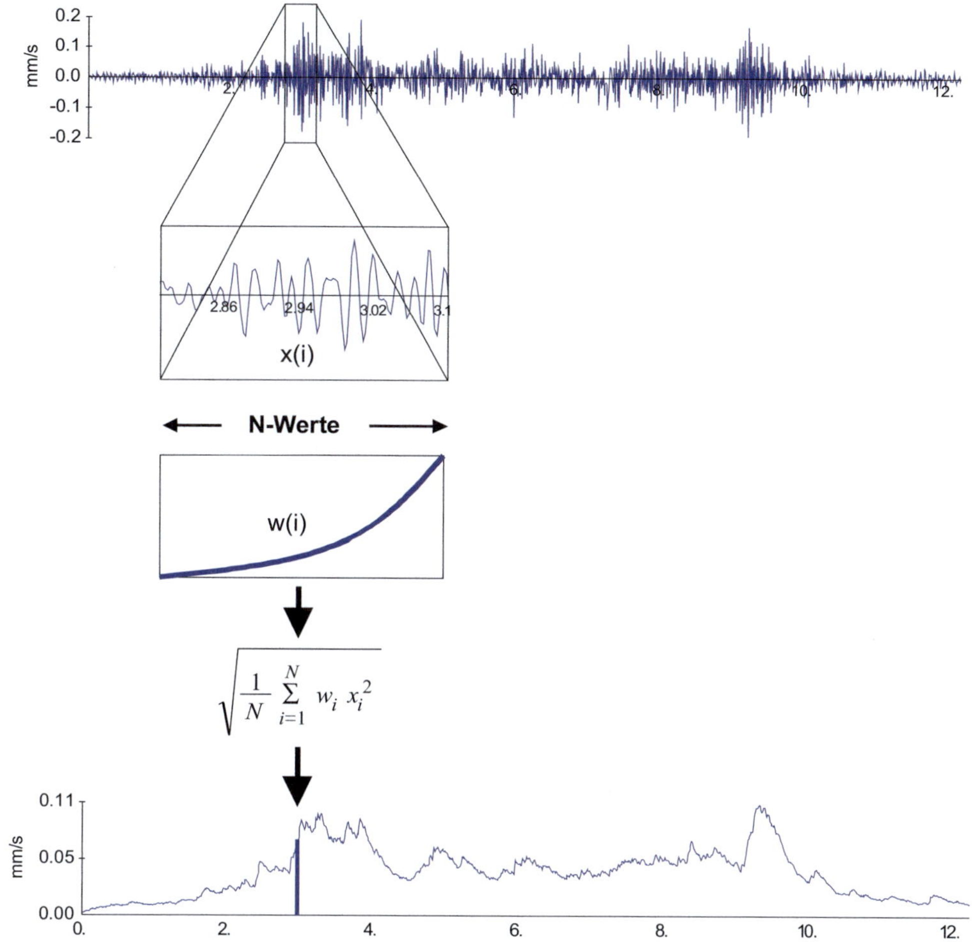

Abb. 3.8 Berechnung des Effektivwertes als „Gleitender Mittelwert“

Gleitende Mittelwerte werden für die in manchen Normen vorgeschriebenen Effektivwert-Bestimmungen verwendet. Dabei wird, wie in Abb. 3.8 dargestellt, ein Zeitfenster der Länge T (= N/Abtastrate) mit einer bestimmten Gewichtungsfunktion w gebildet.

Alle Werte des Signals innerhalb des Zeitfensters werden nun quadriert, mit der Gewichtungsfunktion w(i) multipliziert und schließlich gemittelt. Durch sukzessives Verschieben des Fensters um jeweils einen Zeitschritt Δt entsteht ein neues Signal, der sogenannte „Gleitende Mittelwert “ oder „Gleitende Effektivwert “.

Zwei Fenstertypen trifft man häufig in den Normen, das Exponential- und das Rechteckfenster. Abb. 3.9 zeigt diese beiden Fenstertypen, angewendet auf eine Schwinggeschwindigkeitsaufzeichnung bei einer Zugvorbeifahrt. Wird bei beiden Fenstertypen die Zeitkonstante gleich gewählt, so ist die Fläche in den beiden Fenstern gleich groß und

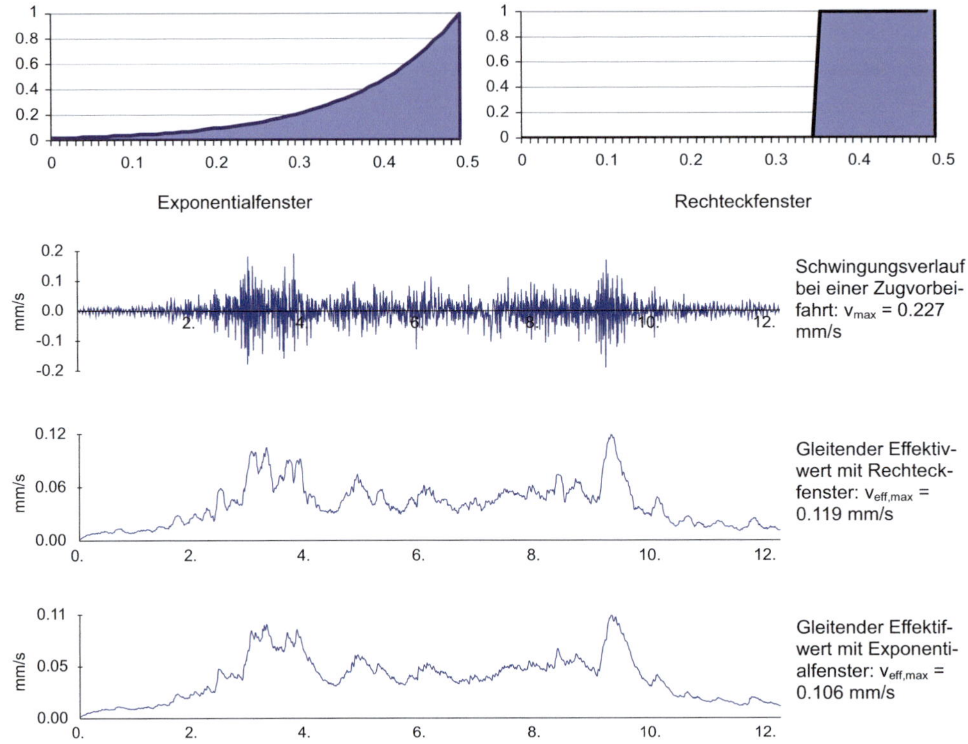

Abb. 3.9 Vergleich des gleitenden Mittelwertes mit Rechteckfenster und mit Exponentialfenster

deshalb ergeben die beiden Verfahren bei harmonischen Signalen die gleichen Ergebnisse. Bei realen Signalen ergibt sich, wie man im Beispiel von Abb. 3.9 sieht, Abweichungen in der Größenordnung von 5 bis 10 %.

Im Ergebnis unterscheiden sich die beiden Fenstertypen somit nur unwesentlich, hingegen ist der Rechenaufwand für das Exponentialfenster wesentlich geringer, da hier ein rekursiver Algorithmus verwendet werden kann.

3.2.3.1 Integration

Durch Integration des Geschwindigkeitssignals erhalten wir das Weg-Signal, d. h. die Verschiebung in Funktion der Zeit. An sich wirft diese Operation keine Probleme auf, wenn nicht dieses Nulllinien-Problem wäre. Besonders bei sehr kleinen Schwingungsamplituden kann sich der – immer vorhandene – Nulllinien-Fehler durch Integration derart verstärken, dass das interessierende Signal kaum mehr sichtbar ist. Besonders kritisch wird es, wenn man versucht, aus dem Beschleunigungssignal durch doppelte Integration das Wegsignal zu berechnen. Um trotzdem den Weg-Zeit-Verlauf bestimmen zu können, behilft man sich mit Null-Linien-Korrektur und mit Hochpass-Filterung. Allerdings muss man sich bewusst sein, dass damit auch wesentliche Signalanteile verloren gehen können.

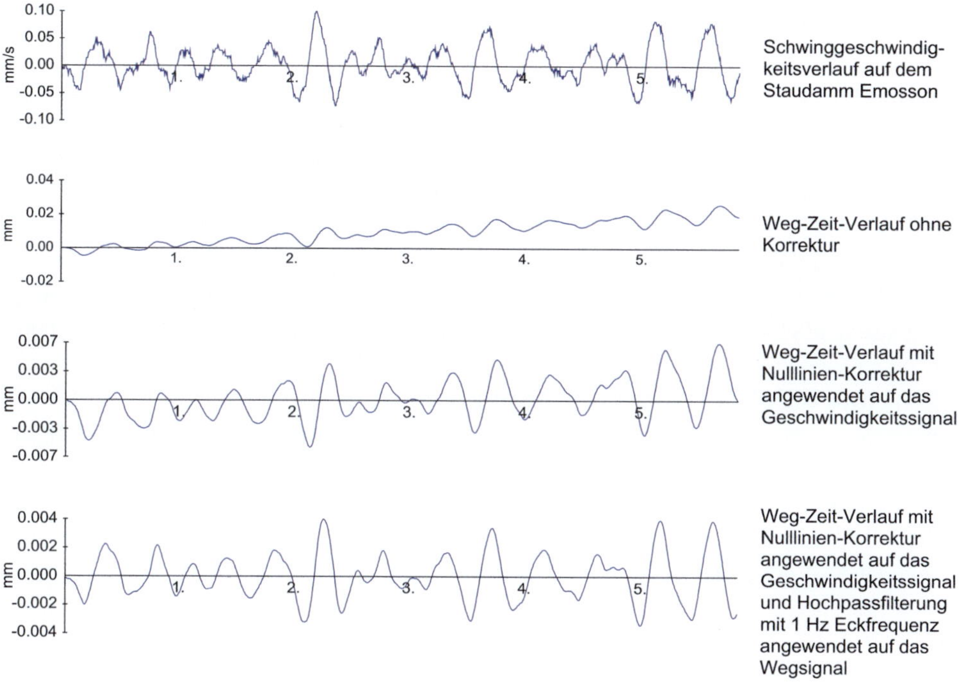

Abb. 3.10 Berechnung des Weg-Zeit-Signals mit verschiedenen Korrekturen

Abb. 3.10 zeigt als Beispiel die Schwingung auf dem Staudamm Emosson. Durch einfache Integration erhalten wir das Wegsignal, allerdings mit einem offensichtlichen Nulllinien-Fehler. Durch Filterung mittels 2-fachem Butterworth-Filter mit Eckfrequenz von 1 Hz ergibt sich ein plausibles Wegsignal.

3.2.3.2 Differentiation

Durch Differentiation des Geschwindigkeitssignals erhalten wir das Beschleunigungssignal. Bei tiefen und mittleren Frequenzen ergeben sich hier keinerlei Probleme, doch bereits bei Frequenzen, die höher als 1/5 der Abtastrate liegen, können sich durch die Digitalisierung Unsicherheiten bei der Bestimmung der maximalen Beschleunigung ergeben. Durch Verwendung der La Grange-Methode werden für die Bestimmung der Beschleunigung nicht nur zwei benachbarte Punkte, sondern gleich mehrere Punkte mitberücksichtigt und dadurch die Berechnung der Beschleunigung (zumeist) verbessert. Trotzdem ist die Berechnung der Beschleunigung aus dem Geschwindigkeitssignal bei hohen Frequenzen mit erheblichen Unsicherheiten verbunden. Es empfiehlt sich deshalb, in solchen Fällen entweder mit höheren Abtastraten zu arbeiten oder direkt einen Beschleunigungssensor einzusetzen.

3.2.4 Auswertung im Frequenzbereich

Die Darstellung eines Erschütterungssignals im Frequenzbereich lässt uns Eigenschaften einer Schwingung und Zusammenhänge mit der sie ausführenden Tragstruktur erkennen, die wir aus dem Signal selbst (im Zeitbereich) kaum entnehmen könnten. Das wichtigste Verfahren bei der Auswertung im Frequenzbereich ist die Diskrete Fourier-Transformation (DFT). Die DFT hat eine solch große Bedeutung in der digitalen Signalverarbeitung erlangt, dass zumindest ein generelles Verständnis der Grundprinzipien von großem Nutzen bei der Messdatenauswertung sein wird. Im Folgenden sollen diese Grundprinzipien möglichst anschaulich dargestellt werden, ohne stark auf mathematische Details einzugehen.

3.2.4.1 Die Diskrete Fourier Transformation (DFT)

Wir gehen aus von einer digitalisierten Schwingung, dargestellt als Zahlenreihe x(n), mit n von 0 bis N − 1. Wurde diese Schwingung mit einer Abtastrate von 400 Werten pro Sekunde während 0,3 s aufgenommen, so ergibt sich eine Zahlenreihe von 120 Werten, wie in Abb. 3.11 dargestellt. Die Frequenz der Schwingung in Abb. 3.11 beträgt 10 Hz.

Die DFT ist definiert als

$$X(m) = \sum_{n=0}^{N-1} x(n) e^{-i2\pi nm/N}$$

wobei X(m) den m-ten Fourier-Term darstellt. m ist der Index der Fourier-Termen. Er beginnt wie die Zahlenreihe ebenfalls bei 0 und geht bis N − 1, d. h. es existieren N Fourier-Terme X(0), X(1), X(2) … bis X(N − 1). Die Bedeutung der obenstehenden Gleichung für die digitale Fourier-Transformation (DFT) wollen wir, ohne auf mathematische Korrektheit zu achten, mit Hilfe von Abb. 3.12 veranschaulichen.

Abb. 3.12a zeigt die zu analysierende Schwingung. Sie hat eine Frequenz von 10 Hz und eine Dauer von 0,3 s. Abb. 3.12b zeigt die Funktion, die wir benötigen, um den 0-ten Fourier-Term zu berechnen: es ist eine konstante Funktion mit der Amplitude 1,0. Die Multiplikation der Zahlenwerte des zu analysierenden Signals mit den entsprechenden Werten in der 0-ten Sinusfunktion und anschließenden Summation ergeben den 0-ten Fourierterm in Abb. 3.12h. Die Multiplikation des Signals mit dem 1. Sinus ergibt den 1. Fourierterm usw.

Eine genaue Betrachtung der Kurven zeigt, dass lediglich die Multiplikation des Signals mit dem 3. Sinus einen von Null verschiedenen Wert ergibt. Diese dritte Sinusfunktion

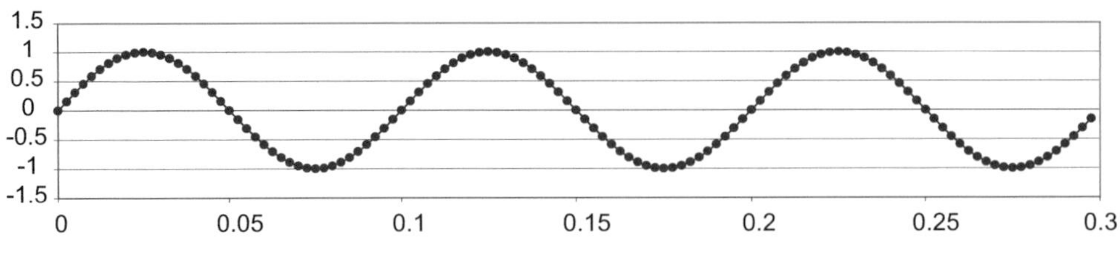

Abb. 3.11 10-Hz-Sinusschwingung von 0,3 s Dauer, abgetastet mit 400 Werten pro Sekunde

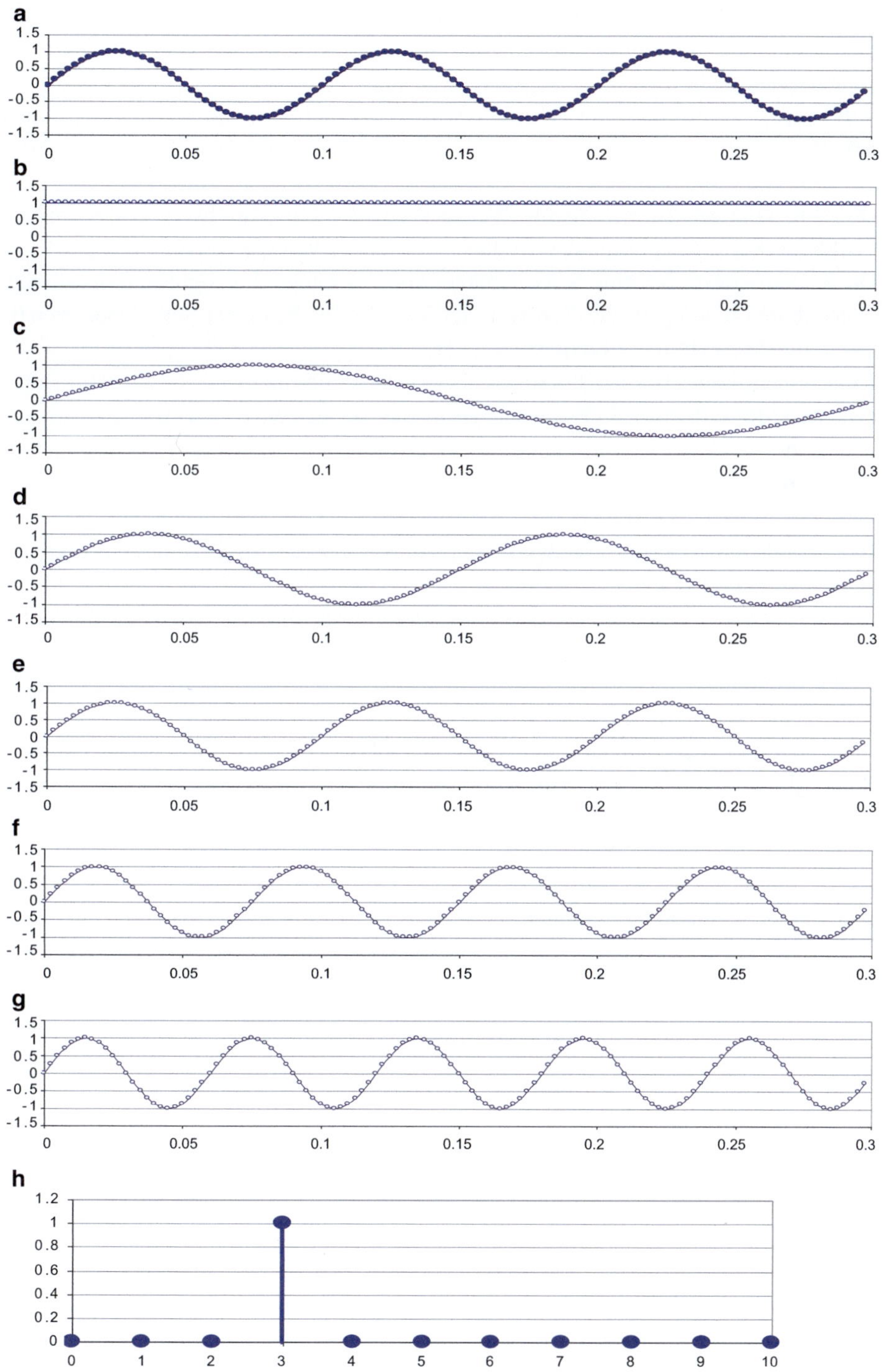

Abb. 3.12 **a–h** Veranschaulichung der Fourier-Transformation. **a** Signal 10 Hz, **b** 0. Sinus, **c** 1. Sinus, **d** 2. Sinus, **e** 3. Sinus, **f** 4. Sinus, **g** 5. Sinus, **h** Fourier-Transformation für 10 Hz-Schwingung

hat 3 Schwingungen innerhalb von 0,3 s und hat somit 10 Hz. Dies bedeutet, dass der dritte Fourierterm 10 Hz darstellt und dass somit das untersuchte Signal eine Schwingung von 10 Hz aufweist.

Was können wir nun aus Abb. 3.12 für die Frequenzanalyse von Erschütterungssignalen entnehmen:

- Der 0-te Fourierterm gibt nichts Weiteres an, als den Mittelwert des Signals; bei Nulllinien-korrigierten Signalen ist dieser Term natürlich gleich Null.
- Der 1. Fourierterm hat eine Schwingdauer von der Länge des Signals, d. h. die tiefste darstellbare Frequenz ist der Kehrwert der Signaldauer. Bei einer Signaldauer von 0,3 s ist die tiefste darstellbare Frequenz 3,33 Hz.
- Jeder höhere Fourierterm gibt ein Vielfaches der 1. Frequenz an. In unserem Beispiel entspricht der 1. Term 3,33 Hz, der 2. Term 6,67 der 3. Term 10 Hz usf.
- Die Frequenzintervalle sind gleich der Frequenz des 1. Terms und somit gleich dem Kehrwert der Signallänge. Wollen wir z. B. für eine sehr feine Frequenzanalyse ein Frequenzintervall von 0,1 Hz haben, so müssen wir eine Signallänge von mindestens 10 s verwenden. Sind noch engere Frequenzintervalle gewünscht, muss das Signal entsprechend länger sein.
- Der 3. Fourierterm, der sich aus der Multiplikation des Signals mit der 3. Sinusfunktion ergibt, enthält nichts anderes als das Integral des quadrierten Signals d. h. den Energieinhalt des Signals.

Bei der in der digitalen Signalanalyse verwendeten Fourier-Transformation handelt es sich stets um die sogenannte Fast-Fourier-Transformation, die – um die große Rechengeschwindigkeit erreichen zu können – immer voraussetzt, dass die Anzahl Werte im zu analysierenden Signal eine Potenz von 2 ist. Dies bedeutet, dass die Anzahl Werte 2, 4, 8, 16, 32 … etc. ist. Für ein realistisches Signal von 2 s und mehr ergibt dies bei einer Abtastrate von 400/s folgende Signallängen:

2er-Potenz	Anzahl Werte	Signaldauer (s)
2^{10}	1024	2,56
2^{11}	2048	5,12
2^{12}	4096	10,24
2^{13}	8192	20,48

Stimmt die Signallänge nicht mit der Zweierpotenz überein, so muss entweder abgeschnitten oder verlängert werden, wobei beim Verlängern die zusätzlichen Werte mit Nullen belegt werden. Das Auffüllen mit Nullen hat zwei wesentliche Vorteile gegenüber dem Abschneiden: Durch die künstliche Verlängerung des Signals wird das Frequenzintervall kleiner und damit die Aussage der Frequenzanalyse detaillierter. Im Gegensatz zum Abschneiden gehen beim Auffüllen keine Signalabschnitte – die unter Umständen sehr wesentlich sind – verloren.

3.2.4.2 Darstellungen im Frequenzbereich

Die Darstellung des Amplitudenspektrums liegt – wie in Abb. 3.13b dargestellt – primär als Amplitude pro Stützstelle vor. Das Unschöne daran ist, dass die Amplitudenwerte abhängig sind von der Anzahl Stützstellen pro Hz und diese Anzahl wird wiederum bestimmt durch die Länge des Signals. Das heißt je nach Länge des Signals erhalten wir verschiedene Amplitudenwerte. Um die Amplitudenspektren zu vereinheitlichen wird deshalb häufig eine Darstellung in Form von mm/s pro $Hz^{0,5}$ gewählt. Daneben existieren Darstellungen in Form von Terzbandspektren, wobei auch hier zu unterscheiden ist zwischen RMS-Terzbandspektren und Max-Hold-Terzbandspektren. Die Kenntnis dieser verschiedenen Darstellungsarten ist vor allem bei der Interpretation von Erschütterungsgrenzwerten von größter Bedeutung.

Im Folgenden wollen wir die verschiedenen Darstellungsarten – zwar nicht unbedingt in mathematisch korrekter Form, sondern mehr in anschaulicher Art – darstellen. Wir verwenden dazu die vier Diagramme in Abb. 3.13a–d.

Abb. 3.13a stellt das auf einem Kirchturm gemessene Schwinggeschwindigkeitssignal dar. Der Turm schwingt – angeregt durch den Wind – mit 100 µm/s regelmäßig hin und her. Durch die Fourier-Transformation, wie wir sie in Abb. 3.12 kennengelernt haben, erhalten wir die Amplitudenwerte pro Stützstelle. Und zwar sind es 10,24 Stützstellen pro Hz. Diese Zahl ist nicht ganz zufällig identisch mit der Länge des analysierten Signals, denn der Kehrwert der Signallänge ergibt den Abstand zwischen den Stützstellen und dividieren wir den Abstand zwischen den Stützstellen durch 1 Hz erhalten wir die Anzahl Stützstellen pro Hz.

Zur Berechnung der Amplitude pro $\sqrt{\text{Hz}}$ multiplizieren wir die Amplitude pro Stützstelle allerdings nicht mit der Anzahl Stützstellen sondern mit der Wurzel aus der Anzahl Stützstellen. In unserem Falle mit $\sqrt{10,24}$. Dies lässt sich anschaulich folgendermaßen erklären: Die Darstellung Amplitude pro Hz entspricht ja einer Summation aller Amplituden pro Stützstellen in diesem 1-Hz-Intervall. Da diese Amplituden jedoch nie gleichzeitig das Maximum erreichen, dürfen sie nicht einfach addiert werden sondern müssen nach der RSS-Methode (RSS = Root of Sum of Squares) addiert werden, d. h. die Werte werden quadriert, dann summiert und schließlich nimmt man die Wurzel davon. Dadurch entsteht auch die etwas seltsam anmutende Definition [v-rms pro $\sqrt{\text{Hz}}$], die man häufig bei den Grenzwert-Definitionen findet.

Bei der Darstellung als Terzbandspektrum werden die spektralen Beiträge (d. h. Amplituden pro Stützstelle) zusammengefasst in Terzbänder. Die Frequenzachse wird aufgeteilt in Drittel-Oktavbänder. Oktavbänder sind eine relativ grobe Einteilung bei der die Frequenzbänder 1 Hz, 2 Hz, 4 Hz, 8 Hz, 16 Hz usw. verwendet werden. Bei den Terzbändern geht man etwas feiner vor und verwendet die Bänder 1 Hz, 1,25 Hz, 1,6 Hz, 2,0 Hz, 2,5 Hz usw. d. h. die Oktavbänder werden nochmals gedrittelt, wie in Abb. 3.14 dargestellt.

Die Beiträge für die einzelnen Terzbänder werden durch Summation aller Amplituden pro Stützstellen in den einzelnen Terzbändern ermittelt, d. h. die Werte innerhalb eines jeweiligen Terzbandes werden nach der RSS-Methode addiert.

Da alle diese Darstellungen auf der Fourier-Transformation basieren und da die Fourier-Transformation den RMS-Wert gemittelt über das gesamte Signal darstellt, sind auch die

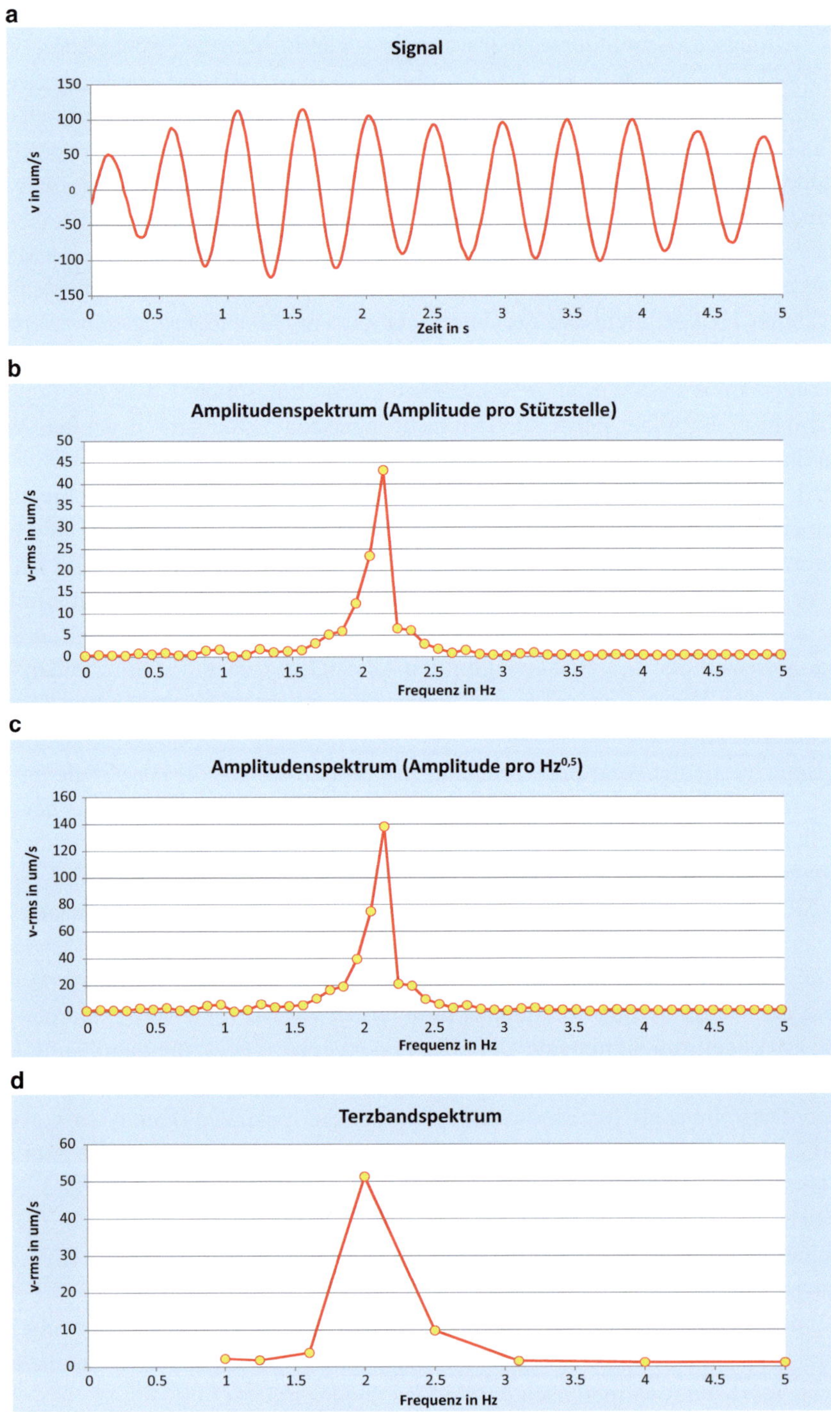

Abb. 3.13 **a** Gemessenes Schwingungssignal, **b** Amplitudenspektrum mit Darstellung der v-rms-Amplitude pro Stützstelle, **c** Amplitudenspektrum mit Darstellung der v-rms-Amplitude pro $Hz^{0,5}$, **d** Amplitudenspektrum mit Darstellung der v-rms-Amplitude pro Terzband

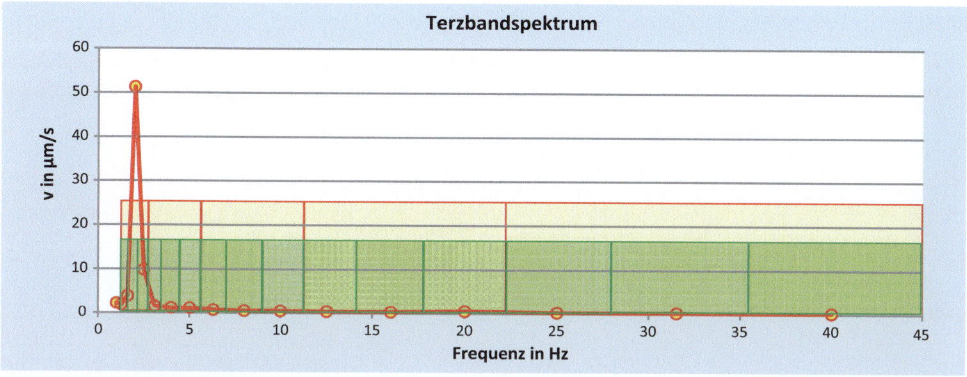

Abb. 3.14 Octav- und Terzbänder

davon abgeleiteten Terzband-Darstellungen Mittelungen über das gesamte Signal. Dies mag für gleichmäßige Erschütterungen adäquat sein. Bei impulsartigen Erschütterungen sind solche Darstellungen nicht ausreichend.

Um den Effekt von einzelnen starken Erschütterungen aufzeigen zu können, sind sog. Max-Hold-Terzbandspektren zu verwenden. Bei dieser Darstellung wird für jedes Terzband der stärkste je auftretende Ausschlag widergegeben. Der Unterschied zwischen dem Mittelwert- und dem Max-Hold-Terzbandspektrum kann, wie das Beispiel von Abb. 3.15 zeigt, sehr beträchtlich sein.

3.3 Anwendungen

Nach diesen eher theorielastigen Ausführungen sollen nun sechs Anwendungsbereiche im Bauwesen dargestellt werden. Es soll aufgezeigt werden, welche Sensoren sinnvollerweise eingesetzt werden und welche Probleme bei solchen Messungen auftauchen können.

3.3.1 Baustellenüberwachung

Problemstellung
Überwachung von Baustellenerschütterungen (z. B. Rammen, Vibrieren, Sprengen) an mehreren Messpunkten während einer längeren Zeitperiode zum Schutze der umliegenden Objekte (inkl. Alarmierung und Datenfernübertragung).

Generelles Vorgehen:

1. Abschätzung des betroffenen Bereichs,
2. Definition der kritischen Objekte,
3. Festlegen der Grenzwerte,
4. Definition der zu überwachenden Objekte,

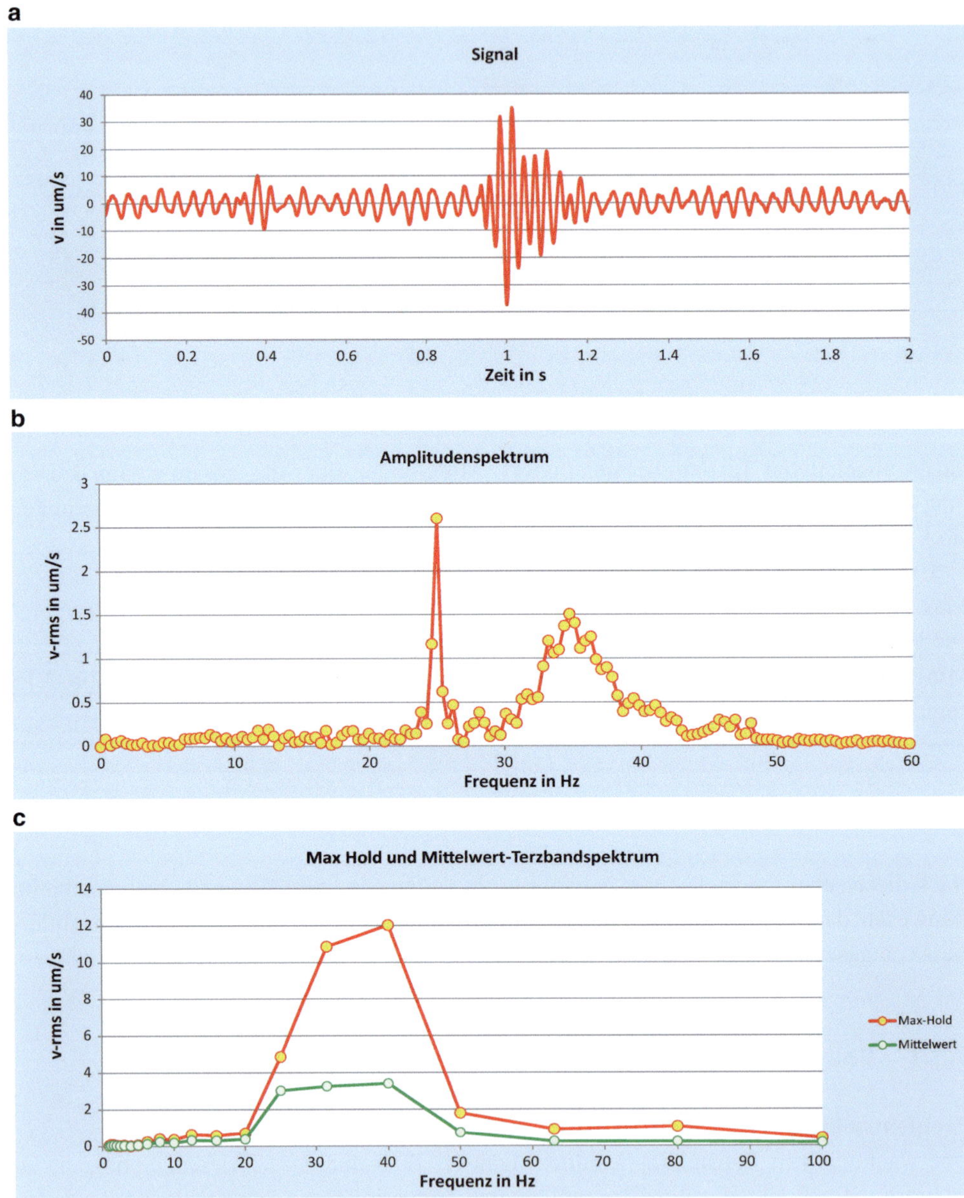

Abb. 3.15 **a** Gemessenes Schwingungssignal, **b** Amplitudenspektrum mit Darstellung der v-rms-Amplitude pro Stützstelle, **c** Max-Hold- und Mittelwert-Terzbandspektrum

5. Orientierung der Bewohner,
6. Erstellen des Alarmkonzepts,
7. Installation der Mess-Stationen,
8. Testphase,
9. Bauphase (= Messphase),
10. Schlussbericht.

Messbereich

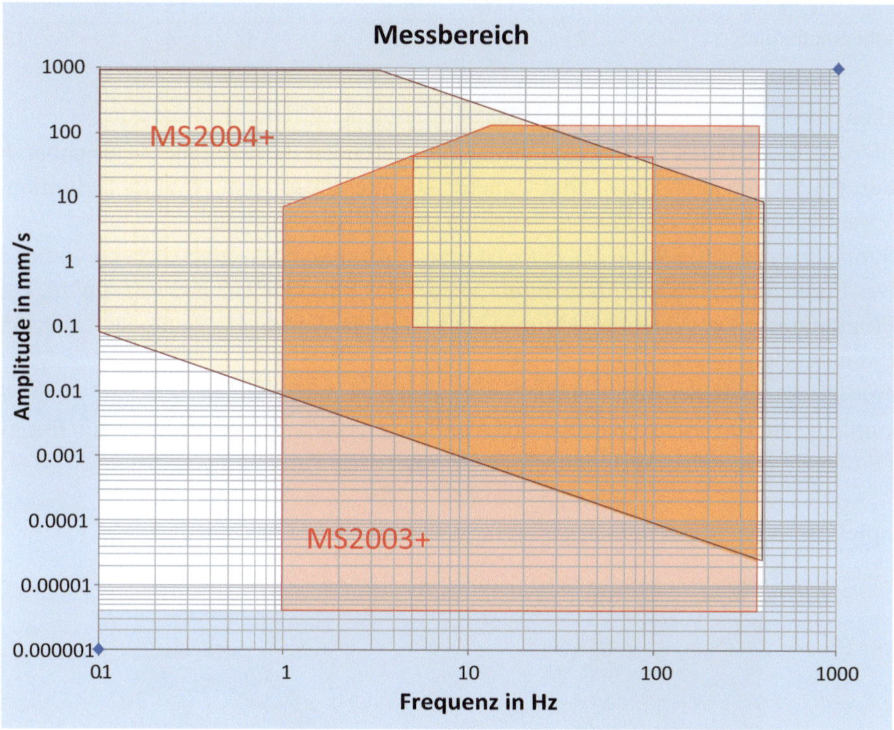

Messung
In der Regel Messung mit Geschwindigkeitssensoren, Registrierung von stärkeren Ereignissen, Aufzeichnung eines Pegelschriebs während der gesamten Überwachungsdauer.

Triggerwerte für Normalfall:

1 mm/s	Event-Aufzeichnung,
2 mm/s	Low-Level-Alarm (als Orientierung),
4 mm/s	High-Level-Alarm (als Alarm).

Fernbedienung, Alarmierung und Daten-Download via Mobilfunk.

Auswertung

In der Schweiz zumeist nach SN 640 312

Richtwerte

	Permanent (≫100.000)			Häufig			Gelegentlich (≪1000)		
Frequenzbereich	<30	30–60	>60	<30	30–60	> 60	<30	30–60	>60
Sehr wenig empfindlich	9	12	18	18	24	36	45	60	90
Wenig empfindlich	6	8	12	12	16	24	30	40	60
Normal empfindlich	3	4	6	6	8	12	15	20	30
Erhöht empfindlich	1,5	2	3	3	4	6	8	10	15

Tücken

- *Alarmierung:* Immer wieder sind die zu alarmierenden Personen nicht erreichbar. Hier hilft nur ein von allen Seiten abgesegneter Alarmierungsplan mit exakter Definition der Verantwortlichkeiten und klarer Regelung der Stellvertretungen.
- *Stromversorgung:* In 99 % der Fälle ist eine zuverlässige Stromversorgung vorhanden. Das Problem ist vielmehr, dass immer wieder das Stromkabel ausgesteckt wird. Durch Programmieren von Alarmmeldungen bei Verlust der Stromversorgung lässt sich dieses Problem leicht lösen.
- *Mobilfunknetz:* In der Regel ist der Netzempfang ausreichend. Für Standorte ohne Netzempfang wie Kavernen oder abgeschirmte Bereiche lässt sich das Problem mit Ethernet-Leitungen, mit SDSL-Verbindungen oder Powerline-Verbindungen lösen.

Beispiel

Gleisschlag Giesshübelstrasse, Zürich

3.3.2 Eisenbahnerschütterungen

Problemstellung
Neben der Trasse einer bestehenden Eisenbahnlinie oder über einem Eisenbahntunnel sollen neue Wohnhäuser entstehen. Bei Distanzen von weniger als 50 m sollten die Immissionen näher untersucht werden. Denn durch die von der Eisenbahn erzeugten Vibrationen können Schwingungen über das Erdreich in das Gebäude gelangen und zu Erschütterungen und zu störendem abgestrahlten Schall (sog. Körperschall) führen. Mit Hilfe von Messungen und Berechnungen kann abgeklärt werden, ob diese Vibrationen zu störenden Immissionen führen können.

Das gleiche Problem stellt sich natürlich auch im umgekehrten Fall, d. h. wenn neben bestehenden Wohngebäuden neue Gleisanlagen entstehen oder bestehende modifiziert werden.

Messbereich

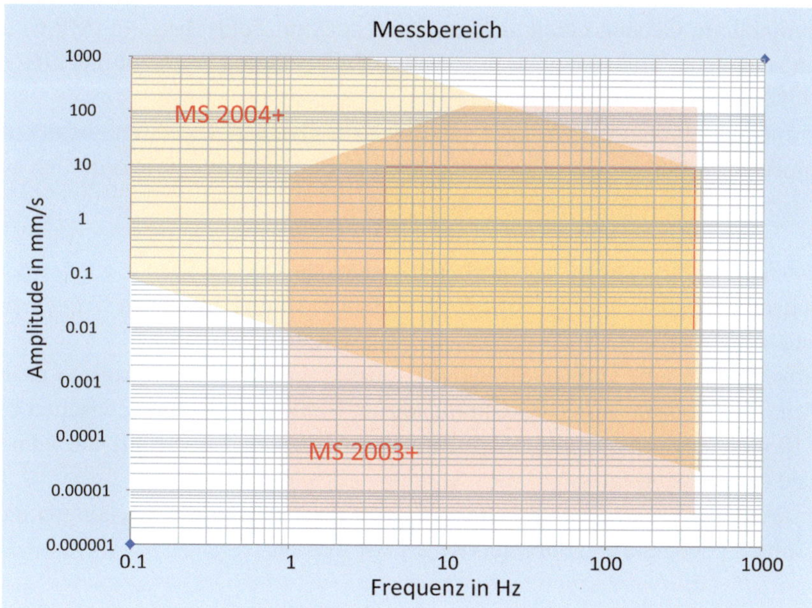

Messung
Für diese Messung eignen sich Geschwindigkeitssensoren. Mit 5 vertikalen Geschwindigkeitsmesspunkten und einem Schallmesspunkt lassen sich in der Regel alle relevanten Informationen gewinnen.

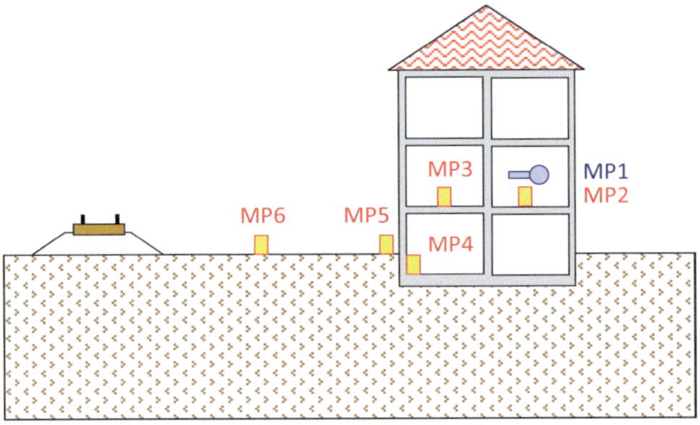

Auswertung

In der Schweiz erfolgt die Auswertung in der Regel nach BEKS und nach DIN 4150/2. Bei Messungen in bestehenden Gebäuden und bestehender Eisenbahnlinie lässt sich so bestimmen, ob die Anhaltswerte eingehalten werden.

Für projektierte Gebäude lässt sich aufgrund der Frei-Feld-Messung (MP 5) und mit Hilfe von geeigneten Transferspektren zwischen Frei-Feld und Wohnzimmer eine einigermaßen zuverlässige Prognose erstellen.

Für projektierte Gleisanlagen lässt sich mit dem gleichen Verfahren „berechnen“, ob Maßnahmen zur Reduktion der Erschütterungen an der Gleisanlage erforderlich sind.

Tücken

- *Triggersensor*: Messungen in bewohnten Gebäuden werden immer wieder durch die Aktivitäten der Bewohner gestört. Eine einfache Abhilfe bietet ein Triggersensor in Gleisnähe (MP 6), sodass nur gemessen wird, wenn ein Zug fährt.
- *Messpunkte*: Für eine sinnvolle Prognose müssen die Messpunkte korrekt ausgewählt werden. Ein Messpunkt in Deckenmitte darf z. B. nicht über einer Zwischenwand liegen. Idealerweise misst man einige Zugdurchfahrten und überprüft die gemessenen Signale auf Plausibilität.
- *Repräsentative Daten:* Zugserschütterungen weisen sehr große Streuungen auf. Deshalb sollten genügend Zugdurchfahrten erfasst werden.

Beispiel

Messung von Eisenbahn-Erschütterungen

3.3.3 Fußgängerbrücken

Problemstellung

Das Verhältnis zwischen Eigengewicht und Nutzlast bringt es mit sich, dass die meisten Fußgängerbrücken etwas „lebhaft" sind. Oft werden Fußgängerbrücken mit der Option „Schwingungstilger" gebaut. Das heißt die Brücke wird mit einer Aussparung für den Schwingungstilger erstellt, doch wird der Entscheid, ob ein Tilger eingebaut wird oder nicht, von einer Messung vor Inbetriebnahme abhängig gemacht.

Mit einer solchen Messung ist das Schwingverhalten der Fußgängerbrücke in allen relevanten Belastungszuständen zu prüfen. Neben der Bestimmung der Eigenfrequenzen sind die Schwingungen bei unterschiedlicher Nutzung der Brücke zu messen.

Messbereich

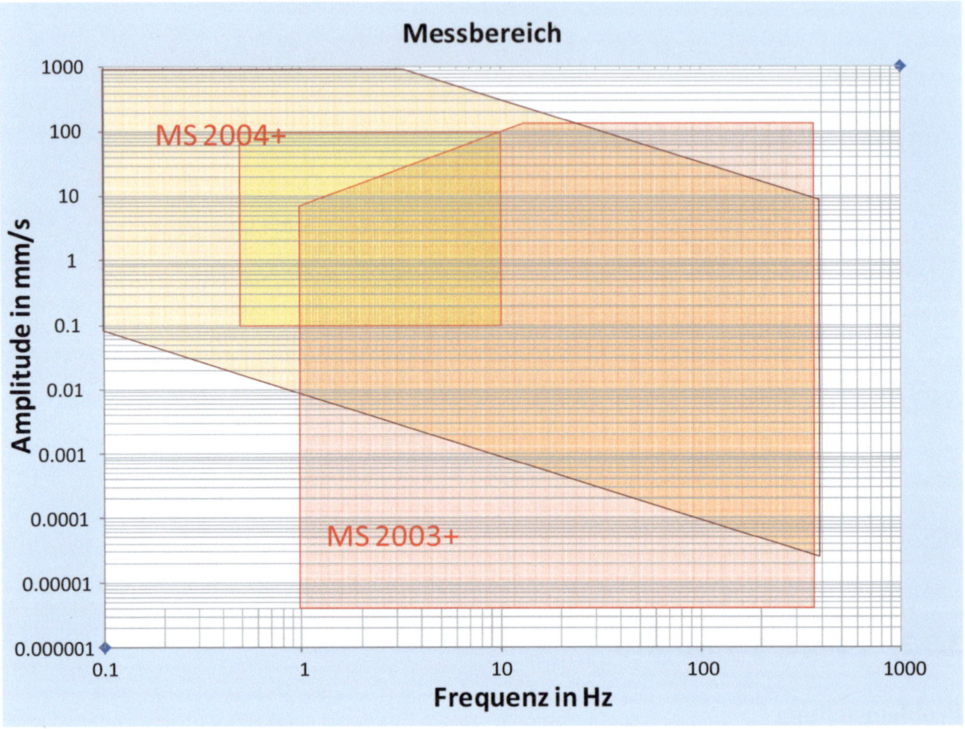

Messung
Für diese Messungen sind Beschleunigungssensoren einzusetzen. Die tiefen Frequenzen und die großen Wegamplituden liegen außerhalb des Bereichs für Geschwindigkeitssensoren.

Üblicherweise umfasst das Messprogramm folgende Anregungsarten:

- Harmonische Anregung durch Erreger,
- Hintergrund-Anregung (ambient vibration),
- Anregung durch Personen.

Bei der Anregung durch Personen sind verschiedene Belastungszustände zu messen:

- Normales Gehen von 2, 4 und 10 Personen,
- Rennen im Takt von 2, 4 und 10 Personen,
- Mutwillige Anregung durch Personen.

Je nach Personenaufkommen sind auch Messungen mit Größeren Personenzahlen durchzuführen.

Auswertung

Die Messungen erlauben die Überprüfung des FE-Modelles und die Beurteilung der Gebrauchstauglichkeit. Im „Leitfaden für die Bemessung von Fußgängerbrücken" von HIVOSS (Human Induced Vibrations of Steel Structures) werden folgende Angaben gemacht:

Komfortklasse	Grad des Komforts	Vertikal (m/s^2)	Seitlich (m/s^2)
CL 1	Maximum	<0,50	<0,10
CL 2	Mittel	0,50–1,00	0,10–0,30
CL 3	Minimum	1,00–2,50	0,30–0,80
CL 4	Nicht akzeptabel	>2,50	>0,80

Tücken

- *Bestimmung der Eigenfrequenz:* Sollen mit der „Ambient vibration"-Messung nicht nur die erste sondern auch die höheren Eigenfrequenzen bestimmt werden, so darf der Sensor nicht exakt in Brückenmitte aufgestellt werden.
- *Lokale Effekte:* Durch das Aufprallen der Schuhe können – insbesondere bei Holzbelägen – lokal sehr hohe Beschleunigungen entstehen, die nichts mit der Brückenschwingung zu tun haben. Die gemessenen Signale sollten deshalb mit einem geeigneten Tiefpassfilter korrigiert werden, um diese Effekte zu eliminieren.

Beispiel

Fußgängerbrücke bei Cevio TI

3.3.4 Kirchtürme

Problemstellung

Kirchtürme sind oft schlanke Bauwerke, die durch die Glocken in übermäßige Schwingungen versetzt werden. Probleme können z. B. auftauchen, wenn eine zusätzliche Glocke eingebaut werden soll. Dann muss sichergestellt werden, dass die neue Glocke keine Resonanzschwingungen verursacht.

In manchen Fällen treten die starken Schwingungen seit Jahren auf und nun sollen – im Zuge einer ohnehin nötigen Sanierung – diese reduziert werden. Zum Teil geht es nicht primär um die von der Glockenmasse erzeugte Turmschwingung sondern um die vom Klöppelschlag erzeugte impulsartige Erschütterungen. Auch diese können Schäden verursachen.

Messbereich

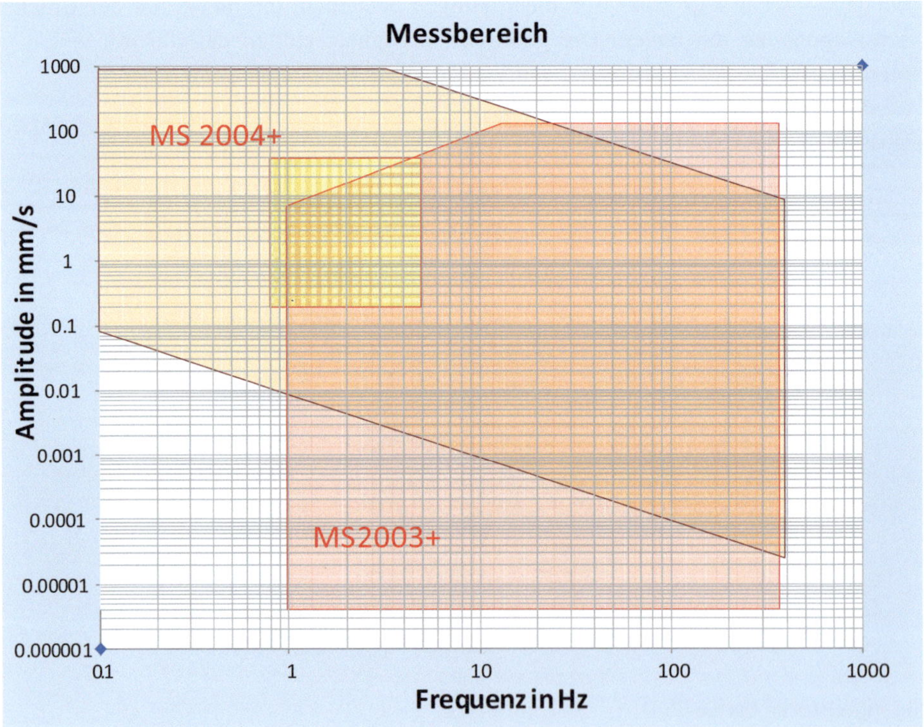

Messung
Die zum Teil recht großen Wegamplituden der Turmschwingungen erfordern Beschleunigungssensoren. Für die Untersuchung des Klöppelschlags sind auch Geschwindigkeitssensoren geeignet.

Üblicherweise umfasst das Messprogramm folgende Anregungsarten:

- Bestimmung der Eigenfrequenz mittels Messung der Schwingung bei Hintergrund-Anregung (ambient vibration),
- Messung beim Läuten jeder Glocke einzeln,
- Messung beim Läuten aller Glocken.

Zu messen ist in der Regel im Turm auf der Höhe des Glockenstuhls.

Auswertung
Die Turm-Eigenfrequenz muss für die Abstimmung der Glocken sehr genau bekannt sein. Oft ist eine Genauigkeit von 0,02 Hz erforderlich. Um diese Genauigkeit zu erreichen sind Messungen mit entsprechend langen Aufzeichnungen vorzunehmen.

Die DIN 4178 gibt folgende Orientierungswerte für maximale Turmschwingungen an:

Bauart	v_{max} in mm/s
Historische Türme, allgemein	3
Historische Holztürme	5
Türme aus Ingenieurmauerwerk	5
Türme aus Ingenieurholzbau	8
Türme aus Stahlbeton	8
Stahltürme	10

Tücken
Bei geringen Verformungen, wie z. B. bei der „ambient vibration“-Messung, ergeben sich höhere Eigenfrequenzen als bei einer Messung bei starkem Wind oder beim Schwingen der Glocken. Die maßgebende Eigenfrequenz eines Kirchturmes ist jedoch die Eigenfrequenz beim Schwingen der Glocken. Und diese kann einiges tiefer liegen als die mit „ambient vibration“ gemessene. Das Vernachlässigen dieses Effektes kann zu unerwünschten Ergebnissen führen.

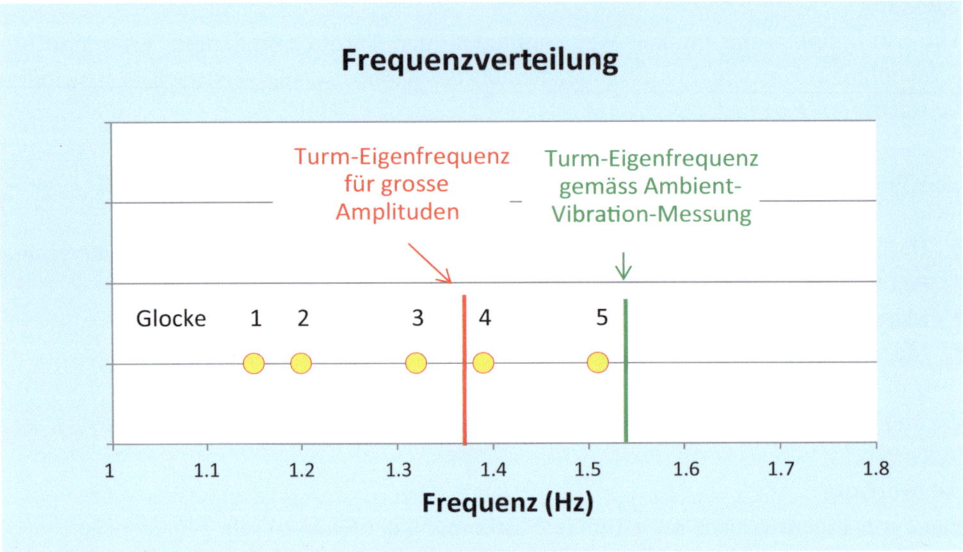

Beispiel

Kirche Zürich – Altstetten

3.3.5 Hochempfindliche Anlagen

Problemstellung
Die Standortwahl für Labors der Nanotechnologie, für Magnet-Resonanz-Imaging (RMI) oder für Rasterelektronenmikroskope aber auch die Positionierung von Maschinen für die Präzisionsfertigung erfordern Erschütterungsmessungen mit extrem hoher Auflösung.

Eine zusätzliche Herausforderung ist die Interpretation der unterschiedlichen Grenzwertformulierungen der Maschinenhersteller. Sehr oft ist es Aufgabe des mit der Messaufgabe betrauten Ingenieurs „brauchbare" Formulierungen der zulässigen Erschütterungen beim Hersteller der empfindlichen Geräte einzufordern.

Messbereich

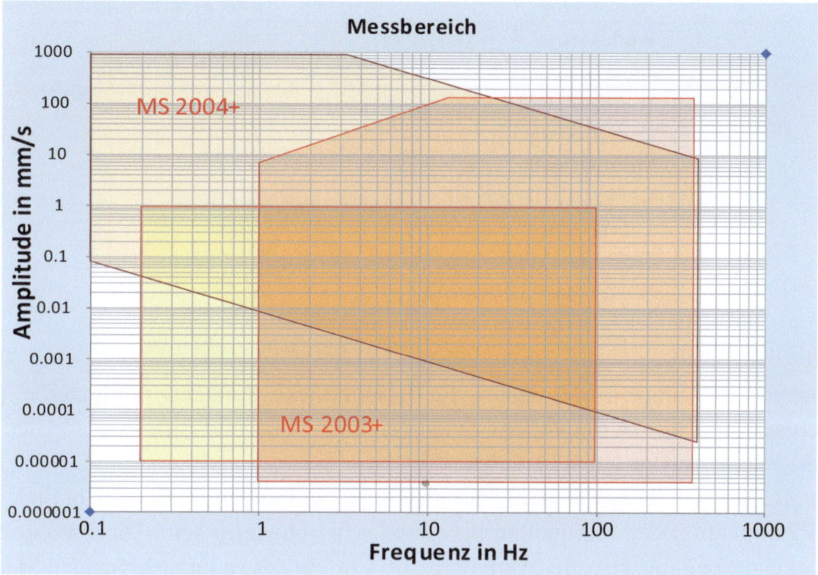

Messung
Schwinggeschwindigkeitssensoren erlauben gerade im tieferen Frequenzbereich eine wesentlich bessere Auflösung als Beschleunigungssensoren. Sie sind jedoch bei 1 Hz limitiert. Beschleunigungssensoren können zwar Frequenzen unter 1 Hz messen, weisen aber gerade in diesem Frequenzbereich eine um 3 bis 4 Dekaden schlechtere Auflösung auf und sind deshalb nicht unbedingt eine geeignete Alternative.

Üblicherweise dauert eine Messung 24 h bis mehrere Tage und umfasst folgendes:

- Registrierung der Maxima für jede Minute während der gesamten Messdauer,
- Signalaufzeichnungen von 60 s, z. B. alle 15 min,
- Eventaufzeichnung bei Überschreiten eines definierten Wertes (Triggerwert).

Zu messen ist in der Regel in Fußbodenmitte oder am Standort an dem die empfindliche Anlage positioniert werden soll.

Auswertung
Die Auswertung erfolgt nach der Definition der gegebenen Grenzwerte. Häufig sind die Grenzwerte für Terzbänder angegeben. Dabei ist zu beachten, dass die Grenzwerte als RMS-Werte oder als Max-Hold-Werte definiert sein können.

Als Richtgröße werden häufig die VC-Richtwerte verwendet:

	Anwendung	v-terz (rms) (µm/s)
ISO	Werkstatt	800
ISO	Büro	400
ISO	Wohngebäude	200
ISO	Operationssaal	100
VC-A	Mikrowaagen	50
VC-B	Optische Mikroskope	25
VC-C	Lithographische Geräte	12,5
VC-D	Elektronenmikroskope	6
VC-E	Höchstsensible Systeme	3

Tücken
- *Datenmenge:* Langzeit-Messungen für empfindliche Anlagen produzieren enorme Datenmengen. Hier ist die Verwendung geeigneter Auswerte-Software und des gesunden Menschenverstandes äußerst wichtig.
- *Identifikation von Störquellen:* Da wir uns im „nicht fühlbaren" Bereich befinden, kann die Identifikation der Störquellen bisweilen sehr schwierig sein. Die Protokollierung (mit exakter Zeitangabe) aller Aktivitäten im Umfeld des zu untersuchenden Standortes ist äußerst wichtig. Beispiele: Eisenbahndurchfahrten, Lastwagendurchfahrten, Kranbahnbetrieb, Liftbenutzung u. ä.

Beispiel

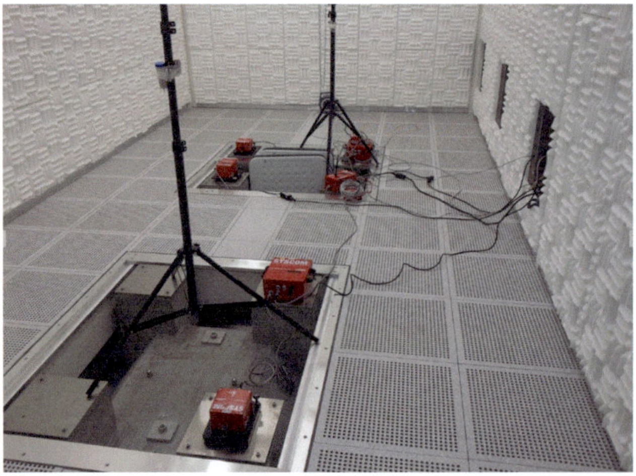

Abnahmemessungen in einem „Noise free lab"

3.3.6 Staumauern

Problemstellung
Bei der seismischen Berechnung einer Staumauer wird die Eigenfrequenz mit Hilfe eines FE-Modelles ermittelt. Bei der seismischen Requalifikation wird die Eigenfrequenz zusätzlich durch Messungen ermittelt. Die durch Messung am bestehenden Damm ermittelten Eigenfrequenzen und Eigenformen werden anschließend verwendet um die vorhandenen FE-Modelle zu optimieren.

Messbereich

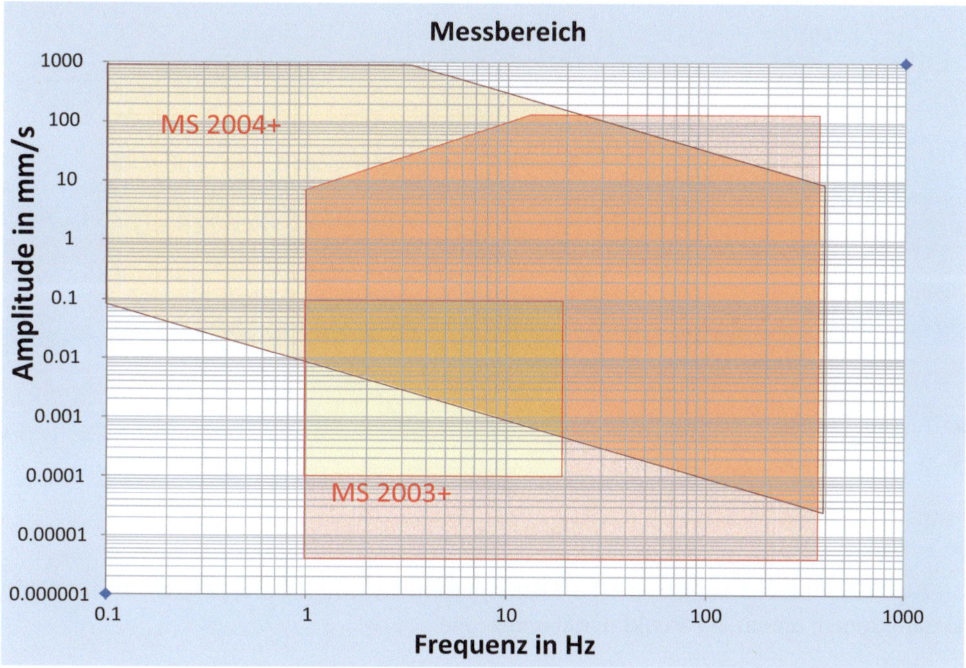

Messung
Für diese Messaufgabe sind Geschwindigkeitssensoren bestens geeignet. Sie ermöglichen eine hohe Auflösung im tiefen Frequenzbereich, sodass die Eigenfrequenzbestimmung ohne aufwändige Fremdanregung sondern allein durch Messung der Hintergrunderschütterung (ambient vibration) möglich ist.

Eine genügende Anzahl Horizontalsensoren werden über die Mauerkrone und – falls möglich – in einem Vertikalschacht in der Mitte des Dammes verteilt. 12 Sensoren sollten für eine Größere Bogenstaumauer durchaus genügen.

Die Messung kann als Dauermessung durchgeführt werden. In der Regel genügt eine Messung von 60 mal 60 s, um die ersten 3 Eigenfrequenzen mit höchster Präzision zu bestimmen.

Auswertung
Die Bestimmung der Eigenfrequenzen erfolgt am besten durch Überlagerung der Amplitudenspektren (frequency enhancement).

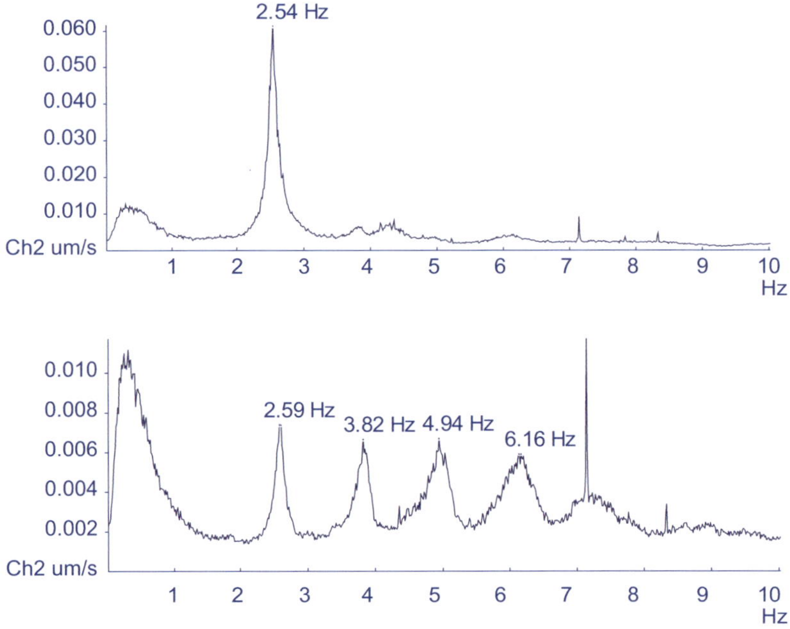

Aus 100 Aufzeichnungen à 60 s Dauer gemittelte Amplitudenspektren: oben: Mitte Dammkronen; unten: 1/5-Punkt der Dammkrone.

Tücken

- *Signallänge:* Die Länge der Signale bestimmt die Auflösung des Amplitudenspektrums und damit auch die Genauigkeit bei der Bestimmung der Eigenfrequenzen. Die Signallänge sollte deshalb mindestens 60 s betragen.
- *Wahl der Messpunkte:* Der Messpunkt in der Mitte der Mauerkrone erlaubt zwar die beste Bestimmung der 1. Eigenfrequenz, für die höheren Eigenfrequenzen wird er aber kaum brauchbare Informationen liefern.
- *Störfrequenzen:* Turbinen und Generatoren erzeugen ebenfalls Frequenzspitzen. Diese treten im Amplitudenspektrum als „Nadeln“ in Erscheinung während die Eigenfrequenzen der Staumauer als „Berge“ auftauchen.

Beispiel

Staudamm Moiry VS

Erschütterungsausbreitung beim Schienenverkehr

4

Inhaltsverzeichnis

Als vor knapp 200 Jahren die ersten Eisenbahnstrecken gebaut wurden, war die Begeisterung grenzenlos. Erstmals konnten große Distanzen in unglaublich kurzer Zeit zurückgelegt werden und auch für den Gütertransport eröffneten sich ganz neue Möglichkeiten. Aber auch schon damals zeigten sich unangenehme Nebenerscheinungen: Pferdegespanne scheuten beim Anblick dieser ungewohnten, fauchenden Ungetüme und man befürchtete, dass die Getreidefelder durch Funkenwurf in Brand gesetzt werden könnten.

A. Ziegler et al., *Bauwerksdynamik und Erschütterungsmessungen*,
https://doi.org/10.1007/978-3-658-38022-9_4

Mittlerweile haben sich diese Ungetüme zu eleganten, stromlinienförmigen Hochgeschwindigkeitszügen entwickelt, an die sich alle gewöhnt haben und die wir alle gerne benutzen. Unangenehme Nebenerscheinungen sind allerdings geblieben und zwar vor allem in Form von Erschütterungen und Lärm.

Im vorliegenden Kapitel sollen die mit den Erschütterungen zusammenhängenden „Nebenerscheinungen" näher beleuchtet werden. Dazu gehören die Erschütterungen selbst, die sich bei jeder Zugdurchfahrt als Vibrationen des Fußbodens bemerkbar machen, und der sekundär abgestrahlte Schall, der erst im Innern des Gebäudes durch die Vibration von Decken und Wänden entsteht und als tiefes Donnergrollen wahrgenommen wird, so als ob der Zug durch die Tiefgarage des Hauses fahren würde. Dieser sekundär abgestrahlte Schall, auch „Körperschall" genannt, ist zu unterscheiden vom direkten Schall, der z. B. durch die Fenster ins Haus dringt.

In der Regel akzeptiert der Mensch die „störenden Nebeneffekte" der Eisenbahn recht leicht. Da die Störung regelmäßig auftritt, kann sie vom Hirn ausgeblendet werden, sodass wir sie nach einer gewissen Angewöhnungszeit gar nicht mehr bewusst wahrnehmen. Problematisch wird es, wenn die Störung eine gewisse Stärke oder eine gewisse Häufigkeit übersteigt. Dann kann sie nicht mehr ausgeblendet werden und kann zu einer erheblichen Beeinträchtigung des Wohnkomforts oder sogar der Gesundheit führen.

Für den Bauingenieur stellt sich die Problematik der Eisenbahnerschütterung zumeist in einer der folgenden drei Formen:

1. Eine neue Eisenbahnlinie, ein zusätzliches Gleis oder auch nur eine neue Weiche ist geplant. Bevor ein solches Projekt realisiert werden kann, ist zu prüfen, ob kein Gebäude im Nahbereich des Gleises in unzulässiger Weise beeinträchtigt wird.
2. Ein neues Wohngebäude, eine ganze Überbauung oder eine Produktionsstätte mit hochempfindlichen Anlagen soll in der Nähe einer bestehenden Eisenbahnlinie gebaut werden. Auch hier ist zu untersuchen, ob die zukünftigen Immissionen im zulässigen Rahmen bleiben oder ob allenfalls beim Bau des projektierten Gebäudes Maßnahmen zur Reduktion der Erschütterungen oder des Körperschalls getroffen werden müssen.
3. Bewohner eines bestehenden Gebäudes neben einer bestehenden Eisenbahnlinie beschweren sich über zu starke Immissionen. Es ist zu prüfen, ob die vorhandenen Immissionen innerhalb des von den Normen vorgesehenen Rahmens liegen. Gegebenenfalls sind Maßnahmen zu entwickeln, um die Immissionen zu reduzieren.

In allen drei Fällen ist ein vertieftes Verständnis der Vorgänge bei der Ausbreitung der Erschütterungen die Grundvoraussetzung für eine erfolgreiche Lösung. Überdies benötigen wir ein Rechenmodell, mit dem wir die komplexen Vorgänge der Erschütterungsausbreitung mit ausreichender Genauigkeit simulieren können.

Als geeignete Lösungsansätze haben sich empirische Modelle erwiesen, die in ihrer einfachsten Form aus einer einzigen Gleichung bestehen können, in der alle wesentlichen Einflussfaktoren in Form von empirisch bestimmten Parametern berücksichtigt werden. Diese einfachen Modelle wurden weiterentwickelt, um auch die sehr wichtige

Frequenzabhängigkeit der Einflussfaktoren einbeziehen zu können. Dies führte zu den Terzspektren-Modellen. Daneben stehen uns die Modelle aus den FE- oder BE-Programmen zur Verfügung, die allerdings den entscheidenden Nachteil aufweisen, dass die für die Berechnung erforderlichen Inputdaten bei der hier vorliegenden Problemstellung nicht in genügender Genauigkeit vorliegen.

In den folgenden Abschnitten sollen zwei empirische Verfahren für die Berechnung der Erschütterungsausbreitung beim Schienenverkehr erläutert werden. Beim ersten handelt es sich um ein einfaches frequenz-unabhängiges Modell, beim zweiten um ein Terzspektren-Modell. Ausgehend vom Konzept dieser Modelle, werden die darin verwendeten mathematischen und physikalischen Zusammenhänge erläutert. Anschließend wird gezeigt, wie die in den Modellen verwendeten Parameter, d. h. die Transferfaktoren und die Transferspektren, durch statistische Auswertung von Messdaten ermittelt werden können. Darnach werden die Ergebnisse der statistischen Auswertung von Messungen an über 200 Gebäuden neben Eisenbahnlinien, worin die Daten von ca. 30.000 Zugdurchfahrten enthalten sind, in Form von Diagrammen und Tabellen präsentiert.

Abb. 4.1 zeigt das Grundkonzept für das einfache empirische Modell. Mit einem Ansatz wie in Gl. 4.1 wird die Schwinggeschwindigkeit im Gebäude (beim MP 5) aufgrund der Schwinggeschwindigkeit neben dem Gleis (beim MP 1) berechnet

$$v = v_0 \cdot \left(\frac{r_0}{r}\right)^m F_a \cdot F_d \tag{4.1}$$

v Schwingung beim MP 5
v_0 Schwingung bei r_0
r_0 Referenzdistanz
r Gebäudedistanz
m Abminderungsexponent
F_a Ankopplungsfaktor
F_d Deckenfaktor

Dabei werden alle Einflussfaktoren wie z. B. das Abminderungsverhalten im Frei-Feld, der Ankopplungseffekt und die Verstärkung durch die Geschossdecke durch empirisch bestimmte Parameter berücksichtigt. Wichtig bei diesem Modell ist, dass erstens alle relevanten Einflussfaktoren einbezogen werden und dass zweitens jeder Parameter nur einen Aspekt abdeckt. Gesamthaft werden beim „einfachen Modell" 10 Parameter benötigt, um eine einigermaßen zuverlässige Prognose für Erschütterung und Körperschall zu erreichen.

Abb. 4.2 zeigt den Ablauf beim Terzspektren-Modell. Hier wird als Ausgangsgröße ein Quellspektrum, das aus der Erschütterung neben dem Gleis berechnet wird, verwendet. Um nun alle Einflüsse auf dem Übertragungsweg vom Gleis bis ins Wohnzimmer zu berücksichtigen, wird das Quellspektrum mit verschiedenen Transferspektren multipliziert. Dazu gehören die Transferspektren für die Gebäudeankopplung, für die Verstärkung durch die Geschossdecke und je nach Situation auch die Einfügespektren für die Unterschottermatten

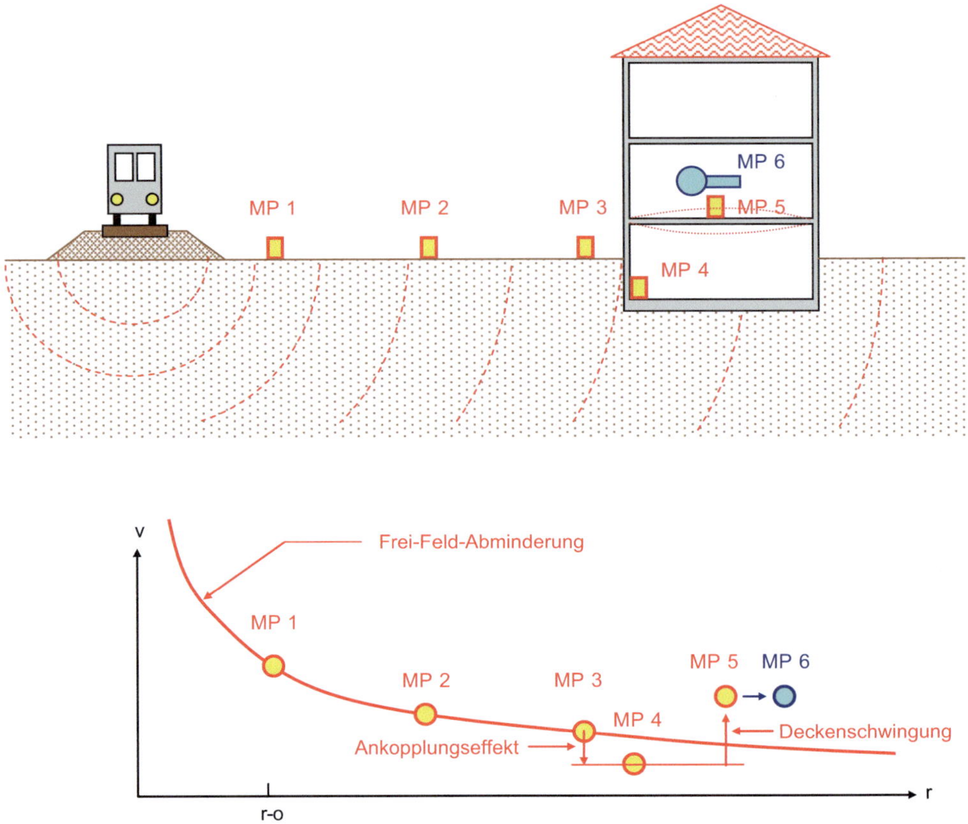

Abb. 4.1 Konzept für das einfache empirische Modell

oder für die elastische Lagerung des Gebäudes. Als Resultat erhalten wir das Terzbandspektrum für die Schwingung auf der Geschossdecke. Daraus können wir durch quadratische Summation der Terzbänder den RMS-Wert der Schwinggeschwindigkeit berechnen.

Bevor wir nun näher auf diese beiden Modelle eintreten, wollen wir uns den physikalischen Grundlagen der Erschütterungsausbreitung zuwenden und uns die mathematischen Gesetzmäßigkeiten in Erinnerung rufen, die in diesen Modellen verwendet werden.

4.1 Grundlagen aus der Physik

4.1.1 Wellenausbreitung im Boden

Die Grundlagen für das Verständnis der Wellenausbreitung im Boden sind bereits im Abschn. 2.3.2 erläutert worden. Im Zusammenhang mit den Eisenbahnerschütterungen wollen wir lediglich die wichtigsten Erkenntnisse in Erinnerung rufen.

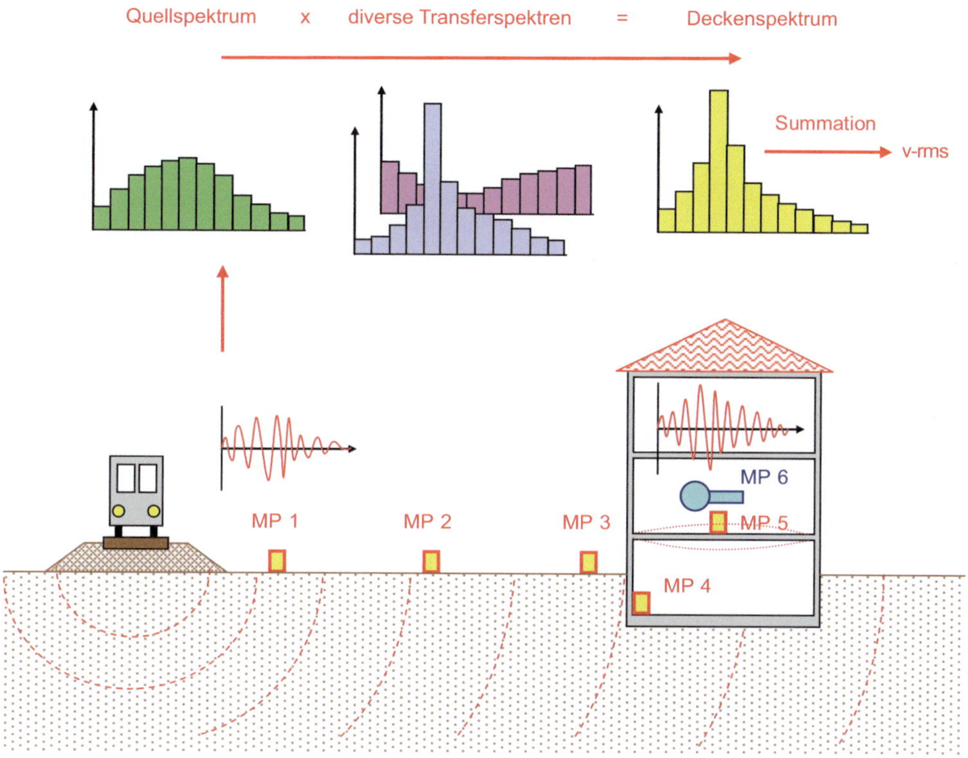

Abb. 4.2 Konzept für das Terzspektren-Modell

Die Abminderung der Schwingungsamplitude im idealen Halbraum mit Materialdämpfung ist durch Gl. 2.30a bzw. 4.2 gegeben:

$$v = v_0 \left(\frac{r_0}{r} \right)^{n(f)} e^{\left(-\frac{2\pi f D}{v_B}(r - r_0) \right)} \tag{4.2}$$

Der Exponent „n(f)" berücksichtigt dabei die geometrische Dämpfung und der Exponent „$(2\pi fD/v_B)/(r - r_0)$" die Materialdämpfung. Anstelle des komplizierten Ausdrucks in Gl. 4.2 kann auch die einfachere Form von Gl. 4.3 verwendet werden, um die Abminderung im Boden zu beschreiben. Dabei werden beide Anteile, die geometrische Dämpfung und die Materialdämpfung, durch einen einzigen Parameter erfasst. Dies ist schon deshalb gerechtfertigt, weil die drei freien Parameter in Gl. 4.2 nicht unabhängig voneinander bestimmt werden können.

$$v = v_0 \left(\frac{r_0}{r} \right)^{n(f)} \tag{4.3}$$

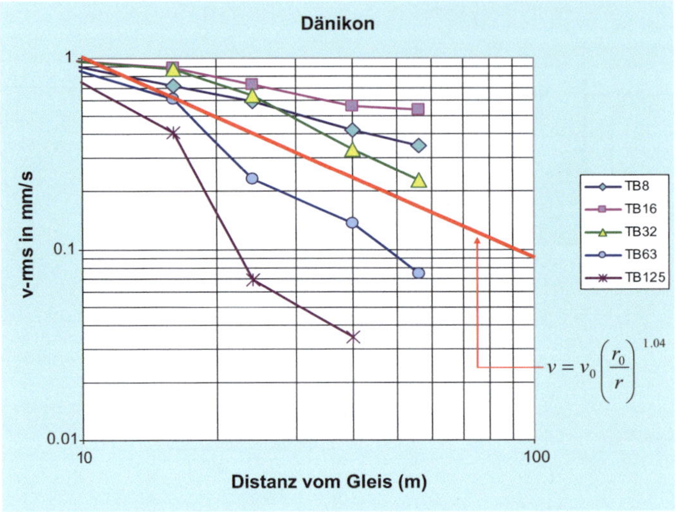

Freq. Hz	n(f)
8	0.54
16	0.31
32	0.76
64	1.34
128	2.17

Abb. 4.3 Frequenz-abhängige Ausbreitung im realen Boden

Abb. 4.3 zeigt die starke Frequenz-Abhängigkeit der Wellenausbreitung am Beispiel einer Messung neben einer Eisenbahnlinie. Der Exponent n in Gl. 4.3 ist frequenz-abhängig und variiert zwischen 0,31 und 2,17. Der für den RMS-Wert bestimmte Exponent von n = 1,04 liegt erwartungsgemäß im Mittelfeld der frequenz-abhängigen Exponenten.

4.2 Ankopplung

Beim Übergang vom Baugrund auf das Gebäude werden die Erschütterungen in der Regel abgemindert. Einen guten Einblick in das als „Ankopplungseffekt“ bezeichnete Phänomen gibt uns das üblicherweise für Maschinenfundamente angewendete 1-Massen-Schwinger-Modell auf einem idealen Halbraum. Der Boden wird dabei als ein Feder-Dämpfungselement modelliert, dessen Steifigkeit und Dämpfung sich aus den Boden-Kennwerten, der Grundfläche des Fundamentes und der Masse berechnet.

Wie in Abb. 4.4 dargestellt, lässt sich ein Einfamilienhaus oder ein Mehrfamilienhaus mit den angegebenen Werten als starrer Block auf einem Halbraum modellieren.

Die Schwingungen, die vom Baugrund auf das Gebäude übertragen werden, lassen sich mit der Übertragungsfunktion für den 1-Massen-Schwinger berechnen und in Funktion der Frequenz darstellen (Abb. 4.5).

In Abb. 4.5 erkennen wir eine recht gute Übereinstimmung zwischen der 1-M-Schwinger-Analogie und der empirisch ermittelten Ankopplungsfunktion. Der Vergleich liefert auch die Erklärung für die Verstärkung, die man bei Einfamilienhäusern bei den tiefen Frequenzen beobachtet: Es handelt sich um eine Resonanz-Erscheinung. Bei Mehrfamilienhäusern tritt dieses Phänomen kaum auf, da die Resonanzfrequenz

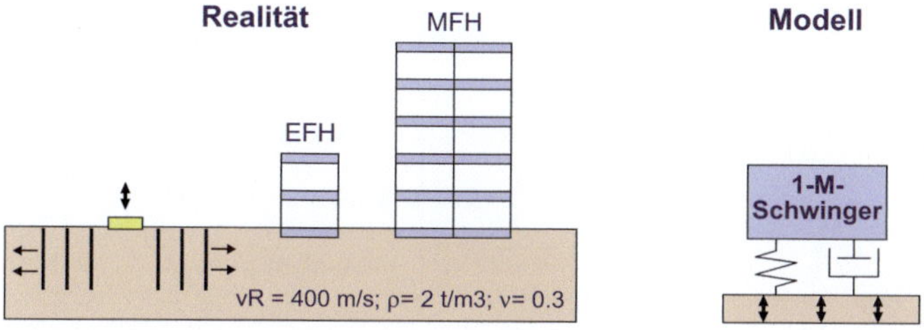

	EFH	MFH
L x B	10 x 10m	20 x 20m
M	250 t	8000 t
f	20 Hz	5 Hz
D	1.02	1.44

Abb. 4.4 Modellierung eines Gebäudes als 1-M-Schwinger zur Bestimmung des Ankopplungsfaktors

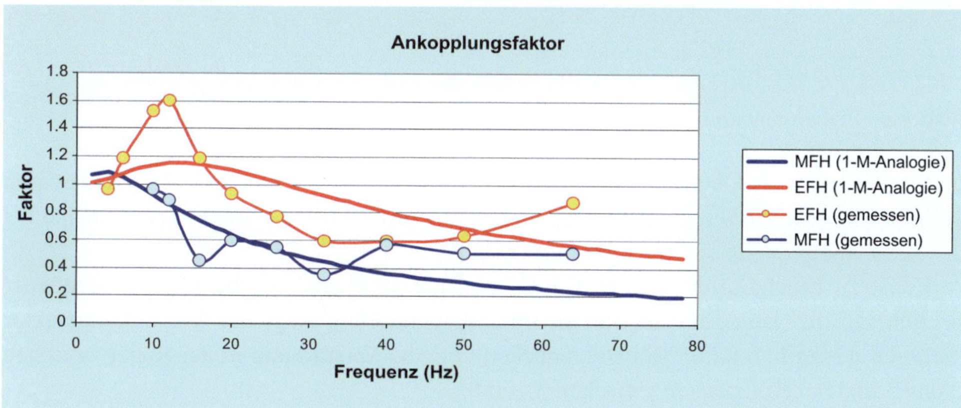

Abb. 4.5 Vergleich der Transferfunktion aus der 1-M-Analogie mit der empirisch ermittelten Ankopplungsfunktion

viel tiefer liegt. Was das Modell allerdings nicht erklären kann, ist der Anstieg bei höheren Frequenzen.

4.2.1 Deckenschwingung

Das Schwingverhalten der Geschossdecke bildet zumeist den wichtigsten Einflussfaktor in der gesamten Übertragungskette. Eine Geschossdecke kann in erster Näherung gut als 1-Massen-Schwinger modelliert werden. Die Eigenfrequenz einer Betondecke ergibt sich (vgl. Abschn. 1.4) aus der Plattengleichung:

$$f_{ij} = \frac{\lambda_{ij}^2}{2\pi a^2} \left[\frac{Eh^3}{12\gamma\left(1 - v^2\right)} \right]^{1/2} \tag{4.4}$$

Für eine typische Geschossdecke im Wohnungsbau mit h = 0,26 m und aufgelegten Plattenrändern ergeben sich, wie in Abb. 4.6 dargestellt, Grundfrequenzen zwischen 20

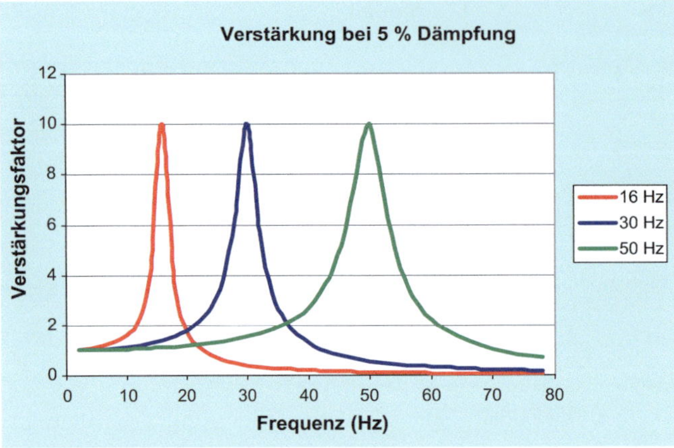

Abmessung a x b	1. Eigenfrequenz	2. Eigenfrequenz
4 m x 6 m	22 Hz	43 Hz
4 m x 4 m	31 Hz	78 Hz
4 m x 2,7 m	51 Hz	98 Hz

Abb. 4.6 Eigenfrequenzen bei typischen Decken im Wohnungsbau

und 50 Hz und erste Oberfrequenzen zwischen 40 und 100 Hz: Die Verstärkung lässt sich aus den Resonanzkurven des 1-M-Schwingers ablesen. Bei 5 % Dämpfung ergibt sich bei der Resonanzfrequenz ein Verstärkungsfaktor 10.

Es ist zu beachten, dass diese Verstärkung nur in einem eng begrenzten Frequenzbereich auftritt. Bezogen auf die gesamte Erschütterung liegt der Verstärkungsfaktor natürlich wesentlich tiefer. Bei Betondecken liegt die Verstärkung in der Regel zwischen 2 und 5 und bei Holzdecken zwischen 3 und 8.

4.2.2 Körperschall

Der sekundär abgestrahlte Schall (sog. Körperschall) wird durch die Schwingungen des Fußbodens, der Decke und der Wände erzeugt. Die vertikale Bewegung des Fußbodens erzeugt eine Druckwelle im Luftraum über dem Fußboden, welche – falls sie im hörbaren Frequenzbereich liegt – als Schall wahrgenommen wird.

Wie in Abb. 4.7 (links) dargestellt, verursacht der im Tunnel fahrende Zug Vibrationen im Erdreich, die sich auf das Gebäude übertragen und von den Geschossdecken verstärkt werden. Ein Beobachter im Freien vor dem Gebäude wird von der Durchfahrt des Zuges nichts hören. In einem Raum im Gebäude hingegen wird er die Durchfahrt des Zuges als mehr oder weniger lautes Dröhnen erleben.

Mit einem einfachen Experiment lässt sich das Phänomen des abgestrahlten Schalls veranschaulichen: Wir stellen ein Geofon auf den Fußboden und ein Mikrofon in Raummitte und hüpfen kurz. Wie in Abb. 4.7 rechts dargestellt, werden wir das Signal der Erschütterung und mit einer gewissen Verzögerung das Signal des Schalldruckes aufzeichnen können. Das Verhältnis der beiden Größen liegt in unserem Experiment bei 160 µm/s zu 60 µPa, d. h. bei ca. 0,4 Pa/(mm/s).

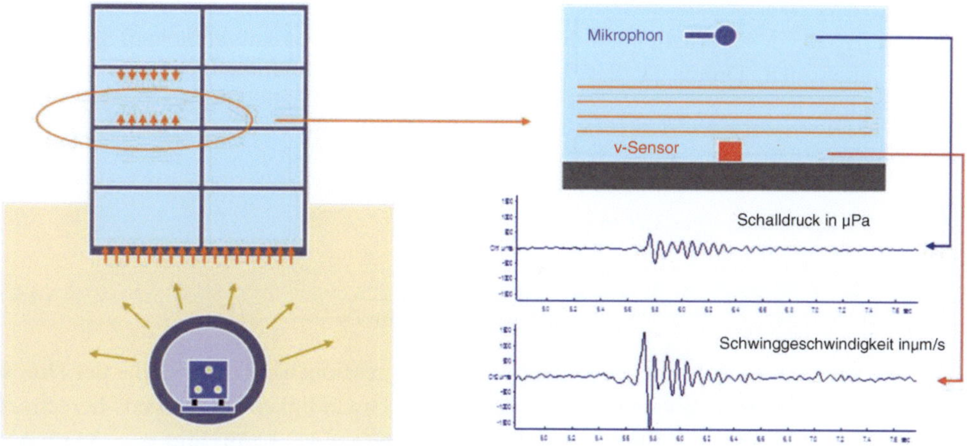

Abb. 4.7 Sekundär abgestrahlter Schall in einem Gebäude über einem Tunnel

Abb. 4.8 Druckwelle in einem Stab

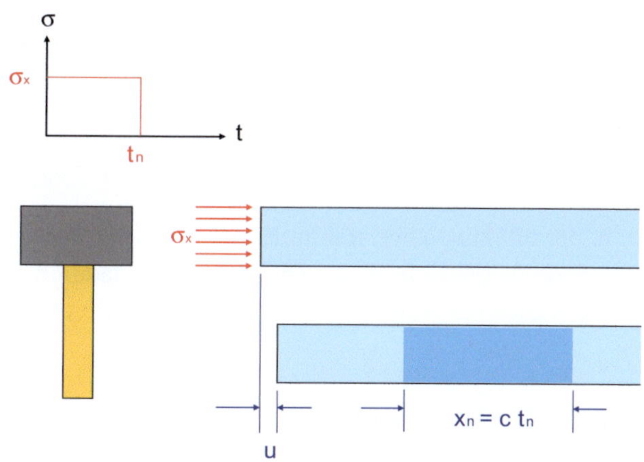

Dieses Phänomen ist an sich nichts anderes als die Wellenausbreitung in einem Stab, der durch einen Impuls angeregt wird, wie in Abb. 4.8 dargestellt. Der Impuls mit einer Dauer t_n und einer Spannung σ_x erzeugt eine komprimierte Zone der Länge x_n welche mit einer Geschwindigkeit c wandert. Die Verschiebung u ist durch Gl. 4.5 gegeben und dies kann umgewandelt werden in Gl. 4.6 und 4.7.

$$u = \frac{\sigma_x}{E} x_n = \frac{\sigma_x}{E} v_C t_n \tag{4.5}$$

$$\frac{u}{t_n} = \frac{\sigma_x v_C}{E} \tag{4.6}$$

$$v = \frac{\sigma_x v_C}{E} \tag{4.7}$$

Mit $E = \rho v_c^2$ in Gl. 4.7 erhalten wir die Beziehung zwischen der aufgebrachten Spannung, welche auch den Druck in der komprimierten Zone darstellt, und der Partikelgeschwindigkeit:

$$\sigma_x = v \cdot \rho \cdot v_C \tag{4.8}$$

Mit $\rho = 1{,}2\ \mathrm{kg/m^2}$ und $v_C = 333$ m/s erhalten:

$$p \equiv \sigma_x = 0{,}4 \cdot v \cdot \mathrm{Pa} \cdot \frac{1}{\mathrm{mm/s}} \tag{4.9}$$

Dies bedeutet, dass – aufgrund der Theorie der Kompressionswellen im Stab – der Druck in der Luft über dem Fußboden aus der Schwinggeschwindigkeit des Bodens berechnet werden kann. Überdies gilt für normale Bedingungen ($\rho = 1{,}2\ \mathrm{kg/m^2}$ und $v_C = 333$ m/s), dass der Druck (ausgedrückt in Pa) zahlenmäßig 40 % der Schwinggeschwindigkeit des Bodens (ausgedrückt in mm/s) entspricht.

Zahlreiche Untersuchungen zur Berechnung des Körperschalls empfehlen für die Berechnung des Körperschalls, die Schwinggeschwindigkeit des Bodens in dB umzuwandeln und 6 bis 10 dB zu addieren. Dies entspricht an sich der Korrelation:

$$p = 0{,}8 \cdots 1{,}2 \cdot v \cdot \mathrm{Pa} \cdot \frac{1}{\mathrm{mm/s}} \tag{4.10}$$

d. h. der effektive abgestrahlte Körperschall ist 2- bis 3-mal höher als der in Gl. 4.9 angegebene theoretische Wert. Dies lässt sich dadurch erklären, dass nicht nur der Boden sondern auch die Wände und die Decke einen Beitrag an den Körperschall leisten.

4.2.3 Terzbandspektren

Wie oben bereits angedeutet, verwendet das Terzspektren-Modell als Ausgangsgröße ein Quellspektrum in Form eines Terzbandspektrums und berechnet die Zielgröße, d. h. die Schwingung des Fußbodens, durch Multiplikation des Quellspektrums mit verschiedenen Transferspektren. Dabei stellt sich natürlich die Frage, ob dieses Vorgehen mathematisch korrekt ist, bzw. welche Vereinfachungen dabei eingeführt werden.

Abb. 4.9 versucht den Zusammenhang zwischen dem Zeitsignal einer Erschütterungsaufzeichnung und dem Terzbandspektrum darzustellen. Die Aufzeichnung der Zugdurchfahrt in Abb. 4.9a weist einen Peak-Wert von 1,25 mm/s und einen RMS-Wert von 0,17 mm/s auf. Mittels Fourier-Transformation erhalten wir das Amplitudenspektrum in Abb. 4.9b. Dieses Amplitudenspektrum, das ja aus tausenden von Stützstellen zusammengesetzt ist, lässt sich diskretisieren, indem einzelne Frequenzbänder zusammengefasst werden. So entspricht z. B. das Terzband mit der Mittenfrequenz von 31,5 Hz dem Frequenzbereich zwischen 28 und 35 Hz.

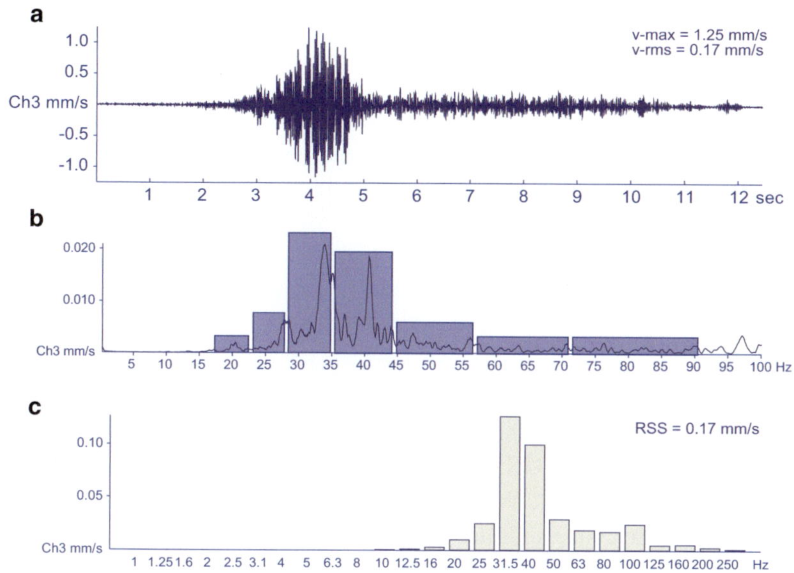

Freq.	Terzwert
20	0.01004
25	0.02516
32	0.12640
40	0.09998
50	0.02926
62	0.01911
80	0.01752
100	0.02452
RSS =	0.16981

Pro memoria: RMS = Root Mean Square = Wurzel aus dem Mittelwert aller Quadrate
RSS = Root of the Sum of the Squares = Wurzel aus der Summe der Quadrate

Abb. 4.9 Zusammenhang zwischen dem RMS-Wert des Zeitsignals und dem RSS-Wert des Terzbandspektrums. **a** Zeitsignal, **b** Amplitudenspektrum, **c** Terzbandspektrum

Der für uns interessante Aspekt der Terzband-Darstellung liegt darin, dass der RSS-Wert des Terzbandes, dem RMS-Wert des Signals entspricht. d. h. die Wurzel aus der Summe der Quadrate der Terzbandwerte ist gleich der Wurzel aus dem Mittelwert der quadrierten Signalwerte (= Effektivwert des Signals).

Für unser Terzspektren-Modell bedeutet dies Folgendes: Gelingt es uns ein „korrektes Quellspektrum" zu definieren und multiplizieren wir dieses mit „korrekten" Transferspektren, so erhalten wir zwar nicht den korrekten Erschütterungszeitverlauf aber doch den „korrekten" RMS-Wert des Erschütterungszeitverlaufs. Aufgrund dieses RMS-Wertes können wir dann weitere charakteristische Größen wie Peak-Wert, KB-Wert usf. berechnen, wobei wir annehmen, dass die Verhältnisse zwischen diesen charakteristischen Größen im Gebäude gleich sind wie an der Quelle, d. h. im Frei-Feld neben dem Gleis.

4.3 Messungen als Grundlage für die Prognose

Als Grundlage für die Erschütterungsprognose eignet sich ein Mess-System bestehend aus mehreren Schwinggeschwindigkeits-Sensoren, einem Schalldruckaufnehmer und einer Videokamera. Damit lassen sich alle relevanten Informationen zeitgleich erfassen. Schwinggeschwindigkeitsaufnehmer haben gegenüber Beschleunigungsaufnehmer den

Vorteil der hohen Auflösung im tieferen Frequenzbereich. In den meisten Fällen kann man sich auf die Messung der Vertikalschwingung beschränken, da nur diese – wegen der Verstärkung durch die Geschossdecken – von Bedeutung ist. Durch die zeitgleiche Erfassung des Erschütterungs- und des Schalldrucksignals erhalten wir die Korrelation zwischen Erschütterung und Körperschall. Mit der Videokamera, die ebenfalls durch den Trigger des Erschütterungssensors gesteuert ist, werden Zugtyp, Gleisbelegung und Fahrgeschwindigkeit erfasst.

4.3.1 Messkonzept

Abb. 4.10 und 4.11 zeigen eine typische Mess-Konfiguration. Die Aufnehmer MP 1 bis MP 4 sind auf Erdspießen montiert und erfassen die Frei-Feld-Erschütterung. Es ist wichtig, dass diese Messreihe nicht vor dem Gebäude sondern neben dem Gebäude angeordnet wird, damit die Messung nicht durch die Wellenreflexion an der Gebäudefront verfälscht werden. Mit MP 5 wird die Erschütterung des Gebäudefundamentes und mit MP 6 die Erschütterung auf der Geschossdecke erfasst. Der Schallaufnehmer sollte in einem vom Gleis abgewandten Raum platziert werden, damit der Anteil des Direktschalls möglichst gering ist. Auf diese Weise lassen sich die Quellspektren für die verschiedenen Zugtypen, alle Transferspektren und die Immissionen im Gebäude erfassen.

4.3.2 Datenauswertung

Art und Umfang der Datenauswertung hängt natürlich sehr stark von der Problemstellung ab. Bei der Beurteilung der Immissionen in einem bestehenden Gebäude ist das Schwergewicht auf die normenkonforme Auswertung der Messdaten im Gebäude zu legen. Für eine Immissionsprognose hingegen wird man mehr Aufwand für die Definition der Quell- und Transferspektren einsetzen.

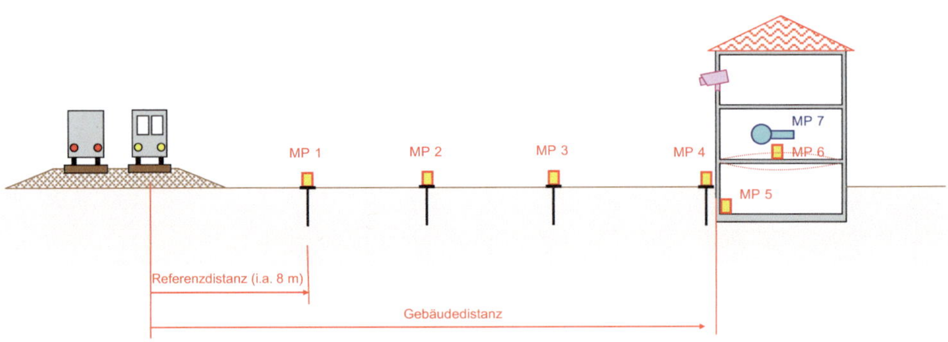

Abb. 4.10 Anordnung der Aufnehmer im Schnitt

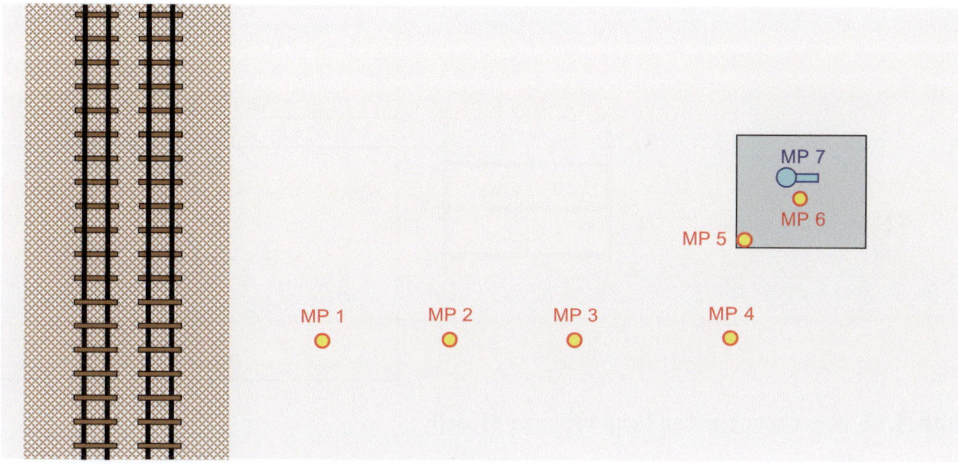

Abb. 4.11 Anordnung der Aufnehmer im Grundriss

Das Quellspektrum wird als Mittelwert aus einer genügend großen Anzahl von Zugdurchfahrten berechnet. Die Definition des Quellspektrums umfasst jedoch nicht nur die 20 Terzbandwerte, sondern einen ganzen Satz von Parametern, die für die Berechnung der Immissionen im Gebäude ganz essenziell sind. So wird z. B. der Variationskoeffizient für die Berechnung der 90-Percentile benötigt und der Faktor zwischen KB und v_{rms} zur Berechnung des KB_{Ftr}-Wertes nach DIN-4150/2.

4.4 Das Faktoren-Modell

Beim Faktoren-Modell wird die Erschütterung nur durch einen einzigen Parameter charakterisiert, durch den RMS-Wert des Erschütterungssignals. Durch diese Vereinfachung lässt sich die Erschütterung im Gebäude durch Multiplikation mehrerer Transferfaktoren berechnen. Da das Faktoren-Modell aber auch für die Prognose von Körperschall dienen soll, und weil der Körperschall nicht den gleichen Frequenzbereich abdeckt wie die Erschütterung, kommt man um gewisse „Frequenz-Differenzierungen" nicht herum. Das hier vorgestellte Faktoren-Modell ist sozusagen ein „Spektren-Modell" mit nur zwei Frequenzbändern. Das erste Band, das für die Erschütterungen vorgesehen ist, umfasst den gesamten interessierenden Frequenzbereich d. h. 4 bis 250 Hz, während das zweite Band nur den Frequenzanteil umfasst, der für den Körperschall relevant ist (32 bis 125 Hz).

4.4.1 Berechnungsablauf

Abb. 4.12 veranschaulicht den Rechenablauf beim Faktoren-Modell. Die Erschütterung im Gebäude berechnet sich dabei aufgrund der Erschütterung neben dem Gleis durch Multi-

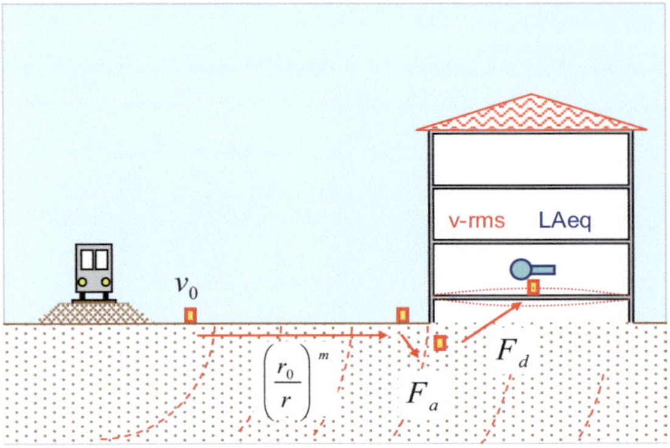

ES: $$v = v_0 \cdot \frac{r_0}{r}^m F_a \cdot F_d$$

mit Faktoren für ES

KS: $$v = v_0 \cdot \left(\frac{r_0}{r}\right)^m F_a \cdot F_d$$

$$p = v \cdot F_{ks}$$

$$L_{Aeq} = 20 \cdot \log\left(\frac{p}{p_{ref}}\right) - A$$

mit Faktoren für KS

Abb. 4.12 Berechnungsablauf beim Faktoren-Modell

plikation mit allen erforderlichen Faktoren. Dazu gehört der Frei-Feld-Abminderungsfaktor mit dem Exponenten m, der Ankopplungsfaktor F_a und der Deckenfaktor F_d. Gesamthaft sind etwa 10 Faktoren zu berücksichtigen, um eine einigermaßen vernünftige Prognose zu erstellen. Diese Abminderungsfaktoren entsprechen den Transferspektren beim Terzspektren-Modell und werden im Folgenden Transfer-Faktoren genannt.

In Gl. 4.11 ist die in VIBRA-1 verwendete Bestimmungsgleichung für die Erschütterung in Fußbodenmitte wiedergegeben:

$$v_j = v_{0,j} \cdot \left(\frac{G}{G_0}\right)^h F_t \cdot F_s \cdot F_b \cdot \left(\frac{r_0}{r}\right)^m F_a \cdot F_d \tag{4.11}$$

Sie erlaubt die Berücksichtigung folgender Einflüsse:

- Fahrgeschwindigkeit (G)
- Trasse-Typ (F_t)
- Schienenbesonderheit (F_s)
- Bodeneigenschaften im Gleisbereich (F_b)
- Freifeldabminderung (m)
- Ankopplung Boden – Gebäude (F_a)
- Deckeneigenfrequenz (F_d)

Für die Berechnung des Körperschalls wird an sich die gleiche Bestimmungsgleichung verwendet wie für die Erschütterung. Da jedoch der Schall unterhalb von 32 Hz praktisch nicht hörbar ist und weil Körperschall über 125 Hz kaum existiert, sind Transferfaktoren einzusetzen, die für den Frequenzbereich von 32 bis 125 Hz Gültigkeit haben. Durch diese Frequenz-Begrenzung ergibt sich der Erschütterungsanteil, der für den Körperschall relevant ist. Mit diesem Erschütterungsanteil ergibt sich – durch Multiplikation mit dem Transferfaktor für Körperschall – der unbewertete Schalldruck und schließlich mit der Umformung in dB und der A-Bewertung der Körperschall.

4.4.2 Quellparameter und Transferfaktoren

4.4.2.1 Definition der Erschütterungsquelle

Zur Definition der Erschütterungsquelle gehören diverse Parameter zur Beschreibung der Quelle und der Erschütterung. Die zentralen Parameter sind die beiden RMS-Werte für die Erschütterung (v_{rms}) und für den Körperschall ($v_{rms,KS}$), deren Herleitung unten näher erläutert werden soll.

Statistische Auswertungen von Messungen bei Reisezügen zeigen, dass die Erschütterungen beim 8-m-Referenzpunkt im Mittel einen v_{RMS}-Wert von 0,08 mm/s aufweisen und dass das Terzbandspektrum die in Abb. 4.13 dargestellte Form aufweist. Die dominanten Frequenzen liegen somit zwischen 12 und 100 Hz. Für den Körperschall ist der rosa Bereich von 40 bis 125 Hz maßgebend. Für die Parameter in VIBRA-1 bedeutet dies, dass für $v_{RMS,ES}$ der Wert 0,08 mm/s und für $v_{RMS,KS}$ der Wert 0,07 mm/s einzusetzen sind. In analoger Weise sind alle Transferfaktoren so zu definieren, dass der Faktor für die Erschütterung den gesamten Frequenzbereich umfasst während der Faktor für den Körperschall nur den Frequenzbereich von 31,5 bis 125 Hz.

4.4.2.2 Frei-Feld-Abminderung

Abb. 4.14 zeigt die Frei-Feld-Messwerte von 100 Messreihen mit gesamthaft über 15.000 Zugdurchfahrten. Die Regressionsanalyse ergibt die rote Linie mit der Bezeichnung „Pot. (Daten 2001–2014)". Der Datensatz „2001–2014" umfasst einen Zugmix (Reisezüge und geringer Anteil Güterzüge) mit Geschwindigkeiten von ca. 90 km/h. Damit ergibt sich für $v_{rms,8m}$ ein Wert von 0,08 mm/s und für den Abminderungsexponenten m ein Wert von 1,086.

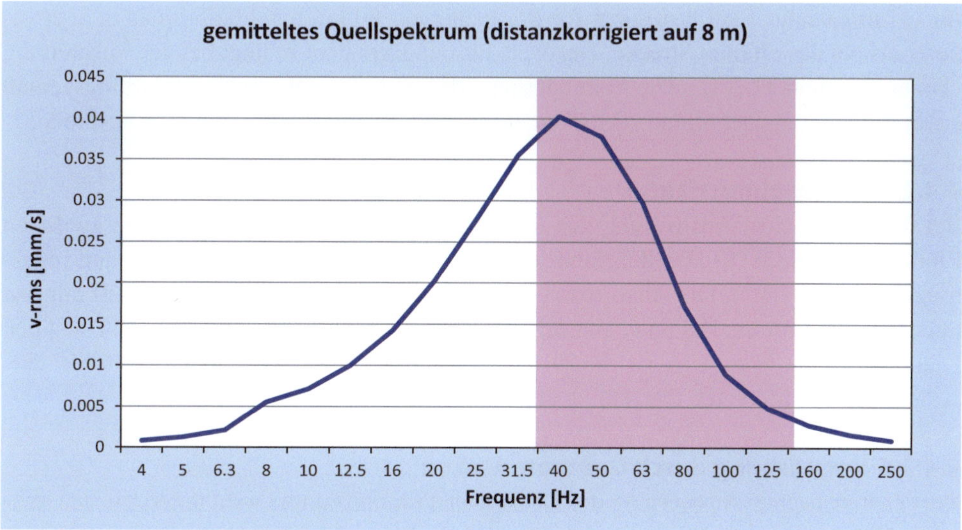

Abb. 4.13 Idealisiertes Terzbandspektrum für Reisezüge beim 8-m-Referenzpunkt

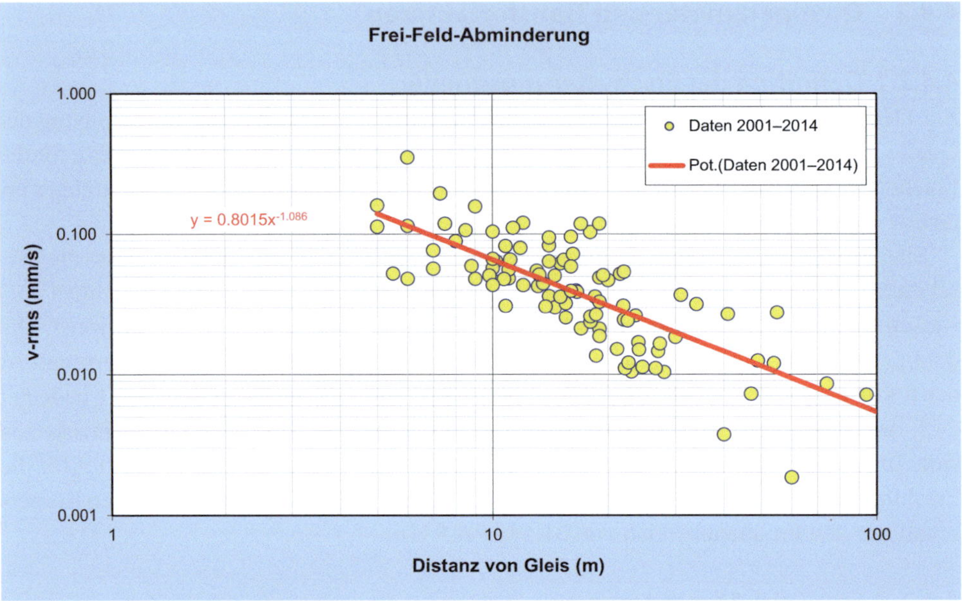

Abb. 4.14 Frei-Feld-Abminderung

4.4.2.3 Abminderung bei Tunnelstrecken

Bei Tunnelstrecken wird als Referenzsensor – in Analogie zum Referenzsensor auf offener Strecke – ein Frei-Feld-Sensor über dem Tunnelscheitel mit einer Überdeckung von 20 m gewählt. Abb. 4.15 zeigt die Frei-Feld-Messwerte von 5 Tunnels in Funktion der Überdeckung.

Aus diesen Daten wurde die Abminderungsfunktion $v = v_0 * (r_0/r)^m$ ermittelt. Der Werte für v_0 (umgerechnet auf 8 m) liegt für Reisezüge mit 80 km/h bei 0,05 mm/s d. h. etwas tiefer als bei der offenen Strecke. Der Wert für den Exponent m liegt bei der Ausbreitung über einem Tunnel bei 1,3. Die Abminderung erfolgt bei Tunnelstrecken erwartungsgemäß etwas schneller als bei offenen Strecken, da sich die Wellen stärker räumlich ausbreiten.

4.4.2.4 Ankopplungsfaktor

Bei der statistischen Auswertung des Ankopplungsfaktors wird unterschieden zwischen Einfamilienhäusern (EFH), Mehrfamilienhäusern (MFH), Hochhäusern (HH) und Industriegebäuden (INDU). Die Ankopplungsfaktoren liegen zwischen 0,23 und 0,39 mit den tiefsten Werten für die HH und den höchsten Werten für die EFH (siehe Tab. 4.1). Mit den Diagrammen in Abb. 4.16 ist die Distanzabhängigkeit der Ankopplungsfaktoren dargestellt. Ein signifikanter Trend lässt sich nicht erkennen.

4.4.2.5 Verstärkung durch Geschossdecken

Bei der statistischen Auswertung des Deckenverstärkungsfaktors wird unterschieden zwischen Holzdecken und Betondecken. Für Holzdecken ergibt sich ein Verstärkungsfaktor

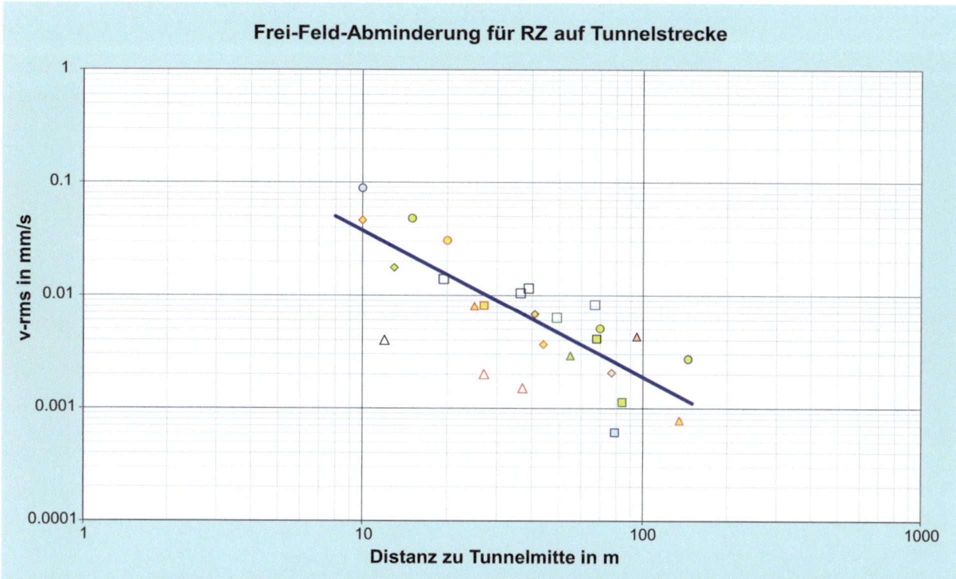

Abb. 4.15 Schwinggeschwindigkeit in Funktion der Überlagerungshöhe für Reisezüge

Tab. 4.1 Ankopplungsfaktoren

Gebäude-Typ	Median	Streufaktor	Bereich	Anzahl Gebäude
EFH	0,39	1,53	0,10 bis 0,90	55
MFH	0,37	1,40	0,15 bis 0,70	62
HH	0,23	1,54	0,10 bis 0,44	7
INDU	0,29	1,62	0,14 bis 0,56	5

von 3,76 und für Betondecken ein solcher von 2,79 (siehe Tab. 4.2). Der Variationskoeffizient liegt bei beiden Deckentypen zwischen 0,5 und 0,6. Die Häufigkeitsverteilungen in Abb. 4.17 zeigt sich bei den Holzdecken eine Konzentration auf Werte zwischen 2 und 4 und bei den Betondecken zwischen 1 und 5.

4.4.2.6 Umwandlung von Erschütterung zu Körperschall

Der Transferfaktor F_{ks} von Erschütterung zu Körperschall berechnet sich nach der Gl. 4.12 zu:

$$F_{ks} = \frac{p_{rms}}{v_{rms}} \tag{4.12}$$

mit

p_{rms} RMS-Wert des abgestrahlten Schalls in Pa von 20 bis 125 Hz
v_{rms} RMS-Wert der Erschütterungen in mm/s von 20 bis 125 Hz

a

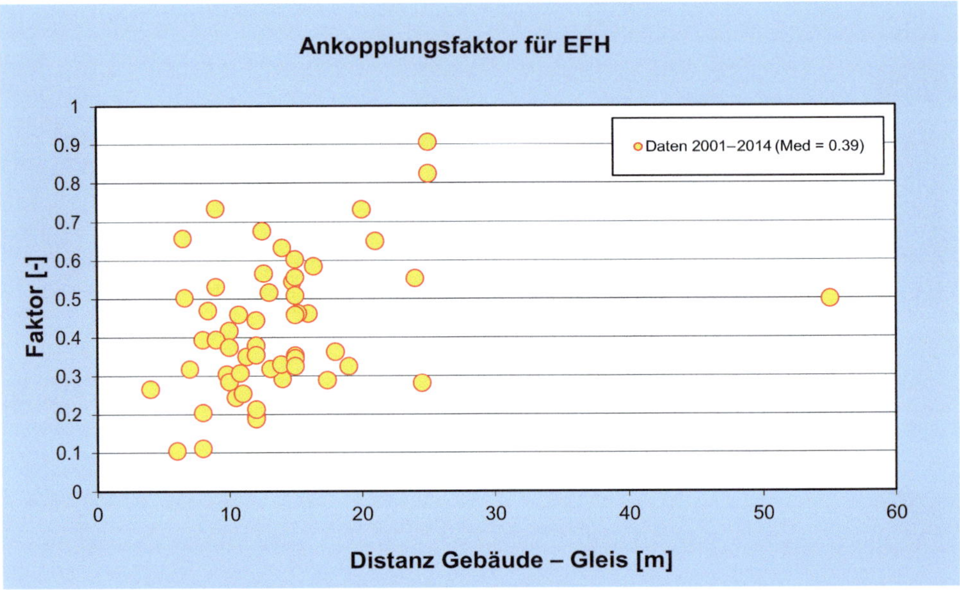

b

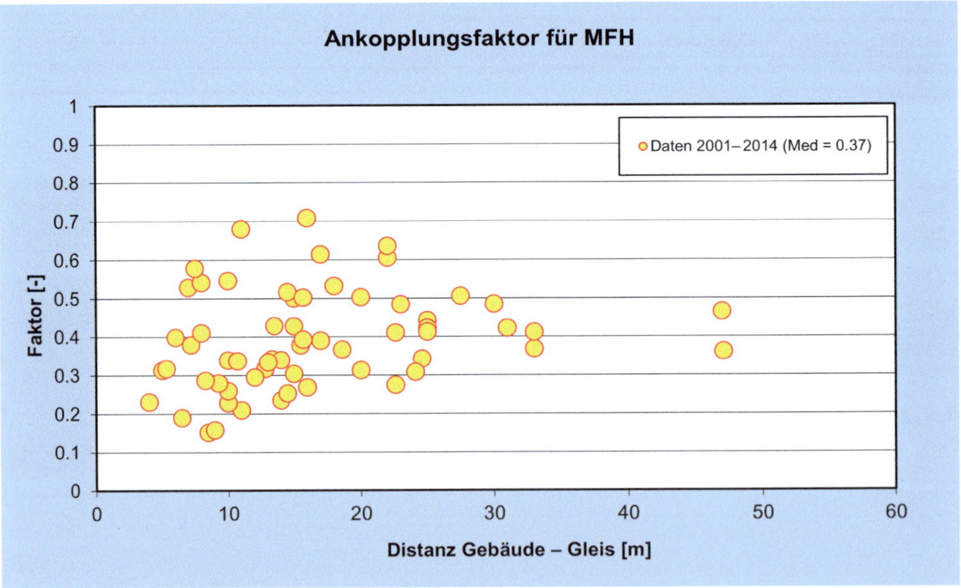

Abb. 4.16 **a** Ankopplungsfaktoren in Funktion der Gebäudedistanz für EFH, **b** Ankopplungsfaktoren in Funktion der Gebäudedistanz für MFH

Tab. 4.2 Statistische Auswertung der Verstärkungsfaktoren für Geschossdecken

Decken-Typ	Median	Streufaktor	Bereich	Anzahl Räume
Holz	**3,76**	**1,64**	**1,5 bis 11,5**	**132**
10–20 Hz	3,99	1,57	1,8 bis 11,5	84
20–30 Hz	3,62	1,68	1,5 bis 9,9	34
30–40 Hz	2,62	1,41	1,7 bis 7,9	8
Beton	**2,79**	**1,64**	**1,0 bis 8,6**	**158**
15–25 Hz	3,11	1,59	1,1 bis 6,5	34
25–35 Hz	2,62	1,74	1,0 bis 7,7	35
35–45 Hz	3,04	1,51	1,0 bis 5,4	33
45–55 Hz	2,75	1,56	1,1 bis 5,5	25
Hourdis	**4,40**	**1,44**	**2,2 bis 7,8**	**8**

a

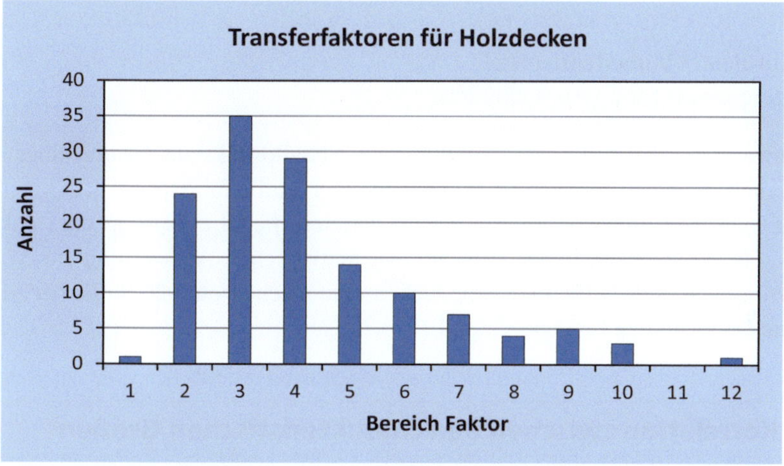

b

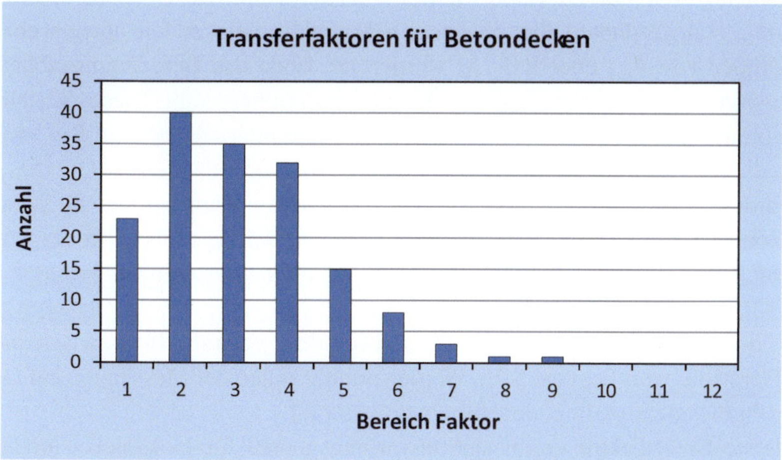

Abb. 4.17 **a** Verstärkungsfaktor für Holzdecken, **b** Verstärkungsfaktor für Betondecken

Tab. 4.3 Transferfaktoren F_{KS} für Körperschall

Decken-Typ	Median	Streufaktor	Bereich	Anzahl Gebäude
Holz	0,50	1,57	0,16 bis 1,56	60
Beton	0,60	1,58	0,24 bis 1,87	60

Dabei wird der Frequenzbereich sowohl beim Schall als auch bei der Erschütterung auf den für Körperschall relevanten Bereich von 31,5 bis 125 Hz begrenzt. Tab. 4.3 zeigt die statistische Auswertung.

Aus dem RMS-Wert des Schalldrucks p_{rms} in Pa lässt sich der unbewertete, äquivalente Vorbeifahrtspegel L_{eq} in dB berechnen mit:

$$L_{eq} = 20 \cdot \log\left(\frac{p_{rms}}{p_{ref}}\right) \tag{4.13}$$

mit

L_{eq} äquivalenter Vorbeifahrtspegel
p_{ref} Referenzwert für p (= 0,00002 Pa)

Die A-Bewertung erfolgt über die Aufteilung des Schalldrucks auf die einzelnen Terzbänder. So erhält man den A-bewerteten, äquivalenten Vorbeifahrtspegel L_{Aeq} in dBA. Die Differenz zwischen unbewertetem und A-bewertetem Pegel entspricht dem Faktor A in Gl. 4.13. Für Holzdecken ergibt sich aus der statistischen Auswertung im Mittel eine A-Bewertung von −28,3 dB, für Betondecken eine solche von −26,9 dB, der Mittelwert über beide Deckentypen beträgt −27,6 dB.

4.5 Korrelation zwischen den charakteristischen Größen

Die Berechnungen in VIBRA-1 und VIBRA-2 verwendet als Basis-Größe den RMS-Wert der Schwinggeschwindigkeit über die gesamte Vorbeifahrtsdauer. Die übrigen charakteristischen Größen wie v_{max} oder KB_{FTmax} werden am Ende des Berechnungsablaufs durch Multiplikation mit entsprechenden Korrelationsfaktoren bestimmt. Dieses Verfahren setzt implizit voraus, dass die Korrelation zwischen den charakteristischen Größen konstant ist, d. h. dass die im Frei-Feld ermittelte Korrelation auch im Gebäude gilt. Um dies zu überprüfen wurden die in VIBRA-1 und VIBRA-2 verwendeten Korrelationen für verschiedene Klassen von Messpunkten ermittelt. In Abb. 4.18 sind die Ergebnisse für die Korrelation zwischen v_{max} und v_{rms} dargestellt. Daraus lässt sich Folgendes entnehmen:

- Der Faktor zwischen v_{max} und v_{rms} (auch Crest-Faktor genannt) liegt zwischen 5,12 und 6,03. Der Mittelwert liegt bei 5,56. Werden nur die Daten der Messungen auf Geschossdecken berücksichtigt, liegt der Mittelwert bei 5,24.
- Der tiefste Crest-Faktor ergibt sich erwartungsgemäß für Holzdecken und liegt bei 5,12. Der höchste Crest-Faktor wird im Frei-Feld bei Weichen festgestellt, wo er bei

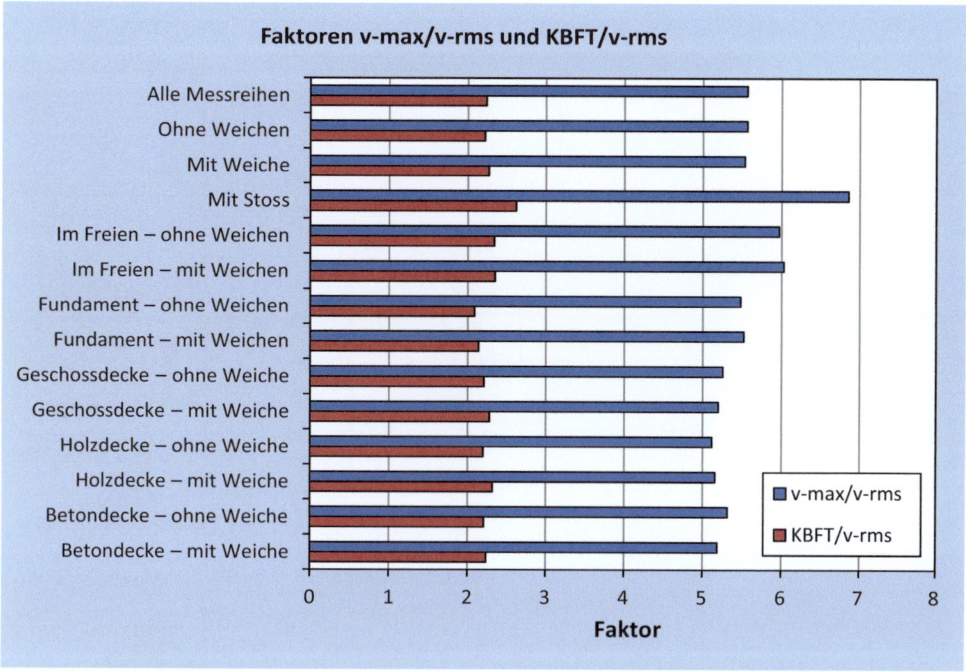

Abb. 4.18 Korrelation zwischen v_{max} und v_{rms} für verschiedene Messpunkt-Klassen

6,03 liegt. Der Crest-Faktor von 6,9 bei Schienenstößen basiert auf lediglich 8 Messungen, weshalb dieser nicht weiter berücksichtigt wird.

- Der Faktor zwischen KB_{FT} und v_{rms} liegt zwischen 2,09 und 2,35. Der Mittelwert liegt bei 2,24 (wiederum ohne Faktor bei Schienenstößen).
- Die Variation zwischen den verschiedenen Klassen ist gering, sodass das in VIBRA-1 und VIBRA-2 verwendete Verfahren zulässig ist.

Nachstehend sind die Korrelationen zwischen den verschiedenen gebräuchlichen charakteristischen Größen zusammengestellt. Es können folgende Faktoren festgelegt werden:

Korrelation $v_{max} - v_{rms}$	5,24
Korrelation $KB_{FT} - v_{rms}$	2,24
Korrelation $v_{rms,\,1s} - v_{rms}$	1,5

4.6 Das Terzspektren-Modell

4.6.1 Berechnungsablauf

Abb. 4.19 veranschaulicht den Rechenvorgang beim Terzspektren-Modell. Aus den im Frei-Feld neben dem Gleis gemessenen Erschütterungssignalen wird ein gemitteltes Terz-

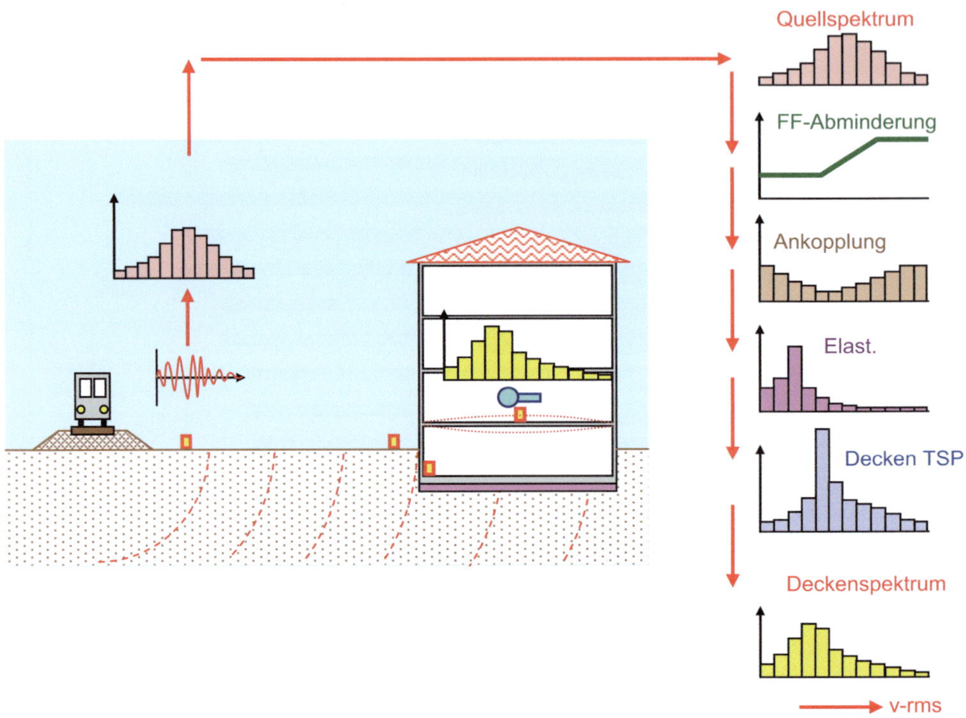

Abb. 4.19 Berechnungsablauf beim Terzspektren-Modell

bandspektrum gebildet, das für unsere Berechnung als Quellspektrum dienen soll. Die Abminderung im Frei-Feld zwischen dem Gleis und dem Gebäude wird durch die Gl. 4.2 oder 4.3 beschrieben mit einem frequenz-abhängigen Exponenten. Der Ankopplungseffekt bewirkt, dass die mittleren Frequenzen abgeschwächt werden, was durch das Ankopplungstransferspektrum berücksichtigt wird. Die elastische Lagerung des Gebäudes ergibt eine Reduktion in den höheren Frequenzen und eine Verstärkung in der Eigenfrequenz. Dies wird durch das Transferspektrum für die elastische Lagerung erfasst. Die Eigenschwingung der Geschossdecke wiederum bewirkt eine Verstärkung im mittleren Frequenzbereich.

So erhalten wir durch Multiplikation des Quellspektrums mit allen erforderlichen Transferspektren das gesuchte Deckenspektrum. Damit haben wir zwar noch nicht das Erschütterungssignal auf der Geschossdecke aber wir können den RSS-Wert des Deckenspektrums bilden, der wiederum dem RMS-Wert des Erschütterungssignals entspricht. Aufgrund des RMS-Wertes können wir die gesuchten charakteristischen Größen wie v_{max}, KB_{Ftr} oder K-Wert berechnen.

Das gewählte Vorgehen ist bis zur Berechnung des RMS-Wertes mathematisch exakt. Die Berechnung der übrigen charakteristischen Größen wie v_{max}, KB_{Ftr} oder K-Wert ist allerdings eine Approximation. Sie basiert auf der Annahme, dass die Korrelationen zwischen den charakteristischen Größen, wie wir sie neben dem Gleis bestimmen, auch im Gebäude gelten. Umfangreiche statistische Untersuchungen (vgl. Abschn. 4.5) zeigen, dass der hier eingeführte Fehler im Bereich von 5 bis 10 % liegt und somit neben den übrigen Unsicherheiten nicht ins Gewicht fällt.

Um nun auch noch den Körperschall zu berechnen, wird das Verfahren weitergeführt mit einem Transferspektrum zwischen der Erschütterung auf der Geschossdecke und dem Schalldruck im Raum. Dieses Transferspektrum stellt die Beziehung her zwischen der Schwinggeschwindigkeit und dem Schalldruck und hat die Einheiten Pa/(mm/s). Wir erhalten auf diese Weise das unbewertete Schalldruck-Spektrum und können – mit Hilfe der A-Bewertung und der Summation der einzelnen Terzbänder – den bewerteten Schallpegel bestimmen.

Es ist zu beachten, dass dieser letzte Schritt des Transferspektren-Modells „nur" eine Approximation darstellt, da der Körperschall nicht durch die Schwingung des Fußbodens allein erzeugt wird, sondern auch durch die Schwingungen der Zimmerdecke und der Wände. Deren Schwingverhalten wird bei diesem Vorgehen nicht explizit berücksichtigt.

4.6.2 Quell- und Transferspektren

4.6.2.1 Quellspektren

Quellspektren weisen eine sehr große Variabilität auf. Wie man aus den Beispielen in Abb. 4.20 entnehmen kann, sind sowohl in der Stärke als auch in der Spektralverteilung sehr große Unterschiede vorhanden. Es wird kaum möglich sein, allgemeingültige „Standard-Spektren" zu entwickeln. In der Regel ist es ohnehin vorteilhafter Quellspektren direkt zu messen als auf „Standard-Spektren" zurückzugreifen.

4.6.2.2 Frei-Feld-Abminderung

In Abb. 4.21 ist das Ergebnis der statistischen Auswertung von 15 Frei-Feld-Messungen zusammengefasst. Der Mittelwert, dargestellt als rote Linie, lässt sich durch die idealisierte schwarze Linie approximieren.

4.6.2.3 Ankopplungs-Transferspektren

Bei der statistischen Auswertung der Ankopplungsspektren wird unterschieden zwischen Einfamilienhäusern (EFH), Mehrfamilienhäusern (MFH) und Hochhäusern (HH). Abb. 4.22 zeigt die Mittelwertspektren (Median Daten 2001–2014) und die daraus abgeleiteten idealisierten Ankopplungsspektren.

4.6.2.4 Transferspektren für Holzdecken

Abb. 4.23 zeigt die gemittelten Transferspektren für die drei Holzdeckentypen als Übersicht. Es zeigt sich, dass der maximale Verstärkungsfaktor mit steigender Eigenfrequenz abnimmt. Dies dürfte an der Dämpfung der Holzdecken liegen, die bei höheren Frequenzen Größer ist.

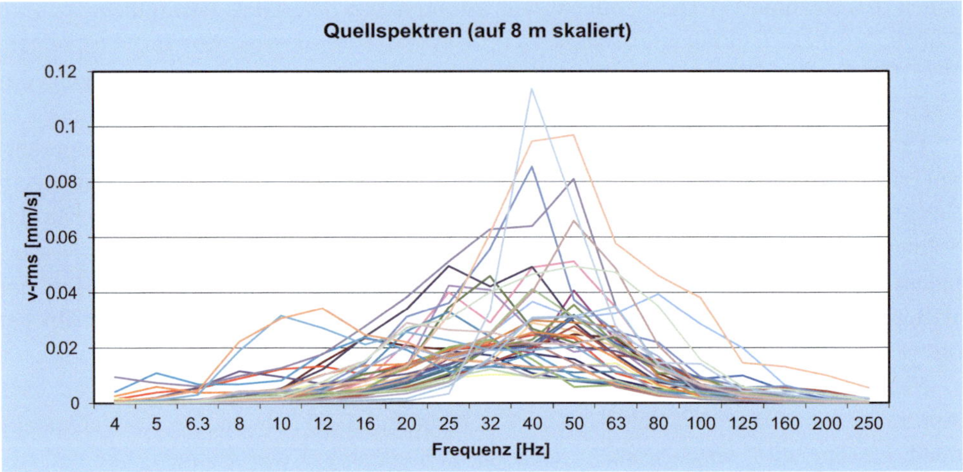

Abb. 4.20 Beispiele von Quellspektren für „Zugmix" in 8 m Distanz von Gleismitte

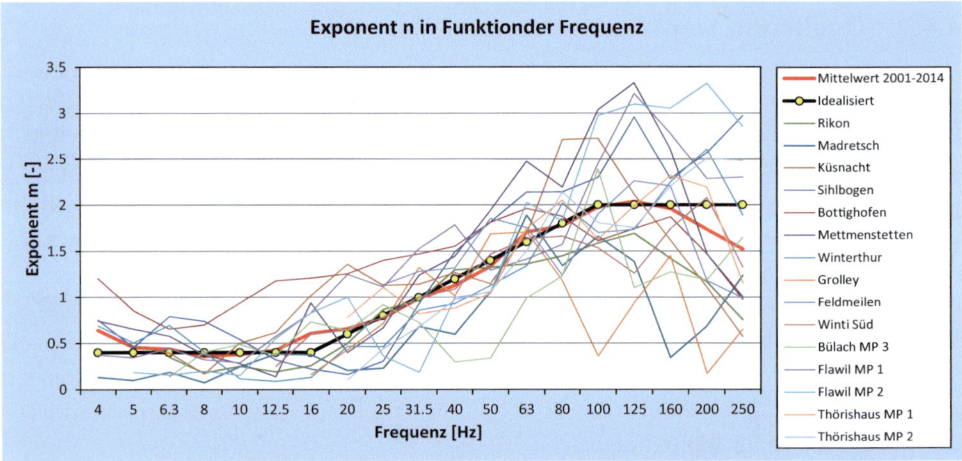

Abb. 4.21 Frequenz-abhängige Exponenten für Frei-Feld-Abminderung. *Dünne Linien* Daten 2001–2014 (15 Messreihen), *dicke rote Linie* Mittelwert, *schwarze Linie* Idealisierter Mittelwert mit Daten

4.6.2.5 Transferspektren für Betondecken

Abb. 4.24 zeigt die gemittelten Transferspektren für fünf Betondeckentypen. Es zeigt sich, dass der Verstärkungsfaktor mit höheren Eigenfrequenzen im Gegensatz zu Holzdecken nicht abnimmt.

Die Transferspektren für Geschossdecken weisen eine recht große Streuung auf. Sie zeigen aber auch wichtige einheitliche Tendenzen. Im Resonanzbereich ist mit einer Verstärkung von 8 zu rechnen, was einer Dämpfung von 6 % entspricht. Unterhalb der Reso-

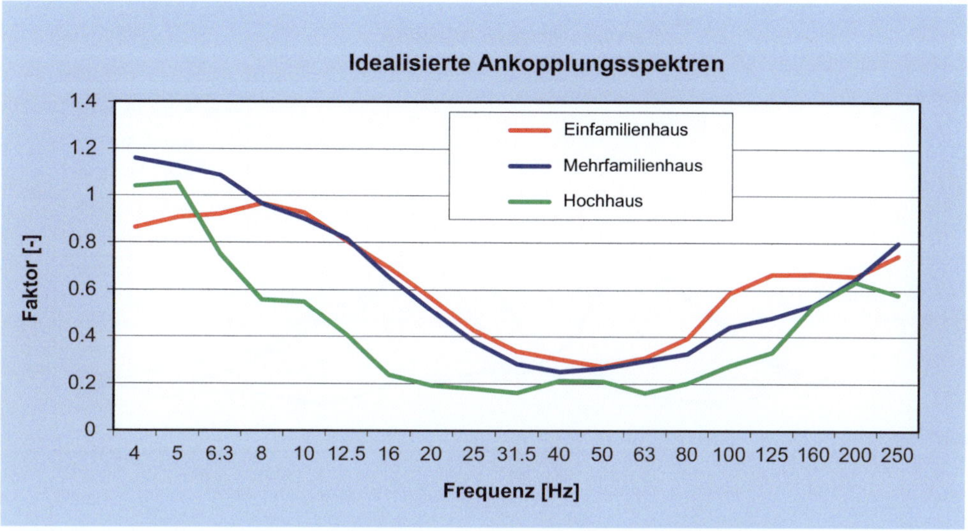

Abb. 4.22 Mittelwertspektren und idealisierte Ankopplungsspektren mit Daten

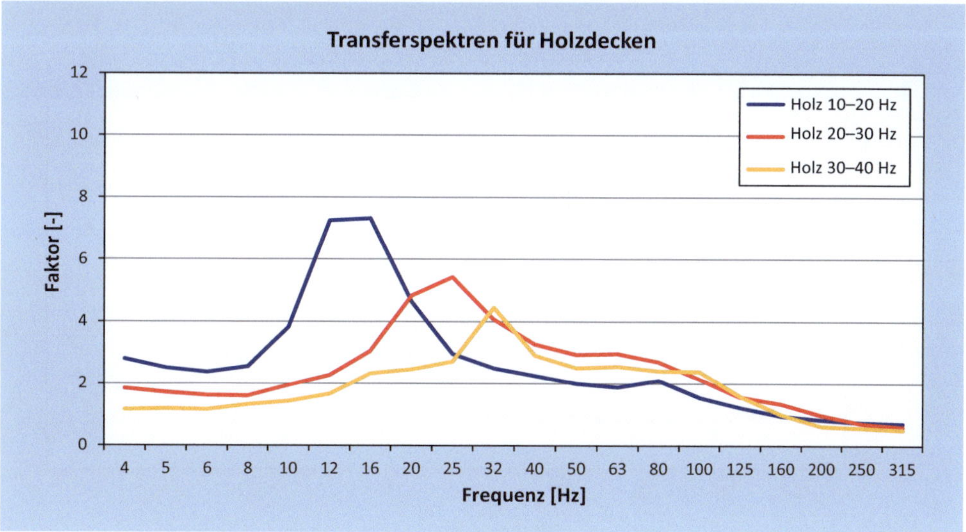

Abb. 4.23 Transferspektren für Holzdecken

nanz liegt die Verstärkung bei 1,5 und oberhalb bei 3. Die höhere Verstärkung oberhalb der Resonanz ist auf das Vorhandensein von höheren Eigenfrequenzen zurückzuführen.

4.6.2.6 Transferspektren für Körperschall

Abb. 4.25 zeigt die gemittelten Transferspektren für Holzdecken und für Betondecken. Der Unterschied ist nicht sehr groß. Oberhalb 100 Hz steigen die Werte und auch die

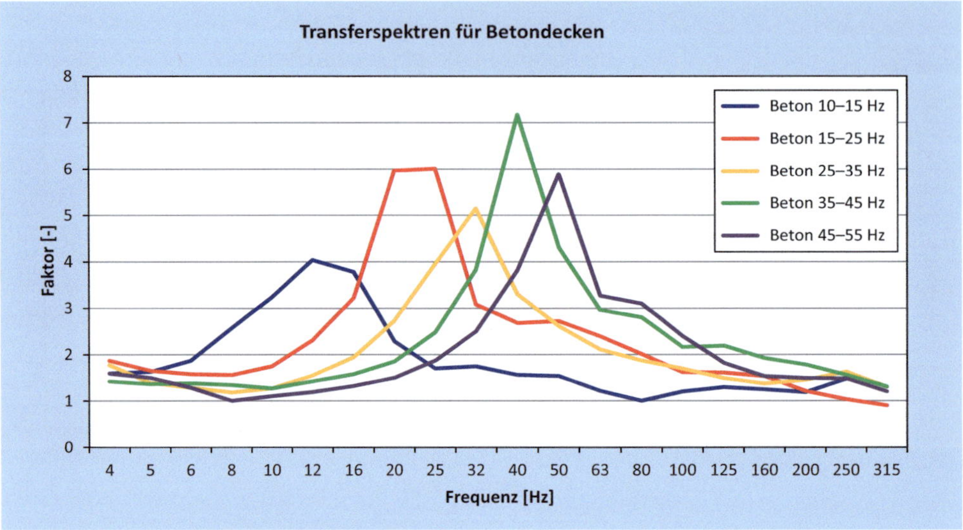

Abb. 4.24 Transferspektren für Betondecken

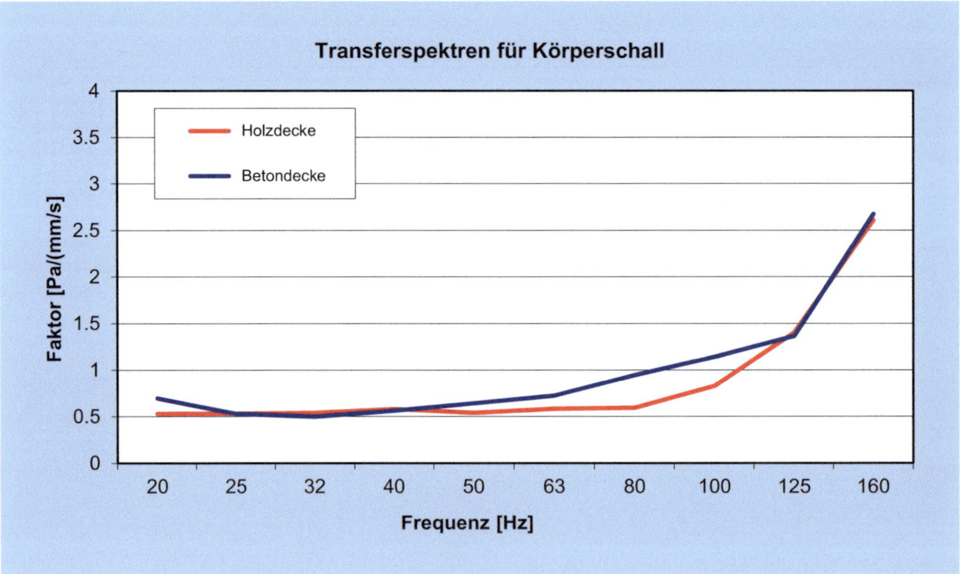

Abb. 4.25 Transferspektren für Holz- und Betondecken

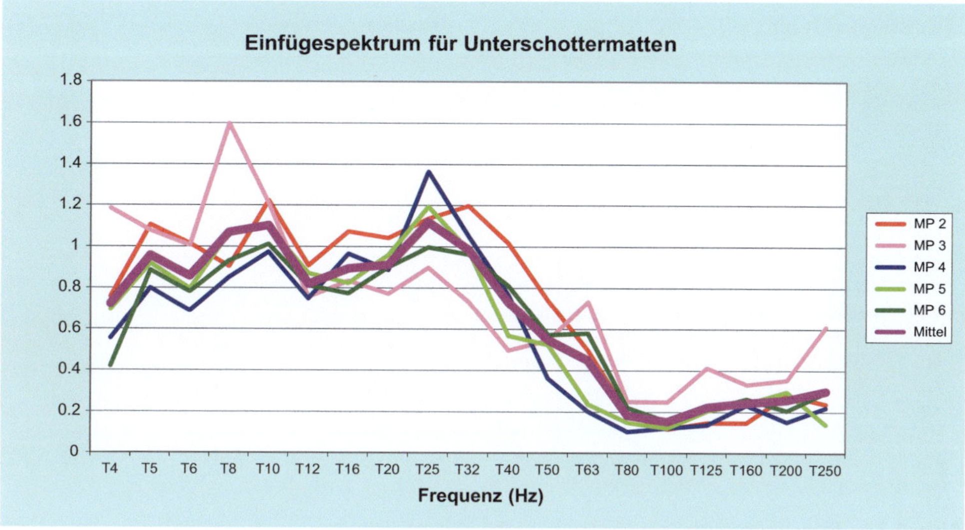

Abb. 4.26 Transferspektrum für Unterschottermatten

Streuung sehr stark an. Dies ist sicher zum Teil darauf zurückzuführen, dass in diesem Frequenzbereich die gemessenen Amplituden sehr klein sind und die Division von Schalldruck durch Erschütterung keine zuverlässigen Werte mehr ergibt.

4.6.2.7 Transferspektren für Gleisisolation

Die Wirkung der Gleisisolation wird in der Regel vom Hersteller der Gleisisolation in Form eines Einfüge-Dämm-Maßes bereitgestellt. Unter Umständen lässt sie sich auch durch Messungen an bereits ausgeführten Projekten ermitteln wie z. B. das Transferspektrum für Unterschottermatten in Abb. 4.26 aus dem Tunnel von Saint-Blaise. Die 5 Messpunkte MP 2 bis MP 5 entsprechen verschiedenen Messpunkten im Gebäude und im Frei-Feld. Die von der Theorie bekannte Überhöhung bei der Resonanzfrequenz kommt in diesem Fall nur beschränkt vor. Die ausgeprägte Reduktions-Wirkung tritt hier erst ab 80 Hz auf.

4.6.3 Transferspektren für Gebäudelagerung

Bei der Berechnung der elastischen Gebäudelagerung wird in der Regel das Modell des Einmassenschwingers verwendet. Dementsprechend wird die Wirkung einer elastischen Lagerung bei gegebener Eigenfrequenz und Dämpfung mit der 1-M-Analogie bestimmt. Abb. 4.27 zeigt das Transferspektrum für eine elastische Lagerung bei 12 Hz mit 20 % Dämpfung.

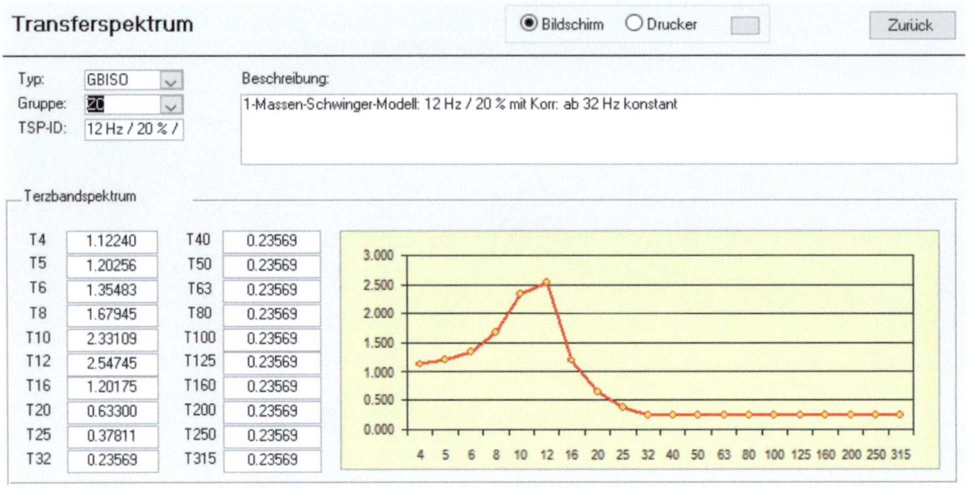

Abb. 4.27 Transferspektrum für elastische Gebäudelagerung

Die Werte des Transferspektrums berechnen sich mit der Gl. 4.14 für den Transmissionsfaktor beim 1-M-Schwinger (vgl. Abschn. 1.1.3.4):

$$TR \equiv \frac{x_{max^t}}{x_{g0}} = D\sqrt{1+(2\xi\beta)^2} \quad \text{mit} \quad D \equiv \frac{\rho}{P_0/K} = \sqrt{\frac{1}{(1-\beta^2)^2+(2\xi\beta)^2}} \tag{4.14}$$

dabei entspricht ξ der Dämpfung und β dem Frequenzverhältnis. Es ist zu beachten, dass die starke reduzierende Wirkung bei hohen Frequenzen in Realität kaum auftritt. Deshalb wurden die Transferwerte über 32 Hz (in Abb. 4.27) – basierend auf zahlreichen Messungen bei elastisch gelagerten Häusern – als konstant angenommen und gehen nicht asymptotisch gegen Null.

4.6.3.1 Transferspektren für Weichen

Über den Einfluss von Weichen existieren relativ wenige Daten und die wenigen existierenden Daten sind erst noch widersprüchlich. Dies hängt damit zusammen, dass es extrem schwierig ist, einen korrekten Vergleich für die Situation mit und ohne Weiche durchzuführen. Abb. 4.28 zeigt die Transferspektren, die aus Messungen vor und nach dem Einbau von Weichen gewonnen worden sind.

4.7 Zuverlässigkeit von Prognoserechnungen

Wir haben gesehen, dass – mit dem Faktorenmodell – die Erschütterung in einem Gebäude im einfachsten Fall in der Form von:

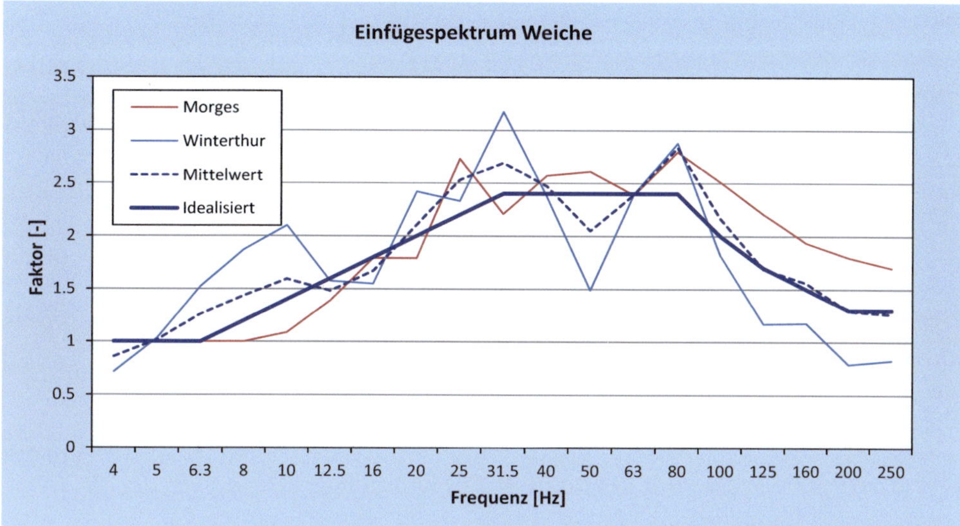

Abb. 4.28 Gemessene Einfügespektren für Weiche und idealisiertes Einfügespektrum mit Daten

$$v = v_0 \left(\frac{r_0}{r} \right)^m F_a \cdot F_e \tag{4.15}$$

berechnet werden kann. Zur Vereinfachung der Schreibweise führen wir folgende Größen ein:

$V = v$	für Schwinggeschwindigkeit im Gebäude (Mitte Fußboden)
$Q = v_0$	für Quell-Parameter (Schwinggeschwindigkeit neben Gleis)
$R = \left(\frac{r_0}{r} \right)^m$	für Abstandsfaktor
$A = F_a$	für Ankopplungsfaktor
$E = F_E$	für Eigenschwingungsfaktor (Deckenschwingung)

Damit lässt sich Gl. 4.15 wie folgt schreiben:

$$V = Q \cdot R \cdot A \cdot E \tag{4.16}$$

Dabei setzen wir voraus, dass alle vier Variablen (Q, R, A und E) log-normale Wahrscheinlichkeitsverteilungen aufweisen. Die Erschütterung im Gebäude ist somit eine einfache Funktion von 4 Zufallsvariablen. Der Erwartungswert einer solchen Funktion berechnet sich nach:

$$\mu_V = e^{\left(\lambda_V + \frac{1}{2} \varsigma_V^2 \right)} \tag{4.17}$$

mit

$$\lambda_V = \lambda_Q + \lambda_R + \lambda_A + \lambda_E \quad (4.18)$$

$$\varsigma_V = \sqrt{\varsigma_Q^2 + \varsigma_R^2 + \varsigma_A^2 + \varsigma_E^2} \quad (4.19)$$

Für Zufallsvariablen mit log-normaler Verteilung gilt:

$$\lambda_Q = \mu(\ln Q) \quad (4.20)$$

$$\varsigma_Q = \sqrt{\mathrm{Var}(\ln Q)} \quad (4.21)$$

mit

$$\mu(x) = \frac{1}{n}\sum_{i=1}^{n} x_i \quad (4.22)$$

$$\mathrm{Var}(x) = \frac{1}{n}\sum_{i=1}^{n} (x_i - \mu_x)^2 \quad (4.23)$$

$$\sigma_x = \sqrt{\mathrm{Var}(x)} \quad (4.24)$$

$$\mathrm{COV} = \frac{\sigma_x}{\mu_x} \quad (4.25)$$

Mit diesem Exkurs in die Wahrscheinlichkeitstheorie lässt sich die Zuverlässigkeit unserer Prognose relativ einfach berechnen. Die Erschütterung im Wohnzimmer soll – wie oben beschrieben – berechnet werden mit der Funktion:

$$V = Q \cdot R \cdot A \cdot E \quad (4.26)$$

In Tab. 4.4 sind Mittelwerte und Variationskoeffizienten sowie die entsprechenden Größen für log-normal verteilte Variablen aufgrund der uns zur Verfügung stehenden Messdaten zusammengestellt.

Tab. 4.4 Statistische Größen für die verwendeten Zufallsvariablen

Parameter	Variable	μ	COV	λ	ζ
Erschütterung 8 m neben Gleis (in mm/s)	Q	0,08	0,25	−2,9	0,246
Abminderungsfaktor für R = 16 m	R	0,5	0,2	−0,69	0,2
Ankopplungsfaktor	A	0,4	0,37	−0,97	0,39
Verstärkungsfaktor der Geschossdecke	E	4,0	0,55	1,32	0,48

Nach Gl. 4.19 und 4.20 ergibt sich mit den Werten in Tab. 4.4 für die Erschütterung in Mitte Fußboden ein Erwartungswert von:

$$v_{rms} = 0{,}064\,\text{mm/s}$$

mit einem Variationskoeffizienten von:

$$COV = 0{,}7$$

Die Berechnungen in den vorangegangenen Abschnitten, die alle unter der Voraussetzung gemacht wurden, dass keine Messungen vorliegen, sondern nur statistische Auswertungen von Messungen an vergleichbaren Objekten, zeigt, dass der prognostizierte Mittelwert der Erschütterung mit einem Unsicherheitsfaktor von 1,7 behaftet ist. Dies bedeutet, dass wir um die 84-Percentile zu bestimmen, den Mittelwert mit 1,7 multiplizieren müssen.

Trotz dieses einigermaßen ernüchternden Ergebnisses muss nicht bei jeder Prognose von Erschütterungen bei Eisenbahnlinien mit derart großen Unsicherheitsfaktoren gerechnet werden. Durch Messung all jener Faktoren, die im Projektierungsstadium bereits gemessen werden können, lässt sich die Unsicherheit erheblich reduzieren.

Fußgängerbrücken

5

Inhaltsverzeichnis

A. Ziegler et al., *Bauwerksdynamik und Erschütterungsmessungen*, https://doi.org/10.1007/978-3-658-38022-9_5

Mit dem extremen Schwingungsverhalten der Millennium-Brücke in London ist die Schwingungsproblematik von schlanken Fußgängerbrücken einem breiten Publikum bewusst geworden. Das Erstaunen über dieses „eigenartige“ Verhalten war auch innerhalb der Fachwelt recht groß und löste eine intensive Forschungstätigkeit aus. Zahlreiche Konferenzen und Symposien wurden veranstaltet, an denen neue Forschungsergebnisse präsentiert wurden. Trotz alledem darf man nicht vergessen, dass sich die Physik in den letzten Jahren nicht verändert hat. Dass schlanke Brücken zu Resonanzschwingungen neigen, hat man schon seit Jahrzehnten gewusst und hat die Brücken entsprechend konzipiert. Allerdings hat man das mögliche Ausmaß von Horizontalschwingungen stark unterschätzt. Die neuen Forschungsarbeiten haben das Verständnis für die Schwingungsphänomene bei schlanken Brücken enorm gefördert. Die Grundprinzipien der dynamischen Berechnung bleiben aber bestehen. Aufbauend auf diesen Grundprinzipien soll im Folgenden die Bemessung von Fußgängerbrücken für dynamische Lasten, und zwar für von Menschen induzierte Lasten, erläutert werden. Windlasten, die selbstverständlich auch immer zu berücksichtigen sind, werden nicht besprochen. Das Hauptgewicht soll dabei nicht so sehr auf die Erläuterung raffinierter Bemessungsformeln gelegt werden, sondern vielmehr auf die Darstellung der wesentlichen Zusammenhänge, damit wir mit einfachen Methoden, sei es mit Handrechnungen oder FE-Modellen, eine zuverlässige Bemessung und Beurteilung erreichen.

5.1 Schwingungsverhalten von Fußgängerbrücken

Fußgängerbrücken schaffen es immer wieder in die Schlagzeilen. Zum Teil ist das ja sicher erwünscht, denn Fußgängerbrücken sind nicht nur Verbindungswege, um von A nach B zu gelangen, sondern auch architektonische Kunstwerke. Wenn aber die Berühmtheit einer Fußgängerbrücke primär von den starken Schwingungen ausgeht, so ist das wohl nicht ganz im Sinne des Erfinders. Berühmtestes Beispiel ist die Millennium-Brücke in London (Abb. 5.1b). Mit einer Hauptspannweite von 144 m und einer ganz neuartigen, filigranen Tragkonstruktion gilt sie zu Recht als Wunderwerk der Brückenbaukunst. Allerdings musste sie wegen extrem starken Horizontalschwingungen bereits am Tag der Eröffnung geschlossen werden. Erst ein Jahr später, nach dem Einbau von massiven Schwingungstilgern, konnte sie wieder geöffnet werden.

Auch die Dreiländerbrücke bei Weil am Rhein (Abb. 5.1a) mit einer freien Bogenspannweite von 230 m ist ein imposantes und elegantes Beispiel moderner Brückenbaukunst. Es scheint, dass Eröffnungsfeierlichkeiten dem Wohl einer Fußgängerbrücke nicht sonderlich zuträglich sind. Es wurden maximale horizontale Schwingungen von bis zu 1,4 m/s^2 gemessen, was bei vielen Menschen nicht unbedingt das Sicherheitsgefühl erhöht. Gerüchte besagen, dass diese extremen Schwingungen nur deshalb aufgetreten sind, weil auf der französischen Seite Freibier serviert wurde. Bei normaler Nutzung verhält sich die Brücke absolut harmlos.

Abb. 5.1 **a** Dreiländerbrücke/Weil am Rhein, **b** Millennium Brücke/London, **c** Passerella sulla Verzasca (Tenero/Locarno), **d** Aaresteg/Solothurn

Fußgängerbrücken müssen schwingen. Fußgängerbrücken, die so steif ausgebildet sind, dass man absolut keine Schwingungen spürt, haben entweder sehr kurze Spannweiten oder sind nicht sonderlich elegant. Das Hauptziel des projektierenden Ingenieurs kann nicht sein, die Brücke so zu versteifen bis sie jegliche Eleganz eingebüßt hat, sondern die Schwingungen gezielt zu kontrollieren. Die Schwingungen müssen sich in einem Rahmen bewegen, in dem die Tragsicherheit absolut gewährleistet ist und bei dem sich der Benutzer der Brücke immer noch wohl fühlt. Hierzu muss der Ingenieur einerseits wissen mit welchen Faktoren er die Schwingungen beeinflussen kann, z. B. durch Verschiebungen in den Eigenfrequenzen oder durch den Einbau von Schwingungstilgern. Andererseits muss er die Grenzen der menschlichen Akzeptanz kennen. Er muss wissen, welche Schwingungen – im Freien – als noch angenehm gelten, welche gerade noch toleriert werden und bei welchen Schwingungen Angstgefühle aufkommen.

Das Schwingungsverhalten einer Fußgängerbrücke ist ein komplexes Zusammenspiel aller beteiligten Komponenten. Da aber die stärksten Schwingungen in der Regel durch die ersten paar Eigenformen verursacht werden, können wir die wichtigsten Parameter anhand eines einfachen Modells herleiten. Handelt es sich bei der Brücke im Wesentlichen um einen „einfachen Balken" wie in Abb. 5.2a, so können wir die dynamischen Kennwerte mit Hilfe des Ein-Massen-Schwinger-Modells herleiten (Abb. 5.2b). Auch bei komplexen

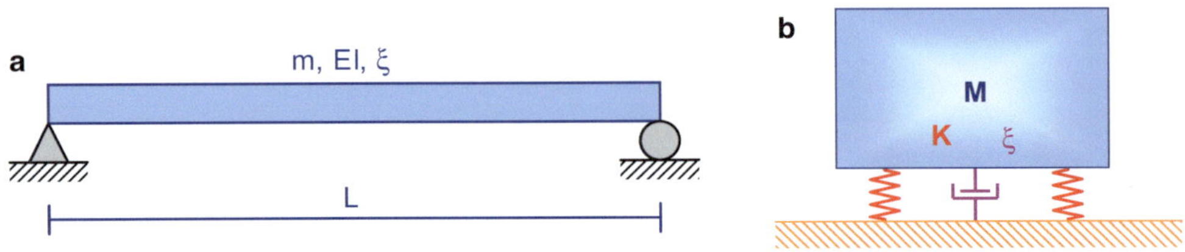

Abb. 5.2 **a** Idealisierung als einfacher Balken, **b** Idealisierung als 1-M-Schwinger

Strukturen lässt sich häufig eine Reduktion auf den „einfachen Balken" bewerkstelligen, sodass das Ein-Massen-Schwinger-Modell für erste Abschätzungen durchaus verwendet werden kann. Selbstverständlich wird man genauere Berechnungen mit dynamischen FE-Modellen folgen lassen, doch das Grundverständnis für das dynamische Verhalten muss auf dem einfachen Modell der Handrechnung beruhen.

Der Zusammenhang zwischen der Eigenfrequenz des einfachen Balkens und dem Ein-Massen-Schwinger ist – wie wir in Abschn. 1.3 gesehen haben – gegeben durch:

$$f = \frac{\pi}{2L^2}\sqrt{\frac{EI}{m}}$$

f Grundfrequenz
m Masse pro Einheitslänge des Balkens
L Spannweite
E Elastizitätsmodul
I Trägheitsmoment

Die wichtigsten Parameter unserer idealisierten Brücke sind somit die Spannweite, die Masse, die Steifigkeit und die Dämpfung. Aus diesen Größen lässt sich ein äquivalenter Ein-Massen-Schwinger bilden, mit dem wir die wichtigsten Aspekte des dynamischen Verhaltens unserer Fußgängerbrücke herleiten können.

Die Gleichgewichtsbetrachtung am Ein-Massen-Schwinger führt zur Bewegungsgleichung:

$$M\ddot{x}(t) + C\dot{x}(t) + Kx(t) = P_0 \sin \bar{\omega} t \tag{5.1}$$

wobei mit M die Masse, mit C die Dämpfungskonstante und mit K die Federsteifigkeit bezeichnet wird. Die Belastung wird nicht als allgemeine Zeitfunktion, sondern als harmonische Belastung mit einer Winkelgeschwindigkeit (Kreisfrequenz) ϖ eingeführt. Für eine solche Belastung lässt sich die maximale Amplitude x_{max} angeben als:

$$x_{max} = \frac{P_0}{K}\sqrt{\frac{1}{\left(1-\beta^2\right)^2 + \left(2\xi\beta\right)^2}} \tag{5.2}$$

wobei mit ξ die Dämpfung und mit β das Verhältnis zwischen der Erregerfrequenz ϖ und der Eigenfrequenz ω bezeichnet wird. Für den uns besonders interessierenden Fall der Resonanz, d. h. wenn die Anregung durch die Fußgänger im Gleichtakt mit der Eigenschwingung der Brücke ist, vereinfacht sich Gl. 5.2 zu:

$$x_{max,\beta=1} = \frac{P_0}{K}\frac{1}{2\xi} \tag{5.3}$$

Mit einigen Umformungen, die in Abschn. 5.4 noch erläutert werden, erhalten wir aus Gl. 5.3 einen Ausdruck für die maximale Beschleunigung:

$$a_{max,\beta=1} = \frac{P_0}{M}\frac{1}{2\xi} \tag{5.4}$$

d. h. die maximale Schwingungsamplitude im Falle von Resonanz ist proportional zur Kraft P_0 und umgekehrt proportional zur Dämpfung ξ. Die Wegamplitude hängt direkt mit 1/K und die Beschleunigungsamplitude mit 1/M zusammen.

Die wichtigsten Parameter für das dynamische Verhalten einer Fußgängerbrücke sind somit die Spannweite L, die Dämpfung ξ, die Steifigkeit (EI bzw. K), die Masse (m bzw. M) und die dynamische Belastung P_0.

Der Zusammenhang zwischen der Eigenfrequenz und der Spannweite, der für den einfachen Balken (ohne Veränderung der Steifigkeit und der spezifischen Masse) durch die Funktion $f = K\,L^{-2}$ gegeben ist, lässt sich wie in Abb. 5.3 darstellen. Daraus ist ersichtlich, dass ab einer Spannweite von 20 m mit Eigenfrequenzen im Bereich von 1,5 bis 3 Hz zu rechnen ist, sodass man bei solchen Brücken – wie wir in Abschn. 5.3 noch ausführlich zeigen werden – immer im kritischen Bereich liegt.

Der Einfluss der Dämpfung ist aus Gl. 5.4 leicht ersichtlich. So hat eine Betonstruktur mit einer Dämpfung von z. B. 2 % eine dynamische Verstärkung von 25. Eine Stahlkonstruktion hingegen mit einer Dämpfung von z. B. 0,4 % wird einen Verstärkungsfaktor

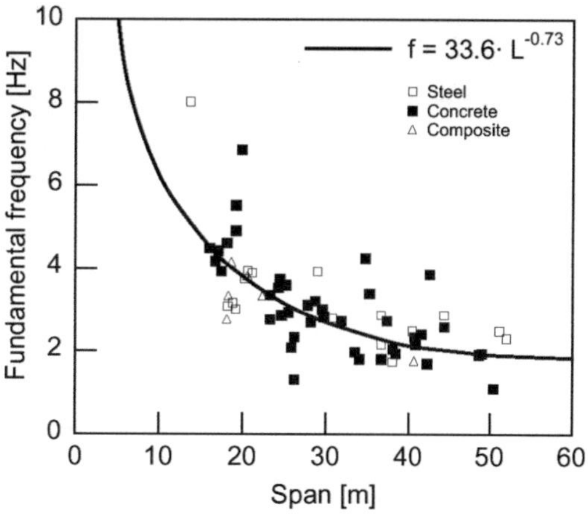

Abb. 5.3 Zusammenhang zwischen Spannweite und Eigenfrequenz. (Aus Bachmann [1])

Abb. 5.4 Dämpfung und maximaler Schwingung (in m/s²) für verschiedene Stahl- und Betonbrücken. (Aus Weber [2])

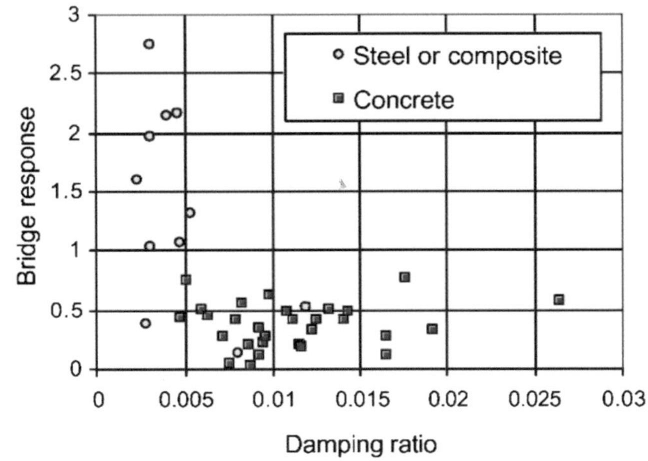

Tab. 5.1 Dämpfungswerte für verschiedene Konstruktionstypen

Typ	Mittelwert in %
Stahlbeton	1,3
Spannbeton	1,0
Verbund Stahl-Beton	0,6
Stahl	0,4

von 125 aufweisen. Die Dämpfung hat neben der Spannweite (bzw. der Eigenfrequenz) den größten Einfluss auf das Schwingverhalten. Da sie – im Gegensatz zur Eigenfrequenz – nicht genau vorausberechnet werden kann, bildet sie den größten Unsicherheitsfaktor bei der Berechnung der Schwingungen einer Fußgängerbrücke. In Abb. 5.4 sind die Dämpfungswerte und die zugehörigen maximalen Beschleunigungen für verschiedene Brücken dargestellt. Man erkennt leicht, dass die Betonbrücken, mit Dämpfungswerten von 0,5 bis 2 % wesentlich geringere Schwingungsamplituden aufweisen als Stahl oder Stahl-Verbund-Konstruktionen. Wie wir weiter unten sehen werden, ist dies kein grundsätzlicher Nachteil, sofern die erforderlichen Maßnahmen zur Reduktion der Schwingungen getroffen werden.

In Tab. 5.1 sind durchschnittliche Dämpfungswerte für verschiedene Konstruktionstypen zusammengestellt (aus [1]).

5.2 Schwingungsanregung durch Menschen

Die dynamische Anregung einer Fußgängerbrücke durch Menschen kommt ganz trivial dadurch zustande, dass wir unsere Füße in einem regelmäßigen Rhythmus aufsetzen, sei es beim gemütlichen Spazieren, beim Rennen oder beim Hüpfen. Das Faszinierende daran ist, dass dabei Phänomene auftreten, die man nicht so ohne weiteres erwarten würde. Trifft der Rhythmus von vier joggenden Sportlern gerade die Eigenfrequenz der Brücke, so beginnt sie plötzlich wild zu schwingen, was zwar nicht für die Sportler selbst aber für die gemütlich spazierenden Personen sehr beängstigend sein kann. Das gleiche Phänomen kann auch auftreten, wenn die Sportler die doppelte Eigenfrequenz der Brücke treffen. Ein ähnliches Phänomen – allerdings nicht in vertikaler Richtung sondern in horizontaler Brückenquerrichtung – kann sich einstellen, wenn eine große Menschenmenge über eine Brücke spaziert. Die Brücke beginnt langsam hin- und her zu schwingen. Um den sicheren Stand nicht zu verlieren, reagieren nun die Leute unbewusst mit einem breiten Gang („Seemannsgang"). Aber dadurch verstärkt sich die horizontale Anregung nur noch mehr und da alle Leute durch die Schwingung der Brücke synchronisiert sind, kann sich eine enorme Schwingung aufbauen.

5.2.1 Vertikale Anregung

In Abb. 5.5 ist die idealisierte Lastzeitfunktion beim Gehen dargestellt. Jeder Fuß erzeugt eine kurzzeitige Belastung, die für beide Füße zusammen eine etwa sinusförmige Belastungskurve mit einem konstanten Anteil ergibt. Der konstante Anteil entspricht dem

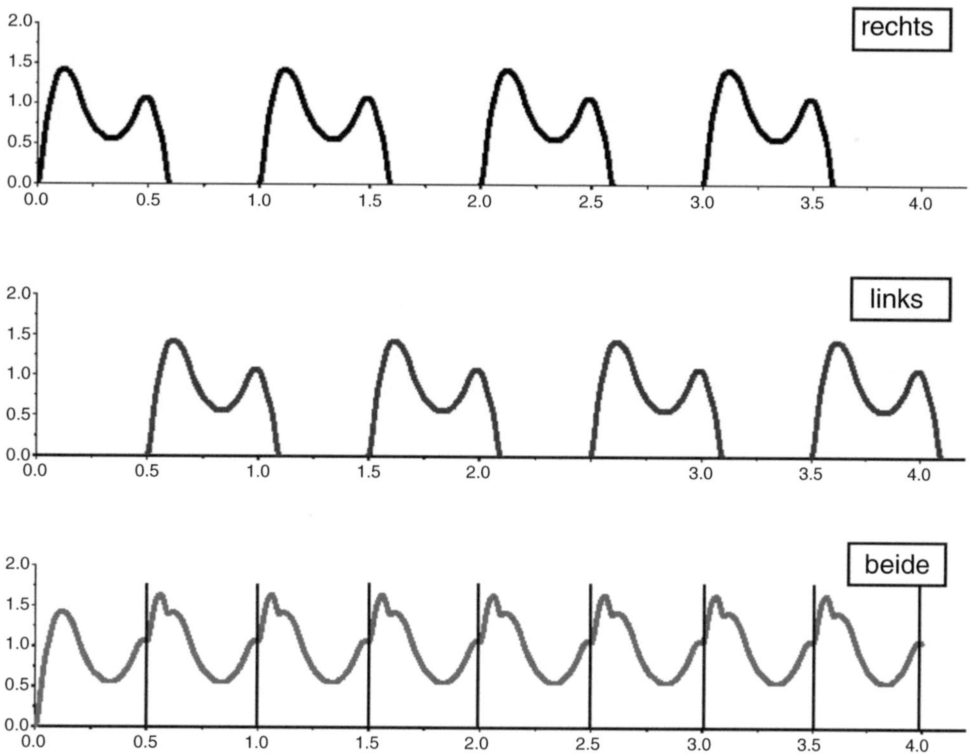

Abb. 5.5 Idealisierter Lastzeitverlauf für Gehen mit Schrittfrequenz von 2 Hz. (Aus Kasperski [3])

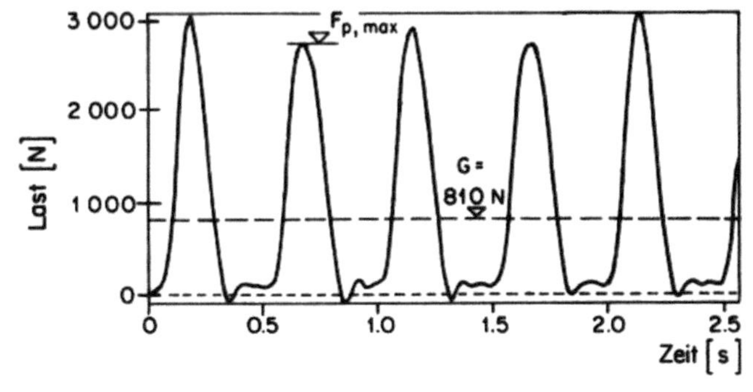

Abb. 5.6 Lastzeitverlauf für eine hüpfende Person. (Aus Bachmann [1])

Eigengewicht der Person. Die Amplitude der harmonischen Anregung hängt von deren Temperament oder von der Eleganz des Ganges ab.

Beim Gehen bleibt der Kontakt zwischen Person und Boden stets bestehen. Beim Rennen und beim Hüpfen hingegen löst sich der Kontakt kurzzeitig und es entsteht eine Belastungskurve wie sie in Abb. 5.6 dargestellt ist. Sie entspricht nun vielmehr einer Serie von sinusförmigen Impulsen unterbrochen durch Perioden, in denen keine Last wirkt.

Die Schrittfrequenz beim Gehen liegt zwischen 1,5 und 2,5 Hz, wobei scheinbar signifikante regionale Unterschiede vorliegen. Böse Zungen behaupten, dass sich die Gemütlichkeit einer Region umgekehrt proportional zur durchschnittlichen Schrittfrequenz verhält. Beim Rennen und beim Hüpfen erreichen wir höhere Schrittfrequenzen mit Werten zwischen 2,0 und 3,5 Hz. Höhere Frequenzen sind aus physiologischen Gründen nicht mehr realisierbar, zumindest nicht über längere Zeit.

5.2.2 Horizontale Anregung

Die horizontale Anregung entsteht – wie beim invertierten Pendel in Abb. 5.7 – durch die minimalen Querbewegungen des Körpers einer gehenden oder rennenden Person. Durch das Aufsetzen des linken und dann des rechten Fußes entsteht eine mehr oder weniger sinusförmige Last-Zeit-Funktion in Brücken-Querrichtung mit einer Frequenz, die der halben Schrittfrequenz entspricht. Dementsprechend liegen die beim normalen Gehen erzeugten Frequenzen in Querrichtung zwischen 0,75 und 1,25 Hz, beim Rennen zwischen 1,0 und 1,75 Hz.

Während bei der vertikalen Anregung die Kraftamplitude mit zunehmender Schrittfrequenz steigt, verhält sich die Kraftentwicklung bei der horizontalen Anregung ganz anders. Jede Person erzeugt beim Gehen – sozusagen wie ein umgekehrtes Pendel – eine kleine Horizontalkraft F_h.

Im Normalfall, d. h. bei einer ruhigen Brücke, ist diese Kraft F_h sehr klein. Falls die Personen auf der Brücke nicht im Gleichschritt gehen, und davon kann man in der Regel ausgehen, bleibt auch die gesamte Horizontalkraft relativ klein. Allerdings regt sie die

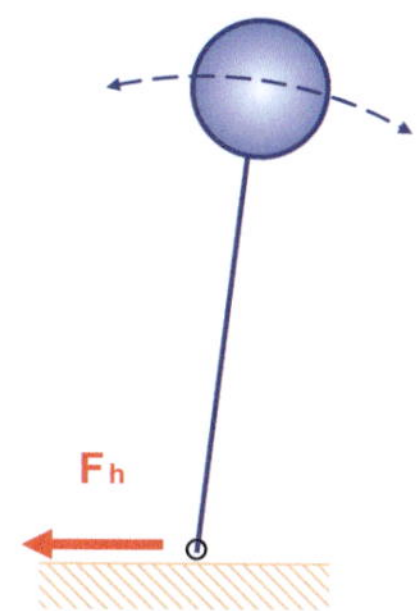

Abb. 5.7 Horizontalkraft F_h beim umgekehrten Pendel

Brücke bereits jetzt zu minimalen Horizontalschwingungen an, die vorerst niemand spürt. Ab einer bestimmten Schwingstärke (ab ca. 1 mm/s) beginnen wir die Horizontalschwingung zu spüren und reagieren unbewusst mit einem „Seemannsgang". Durch dieses breitbeinige Gehen verstärken wir aber die Horizontalkraft um ein Mehrfaches und da dies alle Personen auf der Brücke ebenfalls tun (synchronisiert durch die Brückenschwingung), ergibt sich eine enorme Querschwingung.

5.2.3 Synchronisation und räumliche Verteilung

Während die Anregung durch eine Person recht gut bekannt ist, sind bei der Anregung durch mehrere Personen noch viele Fragen offen. Dies liegt nicht nur daran, dass die dazu erforderlichen Untersuchungen sehr aufwändig wären, sondern an der inhärenten Variabilität der Ergebnisse solcher Untersuchungen. Bei vertikaler Anregung durch Hüpfen lässt sich – mit geeignetem Taktgeber (z. B. Musik) und innerhalb eines vernünftigen Frequenzbereichs – eine große Anzahl von Menschen problemlos synchronisieren. Dies haben die Schwingungsprobleme bei Fußballstadien genügend bewiesen. Bei Fußgängerbrücken ist diese Art von Synchronisation doch eher die Ausnahme. Viel häufiger kommt die Synchronisation durch eine gemeinschaftliche sportliche Betätigung (Joggen) oder die mutwillige Anregung durch einige wenige Personen vor. Abb. 5.8 zeigt die Extremwerte der Synchronisation, d. h. den Fall der perfekten Synchronisation und den Fall ohne Synchronisation. Dabei ist dem Einfluss der räumlichen Verteilung bereits Rechnung getragen, indem bei einer Belegung mit 30 Personen nur noch 60 % der Wirkung angenommen wird.

5.2.4 Kritische Frequenzen

Die kritischen Frequenzen für eine Fußgängerbrücke sind somit gegeben durch die Gehgewohnheiten der Menschen und sind begrenzt durch die Möglichkeiten unseres Bewegungsapparates. Gehen und Rennen findet im Allgemeinen zwischen 1,5 und

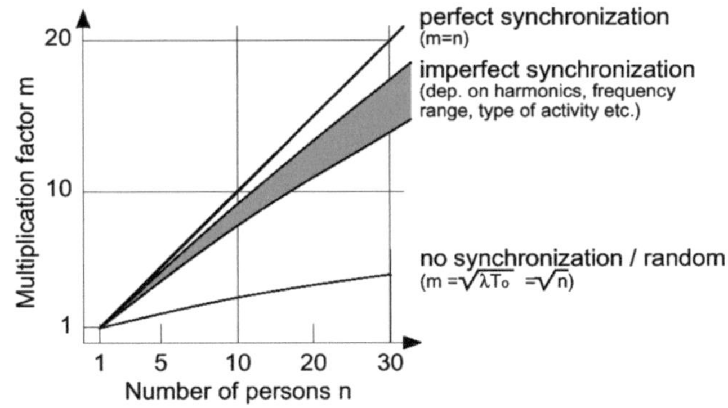

Abb. 5.8 Synchronisation bei vertikaler Brückenanregung. (Aus Bachmann [1])

3 Hz statt. Dementsprechend liegen die kritischen Grenzen für die vertikale Anregung zwischen 1,5 und 3,0 Hz für die 1. harmonische und zwischen 3 und 6 Hz für die 2. harmonische Schwingung. Für die Querschwingung der Brücke liegen die kritischen Frequenzen zwischen 0,75 und 1,5 Hz, wobei die obere Grenze von 1,5 Hz theoretische Natur ist, da ein schnelles Joggen im Seemannsgang doch eher die Ausnahme darstellen dürfte.

Viel Platz für eine „schwingungsfreie" Fußgängerbrücke bleibt im Frequenzspektrum offensichtlich nicht, es sei denn wir weichen in den steifen, ästhetisch nicht unbedingt überzeugenden Bereich über 6 Hz aus. Oder wir greifen auf schwingungsmindernde Maßnahmen wie Materialien mit höherer Dämpfung oder Schwingungstilger zurück.

5.2.5 Unterschiede zwischen vertikaler und horizontaler Anregung

Zwischen der vertikalen und der horizontalen Anregung einer Fußgängerbrücke bestehen – wie bereits angesprochen – einige markante Unterschiede. Zum ersten ist die Anregungsfrequenz bei der horizontalen Anregung halb so hoch wie bei der vertikalen. Der zweite, etwas weniger bekannte Unterschied liegt im Vorhandensein bzw. im Fehlen einer oberen Begrenzung. Wird eine Brücke vertikal durch Gehen oder Rennen angeregt, so steigt die Schwingungsamplitude langsam immer höher bis sich ab einer gewissen Schwingstärke keine höheren Amplituden erreichen lassen, da die schwingende Brücke ein Gehen oder Rennen mit der gleichen Schrittfrequenz verunmöglicht. Die Grenze scheint bei ca. 1,2 m/s^2, d. h. eindeutig im nicht komfortablen Bereich, zu liegen (aus [4]). Zudem müssen sich die im Gleichschritt gehenden oder rennenden Personen konzentrieren, um nicht aus dem Takt zu fallen.

Bei der Anregung in Querrichtung liegen die Verhältnisse anders: Eine Größere Menschenmenge mag problemlos, ohne stärkere Querschwingungen wahrzunehmen, auf der Brücke spazieren. Die Brücke schwingt in diesem Zustand zwar bereits in

Querrichtung, doch da der Mensch auf Querschwingungen weniger empfindlich reagiert und horizontale Schwingungen unter 1 mm/s bei 1 Hz gar nicht wahrnimmt, geschieht nichts. Nimmt die Anzahl Fußgänger etwas zu, so steigt die Querschwingung über die Wahrnehmungsgrenze, worauf die ersten Fußgänger Gegensteuer geben mit dem bekannten „Seemannsgang". Dies wiederum verstärkt die Quer-Anregung, was zu stärkeren Querschwingungen führt und noch mehr Fußgänger zum „Seemannsgang" zwingt und zwar alle im gleichen Takt. Die obere Begrenzung ist letztlich erst erreicht, wenn sich alle Leute am Geländer festhalten.

5.3 Formulierung der Belastungsfunktion

Für die dynamische Dimensionierung einer Fußgängerbrücke brauchen wir somit eine Belastungsfunktion, die den oben erwähnten Phänomenen angemessen Rechnung trägt. Sie hat insbesondere folgende Aspekte zu berücksichtigen:

1. Die zyklische Art der Belastung mit ihrem Einfluss auf die höheren harmonischen Schwingungen
2. Die Wirkung einer Vielzahl von Personen (Synchronisation)
3. Die räumliche Verteilung der Personen

Bevor wir nun die Formulierung der Belastungsfunktion angehen, wollen wir einige theoretische Betrachtungen über die Natur und die Wirkung von Schrittfolgen vorschalten.

5.3.1 Theoretische Betrachtungen

Der Last-Zeit-Verlauf beim gehenden Menschen kann – wie man in Abb. 5.5 sieht – als Konstante Belastung (Eigengewicht) überlagert mit einer Sinusschwingung approximiert werden. Die zugehörige Darstellung im Frequenzbereich ist eine Frequenzspitze bei der Schrittfrequenz. Beim rennenden oder hüpfenden Menschen kann der Last-Zeit-Verlauf als Folge von Sinus-Impulsen approximiert werden, denn beim Rennen und beim Hüpfen verliert er den Kontakt zum Boden, d. h. die Last geht zwischendurch auf null zurück. Die charakterisierende Größe ist hier das Verhältnis zwischen der Kontaktzeit und der Schrittdauer. Im Gegensatz zur reinen Sinusschwingung treten nun bei der Darstellung im Frequenzbereich zusätzlich Frequenzspitzen bei der doppelten, dreifachen und bei sehr kurzen Kontaktzeiten sogar bei der vierfachen Schrittfrequenz auf. Dies ist die Erklärung dafür, dass durch Rennen und Hüpfen nicht nur die Schritt- bzw. die Hüpffrequenz angeregt wird sondern auch die zweite und in abgeschwächten Masse auch die dritte und die vierte Oberschwingung.

5.3.2 Belastungsfunktion für vertikale Anregung

Die Belastungsfunktion für eine einzelne Person kann somit dargestellt werden als eine Summe von harmonischen Schwingungen in der Form von:

$$
\begin{aligned}
F_s(t) \quad = \quad & G + && \text{Eigengewicht einer Person}\\
& \alpha_1 G \sin(2\pi f_s t) + && \text{(1. harmonische mit f = Schrittfrequenz)}\\
& \alpha_2 G \sin(4\pi f_s t - \varphi_2) + && \text{(2. harmonische mit f = } 2 \times \text{Schrittfrequenz)}\\
& \alpha_3 G \sin(6\pi f_s t - \varphi_3) + \ldots && \text{(3. harmonische mit f = } 3 \times \text{Schrittfrequenz)}
\end{aligned}
$$

wobei in der Regel der 1. Sinusterm die Hauptrolle spielt. Stellt sich nur noch die Frage, wie die Größe für α_1, α_2 usf. realistischer Weise zu wählen ist. Untersuchungen von verschiedenen Autoren (Abb. 5.10a) zeigen, dass der dynamische Lastfaktor (DLF oder α), d. h. das Verhältnis der dynamischen Lastamplitude zum Eigengewicht, mit zunehmender Schrittfrequenz zunimmt. Bei sehr langsamem Gehen liegt er bei 0,1 und erreicht bei zügigem Gehen Werte von 0,4 bis 0,7. Für die 2. Harmonische liegt der Lastfaktor im Bereich von 0,1. Dies deckt sich nicht schlecht mit den theoretischen Ergebnissen von Abb. 5.9, wonach der Faktor für die 2. Harmonische etwa 30 % der 1. Harmonischen ausmacht.

Beim Rennen ergeben sich erwartungsgemäß wesentlich höhere Lastfaktoren. Die Zusammenstellung in Abb. 5.10b zeigt, dass die Werte von 0,6 für langsames Rennen ansteigen bis auf 1,4 beim schnellen Rennen.

Die für eine Person geltende Lastfunktion kann nun ausgeweitet werden auf mehrere Personen oder auf ganze Menschengruppen. Dabei sind – wie bereits erwähnt – der Synchronisationseffekt und die räumliche Verteilung angemessen zu berücksichtigen.

5.3.3 Belastungsfunktion für horizontale Anregung

Die Belastungsfunktion für horizontale Anregung entspricht einer harmonischen Anregung mit der halben Schrittfrequenz, d. h.:

$$F_s(t) = \alpha_h G \sin(\pi f_s t) \qquad (1.\ \text{harmonische mit } f = 1/2 \text{ Schrittfrequenz})$$

Die Größe von α_h ist nun aber nicht primär abhängig von der Schrittfrequenz, sondern von der Bewegung der Unterlage. Bei ruhigem Boden dürfte α_h im Bereich von 1 bis 2 % liegen, wird aber bei einer quer schwingenden Bücke sehr rasch Werte von 5 bis 10 % erreichen. Ob nun für die Bemessung einer Brücke ein Wert von $\alpha_h = 2$ % oder 10 % einzusetzen ist, hängt sehr stark davon ab, ob unter realistischen Bedingungen mit spürbaren Querschwingungen zu rechnen ist und dies hängt wiederum von der Anzahl Personen auf der Brücke ab. Bei einer Brücke in Stadtmitte wird man ganz andere Menschenansammlungen annehmen müssen als bei einer Brücke, welche zwei kleine Dörfer verbindet.

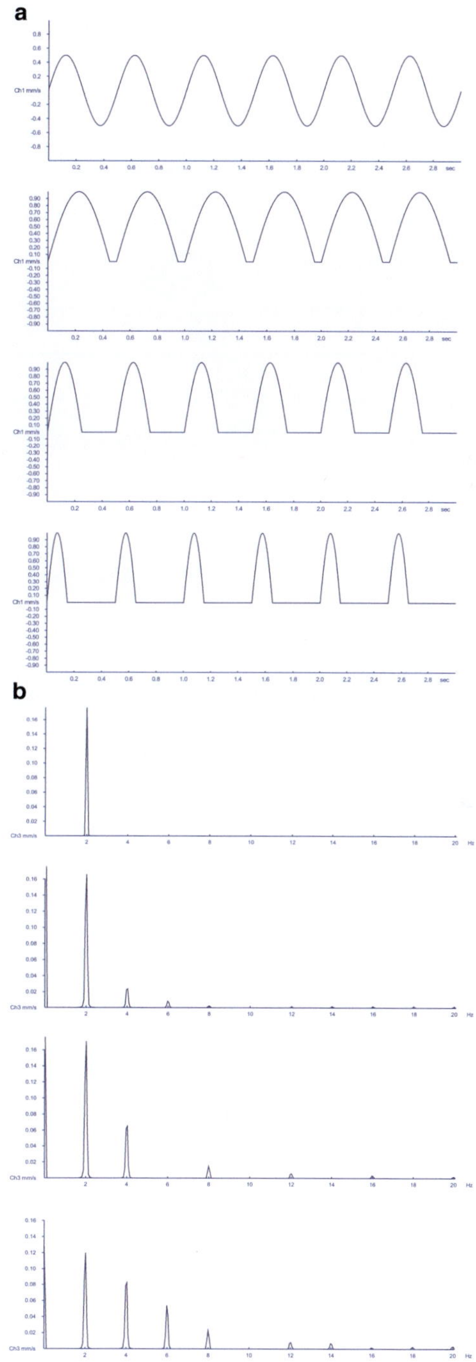

Abb. 5.9 **a** Lastzeitverläufe für eine Sinusschwingung und für sinusförmige Impulse mit Frequenzen von 2 Hz und Impulszeiten von 90, 50 und 30 %, **b** Amplitudenspektren für eine Sinusschwingung und für Sinusimpulse

a

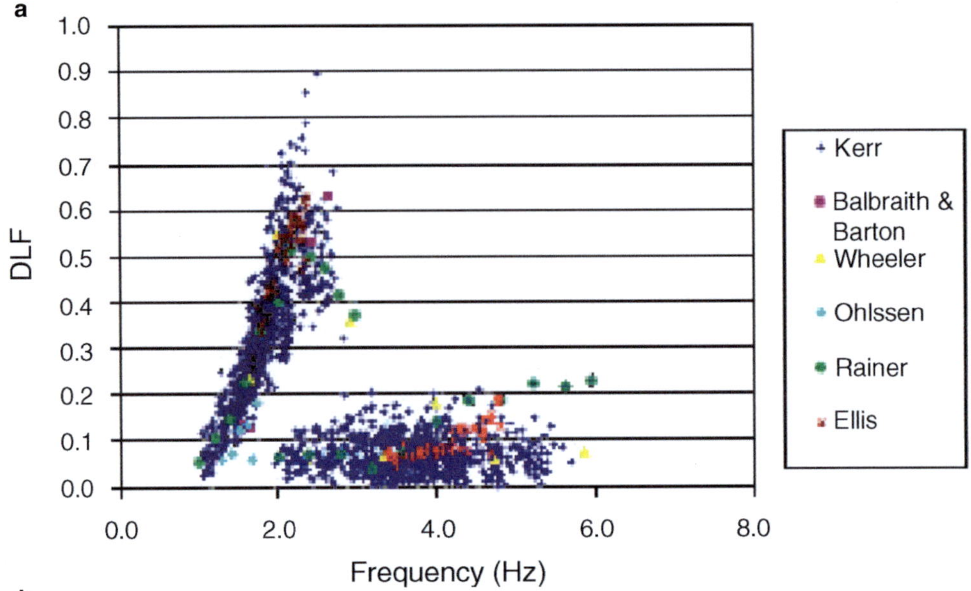

b

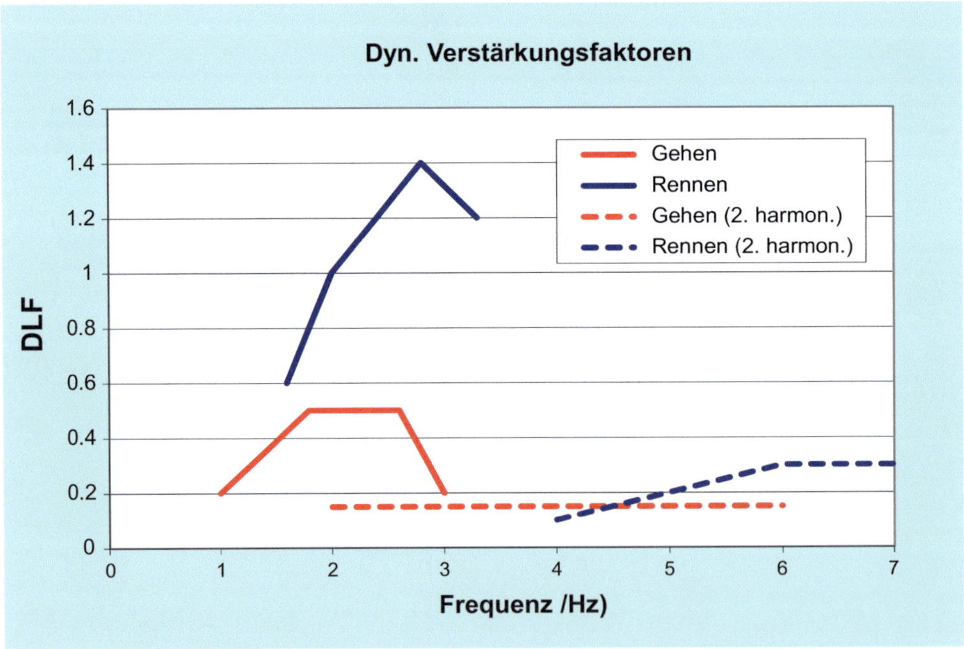

Abb. 5.10 **a** Verstärkungsfaktoren für „Gehen" für die 1. und 2. Harmonische (aus Willford [5]). **b** Verstärkungsfaktoren für „Gehen" und „Rennen" für die 1. und 2. Harmonische

5.4 Berechnungsmethoden

Am Anfang steht immer die Handrechnung. Dieser Grundsatz wird immer wieder gepredigt aber selten befolgt. Gerade bei dynamischen Berechnungen ist es äußerst schwierig die Ergebnisse, welche der Computer mit einem FE-Modell mit tausenden von finiten Elementen erarbeitet hat, noch zu verifizieren. Deshalb ist beim Entwurf einer Fußgängerbrücke eine Abschätzung der Grundfrequenzen mit einem einfachen Modell unerlässlich. Selbstverständlich wird man in einer späteren Phase auf eine dynamische Berechnung mit dem erforderlichen Detailierungsgrad nicht verzichten

5.4.1 Handrechnung

Zumeist gelingt es eine Fußgängerbrücke oder ein einzelnes Brückenfeld als einfachen Balken zu modellieren. Mit etwas Fantasie ist dies auch für Bogenbrücken mit abgehängter Fahrbahn möglich. Aus einem solchen einfachen Balken lässt sich problemlos ein äquivalenter Ein-Massen-Schwinger ableiten (Abb. 5.11).

Die Bewegungsdifferenzialgleichung für den Ein-Massen-Schwinger unter harmonischer Belastung lautet:

$$M\ddot{x}(t) + C\dot{x}(t) + Kx(t) = P_0 \sin \bar{\omega} t \tag{5.5}$$

Daraus lässt sich mit etwas Geschick die maximale Schwingungsamplitude für verschiedene Frequenzverhältnisse β ableiten:

$$x_{max} = \frac{P_0}{K} \sqrt{\frac{1}{\left(1-\beta^2\right)^2 + \left(2\xi\beta\right)^2}} \tag{5.6}$$

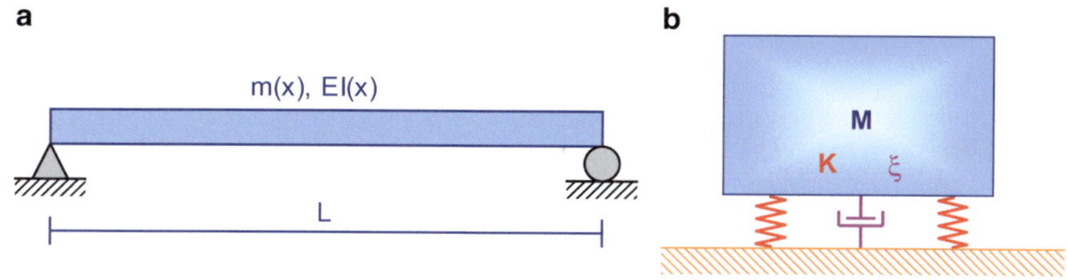

Abb. 5.11 **a** Idealisierung als einfacher Balken, **b** Idealisierung als 1-M-Schwinger

Da uns primär der Resonanzfall interessiert, d. h. der Fall bei dem die Anregung mit der Eigenfrequenz zusammenfällt und $\beta = 1$ ist, vereinfacht sich Gl. 5.6 zu:

$$x_{max,\beta=1} = \frac{P_0}{K}\frac{1}{2\xi} \tag{5.7}$$

Die dynamische Belastung lässt sich, wie wir weiter oben gesehen haben, ausdrücken als:

$$F(t) = G + \alpha_1 G \sin(2\pi f_s t) + \alpha_2 G \sin(4\pi f_s t - \varphi_2) + \alpha_3 G \sin(6\pi f_s t - \varphi_3) \tag{5.8}$$

Betrachten wir die Anregung in der Schrittfrequenz alleine, so lässt sich die Kraftamplitude, die von einer einzelnen Person verursacht wird, angeben als:

$$F_1 = \alpha_1 G \tag{5.9}$$

Die statische Auslenkung unter dieser Last beträgt:

$$d_{st} = \frac{\alpha_1 G}{K} \tag{5.10}$$

und mit dem Verstärkungsfaktor für den Ein-Massen-Schwinger bei Resonanz erhalten wir die maximale dynamische Auslenkung zu:

$$d_{dyn} = D\frac{\alpha_1 G}{K} = \frac{1}{2\xi}\frac{\alpha_1 G}{K} \tag{5.11}$$

Die dynamische Auslenkung ist somit gleich der statischen Auslenkung multipliziert mit dem Kehrwert der zweifachen Dämpfung. Die maximale Beschleunigung erhält man nach einigen Umformungen zu:

$$a_{dyn} = \frac{1}{2\xi}\frac{\alpha_1 G}{M} \tag{5.12}$$

d. h. sie ist proportional zur Last $\alpha_1 G$ und umgekehrt proportional zur Masse des Ein-Massen-Schwingers.

5.4.2 FE-Berechnung

FE-Programme und die Leistungsfähigkeit der heutigen Rechner bieten einen außerordentlichen Komfort bei der dynamischen Berechnung. Abb. 5.12 zeigt die wunderschöne Brücke über die Verzasca mit dem zugehörigen FE-Modell zusammen mit den ersten beiden Eigenformen. Wie es sich gehört wurden auch hier die Eigenfrequenzen der beiden ersten Modes mit einem Ein-Massen-Schwinger-Analog verifiziert.

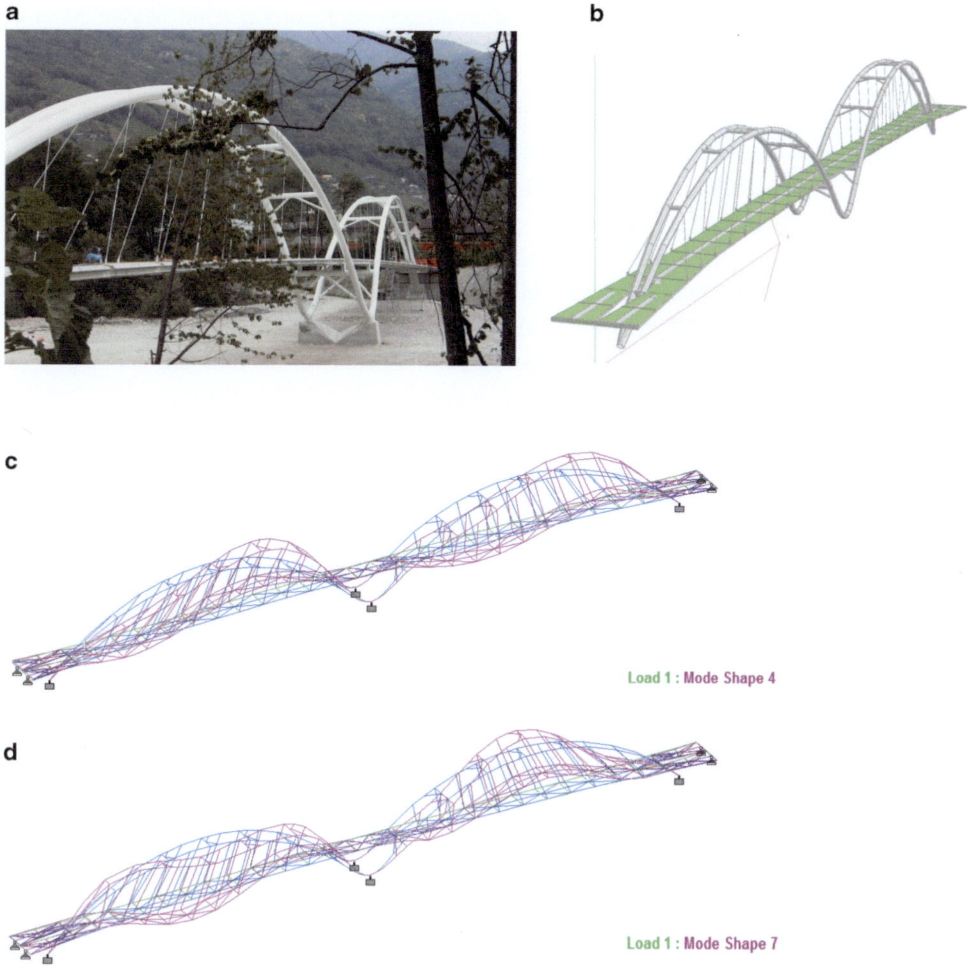

Abb. 5.12 **a** Passerella sulla Verzasca, **b** FE-Modell, **c** 1. Eigenform (vertikal) ohne Verbund: 1,6 Hz, mit Verbund: 2,0 Hz, **d** 2. Eigenform (vertikal) ohne Verbund: 2,5 Hz, mit Verbund: 2,9 Hz

5.5 Schwingungstilger

Elegante Fußgängerbrücken werden in den wenigsten Fällen so steif sein, dass man a priori jegliche Schwingungsprobleme ausschließen kann. Zumeist werden die während der Projektierung durchgeführten Berechnungen (mit den vorsichtig gewählten Werten für die Dämpfung und den konservativ festgelegten Belastungsannahmen) nachweisen, dass die Schwingungen viel zu groß werden. Ein geeignetes und auch weit verbreitetes Mittel zur Reduktion der Schwingungen einer Fußgängerbrücke ist der Schwingungstilger, im englischen unter dem Kürzel TMD (Tuned Mass Damper) bekannt. Die Funktionsweise des Schwingungstilger ist in Abb. 5.13 schematische dargestellt. Eine Masse M_T mit Federsteifigkeit K_T und Dämpfung ξ_T wird dort am Träger befestigt, wo die Schwingung am stärksten ist. Der Schwinger schwingt nun im Gegentakt zum Balken und reduziert so die durch die Fußgänger verursachten Schwingungen.

Auf die mathematische Beschreibung des Systems (das im Prinzip als Zwei-Massen-Schwinger wirkt) wird hier verzichtet. Für eine erste Dimensionierung genügt es zu wissen, dass folgende Grundsätze gelten:

- Die Masse M_T soll 1 bis 2 % der modalen Masse betragen.
- Die Eigenfrequenz des Tilgers (bestimmt durch seine Masse M_T und die Federsteifigkeit K_T) muss exakt mit der Eigenfrequenz des Trägers übereinstimmen.
- Die Dämpfung ξ_T soll bei ca. 6 % liegen

Für die Berechnung der Wirkung eines Tilgers kann man davon ausgehen, dass sich die Dämpfung des Tilgers zur bereits vorhandenen Dämpfung der Brücke addiert. Es gilt zu beachten dass ein Tilger nur die Schwingung reduziert, für die er von seiner Frequenz her ausgelegt ist. Gerade bei nahe beieinander liegenden Eigenfrequenzen kann dies zu Problemen führen.

Schwingungstilger gibt es in vielen Variationen und Formen. In Abb. 5.14 sind zwei Beispiele von Schwingungstilgern gezeigt.

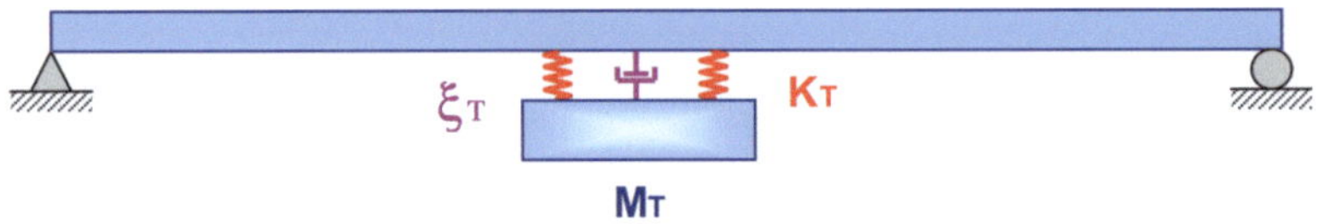

Abb. 5.13 Schematische Darstellung eines Schwingungstilgers

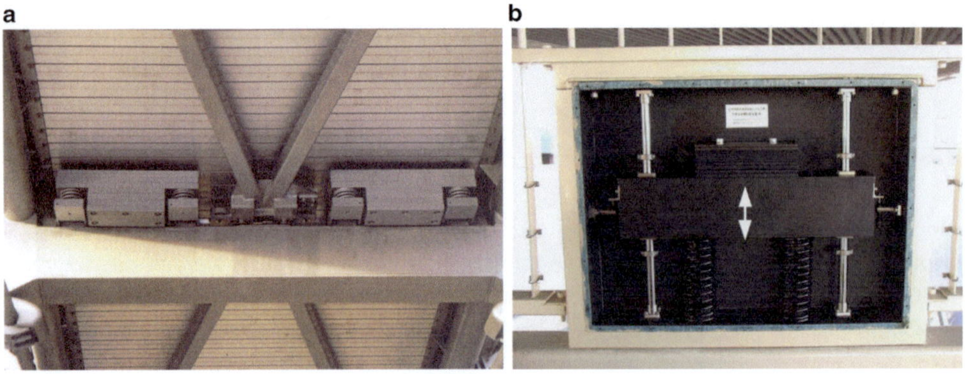

Abb. 5.14 **a** Schwingungstilger mit geringer Bauhöhe in der Millennium-Brücke in London, **b** Schwingungstilger mit geringer Baubreite in einer Brücke in Japan

5.6 Akzeptanz-Kriterien

Die maximal zulässigen Schwingungen auf einer Fußgängerbrücke werden von verschiedenen Normen recht unterschiedlich festgelegt. In Abb. 5.15 sind die Grenzwerte für vertikale Schwingungen von 4 verschiedenen Regelwerken zusammengestellt. Für den am meisten interessierenden Frequenzbereich von 2 Hz scheint eine recht gute Übereinstimmung vorzuliegen. Offensichtlich sollten die Schwingungen möglichst nicht höher liegen als 0,5 bis 0,7 m/s^2.

Für horizontale Schwingungen findet man kaum Grenzwerte. Aus den Erfahrungen mit der Millennium-Brücke hat man gelernt, dass bis zu einer Schwingstärke von 0,25 m/s^2 normales Gehen gut möglich ist und dass man sich bei Schwingungen von 1,5 m/s^2 festhalten muss.

Im „Leitfaden für die Bemessung von Fußgängerbrücken" von HIVOSS (Human Induced Vibrations of Steel Structures/RFS2-CT-2007-00033) werden folgende Angaben gemacht:

Komfortklasse	Grad des Komforts	Vertikal a_{limit} in m/s^2	Seitlich a_{limit} in m/s^2
CL 1	Maximum	<0,50	<0,10
CL 2	Mittel	0,50–1,00	0,10–0,30
CL 3	Minimum	1,00–2,50	0,30–0,80
CL 4	Nicht akzeptabel	>2,50	>0,80

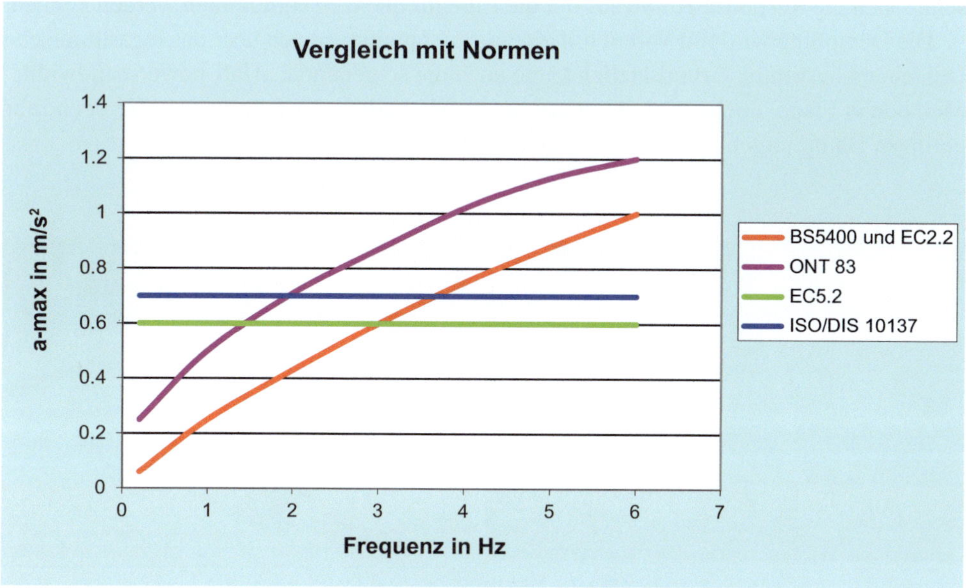

Abb. 5.15 Grenzwerte für vertikale Schwingungen auf Fußgängerbrücken

5.7 Testverfahren

Nach der erfolgreichen Errichtung einer Fußgängerbrücke und möglichst noch vor den Einweihungsfeierlichkeiten sollte das dynamische Verhalten der Brücke getestet werden. Erstens soll damit nachgewiesen werden, dass die berechneten Eigenfrequenzen mit den tatsächlich einigermaßen übereinstimmen und zweitens sollte geprüft werden, ob sich die Brücke unter spezifischen Belastungen erwartungsgemäß verhält oder ob nicht doch noch die bis jetzt eingesparten Schwingungstilger eingebaut werden sollten.

5.7.1 Bestimmung der Eigenfrequenz und der Dämpfung

Für die Bestimmung der Eigenfrequenzen und der Dämpfung kommen zumeist „ambient vibration" Messungen oder „forced vibration" Messungen zum Zug. Bei den ersteren werden die stets vorhandenen minimalen Brückenschwingungen während längerer Zeit gemessen, um daraus über die Amplitudenspektren die dominanten Frequenzen zu ermitteln. Bei der zweiten Methode wird die Brücke mit einem dynamischen Erreger angeregt. Mit einem langsamen Sweep von der tiefsten bis zur höchsten interessierenden Frequenz werden der Reihe nach alle Frequenzen angeregt. Abb. 5.16 zeigt diesen Vorgang für die Passerella sulla Verzasca. Mit dem Sensor auf der schwingenden Masse wird die Beschleunigung gemessen und dadurch die wirkende Kraft berechnet, mit dem Sensor auf der Brücke (neben dem dyn. Erreger) wird die Schwinggeschwindigkeit gemessen und daraus die Wegamplitude berechnet. Das Verhältnis zwischen diesen beiden Größen ergibt schließlich die Response-Kurve aus der die Eigenfrequenzen entnommen werden können.

Die Dämpfung wird mit Vorteil mit einem Ausschwingversuch über das logarithmische Dekrement bestimmt. Grundsätzlich käme auch die so genannte „Half-power-bandwidth" Methode in Frage, doch bietet die erstgenannte Methode bei den üblicherweise doch sehr geringen Dämpfungen die Größere Genauigkeit.

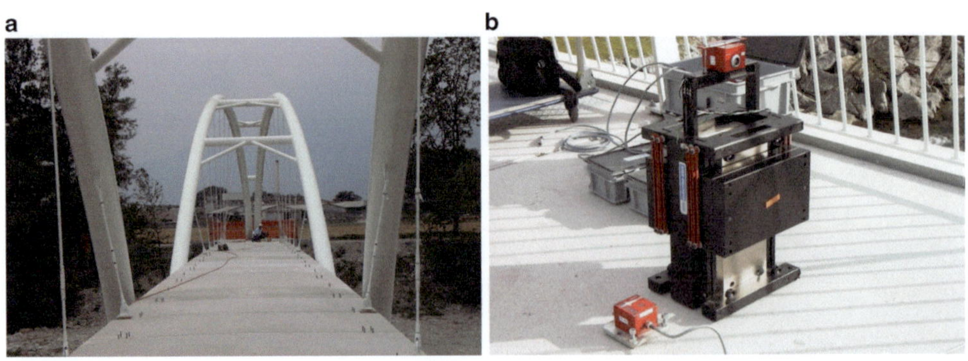

Abb. 5.16 **a** Passerella sulla Verzasca, **b** „Forced vibration" Anregung mit einem elektrodynamischen Erreger

5.7.2 Anregung durch Personen

Belastungstests mit Personen sollten das Verhalten unter realistischen Bedingungen simulieren. Dazu gehört selbstverständlich auch die Wahl einer realistischen Anzahl von Testpersonen. In der Regel wird man – zumindest für die vertikale Anregung – nicht über 10 bis 20 Testpersonen hinausgehen müssen, da auch in der späteren Nutzung kaum eine Synchronisierung von mehr als 20 Personen stattfinden wird. Tests sollten für normales Gehen, für Rennen, für Hüpfen und für mutwillige Anregung durchgeführt werden.

Testbelastungen für Brücken-Querschwingungen sind problematisch. Denn erst mit dem Vorhandensein einer genügenden Anzahl von Personen treten diese kritischen Schwingungszustände auf. Andererseits macht es wenig Sinn, eine viel Größere Personenzahl in einen Test einzusetzen, als später je die Brücke benutzen werden.

5.8 Beispiele

Millennium Brücke – London

Die Millennium Brücke über die Themse in London ist eine moderne Hängebrücke, deren Stahlseile nur sehr gering durchhängen. Es wurden viele dynamische Vorberechnungen durchgeführt. Am Eröffnungstag zeigt die Brücke jedoch so starke Querschwingungen, dass sie umgehend für den Publikumsverkehr gesperrt wurde. In der Folge wurden sehr umfangreiche Schwingungsmessungen und Berechnungen durchgeführt, um das Phänomen der Querschwingungen unter Kontrolle zu bringen.

Spannweiten	81 m, 144 m, 108 m
Tiefste Eigenfrequenzen vertikal	0,42 Hz, 1,76 Hz
Tiefste Eigenfrequenzen horizontal-quer	0,68 Hz, 0,78 Hz, 1,78 Hz

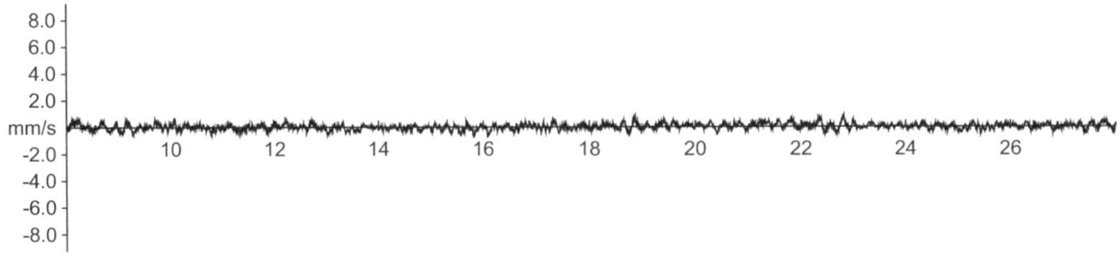

Schwingung in Brücken-Längsrichtung

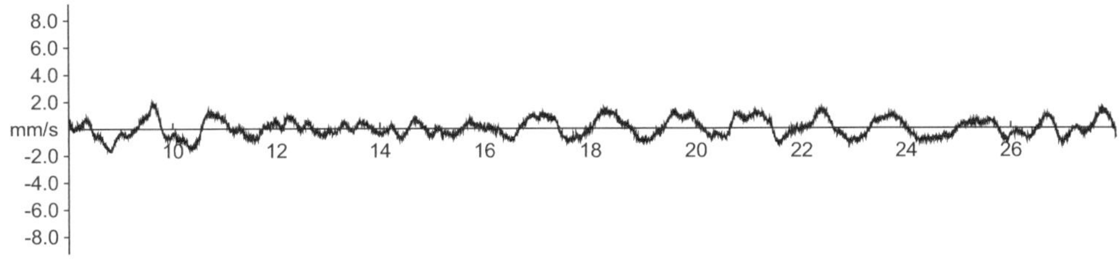

Schwingung in Brücken-Querrichtung

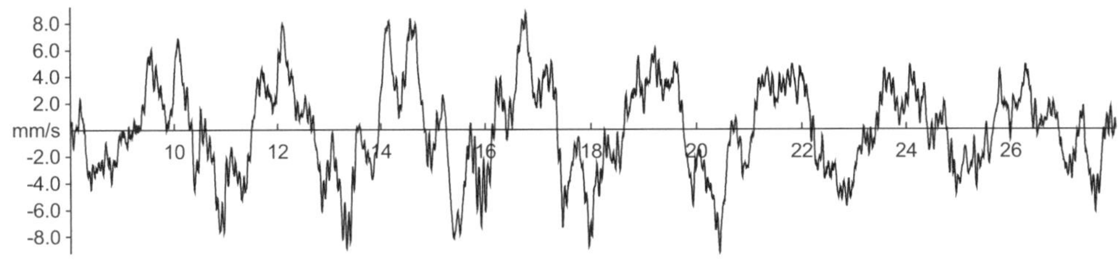

Vertikale Schwingung

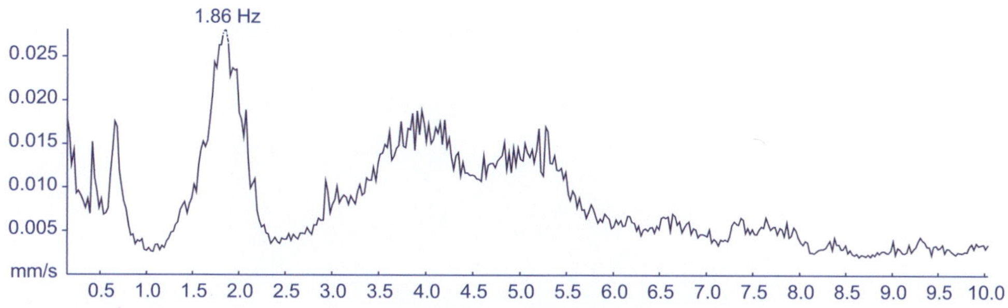

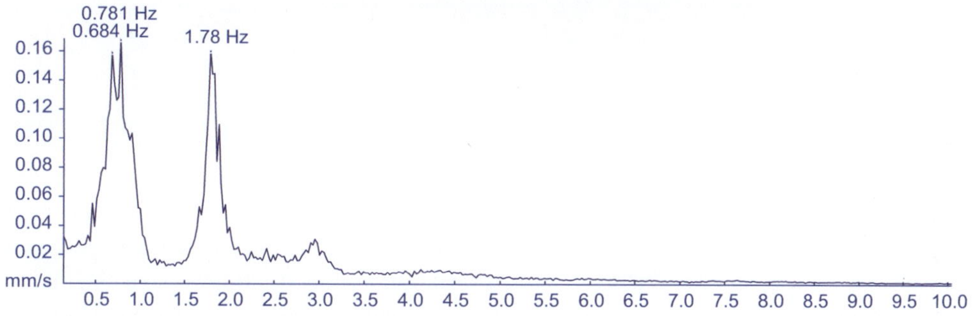

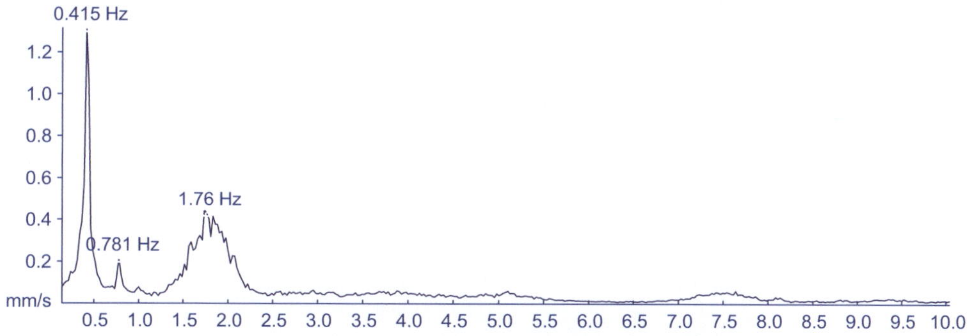

Zur Reduzierung der Schwingungen wurden zwei Maßnahmen beschlossen: In einigen Brückenfeldern wurden 1-dimensional wirkende Dämpfer (volkstümlich Stoßdämpfer genannt) an diagonal verlegten Zugstangen unter der Brücke installiert. Gegen die Vertikalschwingungen wurden insgesamt 50 Schwingungstilger eingebaut und gegen die Horizontalschwingungen 8 Horizontalschwingungstilger.

Dreiländerbrücke – Weil am Rhein

Die Dreiländerbrücke zwischen Weil am Rhein in Deutschland und Hüningen in Frankreich ist die weltlängste Fußgänger- und Velobrücke. Diese Stahlbrücke hat eine freie Bogenspannweite von 229,4 m und einen Stich von lediglich 23 m. Die mit dem geringen Bogenstich einhergehende Weichheit der Konstruktion machte das Bauwerk zu einer technischen Herausforderung nicht nur in statischer Hinsicht, sondern gerade auch in Hinblick auf das dynamische Schwingungsverhalten infolge personeninduzierter Anregung.

Spannweite des freien Bogens	229,4 m
Tiefste Eigenfrequenz vertikal	1,95 Hz
Tiefste Eigenfrequenz horizontal-quer	0,98 Hz

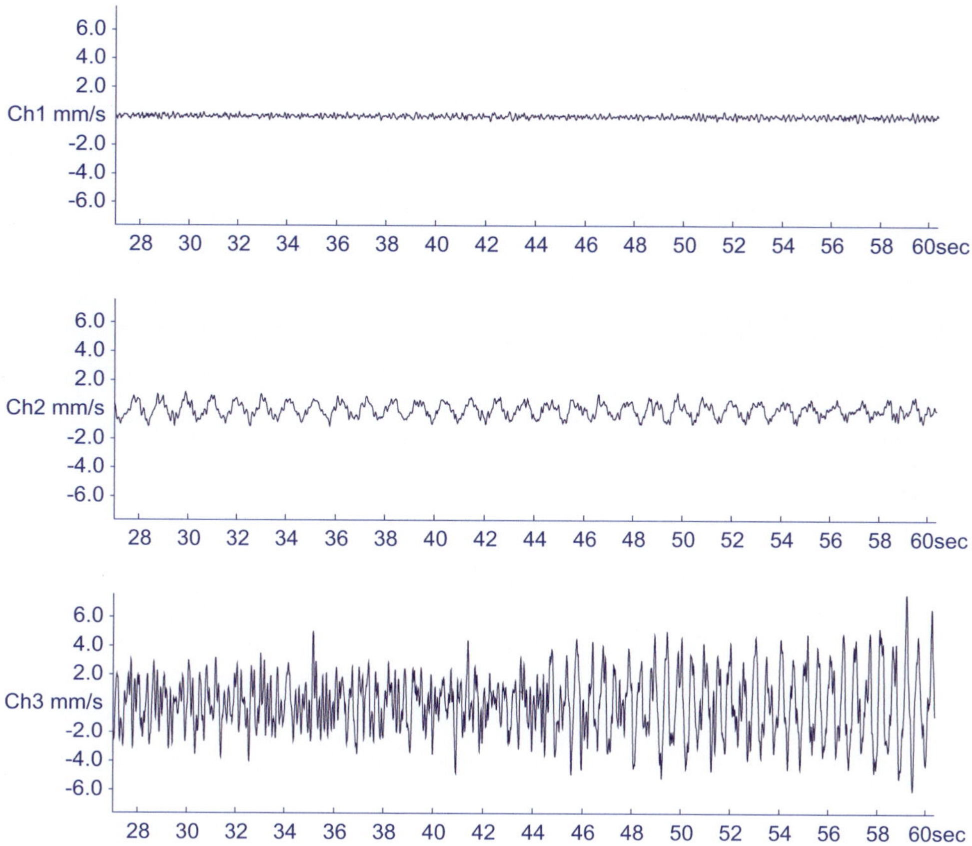
6.0
4.0
2.0
Ch1 mm/s
-2.0
-4.0
-6.0
28 30 32 34 36 38 40 42 44 46 48 50 52 54 56 58 60sec
6.0
4.0
2.0
Ch2 mm/s
-2.0
-4.0
-6.0
28 30 32 34 36 38 40 42 44 46 48 50 52 54 56 58 60sec
6.0
4.0
2.0
Ch3 mm/s
-2.0
-4.0
-6.0
28 30 32 34 36 38 40 42 44 46 48 50 52 54 56 58 60sec

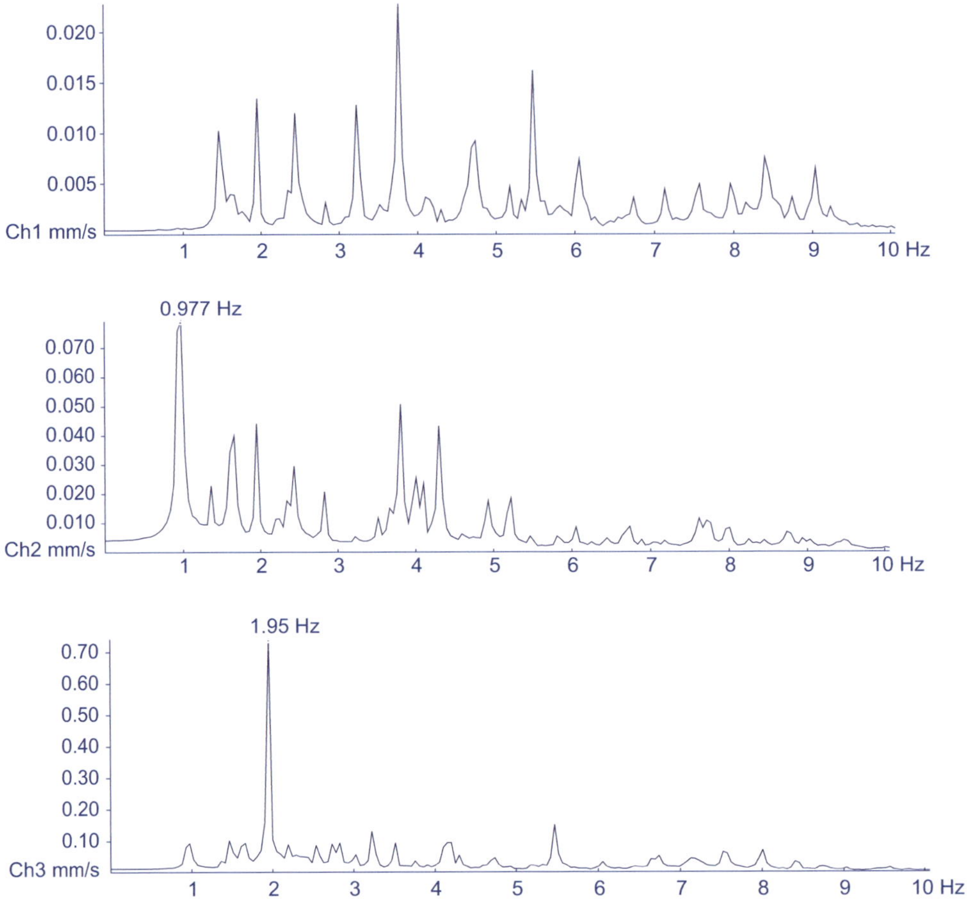

Es fanden Schwingungsversuche unter Beteiligung von 800 freiwilligen Testpersonen statt. Die Bewegungsrichtung wurde jeweils vorgegeben, synchrones Gehen wurde aber nicht provoziert. Das normale Gehen führte zu einer Querschwingung mit ca. 1 Hz. Ab Beschleunigungen von 0,3 m/s^2 passten sich die Fußgänger automatisch und unbewusst an diese Schwingung an und synchronisierten sich dadurch, was zu einer zusätzlichen Verstärkung der Brückenquerschwingung führte. Dieser Ursache-Wirkungs-Kreislauf verstärkt sich innerhalb Sekunden immer mehr und führt zu einem Schwingungszustand, bei dem normales Gehen nicht mehr möglich ist (aus [6]).

Passerella sulla Vercasca – Tenero bei Locarno

Die Fußgänger-/Fahrradbrücke über die Verzasca in Tenero ist als Zweifeld-Hängebrücke in Stahl-Bauweise erstellt worden. Die Spannweite beträgt 2 × 60 m. Dass diese elegante und schlanke Struktur für dynamische Beanspruchungen kritisch sein wird, war von Anfang an klar. Erste Berechnungen ließen sogar befürchten, dass die Brücke so gar nicht gebaut werden kann. Weitere Berechnungen ergaben, dass die Brücke zwar realisiert werden kann, allerdings nur mit dem Einbau von 12 Schwingungstilgern, eine Lösung die kostenmäßig kaum zu verkraften gewesen wäre.

Spannweite	2 × 60 m
Tiefste Eigenfrequenzen vertikal	1,71 Hz, 2,49, 2,64 Hz
Tiefste Eigenfrequenz horizontal-quer	1,42 Hz
Dämpfung:	0,3 %

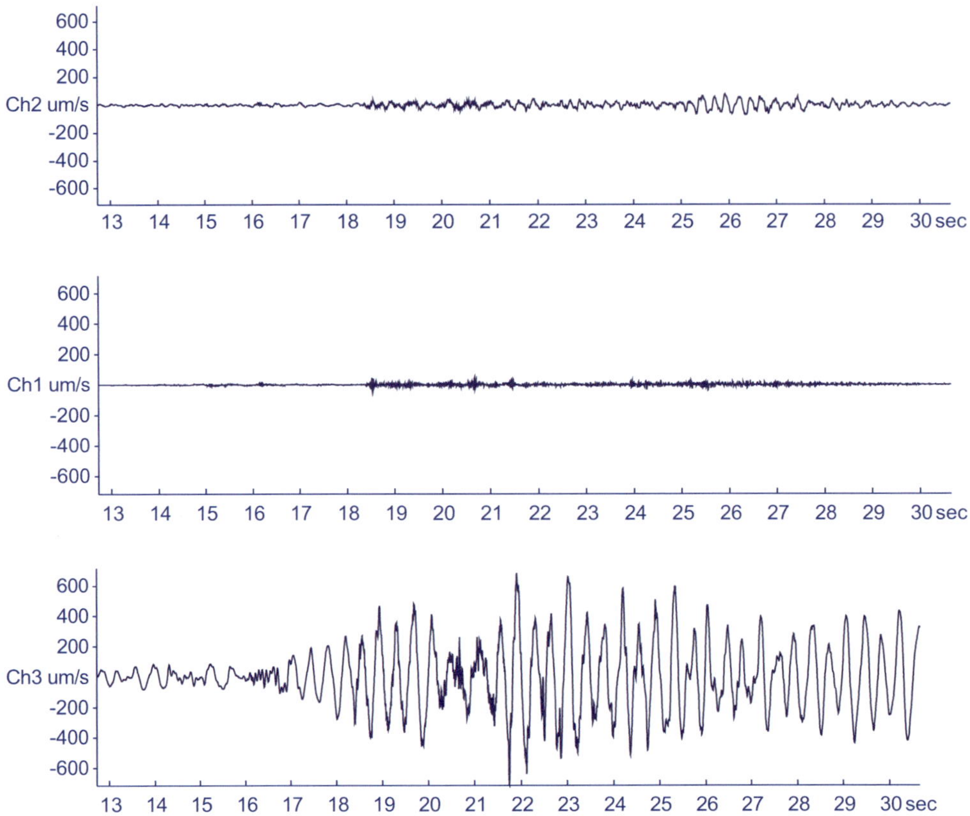
600
400
200
Ch2 um/s
-200
-400
-600
13 14 15 16 17 18 19 20 21 22 23 24 25 26 27 28 29 30 sec
600
400
200
Ch1 um/s
-200
-400
-600
13 14 15 16 17 18 19 20 21 22 23 24 25 26 27 28 29 30 sec
600
400
200
Ch3 um/s
-200
-400
-600
13 14 15 16 17 18 19 20 21 22 23 24 25 26 27 28 29 30 sec

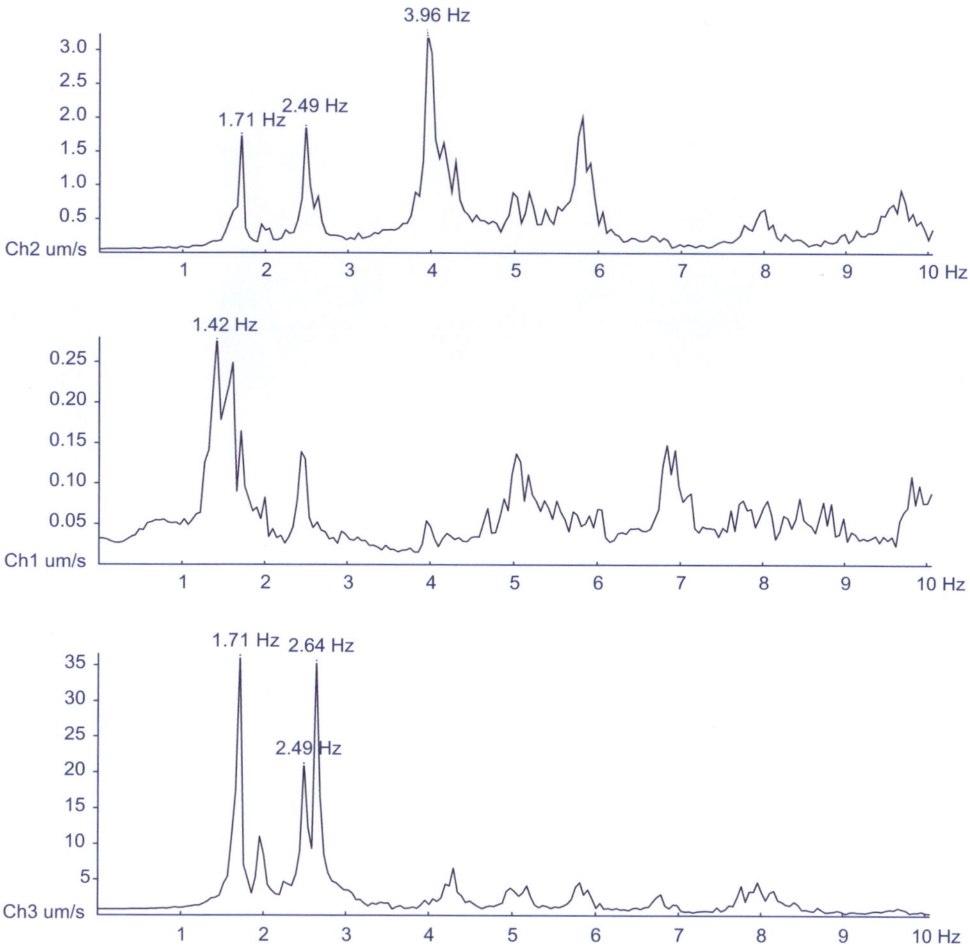

Weitere Berechnungen mit realistischeren Annahmen zur Belastung ergaben, dass vier Schwingungstilger erforderlich sein werden. Die Aussparungen hierfür wurden vorgesehen, mit der Beschaffung der Tilger wurde aber sinnvollerweise zugewartet. Nachdem die Testmessungen nach Fertigstellung der Brücke ein vollständig zufriedenstellendes Ergebnis ergaben, wurde auf den Einbau von Schwingungstilgern ganz verzichtet.

Wylandbrücke – Winterthur

Die Wylandbrücke in Winterthur wurde als 2-Feld-Träger in Stahlfachwerk-Beton-Verbundkonstruktion mit Spannweiten von 62 und 45 m projektiert. Mittels einer einfachen Handrechnung wurde abgeklärt, ob die Eigenfrequenzen der Brücke in einem kritischen Bereich liegen. Für die Längere Spannweite von 62 m wurde eine Eigenfrequenz von 1,87 Hz und für die kürzere eine Eigenfrequenz von 3,54 Hz ermittelt. Es war somit klar, dass Aussparungen für Schwingungstilger vorzusehen waren. Mit der Beschaffung der Tilger wurde jedoch zugewartet.

Spannweiten	62 m, 45 m
Tiefste Eigenfrequenzen vertikal	1,51 Hz, 2,88 Hz
Tiefste Eigenfrequenzen horizontal-quer	2,29 Hz, 3,47 Hz
Dämpfung:	0,7 %

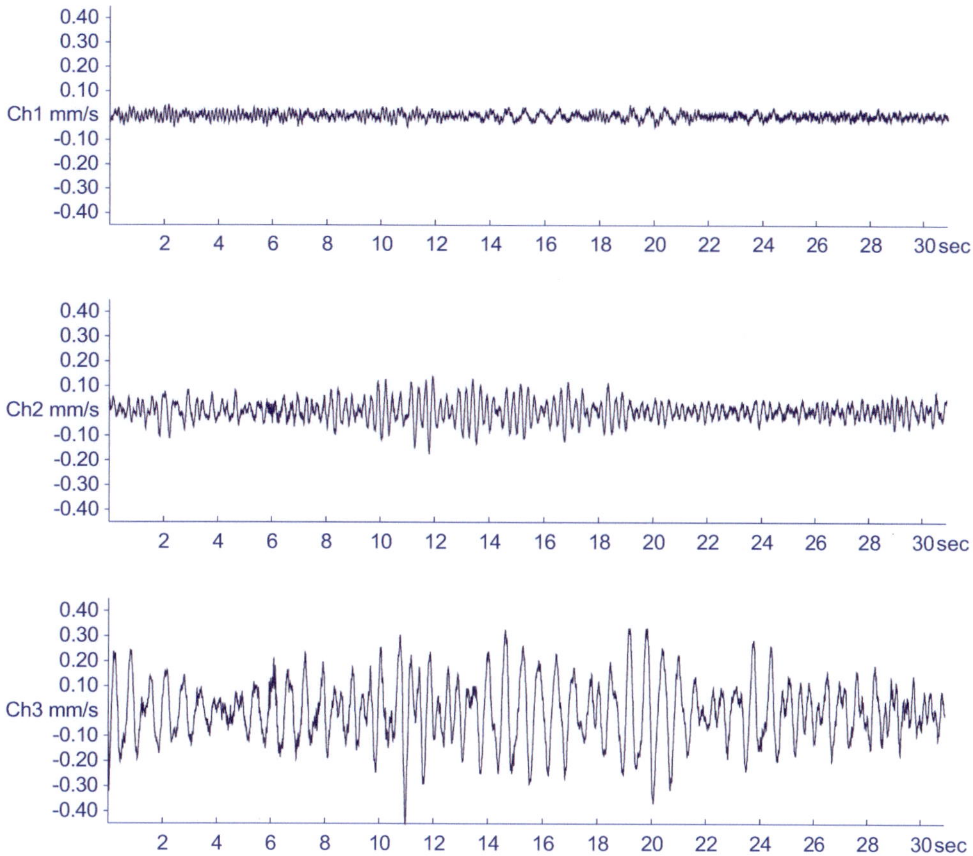
0.40
0.30
0.20
0.10
Ch1 mm/s
-0.10
-0.20
-0.30
-0.40
2 4 6 8 10 12 14 16 18 20 22 24 26 28 30 sec
0.40
0.30
0.20
0.10
Ch2 mm/s
-0.10
-0.20
-0.30
-0.40
2 4 6 8 10 12 14 16 18 20 22 24 26 28 30 sec
0.40
0.30
0.20
0.10
Ch3 mm/s
-0.10
-0.20
-0.30
-0.40
2 4 6 8 10 12 14 16 18 20 22 24 26 28 30 sec

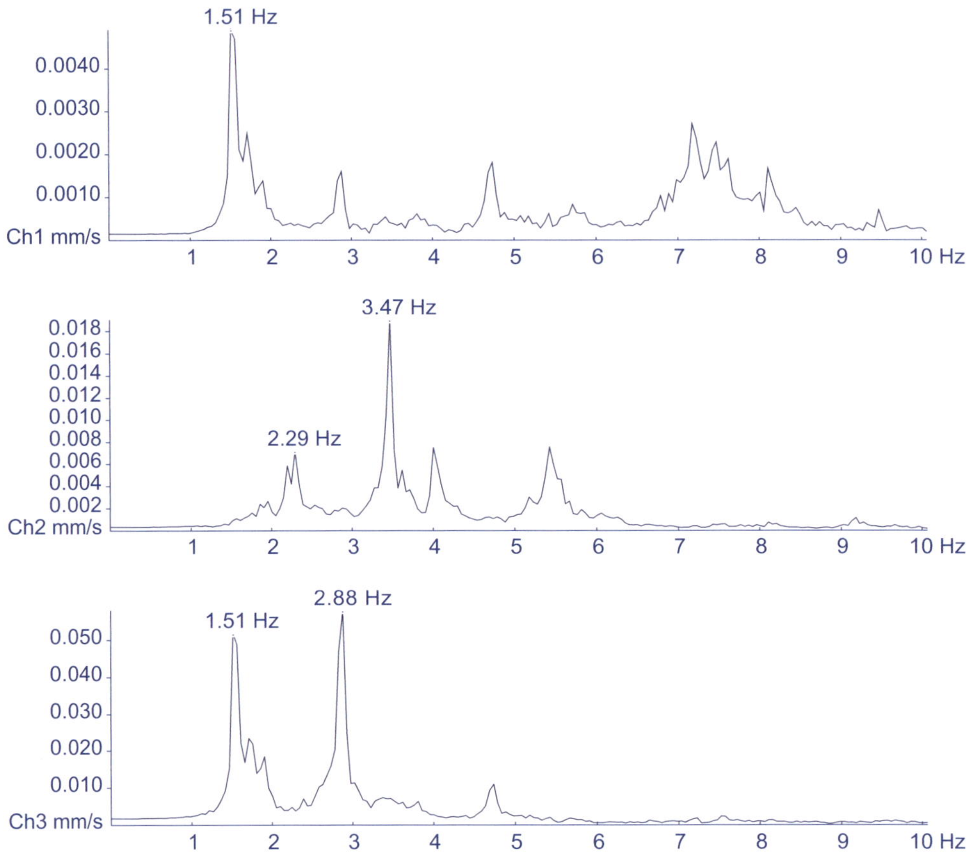

Nach Fertigstellung der Brücke wurden Testmessungen mit „Ambient Vibration"-Messungen, mit Anregung durch einen elektro-dynamischen Erreger und durch Anregung durch Personen (Gehen, Rennen, Hüpfen und mutwillige Anregung) durchgeführt. Die Schwingungen lagen allesamt unterhalb 0,6 m/s^2 und somit im akzeptablen Bereich, sodass auf den Einbau von Tilgern verzichtet werden konnte.

Limmatsteg – Baden

Die Fußgängerbrücke (Limmatsteg) über die Limmat in Baden ist als Einfeld-Träger in Stahl-Bauweise erstellt worden. Die Spannweite beträgt 52 m.

Spannweiten	52 m
Tiefste Eigenfrequenz vertikal	2,72 Hz
Tiefste Eigenfrequenzen horizontal-quer	1,35 Hz, 3,06 Hz
Dämpfung	0,9 %

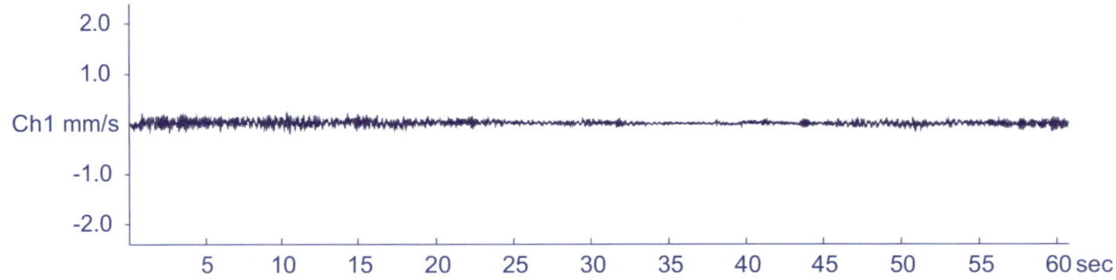

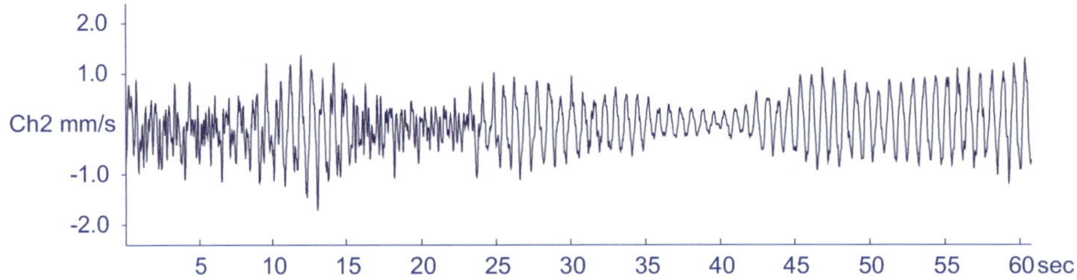

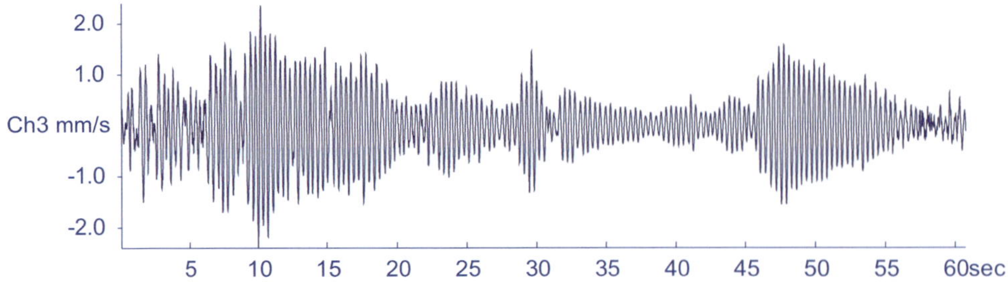

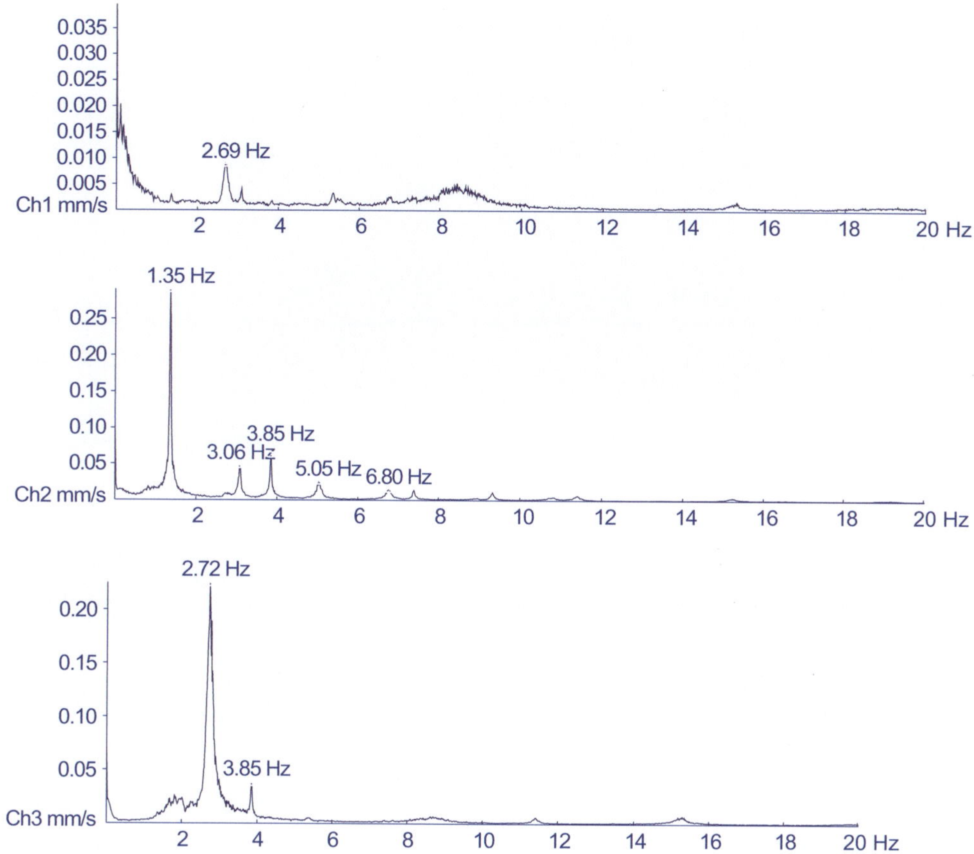

Nach Fertigstellung der Brücke wurden Testmessungen mit „Ambient Vibration"-Messungen, mit Anregung durch einen elektro-dynamischen Erreger und durch Anregung durch Personen (Gehen, Rennen, Hüpfen und mutwillige Anregung) durchgeführt. Die Schwingungen lagen allesamt unterhalb 0,6 m/s^2 und somit im akzeptablen Bereich.

Literatur

1. Bachmann H.; „*Lively Footbridges – a Real Challenge*; Design and dynamic behaviour of footbridges“, Footbridge 2002, Paris
2. Weber B.; „*Damping of vibrating footbridges*; Design and dynamic behaviour of footbridges“, Footbridge 2002, Paris
3. Kasperski M.; „Sicherheit und Gebrauchstauglichkeit von Tragwerken unter menscheninduzierten Lasten“, 9. Symposium für Bauwerksdynamik und Erschütterungsmessungen, 2006, Dübendorf/Zürich
4. Zivanovic S. et al.; „Human-structure dynamic interaction on footbridges“; Proceedings of the institution of Civil Engineers, Bridge Engineering 158, December 2005, Issue BE4, pp 165–177.
5. Willford M.; „*Dynamic actions and reactions of pedestrians*; Design and dynamic behaviour of footbridges“, Footbridge 2002, Paris
6. Mistler M, Heiland D.; „Lock-in-Effekt bei Brücken infolge Fussgängeranregung – Schwingungstest der weltlängsten Fussgänger- und Velobrücke – Dreiländerbrücke“; D-A-CH Tagung 2007, Wien

Dynamik der Glockentürme

6

Inhaltsverzeichnis

Glockentürme – Wahrzeichen der christlichen Religion: Möglichst hoch und schlank sollen sie sein, auf dass sie weitherum sichtbar seien. Zudem sollen zuoberst – am schwächsten Punkt – fünf, sechs oder noch mehr Glocken eingehängt werden. Tonnenschwere Gebilde, die mit Seilen in Schwingung versetzt werden. Und das ganze sollte über Jahrhunderte ohne Schaden zu nehmen funktionieren. Tausende solcher Glockentürme stehen zwischen dem Nordkap und Sizilien. Seit Jahrhunderten läuten ihre Glocken ohne irgendwelche Probleme zu verursachen. Nur wenige dieser Glockentürme – und erstaunlich ist, dass es nur so wenige sind – weisen beunruhigende Schwingungen auf. Irgendetwas ist bei diesen wenigen Türmen schief gelaufen. Die Dynamik der Tragwerke – angewendet auf Glockentürme – erlaubt uns zu verstehen, warum uns bestimmte Türme Sorgen bereiten und andere nicht.

A. Ziegler et al., *Bauwerksdynamik und Erschütterungsmessungen*, https://doi.org/10.1007/978-3-658-38022-9_6

6.1 Dynamik der Glockenschwingung

Die Glocke (ohne Klöppel) lässt sich – wie in Abb. 6.1 dargestellt – in erster Näherung als mathematisches Pendel modellieren. Die bei der Glockenschwingung auftretende Horizontalkraft wird primär durch die Glockenmasse m, die Pendellänge L und den Auslenkwinkel α bestimmt.

Diese Horizontalkraft hat nicht – wie man vermuten könnte – einen sinusförmigen Verlauf. Da sie sich zusammensetzt aus Komponenten, die vom Auslenkwinkel α bestimmt sind, aber auch aus Komponenten, die von der Winkelbeschleunigung α'' abhängen, ergibt sich ein etwas komplizierterer Kraftverlauf, wie er in Abb. 6.2a (für eine Glocke mit 0,8 t Masse, 1 m Pendellänge und 60 Grad Auslenkwinkel) dargestellt ist [1]. Im Gegensatz zu einer reinen Sinus-Anregung wird bei der Anregung von Abb. 6.2a nicht nur die Grundfrequenz von 0,46 Hz sondern auch die 3. Harmonische mit 1,38 Hz und ganz schwach sogar noch die 5. Harmonische mit 2,29 Hz angeregt (siehe Abb. 6.2b).

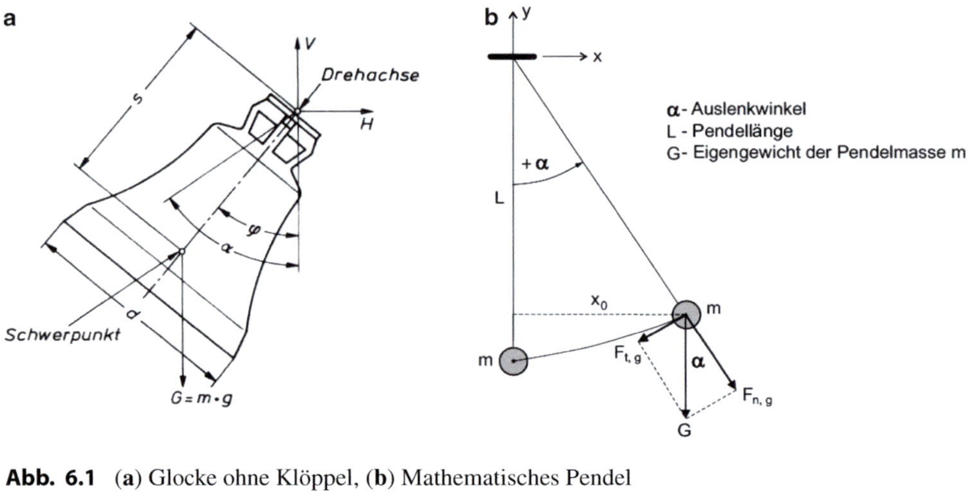

Abb. 6.1 (**a**) Glocke ohne Klöppel, (**b**) Mathematisches Pendel

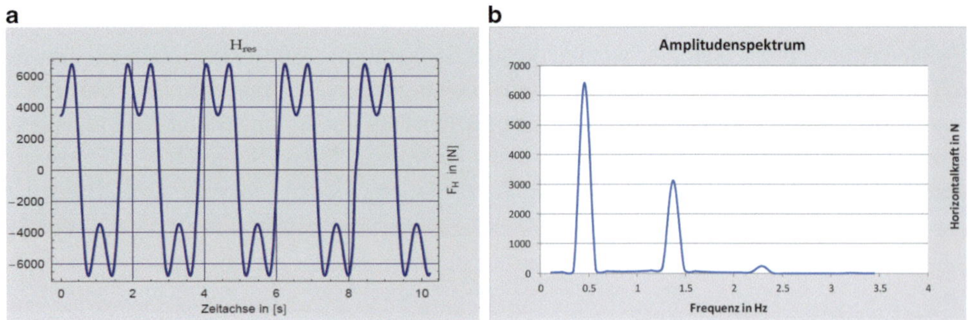

Abb. 6.2 (**a**) Zeitlicher Verlauf der Horizontalkraft, (**b**) Amplitudenspektrum zu (**a**). (Aus Slavik [1])

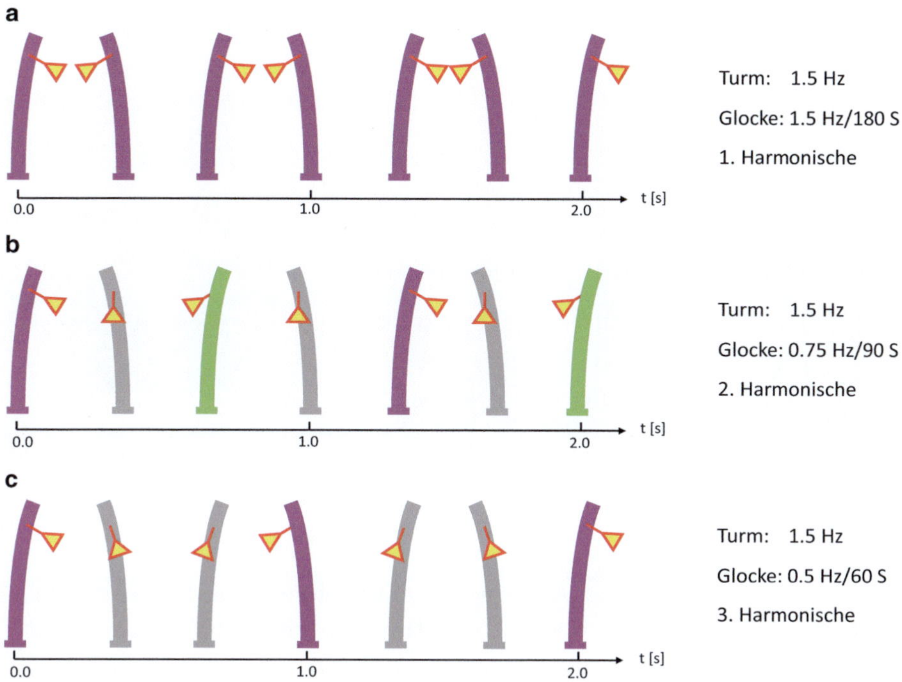

Abb. 6.3 (**a**–**c**) Anregung eines Glockenturmes durch Glockenschwingung. *Violett* stellt Phasen der Anregung, *grün* Phasen des Bremsens dar. *Grau* sind neutrale Phasen

Was hier als komplizierte Mathematik erscheint, lässt sich auch auf anschauliche Art mit Hilfe von Abb. 6.3 erklären: In einem Glockenturm mit einer Eigenfrequenz von 1,5 Hz wird (in Abb. 6.3) mit einer Glocke mit ebenfalls 1,5 Hz (was 180 Schläge pro Minute sind) geläutet. Mit jeder Schwingung wird der Turm durch die Glocke sowohl nach rechts als auch nach links gezogen. Derart schnelle Geläute gibt es nicht und ein Kirchturm würde diese Kräfte auch nicht aushalten. In Abb. 6.3b läutet die Glocke mit 0,75 Hz (d. h. mit 90 Schlägen pro Minute). Schwingt die Glocke nach rechts, so wird der Turm angeregt, schwingt sie nach links, wird er wieder gebremst. Die dynamische Wirkung wird quasi durch die Glocke selbst wieder ausgelöscht. In Abb. 6.3c läutet die Glocke mit 0,5 Hz (d. h. mit 60 Schlägen pro Minute). Beim ersten Glockenschlag nach rechts wird der Turm nach rechts ausgelenkt und beim nächsten Schlag nach links wird er – nachdem er bereits eine volle Schwingung ohne Größere Anregung hinter sich hat – nach links ausgelenkt. Dies ist der Normalfall bei unseren Glockentürmen und dies ist auch der Grund warum die 3. Harmonische der Glockenschwingung von zentraler Bedeutung ist.

In der Regel wird bei Glocken die Schlagzahl S, d. h. die Anzahl Glockenschläge pro Minute, angegeben. Da pro Schwingung 2 Schläge auftreten und die Frequenz pro Sekunde angegeben wird, errechnet sich die 3. Harmonische mit $f_3 = 3 \cdot S/120$. Fällt die 3. Harmonische mit der Eigenfrequenz des Kirchturmes zusammen, sind die besten Voraussetzungen für unliebsame Turmschwingungen geschaffen.

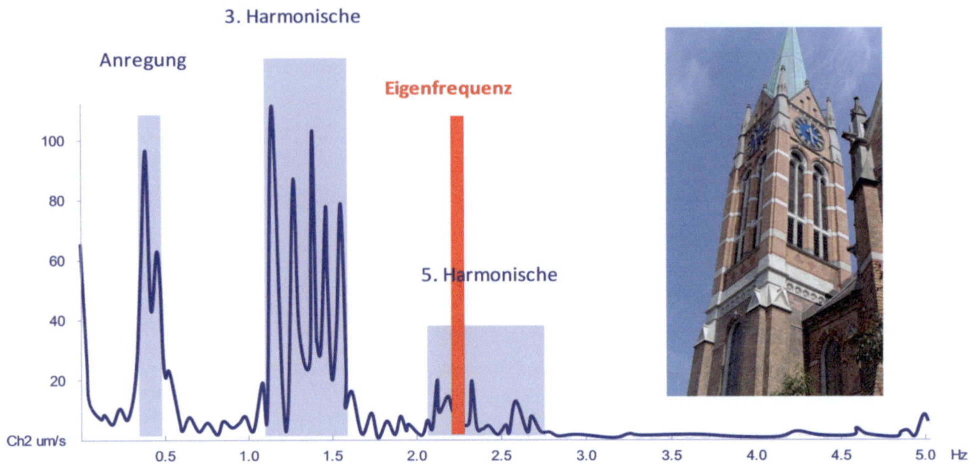

Abb. 6.4 Amplitudenspektrum für Läuten mit allen Glocken bei der reformierten Kirche in Zürich-Wiedikon

Die Kunst bei der dynamischen Auslegung eines Kirchturmes oder bei der Modifikation eines bestehenden Kirchturmes besteht somit darin, die kritischen Frequenzbereiche zu erkennen und sie so gut wie möglich zu meiden. Erschwerend kommt dazu, dass es sich in der Regel um Läutwerke mit vier, fünf oder noch mehr Glocken handelt und keine dieser Glocken sollte im kritischen Bereich liegen. Zur Illustration möge die Reformierte Kirche in Zürich-Wiedikon dienen. Mit fünf Glocken und Schlagzahlen zwischen 46 und 62 ist der Frequenzbereich von 1,15 bis 1,56 Hz zu meiden. Da die Eigenfrequenz des Glockenturms – wie in Abb. 6.4 dargestellt – bei 2,29 Hz liegt, entstehen auch keine Probleme. Die maximale Schwingung beim Läuten aller Glocken liegt lediglich bei 1,3 mm/s.

6.2 Schwingungsmessungen am Glockenturm

Schwingungsmessungen an Glockentürmen werden meistens dann angeordnet, wenn „etwas nicht ganz stimmt". Sei es dass der Turm offensichtlich so stark schwingt, dass Besucher Angst bekommen oder dass Risse aufgetreten sind. Sinnvollerweise werden auch vor dem Einbau einer zusätzlichen Glocke oder bei Änderungen am Glockenstuhl Schwingungsmessungen durchgeführt. Der Umfang einer Schwingungsmessung hat sich an den Anforderungen des Glockenbauers und des Ingenieurs der Kirche zu orientieren. In den meisten Fällen genügt eine Messung, wie sie in Abb. 6.5 skizziert ist. Mit einem triaxialen Aufnehmer im Bereich der Glocken (MP 1) lässt sich die Eigenfrequenz des Turmes und die Schwingstärke beim Läuten der Glocken problemlos bestimmen. Horizontale Aufnehmer – verteilt über die Höhe des Turmes (MP 2 bis MP 4) – erlauben die Bestimmung der Deformation des Turmes. Gegebenenfalls sind weitere Aufnehmer (wie MP 7) einzusetzen, um bei Rissebildungen im Mauerwerk den Zusammenhang mit dem Läuten der Glocken zu untersuchen.

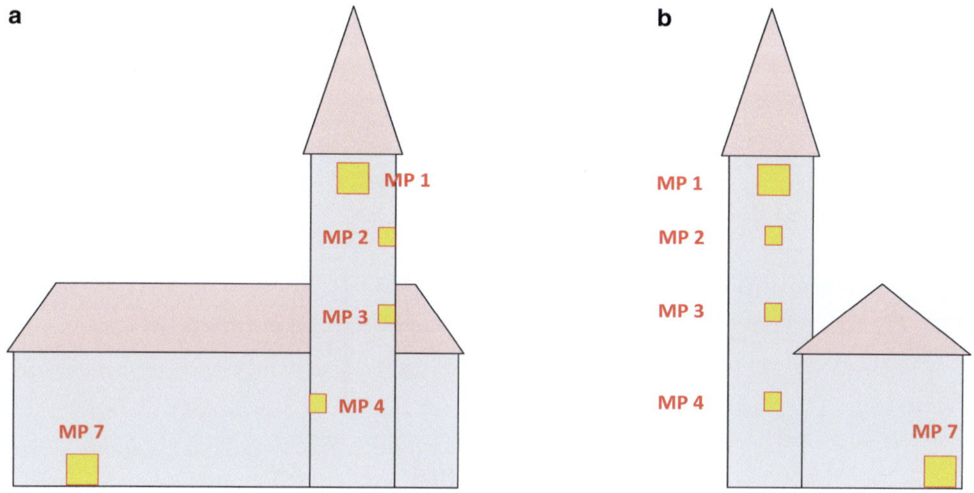

Abb. 6.5 (**a**) Anordnung der Messpunkte (längs zum Schiff), (**b**) Anordnung der Messpunkte (quer zum Schiff)

6.2.1 Turm-Eigenfrequenz

Die Eigenfrequenz ist die wichtigste Größe bei der Beurteilung des Schwingverhaltens eines Glockenturmes. Sie kann mit Hilfe eines Schwinggeschwindigkeitsaufnehmers – durch Aufzeichnung der stets vorhandenen Hintergrundschwingungen – relativ einfach bestimmt werden. Die Abtastrate muss nicht hoch sein, da es um Frequenzen zwischen 1 und 10 Hz geht. Sofern man die Signallänge genügend groß wählt (mindestens 60 s) und genügend Signale überlagert (20 Signale genügen in der Regel), kann fast nichts schief gehen. Und trotzdem hat die Eigenfrequenzbestimmung ihre Tücken: Die Schwingungsamplituden der Hintergrundschwingungen (oft als „ambient vibration" bezeichnet) sind wesentlich kleiner als die Schwingungsamplituden beim Läuten der Glocken. Die mittels „ambient vibration" bestimmte Eigenfrequenz kann deshalb ohne weiteres 10 % höher liegen als die maßgebende Eigenfrequenz (vgl. Abb. 6.6). Diesem Sachverhalt ist bei der Interpretation der Messdaten gebührend Rechnung zu tragen. Gerade wenn die Eigenfrequenz des Turmes zwischen den oft nahe beieinander liegenden Anregungsfrequenzen der Glocken liegt, ist die exakte Kenntnis der Eigenfrequenz äußerst wichtig.

Die Anregung mit einem dynamischen Erreger, der eine Größere Schwingungsamplitude erreichen würde, ist zumeist kein gangbarer Weg, da die Platzverhältnisse auf einem Glockenturm dies nicht zulassen. Viel einfacher ist die Verwendung der – bereits vorhandenen – Glocken als dynamische Erreger. Dabei wird die Glocke, die mit ihrer 3. Harmonischen am nächsten bei der vermuteten Eigenfrequenz liegt, eingesetzt. Indem nun die Schlagzahl der Glocke leicht erhöht und leicht gesenkt wird, erkennt man sehr schnell, ob die Eigenfrequenz des Turmes höher oder tiefer liegt als die 3. Harmonische der Glocke (siehe Abb. 6.7).

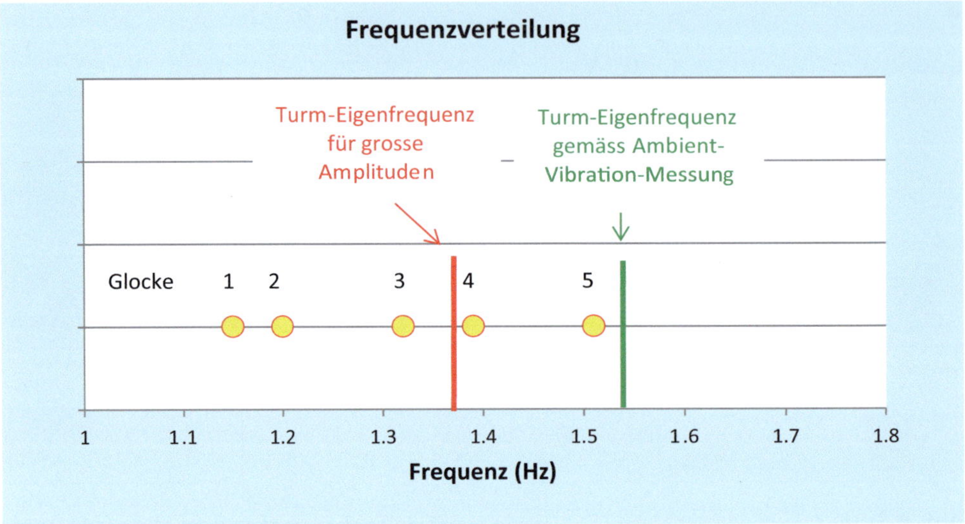

Abb. 6.6 Turm-Eigenfrequenzen für große und kleine Amplituden und ihre Position gegenüber den 3. Harmonischen der Glockenfrequenzen für die Kirche Zürich-Altstetten

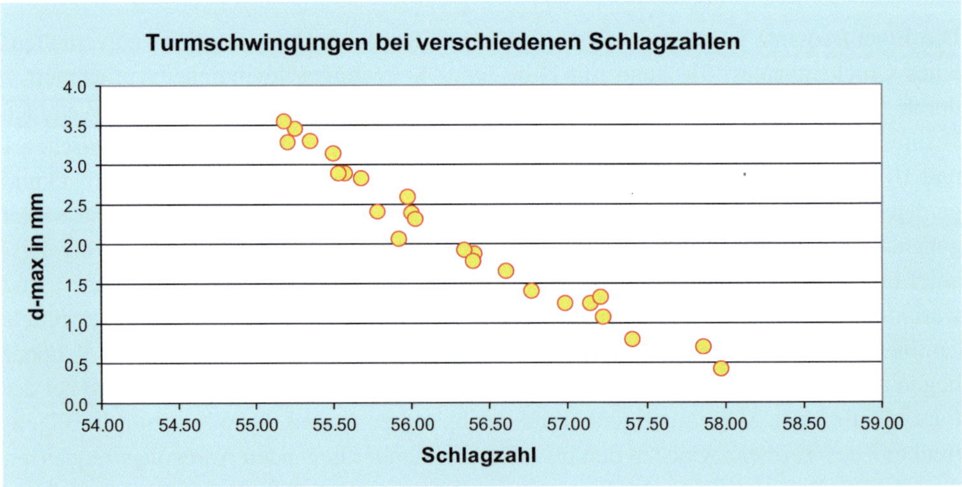

Abb. 6.7 Veränderungen der Schwingungsamplitude beim Turm der reformierten Kirche Zürich-Altstetten bei einer Variation der Schlagzahl der Glocke 4. Durch Erhöhung der Schlagzahl von 55 auf 58 reduziert sich die Wegamplitude um einen Faktor 7

6.2.2 Maximale Schwingstärke

Zur Bestimmung der maximalen Schwingstärke sollten stets die Schwingungen, die von den einzelnen Glocken verursacht werden, und die Schwingungen beim Läuten aller Glo-

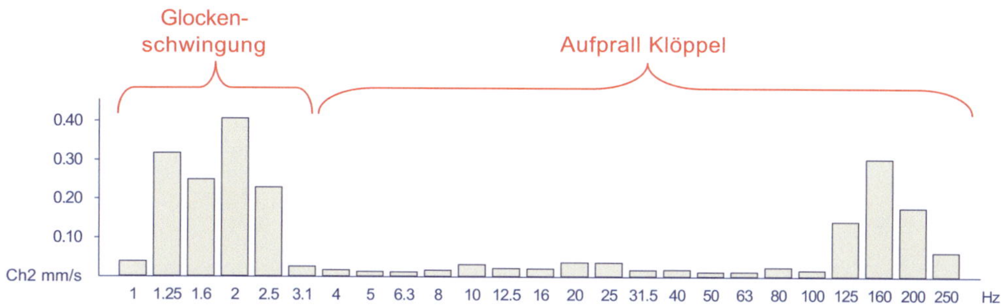

Abb. 6.8 Terzband-Darstellung zur Trennung zwischen Glockenschwingung und Klöppel-Aufprall

cken gemessen werden. Während für die Eigenfrequenzbestimmung der Geschwindigkeitssensor die erste Wahl darstellt, wird man – gerade bei starken Turmschwingungen – den Beschleunigungssensor vorziehen, da dieser keine Begrenzung in der maximalen Wegamplitude aufweist. Die Abtastrate ist auf die gestellte Aufgabe abzustimmen. Geht es tatsächlich nur um die Turmschwingungen, so genügt eine relativ tiefe Abtastrate um die Eigenfrequenzen von 1 bis 10 Hz abzubilden. Sollten aber auch die Risse im Turm und in den angrenzenden Mauern beurteilt werden, so wird man Frequenzen bis 250 Hz darstellen wollen.

Um zu erkennen, welcher Anteil der Erschütterungen durch die Glockenschwingung selbst und welcher Anteil durch den Aufprall des Klöppels entstehen, kann die Darstellung in Form des Terzbandspektrums hilfreich sein. Abb. 6.8 zeigt das Terzbandspektrum für eine Messung beim Läuten aller Glocken. Man erkennt den Beitrag der Glockenschwingungen in den Frequenzbändern 1,0 bis 3,1 Hz und den Anteil des Klöppel-Aufpralls in den hohen Frequenzbändern zwischen 125 und 250 Hz.

6.3 Dynamisches Verhalten von 18 Glockentürmen

Ein Quervergleich des dynamischen Verhaltens verschiedener Glockentürme bietet einen interessanten Einblick in das Verhalten von Glockentürmen und zeigt, welche dynamischen Eigenschaften eher zu Problemen führen. Die nachstehend aufgeführten Daten stammen aus Messungen, welche die Autoren zusammen mit Herrn Spielmann (H. Rüetschi AG, Glockenguss und Kirchturmtechnik) durchgeführt haben.

In Tab. 6.1 sind die wichtigsten dynamischen Größen von 18 Glockentürmen zusammengestellt. Die Bauweise (Typ) ist durch eine Zahl angegeben, die sich der Einteilung der DIN 4178 bedient und der Zeilennummer in Tab. 6.2 entspricht [2]. Der Wert f_{amb} gibt die Eigenfrequenz in Glockenschwingrichtung an, wie er sich aus der „Ambient vibration"-Messung ergibt. Wie bereits erwähnt, handelt es sich hier um die Eigenfrequenz bei sehr kleinen Dehnungsamplituden. Die Dämpfung (D) ist in Prozent der kritischen Dämpfung angegeben. Es folgt die maximale Schwinggeschwindigkeit (v_{max} in mm/s) und

Tab. 6.1 Dynamische Kenngrößen von 18 Glockentürmen

	Typ	f_{alb}	D (%)	$m_{ax.}$	$m_{ax.}$	f_{3-1}	f_{3-2}	f_{3-3}	f_{3-4}	f_{3-5}	f_{3-6}	Schlag-zahl	
Stadtkirche Aarau	1	2,37		2,57	0,400	**1,04**	1,18	1,29	1,31	1,44	1,66	42	66
Ruf. Kirch Altstätten	5	1,56	1,5	33,70	4,000	1,15	1,20	1,32	**1,39**	1,51		46	60
Domkirche Arlesheim	1	2,33		2,40	0,252	**1,32**	1,34	1,44	1,56			53	62
Berner Münster	1	1,29	1,5	14,30	2,050	0,93	1,07	1,07	1,17	1,20	**1,22**	37	49
Kirche Amriswil	1	2,90		1,48	0,202	**1,25**	1,39	1,59	1,93			50	77
Frau Münster Zürich	1	1,66		4,29	0,528	1,15	1,29	1,44	**1,59**			46	64
Ruf. Kirche Andere	1	2,57		2,43	0,400	**1,38**	1,47	1,66	1,68	1,92		55	77
Ruf. Kirche Muri	5	5,50	1,5	2,11	0,197	**1,32**	1,39	1,44	1,54	1,61		53	64
Kath. Kirche Rudolfstetten	5	1,29	1,4	57,40	6,500	**1,27**						51	51
Ref. Kirche Sargans	5	4,00		2,09	0,280	**1,34**	1,42	1,54	1,66	1,71		54	68
Ref. Kirche Seebach	5	2,37		6,46	0,780	**1,10**	1,20	1,29	1,39	1,46		44	58
St. Josefs-Kirche Luzern	5	2,29	1,1	6,31	0,830	1,22	1,27	**1,32**	1,42	1,56		49	62
Kath. Kirche St. Moritz	1	1,37	1,4	42,60	4,600	**1,32**	1,37	1,49	1,59			53	64
Kath. Kirche Thalwil	3	2,50		2,73	0,490	**1,07**	1,17	1,27	1,31	1,40		43	56
Drei-König-Kirche Visp	1	2,20	1,1	13,00	1,300	1,34	**1,17**	1,51	1,51	1,64	1,56	47	66
Ref. Kirche Wiedikon	3	2,29		1,27	0,169	**1,15**	1,27	1,39	1,46	1,56		46	62
Kath. Kirche Herznach	1	1,60		4,84	0,57	**1,40**	1,52	1,67				56	67
Kath. Kirche Egg	4	2,98		43,70	7,44	**1,43**	1,54	1,62				57	65

Tab. 6.2 Orientierungswerte der Schwinggeschwindigkeit bei Glockentürmen

Zeile	Bauart	Orientierungswert ν in mm/s
1	Historische Türme, allgemein	3
2	Historische Holztürme	5
3	Türme aus Ingenieurmauerwerk	5
4	Türme aus Ingenieurholzbau	8
5	Türme aus Stahlbeton	8
6	Stahltürme	10

die maximale Wegamplitude (d_{max} in mm) beim Läuten aller Glocken. Es muss betont werden, dass die angegebenen Werte die Schwingungsamplituden vor der Sanierung des Kirchturmes darstellen. Die Spalten $f_{3\text{-}1}$ bis $f_{3\text{-}6}$ geben die Frequenz der 3. Harmonischen der Glocken 1 bis 6 an. Diese Frequenzen und vor allem ihr Abstand von der maßgebenden Turm-Eigenfrequenz sind ein wichtiger Indikator für das Schwingverhalten des Glockenturms. Die maßgebende Glocke, d. h. die Glocke, welche die stärkste Schwingung verursacht, ist mit fetter Schrift gekennzeichnet. Die tiefste und höchste Schlagzahl (Glockenschläge pro Minute) stehen, wie weiter oben erläutert, in einem festen Verhältnis zur tiefsten und höchsten Frequenz der 3. Harmonischen (d. h. Schlagzahl = $1/3 \cdot f_3 \cdot 120$).

Am wenigsten unterscheiden sich die 18 Kirchen in den Schlagzahlen. Offensichtlich muss sie für die schwerste Glocke bei etwa 45 liegen und für die leichteste bei etwa 65. Dies bedeutet wiederum, dass der kritische Bereich für die Eigenfrequenz von Glockentürmen zwischen 1,1 und 1,6 Hz liegt. Alle Glockentürme in Tab. 6.1 mit Eigenfrequenzen über 1,6 Hz haben relativ geringe Schwingungsamplituden. Typisch für diese Kirchen ist auch, dass die schwerste Glocke die maßgebende Glocke ist. Es handelt sich bei diesen Glockentürmen auch nicht um ein dynamisches Phänomen sondern um eine quasi-statische Belastung ohne Resonanzerscheinung, da die Eigenfrequenz höher liegt als die 3. Harmonische.

Besonders interessant war das Verhalten des Glockenturms der reformierten Kirche in Zürich-Altstetten (Abb. 6.9a): Die maßgebende Glocke ist die Glocke Nr. 4 mit einer 3. Harmonischen von 1,39 Hz. Bei den ersten Versuchen zur Reduktion der Schwingungsamplitude ist man – irrtümlicherweise – davon ausgegangen, dass die Eigenfrequenz nicht stark von der Schwingungsamplitude beeinflusst wird und dass man mit einer Eigenfrequenz von $f = f_{amb} = 1{,}53$ Hz rechnen kann. Aus diesem Grund war es auch zunächst unverständlich, dass die Schwingungsamplitude mit abnehmender Schlagzahl, d. h. bei einer „Vergrößerung des Abstandes von der vermeintlichen Eigenfrequenz“ zunahm. In

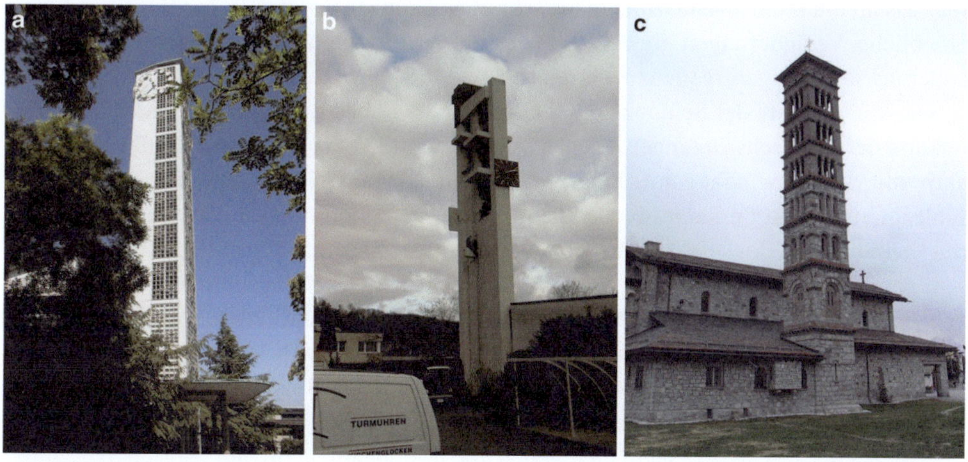

Abb. 6.9 (**a**) Ref. Kirche Altstetten, (**b**) Kath. Kirche Rudolfstetten, (**c**) Kath. Kirche St. Moritz

Wirklichkeit lag die Eigenfrequenz (bei der hohen Schwingungsamplitude) einiges tiefer (wohl bei 1,37 Hz) und die Reduktion der Schlagzahl brachte eine „Annäherung" an die Eigenfrequenz. Das gleiche Phänomen wurde auch bei der katholischen Kirche Rudolfstetten (Abb. 6.9b) beobachtet. Obwohl die 3. Harmonische mit 1,27 Hz unterhalb der Eigenfrequenz f_{amb} von 1,29 lag, brachte erst eine Erhöhung der Schlagzahl eine Verringerung der Schwingstärke.

Auch die katholische Kirche in St. Moritz wies vor der Sanierung relativ starke Schwingungen auf. Die wunderschöne Kirche mit freistehendem Campanile (Abb. 6.9c) wurde von Nicolaus Hartmann im Stile lombardischer Romanik erbaut. Ihm schwebten offensichtlich leichte Glocken wie im Süden üblich vor. Für den Pastor mit Wurzeln im nördlichen Nachbarland, der letzten Endes über die Beschaffung der Glocken entschied, mussten es schwere Glocken sein, wie in seiner Heimat üblich. Die schließlich eingebauten schweren Glocken führten – wie man aus Tab. 6.1 entnehmen kann – zu recht starken Turmschwingungen. Das Beispiel zeigt, dass auch kulturelle Unterschiede zu übermäßigen Turmschwingungen führen können.

Interessant ist auch das Beispiel der katholischen Kirche Egg. Obwohl die Turmeigenfrequenz außerhalb des kritischen Frequenzbereichs (von 1,43 bis 1,62 Hz) liegt, ergeben sich beim Läuten aller Glocken recht große Schwingungsamplituden. Es handelt sich hier nicht um ein dynamisches Problem mit Resonanzerscheinung sondern um ein quasistatisches Problem.

6.4 Reduktion der Turmschwingung

Übermäßige Turmschwingungen lassen sich zwar durch verschiedene Maßnahmen korrigieren, doch leidet dabei oft die Qualität des Glockenklangs. Eine Versteifung des Turmes ist wohl die einzige Maßnahme, die den Glockenklang nicht beeinflusst. Allerdings sind hier aus architektonischen Gründen oft sehr enge Grenzen gesetzt. In der Regel sind ganz erhebliche Veränderungen in der Tragstruktur erforderlich, um die gewünschte Veränderung in der Eigenfrequenz zu erreichen.

Die Veränderung der Schlagzahl der Glocken ist ein häufig eingesetztes Mittel zur Reduktion der Turmschwingungen. Idealerweise wird die Veränderung der Schlagzahl interaktiv mit der Schwingungsmessung vorgenommen, sodass jede Verbesserung oder Verschlechterung sofort erkannt werden kann. Auch hier sind – wegen dem Zusammenspiel mit den übrigen Glocken – relativ enge Grenzen gesetzt. Da jedoch Glockentürme eine sehr geringe Dämpfung aufweisen, bewirken bereits geringe Veränderungen in der Schlagzahl erstaunlich große Veränderungen in den Schwingungsamplituden.

Durch gekröpfte Joche , mit denen sich der Drehpunkt der Glocke in Richtung Glockenschwerpunkt verschiebt und dadurch geringere Horizontalkräfte auftreten, lassen sich Horizontalschwingungen ebenfalls reduzieren. Den gleichen Effekt haben Zusatzmassen über den Glocken. Aber auch hier gehen die Maßnahmen oft auf Kosten des guten Glockenklangs.

Häufig wird auch die elastische Lagerung des Glockenstuhls als schwingungsmindernde Maßnahme ins Feld geführt. Hier ist allerdings zu sagen, dass eine elastische Lagerung des Glockenstuhls von bestenfalls 7 Hz wohl kaum in der Lage sein wird, die Turmschwingungen von 1,5 Hz zu beeinflussen. Hingegen reduziert die elastische Lagerung des Glockenstuhls die Übertragung der vom Klöppel erzeugten Erschütterungen und schützt somit das Mauerwerk, auf dem der Glockenstuhl ruht.

6.5 Zulässige Turmschwingungen

Welche Schwingungen sind nun „zulässig" und ab welcher Schwingstärke sind Sanierungsmaßnahmen erforderlich? Diese Frage stellt sich praktisch bei jeder Glockenstuhl-Sanierung. Für moderne Glockentürme aus Stahl oder Stahlbeton lässt sich diese Frage noch einigermaßen zuverlässig beantworten. Über die Materialeigenschaften und unter Berücksichtigung der Ermüdungsfestigkeit lassen sich gesicherte Werte über die zulässigen Schwingungsamplituden berechnen. Was soll aber mit den vielen Kirchen mit Natursteintürmen oder aus Sandstein geschehen? Wie lässt sich für diese Glockentürme, bei denen die Materialfestigkeit kaum bekannt ist und überdies örtlich variiert, eine gesicherte Aussage über die zulässigen Schwingungen herleiten?

Eine gewisse Hilfestellung bietet die Norm DIN 4178 mit ihren *Orientierungswerten der Schwinggeschwindigkeit bei Glockentürmen* (siehe Tab. 6.2). Gemäß DIN 4178 sind bei Einhaltung dieser Werte (gemessen im obersten Turmgeschoss) nach bisherigen Erfahrungen keine weiteren dynamischen Untersuchungen rechnerischer oder messtechnischer Art erforderlich.

Von den 18 Glockentürmen in Tab. 6.1 liegen – wie man in Abb. 6.10 sieht – tatsächlich die meisten unterhalb des Orientierungswertes der DIN 4178. Bei den Spitzenreitern mit Maximalwerten von 30 mm/s und mehr sind Maßnahmen getroffen worden. Zumeist wurden die Schwingungen durch Veränderung der Schlagzahlen, durch Zusatzmassen oder durch eine Kombination beider Maßnahmen reduziert. Die in Abb. 6.10 dargestellten Werte stellen die Situation vor der Sanierung dar.

6.6 Fazit

Selbstverständlich ist jeder Kirchturm ein Spezialfall und es wird nicht möglich sein ein allgemeingültiges Rezept für die Sanierung von schwingungsanfälligen Kirchtürmen zu formulieren. Trotzdem lassen sich aufgrund der hier dargestellten dynamischen Grundlagen und mit dem Quervergleich der 18 untersuchten Kirchen gewisse allgemeingültige Schlussfolgerungen ziehen.

Primär ist abzuklären, ob die Eigenfrequenz des Glockenturms im kritischen Frequenzbereich liegt, d. h. im Bereich der 3. Harmonischen der Glockenfrequenzen. Liegt die Eigenfrequenz eindeutig außerhalb des kritischen Frequenzbereiches, so handelt es sich

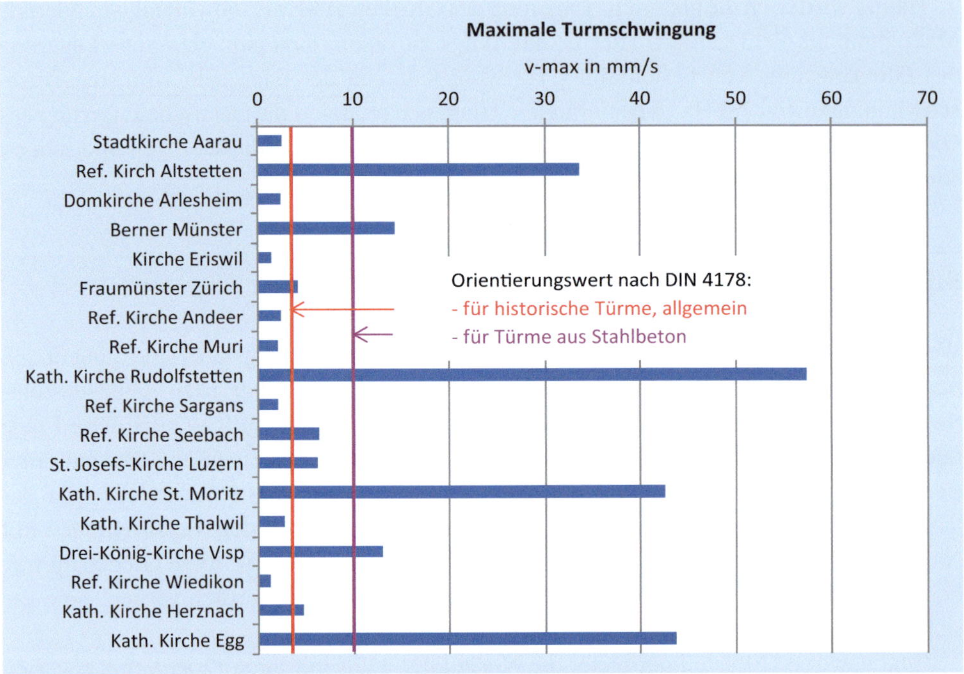

Abb. 6.10 Vergleich der gemessenen maximalen Turmschwingungen vor der Sanierung mit den Orientierungswerten der DIN 4178

nicht um ein dynamisches Problem sondern um ein quasi-statisches. Für diesen Fall müssen wir die Eigenfrequenz auch nicht auf die dritte Kommastelle genau kennen. Allfällige übermäßige Schwingungsamplituden entstehen nicht durch ein Aufschaukeln, sondern durch die quasi-statischen Kräfte der schwingenden Glocken. Eine Veränderung der Schlagzahlen wird hier keine große Veränderung bringen.

Liegt die Eigenfrequenz innerhalb des kritischen Bereiches, so haben wir es in der Regel mit einem dynamischen Problem zu tun. In diesem Fall müssen wir die Eigenfrequenz sehr genau kennen und zwar – wie weiter oben erläutert – die Eigenfrequenz für große Amplituden, wie sie beim Läuten der Glocken auftreten. Bereits ein kleiner Fehler in der Bestimmung der Eigenfrequenz kann zu schwerwiegenden Fehlbeurteilungen führen. Ist die Eigenfrequenz bekannt, so wird man primär durch Veränderung der Schlagzahlen den Abstand zwischen Erregerfrequenz und Eigenfrequenz zu vergrößern suchen. Weitere Maßnahmen wie gekröpfte Joche oder Zusatzmassen können die Schwingungen weiter reduzieren, werden aber am Resonanzproblem selbst nichts Grundlegendes ändern.

Eine elastische Lagerung des Glockenstuhls wird die Übertragung der höheren Frequenzen – hervorgerufen durch Klöppelschlag oder Getriebe – ganz entscheidend verringern und so die Beanspruchung des Mauerwerkes reduzieren. An der Turmschwingung selbst wird sich dadurch allerdings kaum etwas ändern.

Literatur

1. Slavik, M.: Überlegungen zur Baudynamik von Glockentürmen. Hochschule für Technik und Wirtschaft Dresden (FH), Fachbereich Bauingenieurwesen/Architektur, Labor für Bauwerks- und Modellmessung, 2004 [http://www.htw-dresden.de].
2. Deutsche Norm – DIN 4178: Glockentürme. Beuth Verlag, Berlin April 2005.

Schwingende Balkone

7

Inhaltsverzeichnis

Heute werden üblicherweise vorgefertigte Kragplattenanschlüsse (KPA) verwendet. Diese Anschlüsse bestehen aus Zug- und Druckbewehrung, Schubelemente und einer Wärmedämmung. Sie werden in die Schalung eingelegt und auf der Baustelle einbetoniert. Gegenüber der Stahlbetonplatte des Balkons und der Stahlbetondecke des Gebäudes weisen Kragplattenanschlüsse eine wesentlich geringere Steifigkeit auf. Die große Auskragung der Balkone und die geringe Steifigkeit der Anschlüsse wirken sich oftmals negativ auf das Schwingverhalten aus und können somit die Gebrauchstauglichkeit in Frage stellen.

Balkone gehören zum festen Bestandteil einer modernen Wohnung. Um diesen zusätzlichen Wohnraum gut nutzen zu können, werden die Balkone nicht nur möglichst lang, sondern auch weit auskragend ausgeführt (Abb. 7.1). Trotz den hohen statischen Anforderungen sollten die Balkone dennoch elegant aussehen, das heißt sie sollten möglichst schlank und stützenfrei sein. Solche Konstruktionen sind aber per se schwingungsanfällig. Erschwerend kommt hinzu, dass aufgrund architektonischer Details und bauphysikalischen Anforderungen kaum Platz für einen aus schwingungstechnischer Sicht ausreichenden Anschluss des Balkons an das Gebäude vorhanden ist.

Heute werden üblicherweise vorgefertigte Kragplattenanschlüsse (KPA) verwendet. Diese Anschlüsse bestehen aus Zug- und Druckbewehrung, Schubelemente und einer Wärmedämmung. Sie werden in die Schalung eingelegt und auf der Baustelle einbetoniert. Gegenüber der Stahlbetonplatte des Balkons und der Stahlbetondecke des Gebäudes wei-

A. Ziegler et al., *Bauwerksdynamik und Erschütterungsmessungen*, https://doi.org/10.1007/978-3-658-38022-9_7

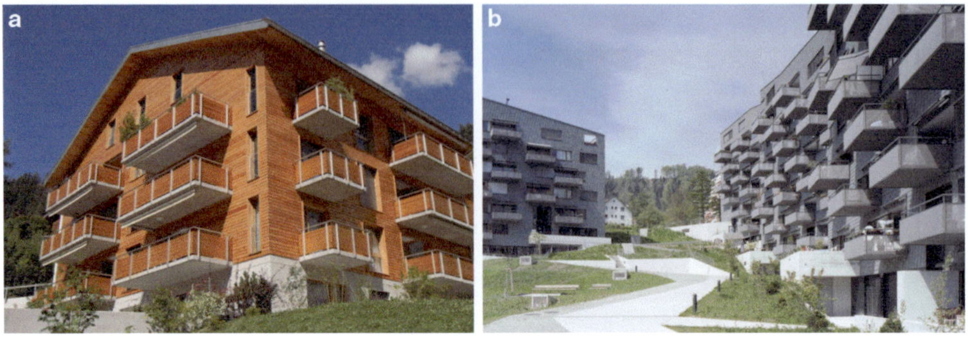

Abb. 7.1 (**a, b**) Beispiele für auskragende Balkone. (**a**) www.a4d.ch, (**b**) www.poolarch.ch

sen Kragplattenanschlüsse eine wesentlich geringere Steifigkeit auf. Die große Auskragung der Balkone und die geringe Steifigkeit der Anschlüsse wirken sich oftmals negativ auf das Schwingverhalten aus und können somit die Gebrauchstauglichkeit in Frage stellen.

Bei der Bemessung von Balkonen sind daher nicht nur die Tragsicherheit und die Anforderungen an die Deformationen zu prüfen, sondern es ist auch abzuklären, ob Personen-induzierte Schwingungen nicht zu stark werden können. Dazu sind zwei Phänomene zu betrachten. Erstens kann es durch regelmäßiges Gehen oder Hüpfen im Takt zu einem Resonanzphänomen kommen, d. h. immer Größer werdende Amplituden durch Anregung der Struktur in ihrer Resonanzfrequenz. Diesem Phänomen wird damit entgegengewirkt, dass die Eigenfrequenz oberhalb des hierfür kritischen Frequenzbereichs liegt. Die obere Grenze dieses Bereichs definiert sich durch die dritte Harmonische der Anregungsfrequenz, da höhere Harmonische kaum noch Energieanteile enthalten und daher vernachlässigt werden können. Dass Personen über längere Strecken über einen Balkon gehen oder rennen ist eher unrealistisch. Hingegen kann das Szenario Rennen oder Hüpfen an Ort, z. B. bei Gymnastikübungen oder bei gesellschaftlichen Anlässen durchaus eintreten. Daher sollte die Eigenfrequenz Größer als 7 bis 8 Hz sein. Das zweite Phänomen betrifft die Impulsanregung. Vor allem leichte Balkonkonstruktionen können durch einen Impuls, z. B. wenn sich eine Person schwungvoll auf einen Stuhl setzt, zu störenden Schwingungen angeregt werden. Problematisch wird es zusätzlich, wenn nicht nur der Balkon mit der sich setzenden Person zu schwingen beginnt, sondern auch gleich noch die vertikal benachbarten Balkone.

7.1 Analytisches Modell

Ein Kragplattenanschluss hat im Vergleich zur Stahlbetonplatte eine wesentlich geringere Steifigkeit. Für die dynamische Betrachtung kann daher vereinfachend von einer starren Balkonplatte ausgegangen werden, die mit einer Rotationsfeder gelenkig mit dem Gebäude verbunden ist (siehe Abb. 7.2).

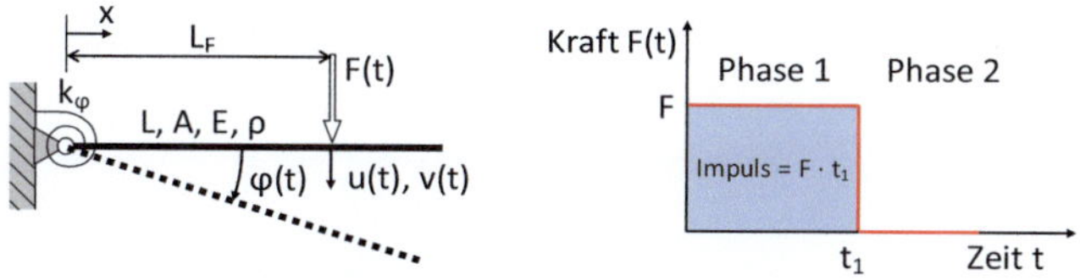

Abb. 7.2 Analytisches modell und rechteck-impuls

Dieses vereinfachte Modell entspricht einem Ein-Massen-Schwinger. Die Bewegungsgleichung kann mit dem Drallsatz hergeleitet werden und lautet

$$\ddot{\varphi}(t) + \frac{k_\varphi}{I_c}\varphi(t) = \frac{F(t)\cdot L_F}{I_c} \tag{7.1}$$

mit

k_φ	Rotationssteifigkeit der Feder [N · m/rad]
$I_c = M \cdot L^2/3$	polares Massenträgheitsmoment bezüglich x = 0 [m² · kg]
L	Länge des Stabes [m]
$M = L \cdot A \cdot \rho$	Masse [kg]
A	Querschnittsfläche [m²]
F	Anregungskraft [N]
L_F	Distanz Gebäude – Ort der Anregung [m]

Die Eigenfrequenz dieses Systems (in Hz) beträgt bekanntlich

$$f = \frac{1}{2\pi}\omega = \frac{1}{2\pi}\sqrt{\frac{k_\varphi}{I_c}} \tag{7.2}$$

mit ω: Kreisfrequenz [rad/s]

Aus dieser Gleichung sieht man, dass je steifer die Feder, desto höher die Eigenfrequenz und je länger und schwerer der Stab, desto tiefer die Eigenfrequenz. Bereits hier kann man sagen, dass ein Balkon möglichst steif ausgeführt werden sollte, damit der Eigenfrequenz über dem kritischen Bereich bei harmonischer Anregung durch Personen zu liegen kommt. Da oftmals eine steifere Ausführung mit einer Größeren Plattenstärke einhergeht, ist zu prüfen, ob mit der geplanten Maßnahme die Eigenfrequenz tatsächlich erhöht wird.

Bei Kragplattenanschlüssen stellt sich die Frage, welche Steifigkeit eingesetzt werden soll. Abb. 7.3 zeigt einen Querschnitt durch einen typischen Kragplattenanschluss mit den Zugstäben oben und den Druckplatten unten. Es gibt auch Kragplattenanschlüsse mit identischer Zug- und Druckbewehrung, damit sie auf der Baustelle nicht verkehrtherum eingebaut werden können. Die Schubelemente werden für die folgenden Ausführungen vernachlässigt.

Abb. 7.3 Schematischer Querschnitt durch Kragplattenanschluss

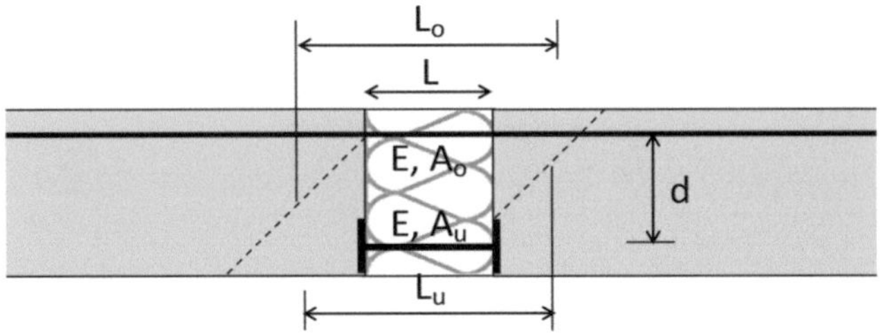

Geht man vom Ebenbleiben der Querschnitte aus und nutzt sowohl das Gleichgewicht der Kräfte und Momente wie auch die kinematischen Relationen und die Stoffgleichungen, kann die äquivalente Rotationssteifigkeit k_φ berechnet werden zu

$$k_\varphi = \frac{k_o \cdot k_u}{k_o + k_u} d^2 \tag{7.3}$$

mit

$k_o = EA_o/L_o$	Zugsteifigkeit [N/m]
$k_u = EA_u/L_u$	Drucksteifigkeit [N/m]
d	statische Höhe [m]
E	Elastizitätsmodul der Zug- und Druckelemente [N/m²]
$A_{o/u}$	Querschnittsfläche der Zug- bzw. Druckelemente [m²]
$L_{o/u}$	effektive Länge oben bzw. unten [m]

Es kann davon ausgegangen werden, dass nicht bereits ab dem Rand der Betonplatte der volle Betonquerschnitt zur Biegesteifigkeit beiträgt, sondern erst ab einer gewissen Tiefe. Zur Bestimmung der unbekannten effektiven Länge der Zugelemente wird daher angenommen, dass die Spannungen in den Zugstäben über eine Länge entsprechend dem 30-fachen eines Stabdurchmessers auf den Beton übertragen werden, was der Einbindelänge im Fließzustand entspricht. Für die Berechnung der Zugsteifigkeit wird davon nur die Hälfte mitberücksichtigt. Gleiches gilt für die Druckplatten, wobei wegen der großen Auflagefläche nur die Hälfte des 2-fachen der Plattenabmessung miteinbezogen wird. Die auf diese Weise berechnete Rotationssteifigkeit eines typischen Kragplattenanschlusses beträgt im Vergleich zur Steifigkeit des anschließenden Balkons nur einige Prozent.

Neben der Eigenfrequenz muss auch die impulsartige Anregung betrachtet werden. Für einen Ein-Massen-Schwinger und einen Rechteck-Impuls kann dies analytisch gelöst werden. Ein Rechteck-Impuls (siehe Abb. 7.2) kann in zwei Phasen unterteilt werden: In Phase 1 mit der Dauer t_1 wirkt die volle konstante Last F und in der darauffolgenden Phase 2 wirkt keine Last. Für die Phase 1 setzt sich die allgemeine Lösung der Gl. 7.1 aus der homogenen Lösung $\varphi_h = a \cdot \sin(\omega t) + b \cdot \cos(\omega t)$ und der partikulären Lösung $\varphi_p = F \cdot L_F/k_\varphi$ zusammen. Die partikuläre Lösung entspricht gerade der statischen Auslenkung infolge der konstanten Last F. Mit den Anfangsbedingungen $\varphi(0) = \varphi'(0) = 0$ ergibt sich die allgemeine Lösung für $\varphi(t)$ für die Phase 1 zu

$$\varphi_1(t) = \frac{F \cdot L_F}{k_\varphi}\left(1 - \cos(\omega t)\right) \tag{7.4}$$

Der Vorgang in Phase 1 entspricht im Prinzip einem freien Ausschwingen aus einer Anfangsauslenkung $-F \cdot L/k_\varphi$ um die statische Auslenkung infolge der Last F.

Die Phase 2 entspricht einer freien Schwingung um die Ruhelage ohne Last F, d. h. um $\varphi = 0$, und mit den Anfangsbedingungen, die durch die Bewegung am Ende der Phase 1 bestimmt werden. Die Bewegungsgleichung für $\varphi(t)$ für Phase 2 lautet somit

$$\varphi_2(t) = \frac{\dot{\varphi}_1(t_1)}{\omega}\sin(\omega t) + \varphi_1(t_1)\cos(\omega t) \tag{7.5}$$

Die maximale Amplitude von $\varphi(t)$ hängt nun primär von der Dauer t_1 des Impulses im Vergleich zur Periode T des Ein-Massen-Schwingers ab. Dauert der Stoß länger als T/2, so tritt das Maximum während der Phase 1 auf und der dynamische Verstärkungsfaktor beträgt 2. Dies lässt sich leicht veranschaulichen, wenn man wie oben erwähnt die Phase 1 als eine freie Schwingung um die statische Auslenkung inkl. Last F mit Anfangsauslenkung betrachtet. Für kürzere Stoßbelastungen tritt das Maximum für $\varphi(t)$ in Phase 2 auf und beträgt

$$\varphi_{max} = \sqrt{\left(\frac{\dot{\varphi}_1(t_1)}{\omega}\right)^2 + \left(\varphi_1(t_1)\right)^2} \tag{7.6}$$

Nach Umformungen und mit $\omega = 2\pi/T$ erhält man

$$\varphi_{max} = 2\frac{F \cdot L_F}{k_\varphi}\sin\left(\frac{\pi \cdot t_1}{T}\right) \tag{7.7}$$

Der dynamische Verstärkungsfaktor $D = \varphi_{max}/\varphi_{stat}$ für $t_1 \leq T/2$ beträgt somit

$$D = 2\sin\left(\frac{\pi \cdot t_1}{T}\right) \tag{7.8}$$

Abb. 7.4 zeigt den Verstärkungsfaktor als Funktion des Verhältnisses zwischen Impuls-Dauer und Periode des Ein-Massen-Schwingers. Daraus lässt sich rasch ablesen, welche Auslenkung ein Stoß verursachen wird. Es ist zu beachten, dass die Dämpfung bei der Herleitung des Verstärkungsfaktors vernachlässigt wurde. Dies ist allerdings kein wesentlicher Mangel, da einerseits die Dämpfung eines Balkons mit Kragplattenanschluss sehr klein ist und andererseits die maximale Auslenkung nach sehr kurzer Zeit erreicht wird, bevor durch Dämpfung viel Energie absorbiert werden kann.

Die maximale vertikale Verschiebung bei $x = L_F$ ergibt sich nun zu

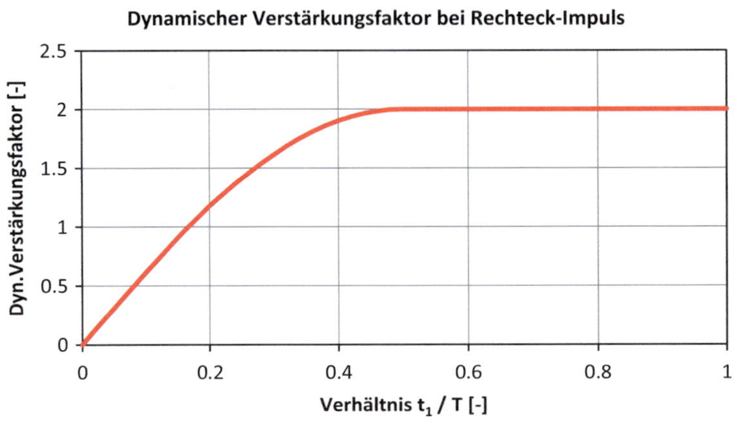

Abb. 7.4 Verstärkungsfaktor D für Rechteck-Impuls

$$u_{max} = \frac{F \cdot L_F^2}{k_\varphi} D \tag{7.9}$$

Mit v = ω · u kann die maximale vertikale Schwinggeschwindigkeit (in m/s) bei $x = L_F$ angegeben werden zu

$$v_{max} = \omega \frac{F \cdot L_F^2}{k_\varphi} D \tag{7.10}$$

Sowohl die Eigenfrequenz ω wie auch der dynamische Verstärkungsfaktor D sind von der Rotationssteifigkeit k_φ abhängig. Ersetzt man nun bei D das π/T durch ω/2 und ω durch $\sqrt{(k_\varphi / I_c)}$ und nimmt man an, dass $T \gg t_1$ ist und somit $\sin(\pi t_1/T) \approx (\pi t_1/T)$ gilt, dann erhält man für die maximale Schwinggeschwindigkeit (in m/s)

$$v_{max} = 3 \frac{F \cdot L_F^2}{L^2 \cdot M} t_1 \tag{7.11}$$

Hiermit lässt sich zeigen, dass eine steifere Ausführung des Kragplattenanschlusses keinen Einfluss auf die maximale Schwinggeschwindigkeit hat. Vielmehr müsste man die Masse des Balkons erhöhen.

Um die maximale Schwinggeschwindigkeit mit Gl. 7.10 oder 7.11 zu bestimmen, muss eine Last F angenommen werden. Als sehr hilfreich zur Beurteilung von impulsartig angeregten Schwingungen verursacht durch Personen hat sich der „Heel-Drop" erwiesen. Ein „Heel-Drop" einer Person mit 70 kg lässt sich in erster Näherung als Rechteck-Impuls mit einer Kraft von 3,5 kN während der Dauer von 0,01 s beschreiben.

Gl. 7.11 eignet sich gut, um mit wenig Aufwand abzuschätzen, ob bei einem auskragenden Balkon die Schwingungen bei Impulsanregungen problematisch sind und weitergehende Untersuchungen zum Beispiel mit einem Finite-Elemente Modell erfordern.

7.2 Beispiele

Das erste Beispiel behandelt einen 3 m auskragenden Balkon mit einer Anschlussstärke von 24 cm. Abb. 7.5 zeigt einen Querschnitt des Balkons. In Tab. 7.1 ist die Biegesteifigkeit des Kragplattenanschlusses gemäß Gl. 7.3 und gemäß Lieferanten-Angaben zusammengestellt. Ebenfalls ist der Faktor zwischen Kragplattenanschluss und Beton angegeben.

Die Berechnung mit dem analytischen Modell ergibt eine Eigenfrequenz von 9,6 Hz, die Messung eine solche von 8,8 Hz (siehe Tab. 7.2). Es zeigt sich, dass mit dem analytischen Modell plausible Resultate erzielt werden. Abb. 7.6 zeigt den gemessenen Schwingungsverlauf bei Anregung mit einem „Heel-Drop". Die gemessene maximale Schwinggeschwindigkeit beträgt 13,7 mm/s (Mittelwert über 5 „Heel-Drops"). Das analytische Modell ergibt eine maximale Schwinggeschwindigkeit von 12,6 mm/s, was sehr gut mit der Messung übereinstimmt. In Tab. 7.2 sind alle Resultate zusammengefasst, zusätzlich sind Resultate eines baugleichen Balkons mit einer Anschlussstärke von 26 cm angegeben. Auch hier stimmen die Resultate des analytischen Modells und der Messung gut überein.

Das zweite Beispiel behandelt einen 3,65 m auskragenden Balkon mit einer Anschlussstärke von 38 cm. Speziell ist hier die Abmessung des Balkons in Längsrichtung mit 29 m. Abb. 7.7 zeigt einen Querschnitt des Balkons. In Tab. 7.3 ist die Biegesteifigkeit des Kragplattenanschlusses gemäß Gl. 7.3 und gemäß Lieferanten-Angaben zusammengestellt.

Abb. 7.5 Querschnitt und FE-Modell

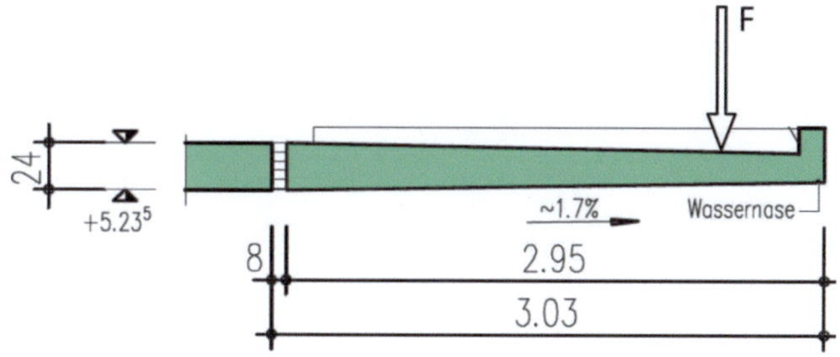

Tab. 7.1 Biegesteifigkeit bezogen auf 1 m

	Steifigkeit [kN · m/(rad · m′)]	Faktor KPA/Beton[a] [–]
Berechnet mit Gl. 7.3	15.500	0,026
Lieferanten-Angabe	37.400	0,062

[a]berechnet mit $E_{Beton} = 4{,}2 \cdot 10^7$ kN/m²

Tab. 7.2 Eigenfrequenzen und maximale Schwinggeschwindigkeiten bei „Heel-Drop“

	Balkon 24 cm		Balkon 26 cm	
	1. Eigenfrequenz [Hz]	v_{max} [mm/s]	1. Eigenfrequenz [Hz]	v_{max} [mm/s]
Analytisches Modell	9,6	12,6	10,5	11,9
Messung	8,8	13,7	9,3	12,9

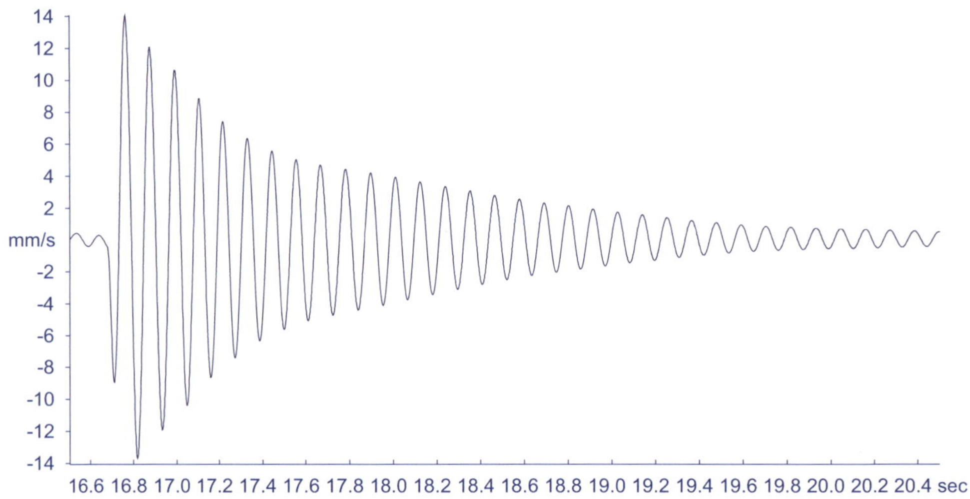

Abb. 7.6 Gemessener Schwingungsverlauf bei Anregung mit „Heel-Drop“

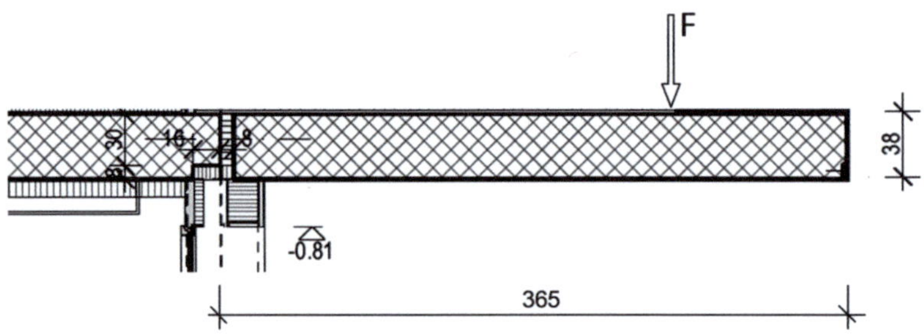

Abb. 7.7 Querschnitt

Tab. 7.3 Biegesteifigkeit

	Steifigkeit [kN·m/(rad·m′)]	Faktor KPA/Beton[a] [–]
Berechnet mit Gl. 7.3	40.400	0,017
Lieferanten-Angabe	95.000	0,040
	78.000	0,032
	42.000	0,017

[a]berechnet mit $E_{Beton} = 4{,}2 \cdot 10^7$ kN/m²

Tab. 7.4 Eigenfrequenzen und maximale Schwinggeschwindigkeiten bei „Heel-Drop“

	1. Eigenfrequenz [Hz]	v_{max} [mm/s]
Analytisches Modell	8,3	2,3
Messung	8,8	2,2

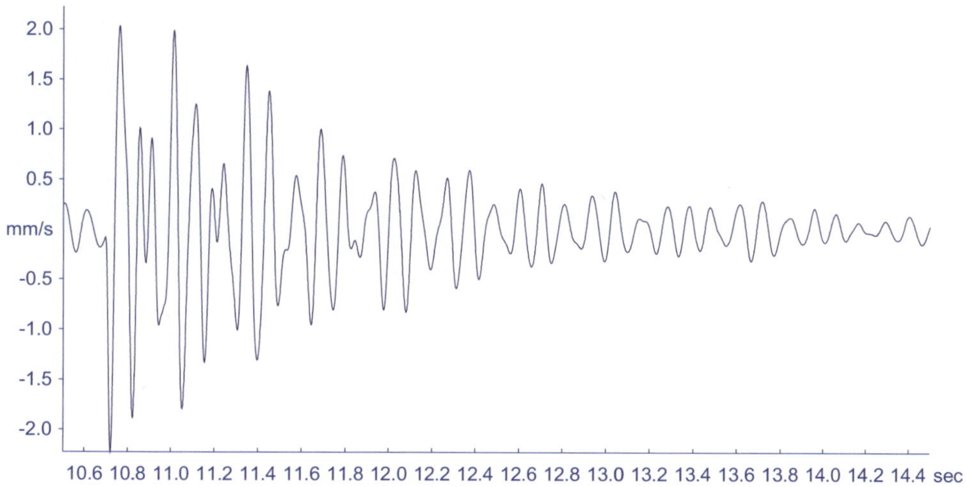

Abb. 7.8 Gemessener Schwingungsverlauf bei Anregung mit „Heel-Drop“

Die Berechnung mit dem analytischen Modell ergibt eine Eigenfrequenz von 8,3 Hz (siehe Tab. 7.4). Die Messung ergab eine Eigenfrequenz von 8,8 Hz. Auch hier bestätigen die Messergebnisse die Berechnungsmethode. Abb. 7.8 zeigt den gemessenen Schwingungsverlauf bei Anregung mit einem „Heel-Drop“. Die gemessene maximale Schwinggeschwindigkeit beträgt 2,2 mm/s. Für das analytische Modell wurde angenommen, dass nur etwa ein Viertel der gesamten Balkonmasse durch einen „Heel-Drop“ angeregt wird. Damit ergibt sich eine maximale Schwinggeschwindigkeit von 2,3 mm/s, was sehr gut mit der Messung übereinstimmt. In Tab. 7.4 sind alle Resultate zusammengefasst.

Beim dritten Beispiel handelt es sich um auskragende Balkone in Stahlbauweise, die nachträglich angebracht wurden. Die Balkonplatten werden durch zwei vertikale Stahlträger gehalten, die ihrerseits jeweils auf der Höhe der Geschossdecken mit dem Haus verbunden sind (siehe Abb. 7.9).

Mit der Annahme, dass sich bei dynamischer Belastung vor allem die Vertikalträger verformen und nicht die Balkonplatte, kann das analytische Modell zur Bestimmung der maximalen Schwinggeschwindigkeit angewendet werden. Dieses ergibt für die Anregung mit einem „Heel-Drop“ eine maximale Schwinggeschwindigkeit von 73 mm/s. Die Messung ergab Werte über 50 mm/s (siehe Abb. 7.10), was klar als nicht gebrauchstauglich einzustufen ist. Dies zeigt, dass Gl. 7.11 für eine erste Abschätzung der maximalen Schwinggeschwindigkeit verursacht durch eine impulsartige Anregung angewendet werden kann.

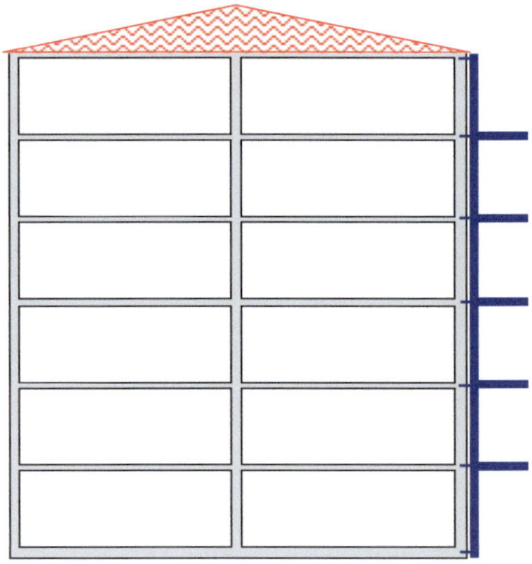

Abb. 7.9 Prinzip-Skizze für die nachträglich angebrachten Balkone

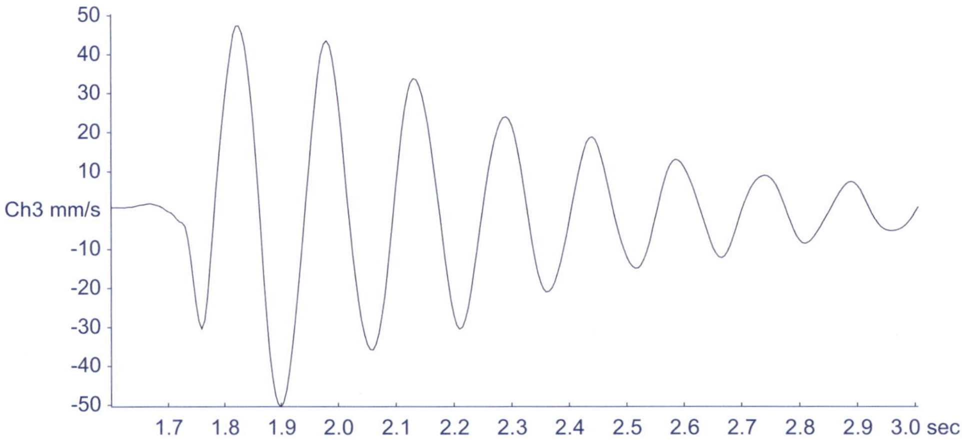

Abb. 7.10 Gemessener Schwingungsverlauf bei Anregung mit „Heel-Drop"

7.3 Schlussfolgerung

Anhand eines einfachen analytischen Modells eines auskragenden Stahlbeton-Balkons mit Kragplattenanschluss lassen sich sowohl die Eigenfrequenz als auch die maximale Schwinggeschwindigkeit bei impulsartiger Anregung bestimmen. Die gute Übereinstimmung mit den tatsächlich gemessenen Werten bestätigt diese Methode. Allerdings sollte die Handrechnung nur für eine erste Abschätzung benutzt werden um zu erkennen, ob weitere Untersuchungen erforderlich sind, da es sich bei diesem Modell doch um eine sehr starke Vereinfachung handelt. Auch ist immer zu prüfen, ob das vereinfachte Modell überhaupt auf die vorhandene Situation angewendet werden darf. Falls Stützen oder Anschlüsse über Eck vorhanden sind, darf die Vereinfachung nicht gemacht werden. Allerdings sind solche Balkone oftmals unproblematisch bezüglich Schwingungen.

Zur Beurteilung der Eigenfrequenz bei harmonischer Anregung durch Personen kann die dritte Harmonische der Anregungsfrequenz herangezogen werden. Da Rennen oder Hüpfen an Ort eine für Balkone durchaus realistische Belastung darstellt, sollte die Eigenfrequenz Größer 7 bis 8 Hz sein. Zur Beurteilung der maximalen Schwingungsamplituden existieren keine Richtwerte. Erfahrungsgemäß sind maximale Schwinggeschwindigkeiten bei einem „Heel-Drop" von bis zu 10 mm/s kein Problem und werden nicht als störend empfunden. Auch auf einer normalen Geschossdecke in Stahlbeton werden bei einem „Heeldrop" gut und gerne 2 mm/s erreicht.

Problematischer wird es, wenn vertikal benachbarte Balkone ebenfalls in Schwingung geraten. Die oftmals identische Ausführung von übereinanderliegenden Balkonen bedeutet, dass die Balkone in der Frequenz optimal aufeinander abgestimmt sind und somit Schwingungen leicht übertragen werden. Für Personen auf einem benachbarten Balkon ist die Ursache der Schwingung jedoch nicht erkenntlich, entsprechend werden bereits geringere Schwingungen als störend empfunden. Allerdings ist man auf einem Balkon toleranter als in geschlossenen Räumen. Eine maximale Schwinggeschwindigkeit von 3 mm/s verursacht durch einen „Heel-Drop" auf einem benachbarten Balkon dürften aber auch hier als störend empfunden werden.

Zusammenfassend kann man sagen, dass mit einer einfachen Handrechnung Problemfälle bei auskragenden Balkonen mit Kragplattenanschluss erkannt werden können. Dabei sind immer zwei Aspekte zu betrachten: Die harmonische Anregung, bei der die Eigenfrequenz des Balkons die entscheidende Größe darstellt und die impulsartige Anregung, bei der die daraus resultierende maximale Schwinggeschwindigkeit des Balkons entscheidend ist.

Erschütterungsüberwachung

8

Inhaltsverzeichnis

In diesem Kapitel soll diese Problematik näher beleuchtet werden. Im ersten Teil werden die dabei involvierten Akteure, d. h. die Erschütterungsquellen, das Übertragungsmedium und die Erschütterungsempfänger beschrieben (vgl. Abb. 8.1). Anschließend

A. Ziegler et al., *Bauwerksdynamik und Erschütterungsmessungen*,
https://doi.org/10.1007/978-3-658-38022-9_8

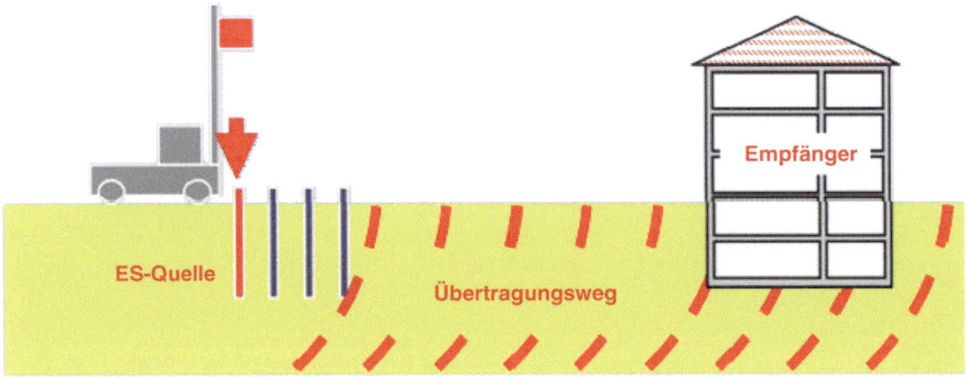

Abb. 8.1 Erschütterungsquelle, Übertragungsweg und Empfänger

werden die wichtigsten Grundlagen für die Messung von Erschütterungen besprochen. Darnach befassen wir uns mit der Wirkung von Erschütterungen auf die verschiedenen Empfänger, d. h. auf Menschen, Bauwerke und Anlagen. Dabei werden auch die für die Schweiz geltenden Normen und Immissionsrichtwerte beschrieben. Im letzten Teil schließlich werden die Anforderungen an eine geeignete Erschütterungsüberwachung zusammengestellt.

Die Problematik der Erschütterungseinwirkung auf Nachbarbauten bei Bauarbeiten hat in den letzten Jahren stark an Bedeutung zugenommen. Es gibt kaum ein Größeres Bauvorhaben in dicht besiedeltem Gebiet, das ohne Erschütterungsüberwachung ausgeführt werden kann. Dies hängt einerseits mit den immer Größeren und schwereren Baumaschinen zusammen, andererseits aber auch mit der generellen Überlastung der Menschen durch störende Immissionen.

In diesem Kapitel soll diese Problematik näher beleuchtet werden. Im ersten Teil werden die dabei involvierten Akteure, d. h. die Erschütterungsquellen, das Übertragungsmedium und die Erschütterungsempfänger beschrieben (vgl. Abb. 8.1). Anschließend werden die wichtigsten Grundlagen für die Messung von Erschütterungen besprochen. Darnach befassen wir uns mit der Wirkung von Erschütterungen auf die verschiedenen Empfänger, d. h. auf Menschen, Bauwerke und Anlagen. Dabei werden auch die für die Schweiz geltenden Normen und Immissionsrichtwerte beschrieben. Im letzten Teil schließlich werden die Anforderungen an eine geeignete Erschütterungsüberwachung zusammengestellt.

8.1 Von der Quelle zum Empfänger

8.1.1 Erschütterungsquellen

Die wichtigsten Erschütterungsquellen bei Bauarbeiten (Abb. 8.2) sind:

Abb. 8.2 (**a**) Vibrationsramme, (**b**) Rammen von Pfählen, (**c**) Gleisschlag

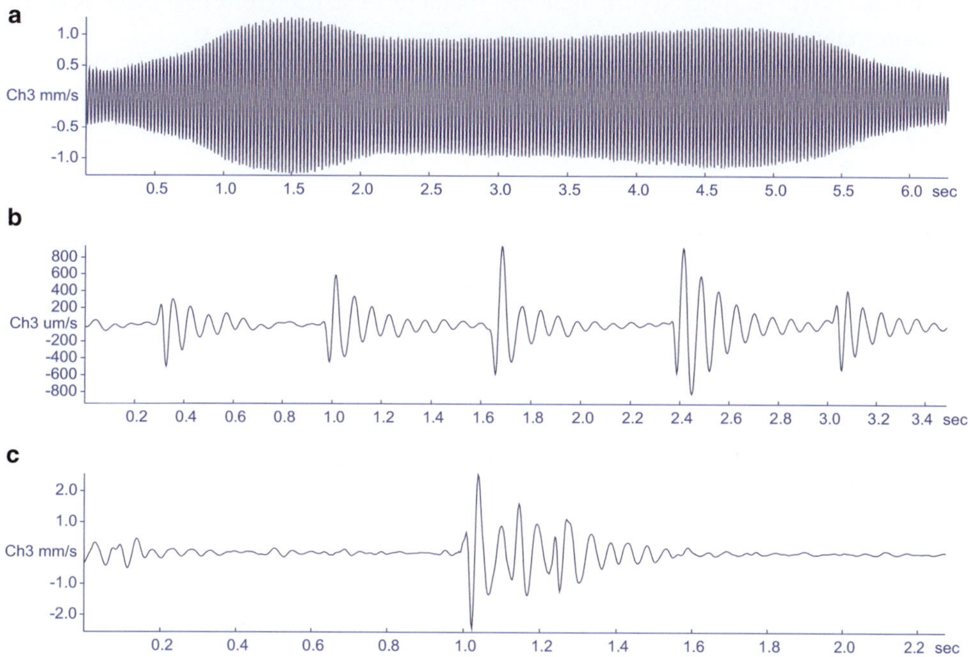

Abb. 8.3 (**a**) Harmonische Anregung beim Einvibrieren von Spundwänden, (**b**) Zyklische Anregung beim Rammen von Pfählen, (**c**) Kurzzeitige Anregung beim Herausreißen von Gleisen

1. Vibrationsrammen
2. Fallgewichte (Pfähle)
3. Abbruch-/Rückbau-Arbeiten
4. Verdichtungswalzen
5. Abbauhämmer
6. Gleisschlag
7. Sprengen

Diese Erschütterungsquellen unterscheiden sich, neben der Stärke der Anregung, vor allem im zeitlichen Verlauf. Wir können unterscheiden zwischen „Harmonischer Anregung“, „Zyklischer Anregung“ und „Einzelimpulsen“ (vgl. Abb. 8.3). Vibrationsrammen und

Verdichtungswalzen erzeugen eine harmonische Anregung, was bei Nachbarbauten zu Resonanzerscheinungen führen kann. Fallgewichte und Abbauhämmer verursachen zyklische Impulsbelastungen, die jedoch kaum Resonanzschwingungen erzeugen, da die Schwingung abklingt, bevor der nächste Schlag erfolgt. Abbruch-Arbeiten und Sprengungen schließlich erzeugen Einzelerschütterungen von relativ kurzer Dauer.

In der Regel lässt sich die Stärke der Erschütterungsanregung bei Baumaschinen nur sehr beschränkt steuern. Ein Sonderfall stellt die Vibrationsramme dar: Ältere Modelle durchlaufen den gesamten Frequenzbereich von 0 bis 40 Hz und erzeugen dadurch stets im Bereich von ca. 25 Hz starke Resonanzschwingungen mit sehr hohen Schwingungsamplituden. Neuere Modelle schalten die Vibration erst nach Erreichen der Arbeitsfrequenz ein und vermeiden damit die stärksten Erschütterungen.

8.1.2 ES-Empfänger

Als Erschütterungsempfänger sind in der Regel Menschen, Bauwerke und empfindliche Anlagen im Nahbereich der Baustelle zu berücksichtigen (siehe Abb. 8.4). Die Wirkung auf Menschen besteht primär in einer Belästigung. Diese kann von einer Ruhestörung bis zum Erschrecken reichen. Bei kurzen Bauzeiten (wenige Tage) wird von den Nachbarn einer Baustelle relativ viel toleriert. Bei längeren Bauzeiten (mehrere Wochen) sollten die Immissionen möglichst klein gehalten werden.

Bauwerke reagieren in der Regel wesentlich weniger empfindlich auf Erschütterungen als Menschen. Allerdings können die verursachten Schäden sehr teuer und oft irreparabel sein. Die Wirkung beschränkt sich dabei nicht nur auf die Rissbildung durch dynamische Überbeanspruchung, d. h. kurzzeitiges Überschreiten der Zug- oder Schubfestigkeit. Erschütterungen können durch Verdichtung des Bodens Setzungen auslösen, die ebenfalls zu Rissbildung führen.

Besondere Beachtung erfordern empfindliche Anlagen im Umfeld der Erschütterungsquelle. Früher galten Rechenzentren mit ihren Disk-Stationen als besonders empfindlich. Moderne Computeranlagen ertragen relativ viel an Erschütterungen. Es sind vielmehr Anlagen für Präzisionsfertigung (Oberfächenbearbeitung, lithografische Wafer-Herstellung u. ä.), die bereits bei Erschütterungen, die von Menschen kaum wahrgenommen werden,

Abb. 8.4 (**a**) Rammen von Pfählen neben einem Wohnblock, (**b**) Erschütterungsüberwachung in einem Computerzentrum, (**c**) Erschütterungsüberwachung in einem Museum

nicht mehr einwandfrei arbeiten können. Für solche Anlagen sind vorgängig Angaben zur Erschütterungsempfindlichkeit einzuholen.

Kulturgüter im Umfeld der Baustelle verdienen ebenfalls besondere Beachtung. Kirchen, Museen aber auch schützenswerte Bauten und alte Industrieanlagen (als Zeugen vergangener Zeitepochen) sind in die Erschütterungsüberwachung einzubeziehen.

8.1.3 Übertragungsweg

Die Übertragung der Erschütterung von der Quelle zum Empfänger erfolgt entweder über den Baugrund oder – falls die Baumaßnahme im zu schützenden Gebäude selbst stattfindet – über Bauteile. Bei einer Übertragung über den Baugrund lässt sich die Abminderung nach der Theorie des elastischen Halbraumes nach folgender Gleichung berechnen:

$$v = v_0 \left(\frac{r_0}{r} \right)^n \tag{8.1}$$

mit v = Schwinggeschwindigkeit in einer Distanz r, v_0 = Schwinggeschwindigkeit in einer Distanz r_0 und n = Abminderungsexponent. Für die Ausbreitung im elastischen Halbraum bei Anregung mit einer Punktquelle gilt ein Exponent von n = 1,5, bei einer Linienquelle gilt n = 1,0. Für die Ausbreitung in einer Platte gilt bei einer Punktquelle n = 0,5 (Abb. 8.5).

In der Praxis wird man, da bereits die Stärke der Anregung zu wenig genau bekannt ist, auf eine Ausbreitungsrechnung verzichten und eher auf Versuche (Rammversuche, Test-Sprengungen) abstützen. Zumeist ist es auch möglich, mit den Bauarbeiten in einem

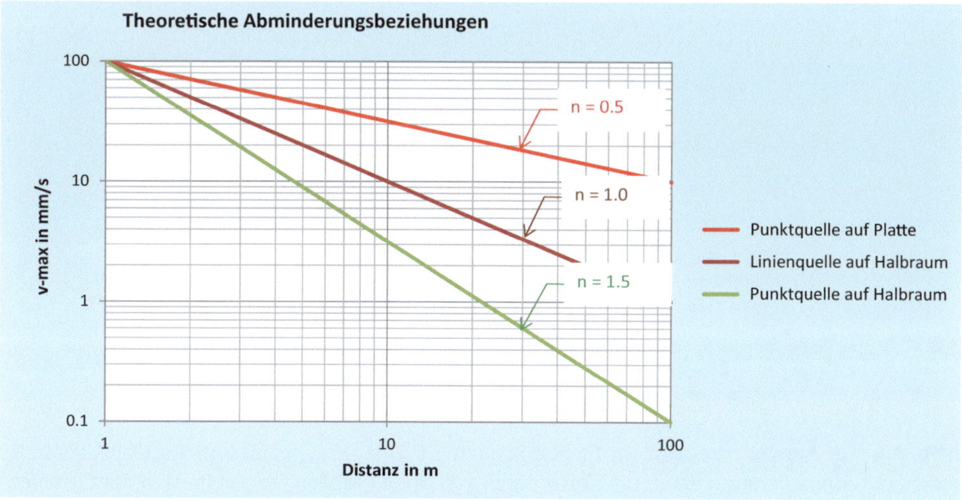

Abb. 8.5 Theoretische Abminderungsbeziehungen

entfernt gelegenen Bereich zu beginnen und so die Zunahme der Erschütterungen mit abnehmender Distanz zu messen. Bei einer Übertragung über Bauteile ist eine Berechnung der Erschütterungen ohnehin nicht möglich. Bei Arbeiten in unmittelbarer Nähe des zu schützenden Objektes kann sogar eine zeitweilige Begleitung der Arbeiten durch den Erschütterungsfachmann vor Ort erforderlich sein.

Abb. 8.6 zeigt – als grobe Orientierungshilfe – empirisch bestimmte Abminderungskurven für das Rammen von Pfählen, für das Einvibrieren von Spundwänden, für Abbruch- und für Sprengarbeiten. Die roten Linien stellen – außer in Abb. 8.6d – einen oberen Grenzwert dar.

Mit diesen Diagrammen lässt sich u. a. herleiten, bis zu welcher Distanz Erschütterungsüberwachungen erforderlich sind. Will man alle Gebäude überwachen, bei denen die Erschütterungen auf dem Gebäudefundament einen Wert von 2 mm/s überschreiten könnten, so sind folgende Distanzen einzuhalten:

Für Rammen von Pfählen	30 m
Für Vibrieren von Spundwänden	20 m
Für Abbrucharbeiten	25 m
Für Sprengarbeiten	50 bis 100 m (je nach Lademenge!)

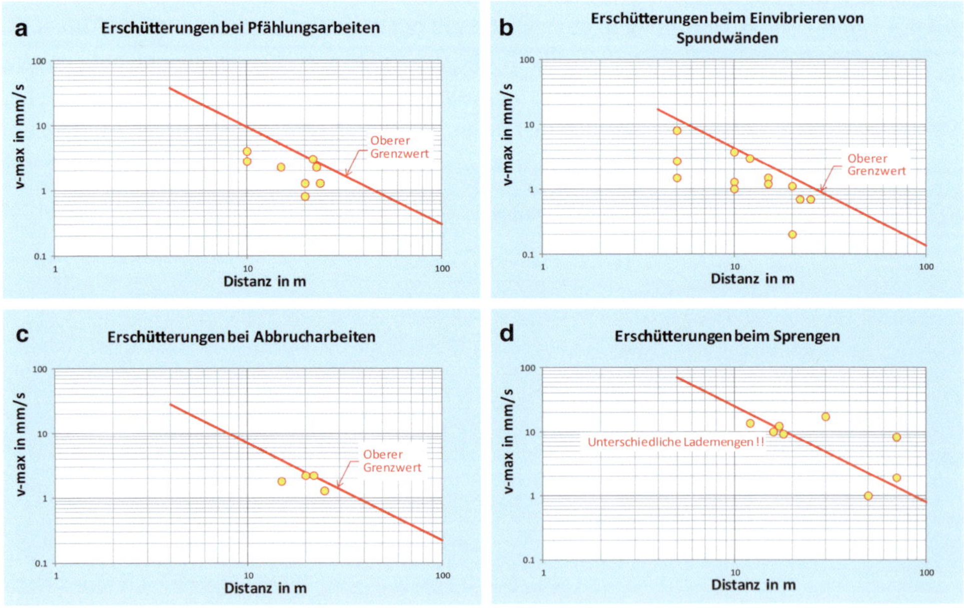

Abb. 8.6 (**a**) Abminderungskurven für Rammen von Pfählen (v_{max} gemessen auf Gebäudefundament), (**b**) Abminderungskurven für Einvibrieren von Spundwänden (v_{max} gemessen auf Gebäudefundament), (**c**) Abminderungskurven für Abbrucharbeiten (v_{max} gemessen auf Gebäudefundament), (**d**) Abminderungskurven für Sprengungen (v_{max} gemessen auf Gebäudefundament)

8.2 Messung von ES-Immissionen

Bei der Messung von Erschütterungsimmissionen stehen drei Fragen im Zentrum: Mit welcher physikalischen Größe sollen wir die Erschütterung darstellen, wo soll die Erschütterung gemessen werden und welcher Messbereich muss uns zur Verfügung stehen, um die Erschütterung adäquat zu erfassen. Im Folgenden sollen diese drei Fragen näher erörtert werden.

8.2.1 Messgrößen

Bei der messtechnischen Erfassung von mechanischen Schwingungen geht es grundsätzlich um die Aufzeichnung von Beschleunigungs-, Geschwindigkeits- oder Weg-Zeit-Verläufen. Bevor wir jedoch auf die Messung selbst eingehen, wollen wir die Zusammenhänge zwischen diesen drei Größen kurz rekapitulieren.

Ein Fahrzeug, das sich während 2 s mit einer konstanten Beschleunigung von 10 m/s² bewegt, weist einen Beschleunigungs-Zeit-Verlauf auf, wie er in Abb. 8.7a dargestellt ist. Aus diesem Zeitverlauf können wir durch Integration die Geschwindigkeit z. B. zum Zeitpunkt 1 s berechnen, indem wir die Fläche des blauen Rechtecks bestimmen, d. h. $v_{(t=1s)} = 10\,m/s^2 \cdot 1\,s = 10\,m/s$. Die so berechnete Geschwindigkeit ergibt den Geschwindigkeits-Zeit-Verlauf in Abb. 8.7b (blaue Linie). Ausgehend von der Geschwindigkeit können wir in analoger Weise den Weg-Zeit-Verlauf berechnen, in dem wir – z. B. für den Zeitpunkt 1 s – die Fläche des grünen Dreiecks bestimmen, d. h. $d_{(t=1s)} = 10\,m/s \cdot 1\,s \cdot 1/2 = 5\,m$. Der so berechnete Weg ergibt den Weg-Zeit-Verlauf in Abb. 8.7c (grüne Linie).

Umgekehrt lässt sich durch Differenzieren aus dem Weg die Geschwindigkeit und aus der Geschwindigkeit die Beschleunigung bestimmen. Die Steigung des Weg-Zeit-Verlaufs entspricht der Geschwindigkeit und die Steigung des Geschwindigkeits-Zeit-Verlaufs der Beschleunigung. Mathematisch lassen sich diese Zusammenhänge wie folgt darstellen:

$$v(t) = \int_0^t a \cdot dt + C \qquad d(t) = \int_0^t v \cdot dt + C \qquad a(t) = \frac{d}{dt} v(t) \qquad v(t) = \frac{d}{dt} d(t)$$

Das gleiche Verfahren lässt sich natürlich auch für Schwingungen anwenden. Abb. 8.8a zeigt eine harmonische Schwingung mit einer Periode von T = 2,2 s (Dauer einer Schwingung).

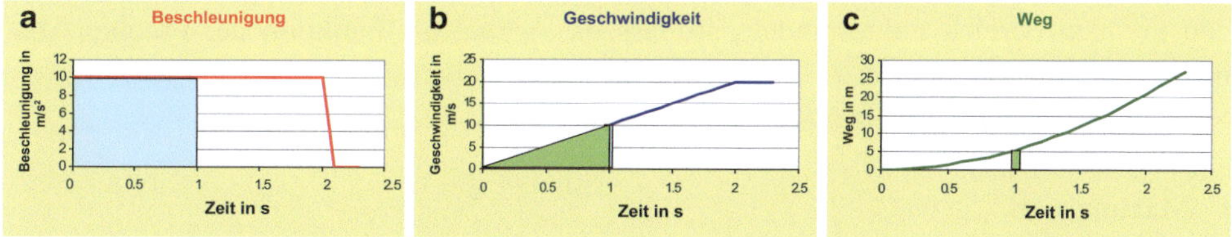

Abb. 8.7 Zeitlicher Verlauf von Beschleunigung (**a**), Geschwindigkeit (**b**) und Weg (**c**) für eine Bewegung mit konstante Beschleunigung

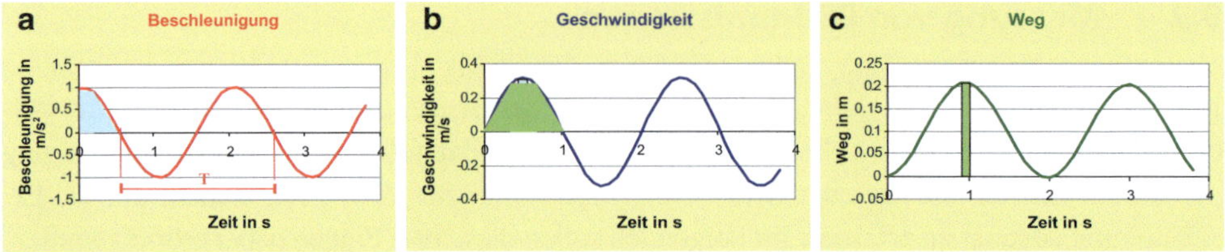

Abb. 8.8 Zeitlicher Verlauf von Beschleunigung (**a**), Geschwindigkeit (**b**) und Weg (**c**) für eine harmonische Bewegung

Die blaue Fläche unter der roten Kurve (in Abb. 8.8a) müsste in diesem Sinne die Amplitude der Schwinggeschwindigkeit ergeben: d. h.

$$v_0 \approx a_0 \cdot T \cdot \frac{1}{6} \quad \text{oder exakt berechnet:} \quad v_0 = a_0 \cdot T \cdot \frac{1}{2\pi}$$

In analoger Weise lässt sich die Wegamplitude aus der Geschwindigkeit berechnen, indem man die Fläche unter dem Geschwindigkeitssignal bestimmt. Die grüne Fläche in Abb. 8.8b zeigt das Integral der Geschwindigkeit von t = 0 s bis t = 1 s und ergibt den Weg zum Zeitpunkt t = 1 s. Dies entspricht der Doppelamplitude (Abb. 8.8c). Aus diesen Zusammenhängen ergeben sich die äußerst nützlichen Umrechnungsformeln:

$$a_0 = v_0 \cdot 2\pi f \quad d_0 = v_0 \cdot \frac{1}{2\pi}$$

mit denen sich aus der Schwinggeschwindigkeit Beschleunigungs- und Wegamplitude berechnen lassen. Es ist allerdings zu beachten, dass diese Formeln nur für einigermassen harmonische Schwingungen zuverlässige Werte für die maximale Beschleunigung oder Auslenkung ergeben.

8.2.2 Auswertung im Zeitbereich

Bei der Auswertung im Zeitbereich wird das Signal als Zeitreihe belassen, d. h. das Signal bleibt eine Funktion der Zeit. Im Gegensatz dazu wird bei der Auswertung im Frequenzbereich, wie sie im Abschn. 8.2.3 besprochen wird, das Signal durch Transformation in den Frequenzbereich umgewandelt, so dass das Signal als Funktion der Frequenz betrachtet werden kann.

Die wichtigsten Auswertungen im Zeitbereich sind:

- Maximalwert
- Gleitende Mittelwerte

- Integration
- Differentiation

Im Allgemeinen stellen diese Auswertungen keine besonderen Probleme dar, weshalb sie hier nur kurz besprochen werden sollen.

Maximalwerte lassen sich bei digitalen Signalen sehr einfach bestimmen, vorausgesetzt, dass die Null-Linie bekannt ist. Oft behilft man sich mit einer einfachen Null-Linien-Korrektur, bei der z. B. angenommen wird, dass der Mittelwert des gesamten Signals dem Null-Wert entspricht. Die Vektorsumme (Abb. 8.9b) berechnet sich – für jeden Zeitschritt – als Wurzel aus der Quadratsumme der drei Komponenten. Gleitende Mittelwerte (Abb. 8.9c) werden für die in manchen Normen vorgeschriebenen Effektivwert-Bestimmungen verwendet. Dabei wird, wie in Abschn. 3.2.3 ausführlich beschrieben, ein Zeitfenster der Länge T mit einer bestimmten Gewichtungsfunktion w gebildet. Alle Werte des Signals innerhalb des Zeitfensters werden quadriert, mit der Gewichtungsfunktion

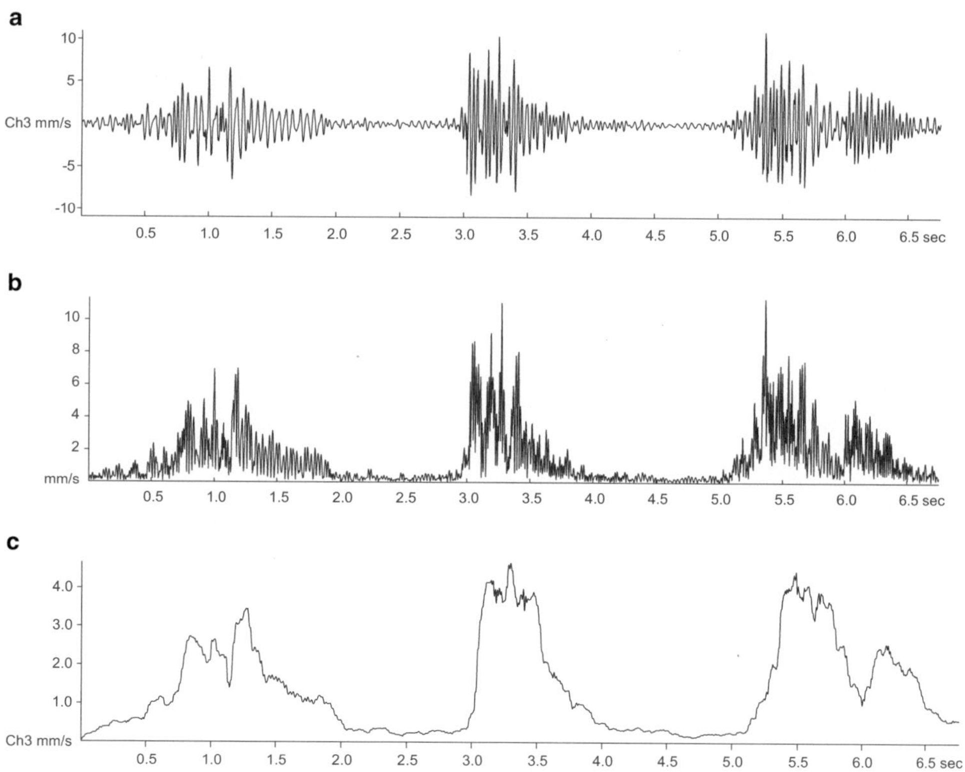

Abb. 8.9 (**a**) Geschwindigkeits-Zeit-Verlauf für vertikale Komponente (v(t)), (**b**) Zeitlicher Verlauf der Vektorsumme ($v_R(t)$), (**c**) Zeitlicher Verlauf des gleitenden Mittelwertes mit Zeitkonstante von 1/8 s

w(i) multipliziert und schließlich gemittelt. Durch sukzessives Verschieben des Fensters um jeweils einen Zeitschritt Δt entsteht ein neues Signal, der so genannte „Gleitende Mittelwert" oder „Gleitende Effektivwert".

8.2.3 Auswertung im Frequenzbereich

Die Darstellung eines Erschütterungssignals im Frequenzbereich lässt uns Eigenschaften einer Schwingung erkennen, die wir aus dem Signal selbst (d. h. im Zeitbereich) niemals entnehmen könnten. In Abb. 8.10 sind ein Schwingungssignal und zwei zugehörige Darstellungen im Frequenzbereich, das Amplitudenspektrum und das Terzbandspektrum dargestellt. Das Amplitudenspektrum erlaubt eine exakte Identifizierung der dominanten Frequenzen ohne uns jedoch eine (leicht verständliche) Angabe über die Stärke der Schwingung zu machen. Das Terzband-Spektrum gibt uns eine etwas gröbere Aussage über die Frequenzspitzen, erlaubt jedoch ein exaktes Ablesen der Schwingstärke in den einzelnen Frequenzbändern. Dabei ist allerdings auf die Definition der Terzbanddarstellung zu achten: Mittelwert-Terzbandspektren stellen eine Mittelung über die Messperiode dar, Maxhold-Terzspektren hingegen die Schwingung in der stärksten Phase. Dazu kommt noch die Unterscheidung zwischen Varianz-treuer und Amplituden-treuer Darstellung, wobei die erstere um einen Faktor 1,4 kleiner ist als die letztere.

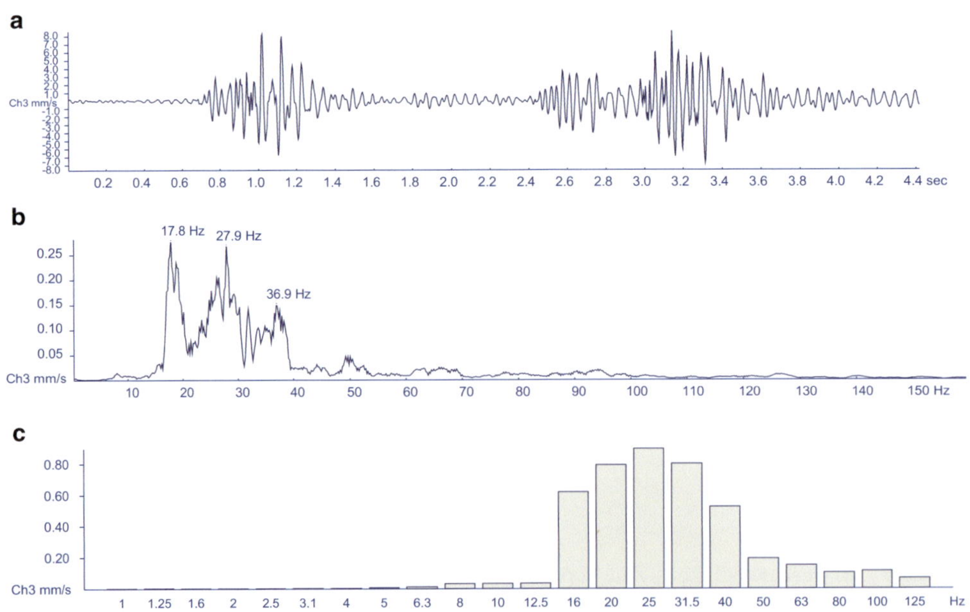

Abb. 8.10 (**a**) Geschwindigkeits-Zeit-Verlauf für vertikale Komponente (v(t)), (**b**) Amplitudenspektrum für Signal in (**a**), (**c**) Mittelwert-Terzbandspektrum für Signal in (**a**)

8.2.4 Messort

Der Wahl des richtigen Messortes kommt eine sehr große Bedeutung zu (vgl. Abb. 8.11). Grundsätzlich wird man immer dort messen, wo kritische Schwingungen auftreten könnten. Für die Beurteilung der Erschütterungseinwirkung auf ein Gebäude wird man in der Regel an den Außenmauern oder auf dem Gebäudefundament messen. In Fußboden-Mitte sind kaum kritische Schwingungen zu erwarten, da eine Geschossdecke bereits für den normalen Gebrauch für stärkere Schwingungen ausgelegt ist. Für die Beurteilung der Erschütterungseinwirkung auf Menschen hingegen wird man in Fußboden-Mitte messen, denn dort werden die stärksten auf den Menschen einwirkenden Schwingungen auftreten. Bei Maschinen oder empfindlichen Anlagen wird man einen Messpunkt auf dem Fußboden unter oder neben der Anlage wählen.

Die Wahl des richtigen Messortes ist nicht immer einfach. Oft lässt sich ohne Testmessungen gar nicht entscheiden, welches der richtige Messort ist. Bei Messungen nach bestimmten Normen geben die Normen Hinweise für die richtige Aufstellung der Sensoren. Bei Messungen für empfindliche Anlagen sollten die Angaben der Anlagen-Hersteller konsultiert werden.

8.2.5 Messbereich

Der zur Verfügung stehende Messbereich wird durch den Typ und die Bauart des verwendeten Sensors bestimmt. Geschwindigkeitssensoren bieten in der Regel eine höhere Auflösung im tieffrequenten Bereich. Für Bauwerksschwingungen sind sie bestens geeignet. Beschleunigungssensoren kommen vor allem dann zum Einsatz, wenn die Grenzwerte bereits in Form von zulässigen Beschleunigungen formuliert sind.

Abb. 8.12 zeigt als Beispiel die Messbereiche der beiden Sensoren MS2003+ (Geschwindigkeit) und 2004+ (Beschleunigung) von SYSCOM. Mit diesen beiden Sensoren lassen sich – wie die eingezeichneten typischen Anwendungsgebiete zeigen – praktisch alle Messaufgaben im Bereich der Bauwerksdynamik bewältigen. Die blaue Linie in Abb. 8.12 gibt die menschliche Wahrnehmungsgrenze für Erschütterungen an. Zwischen 5 und 80 Hz verläuft diese Linie im Geschwindigkeitsdiagramm horizontal, was bedeutet,

Abb. 8.11 (**a**) Messpunkt in Fensternische, (**b**) Messpunkt in Raumecke, (**c**) Messpunkt auf Betonboden bei aufgeständertem Boden

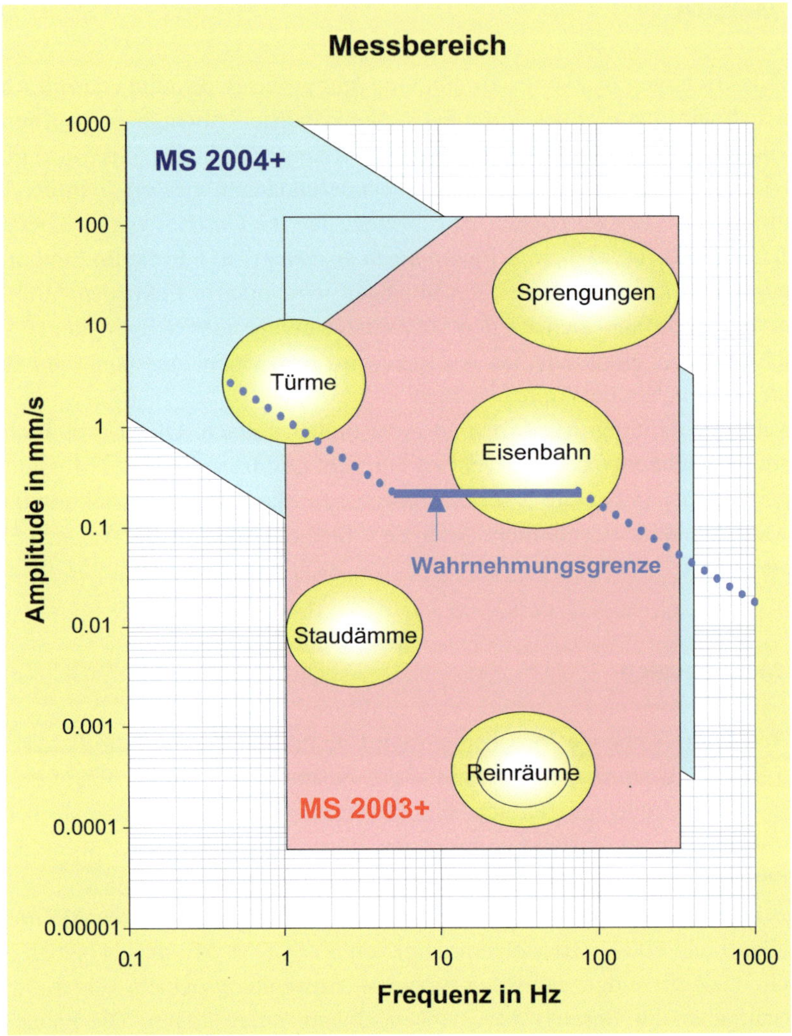

Abb. 8.12 Messbereiche und Anwendungsgebiete

Tab. 8.1 Anforderungen an Mess- und Frequenzbereiche

	Messgröße	Normale Anforderung	Erhöhte Anforderung
Amplitude	Geschwindigkeit	0,01 bis 100 mm/s	0,00001 bis 100 mm/s
	Beschleunigung	0,05 bis 20 m/s^2	0,0005 bis 20 mm/s^2
Frequenz		5 bis 150 Hz	1 bis 300 Hz

dass unser Empfinden für die Schwinggeschwindigkeit in diesem Bereich geschwindigkeitsproportional und frequenzunabhängig ist.

In Tab. 8.1 sind die Anforderungen an den Mess- und Frequenzbereich für normale Erschütterungsüberwachungen und für Erschütterungsüberwachungen mit besonderen

Anforderungen zusammengestellt. Erhöhte Anforderungen gelten vor allem bei Überwachungen für empfindliche Anlagen.

8.3 Wirkung von ES-Immissionen

Erschütterungsimmissionen können sich beim Menschen auf sehr unterschiedliche Arten auswirken. Sie können den Menschen bei der Erholung stören, bei der Arbeit beeinträchtigen oder im Extremfall in Angst und Schrecken versetzen. Bauwerke reagieren in der Regel weniger empfindlich. Es können sich Risse durch Überbeanspruchungen oder durch Setzungen bilden. Anlagen können sehr sensibel auf Erschütterungen reagieren. Oft genügen Erschütterungen im Bereich der menschlichen Wahrnehmungsgrenze (d. h. ca. 0,2 mm/s), um das richtige Funktionieren einer Maschine zu beeinträchtigen. Dies kann zu Ausschuss bei der Produktion, zu Datenverlust oder sogar zu einer Beschädigung der Anlage führen.

8.3.1 Wirkung auf Menschen

In Abb. 8.13 ist die Empfindlichkeit von Menschen, Gebäuden und Anlagen in stark vereinfachter Form dargestellt. Betreffend Wirkung auf den Menschen kann man sich folgende Faustregel merken: *0,2 mm/s = Wahrnehmungsgrenze; 2,0 mm/s = Ärgergrenze; 20 mm/s = Panik*. Mit diesen drei Eckwerten lässt sich jede Schwingungsmessung leicht überprüfen und beurteilen.

Da Erschütterungen durch Bauaktivitäten in der Regel von kurzer Dauer sind, ist die Wirkung auf den Menschen zumeist nicht das ausschlaggebende Kriterium. Trotzdem sollte nicht außer Acht gelassen werden, dass die Schwingung in Mitte des Fußbodens ohne weiteres 2- bis 4-mal stärker sein kann, als auf dem Gebäudefundament, d. h. dem Punkt an dem gemessen wird (vgl. Abb. 8.14).

8.3.2 Wirkung auf Bauwerke

Die häufigsten und auch am besten sichtbaren Zeichen von Erschütterungseinwirkungen auf Bauwerke sind Risse. Durch Schwingungen entstehen kurzzeitige Überschreitungen der Zug- oder Schubfestigkeit, wodurch sich Risse bilden. In Wänden und Decken stellen Risse in der Regel kein Sicherheitsproblem dar und lassen sich mit beschränktem Aufwand reparieren. In wasserdichten Wannen im Grundwasser hingegen können Risse eine ernsthafte Gefährdung der Gebrauchstauglichkeit darstellen und erfordern kostspielige Reparaturen.

Risse können auch durch Setzungen entstehen und zwar durch Setzungen, die durch die Erschütterungen selbst verursacht worden sind. Bei Gebäuden auf Seeablagerungen z. B. genügen Erschütterungen von weniger als 2 mm/s um Setzungen im cm-Bereich zu erzeugen mit entsprechenden Schiefstellungen und Rissbildungen. Eine Erschütterungsüberwachung alleine gibt in einem solchen Fall keine Gewähr dafür, dass keine Schäden entstehen.

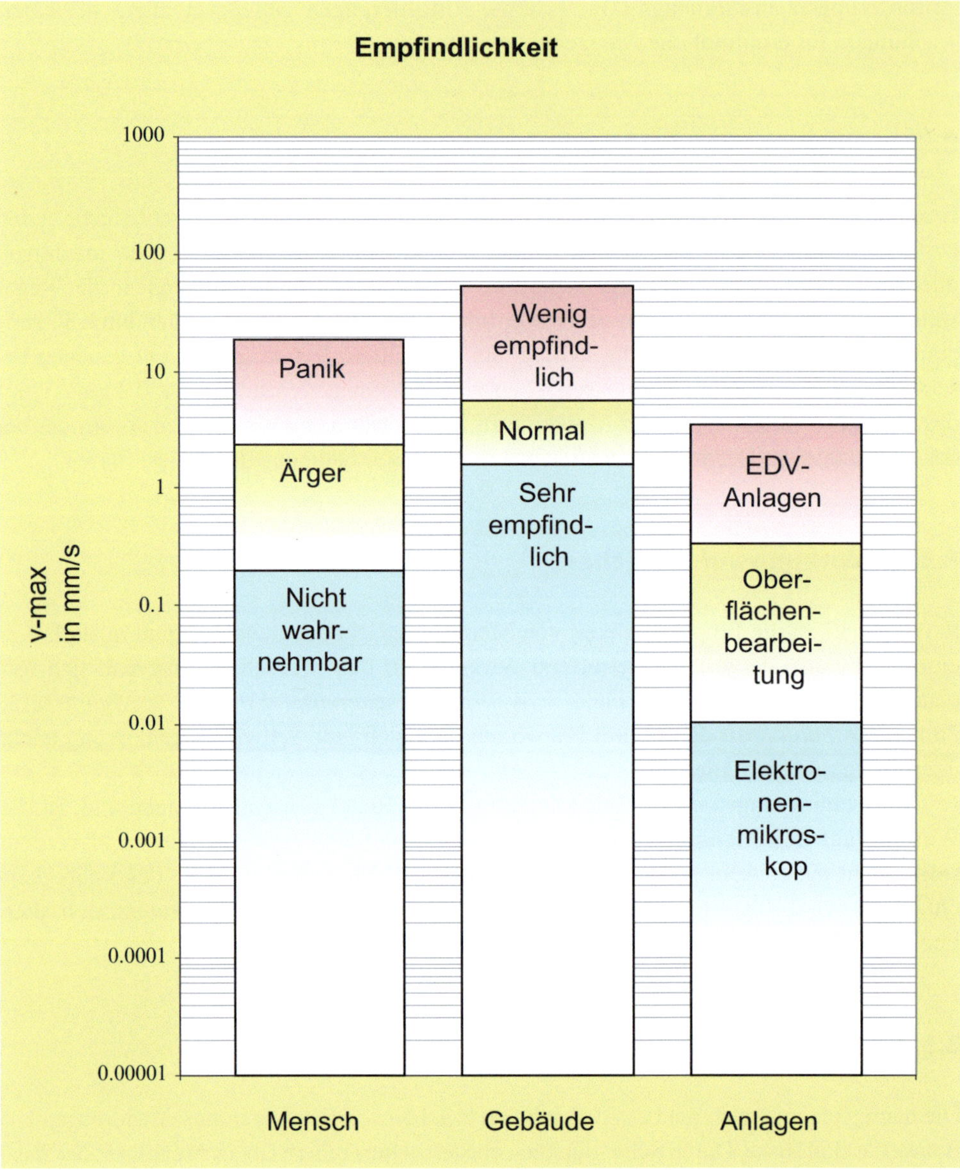

Abb. 8.13 Empfindlichkeit von Menschen, Gebäuden und Anlagen gegen Erschütterungen

Falls in einem Tragwerk ein Spannungszustand vorliegt, der nahe bei der Bruchspannung liegt, können Risse durch relativ geringe Erschütterungen ausgelöst werden. Solche Risse würden im Laufe der Jahre ohnehin auftreten. Haarrisse können durch Erschütterungen vergrößert oder verlängert werden, wodurch sie erst wahrgenommen werden. Schließlich werden viele Risse, die bereits seit Jahren bestanden haben, nach einer

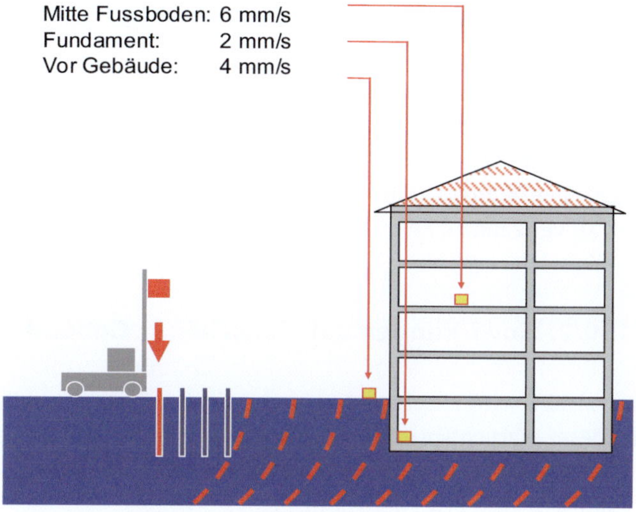

Abb. 8.14 Erschütterungen an verschiedenen Messpunkten

Tab. 8.2 Richtwerte für einige Anlagen

Anlage	Einsatz	Richtwert für v_{max}
Computeranlagen	Generell	<2 mm/s
	PC-Anlagen	<5 mm/s
Lithografische Anlagen	Waver-Herstellung	Herstellerangaben
Metallbearbeitung	Bearbeitungszentren	<0,4 mm/s
	Oberflächenbearbeitung	<0,2 mm/s
Schaltschränke	Generell	<1 mm/s

stärkeren Erschütterungseinwirkung erstmals wahrgenommen, da – was auch verständlich ist – die Aufmerksamkeit auf diese Problematik gelenkt wird.

Durch Einhaltung der in den Normen festgelegten Richtwerte lassen sich Schäden an Bauwerken weitgehend vermeiden. Eine Gewähr, dass keine Schäden auftreten, geben die Normen-Richtwerte allerdings nicht. Man muss sich auch immer bewusst sein, dass man mit der Erschütterungsüberwachung und den dabei verwendeten Richtwerten stets eine Abwägung von zwei Interessen vornimmt: den Schutz der betroffenen Gebäude und den Wunsch des Bauherrn des neu zu erstellenden Gebäudes nach einem effizienten Bauverfahren. Eine offene Information aller Beteiligten und eine Klarstellung aller eingegangenen Risiken ist der beste Weg zur Lösung dieser Aufgabe.

8.3.3 Wirkung auf Anlagen

Die Wirkung von Erschütterungen auf Anlagen ist sehr vielfältig und lässt sich letztlich nur durch den Hersteller der Anlage richtig beurteilen. Als grobe Orientierung mögen die in Tab. 8.2 angegebenen Richtwerte dienen.

8.4 Normen und Richtwerte

Für die Beurteilung von Erschütterungseinwirkungen gilt für die Schweiz die Norm SN 640 312. Sie regelt allerdings nur die Einwirkungen auf Bauwerke. Für die Einwirkung auf Menschen existiert in der Schweiz keine Norm. Als Behelf kann die deutsche Norm DIN 4150/2 beigezogen werden. Für die Beurteilung der Wirkung auf Anlagen sind Herstellerangaben zu verwenden.

8.4.1 DIN 4150/2: Einwirkungen auf Menschen in Gebäuden

In der DIN-Norm 4150/2 wird als charakteristische Größe für die Erschütterung der KB-Wert verwendet. Dieser Wert entspricht dem gleitenden Mittelwert mit einer Zeitkonstante von 1/8 s. Zusätzlich werden die Frequenzen unter 5 und über 80 Hz weggefiltert. Zahlenmäßig entspricht der KB-Wert etwa der Hälfte des v_{max}-Wertes.

Für seltene Ereignisse wie Sprengungen ist ein oberer Richtwert von 3 bis 6 KB einzuhalten, wobei der tiefere Wert für reine Wohngebiete und der höhere für Gewerbegebiete gelten. Dies entspricht einem zulässigen v_{max} von 6 bis 12 mm/s.

Für häufigere Ereignisse verwendet die Norm einen Häufigkeitsgewichteten KB_{FTr}-Wert, der den so genannten A_r-Wert nicht überschreiten sollte. In Tab. 8.3 sind diese A_r-Werte für drei Belästigungsstufen und drei Einwirkungsperioden zusammengestellt.

Zum besseren Verständnis sollen diese Werte an einem Beispiel erläutert werden: Die Rammarbeiten für das Einbringen von Pfählen dauern ca. 2 Wochen. Die effektive Rammzeit betrage etwa 25 % der gesamten Arbeitszeit. Der zulässige KB_{FTr}-Wert beträgt gemäß Tab. 8.3 für die Stufe II (d. h. keine erhebliche Belästigung) 0,6. Damit ergibt sich ein zulässiger mittlerer KB-Wert von 1,2, was einem Peakwert von ca. 2,4 mm/s entspricht. Dies bedeutet, dass nach DIN 4150/2 in einem solchen Fall Erschütterungen von etwa 2,4 mm/s – gemessen in Mitte-Fußboden – noch als akzeptabel eingestuft werden. Allerdings wird für Stufe II verlangt, dass die Anwohner laufend über die Baumaßnahmen und die Erschütterungseinwirkungen informiert werden.

Tab. 8.3 Anhaltswerte A_r für Erschütterungseinwirkungen durch Baumaßnahmen

	Stufe I	Stufe II	Stufe III
D <1 Tag	0,4	0,8	1,2
D: 6 bis 26 Tage	0,3	0,6	1,0
D: 26 bis 78 Tage	0,2	0,4	0,6
Normale Immissionen	0,1		

8.4.2 SN 640 312: Erschütterungseinwirkungen auf Bauwerke

Die Norm SN 640 312 a regelt die Erschütterungseinwirkungen auf Bauwerke infolge Sprengungen, infolge Maschinen und Baugeräte aller Art und infolge Straßen- und Bahnverkehr. Im Wesentlichen definiert sie 4 Empfindlichkeitsklassen für die Bauwerke, 3 Häufigkeitsstufen für die Einwirkungen und gibt die entsprechenden Richtwerte an, bei deren Einhaltung keine Schäden auftreten sollten. Als charakteristische Größe wird die maximale Vektorsumme der Schwinggeschwindigkeit (V_R) verwendet. Als Messorte werden steife, tragende Bauteile, im speziellen die Randzonen von Deckenfeldern angegeben, an einem Ort, an dem die maßgebenden Auswirkungen der Erschütterungen zu erwarten sind.

Die Empfindlichkeitsklassen lassen sich wie in Tab. 8.4 dargestellt zusammenfassen.

Die Häufigkeitsklassen sind wie in Tab. 8.5 dargestellt definiert.

Bei der Zuteilung zu einer Häufigkeitsklasse ist die Definition des Begriffes „Ereignis" besonders zu beachten. In Kap. 9 der Norm 640 312 wird nämlich definiert: *„Als Einwirkung wird jeder Maximalwert des Geschwindigkeitsvektors bezeichnet, welcher 0,7 mal den Richtwert überschreitet. Als Beurteilungsintervall gilt die Zeitdauer, in der das Bauwerk der zu untersuchenden Erschütterung ausgesetzt ist.*" Somit wird eine Sprengung nicht als 1 Ereignis gezählt, sondern jede Überschreitung des 70 % Niveaus wird, wie in Abb. 8.15 dargestellt, als 1 Ereignis betrachtet. Auf diese Weise gelangen vor allem Gewinnungssprengungen in die Klasse „Häufig" und nicht in die Klasse „Gelegentlich".

Aufgrund der „Empfindlichkeitsklasse", der „Häufigkeitsklasse" und der dominanten Frequenz ergibt sich der einzuhaltende Richtwert. Beim Einhalten dieser Richtwerte sind kleinere Schäden kaum wahrscheinlich. Vereinzelte Überschreitungen bis zu 30 % vergrößern die Schadenswahrscheinlichkeit nur geringfügig.

Tab. 8.4 Empfindlichkeitsklassen

Klasse	Empfindlichkeitsklasse	Beispiele
1	Sehr wenig empfindlich	Brücken, Tunnels, Maschinenfundamente
2	Wenig empfindlich	Industriebauten, Wohnbauten, Stahlkonstruktionen, Werkleitungen
3	Normal empfindlich	Wohnbauten, Bürogebäude, Reservoire
4	Erhöht empfindlich	Häuser mit Gips- oder Hourdisdecken, neuerstellte und frisch renovierte Bauten der Klasse 3, historische und geschützte Bauten, alte Gussleitungen

Tab. 8.5 Häufigkeitsklassen

Gelegentlich	$\ll$1000 Ereignisse	Sprengungen, Vibrationsrammen (Anfahren)
Häufig		Häufige Sprengungen, Vibrationsrammen, Abbauhämmer
Permanent	$\gg$100.000 Ereignisse	Verkehr, Festinstallierte Maschinen, Abbauhämmer bei längerem Einsatz

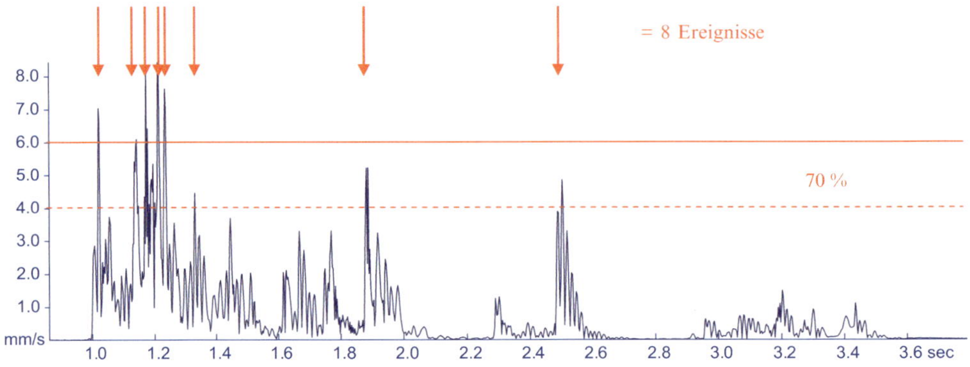

Abb. 8.15 Aufzeichnung einer Sprengung

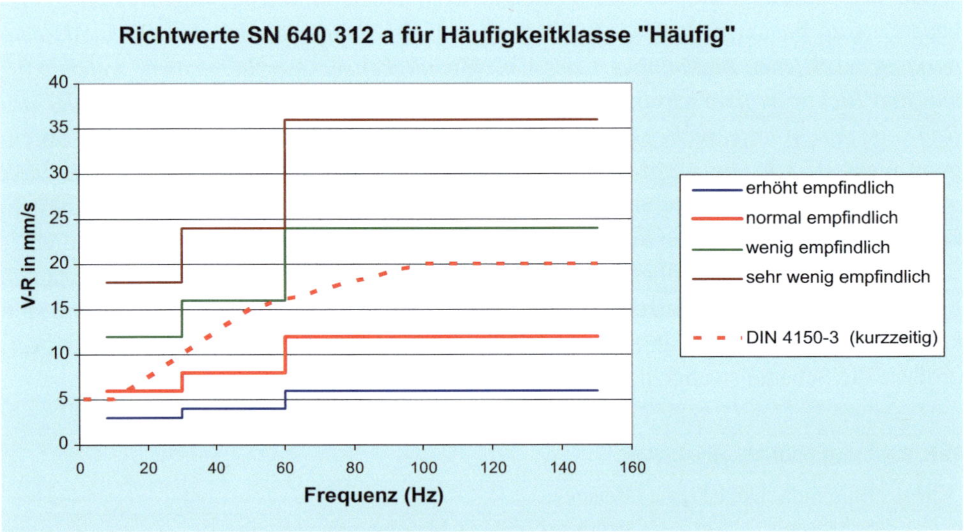

Abb. 8.16 Richtwerte der SN 640 312 a für die Häufigkeitsklasse „Häufig“

In Abb. 8.16 sind die Richtwerte für die Häufigkeitsklasse „Häufig“ grafisch dargestellt. Zum Vergleich sind die Richtwerte der DIN 4150/3 für kurzzeitige Einwirkungen eingefügt.

8.4.3 Richtwerte für Anlagen

Bei empfindlichen Anlagen wird man sich primär auf die Angaben des Anlagen-Herstellers abstützen. Allerdings ist es nicht immer einfach, solche Angaben zu beschaffen. Zudem ist es oft nicht einfach diese Angaben zu interpretieren. In der Regel ist die Empfindlichkeit von Anlagen frequenzabhängig, sodass die Grenzwerte nicht als Maximalwerte für Geschwindigkeit oder Beschleunigung vorliegen, sondern als Grenzspektren. Häufig werden die in Tab. 8.6 angegebenen Richtwerte der VC-Klassifikation verwendet. Dabei ist allerdings in jedem Fall abzuklären, ob die angegebenen Grenzwerte (in Form von Terzspektren-Amplitude) nur für Dauerschwingungen gelten oder auch für seltene Einzelereignisse.

Wichtige Hinweise für die Anwendung der VC-Kriterien finden sich im Artikel von Colin C. Gordon „Generic Vibration Criteria for Vibration-Sensitive Equipment". Er weist darauf hin, dass bei gleichmäßigen Störquellen (z. B. Pumpen) RMS-Terzspektren verwendet werden soll. Bei unregelmäßigen Störquellen hingegen (z. B. Lastwagen-Vorbeifahrt) sind MaxHold-Spektren zu verwenden.

Tab. 8.6 Vibrationskriterien

Kriterium	Terzschnelle (Effektivwert) in µm/s	Anwendung
Werkstatt (ISO)	800	Gut spürbare Schwingung, anwendbar auf Werkstätten und unsensible Orte
Büro (ISO)	400	Spürbare Schwingung, anwendbar auf Büros und unsensible Orte
Wohngebäude (ISO)	200	Gerade noch spürbare Schwingung, anwendbar auf Ruhezonen in den meisten Fällen. Eventuell anwendbar auf Computer, einfache Mikroskope und Laborgeräte
Operationssaal (ISO)	100	Schwingung nicht spürbar, geeignet für sensible Ruhezonen, vorwiegend geeignet für Mikroskope bis 100-fache Vergrößerung
VC-A	50	Überwiegend geeignet für optische Mikroskope bis 400-fache Vergrößerung, Mikrowaagen, optische Waagen, Ausrichter
VC-B	25	Ein geeigneter Standard für optische Mikroskope bis 1000-fache Vergrößerung, lithografische Geräte (einschließlich Stepper) bis 3 µm Linienbreite
VC-C	12,5	Ein guter Standard für die meisten lithografische Geräte bis 1 µm Linienbreite
VC-D	6	Überwiegend geeignet für anspruchsvolle Apparaturen einschließlich Elektronenmikroskop (REM und TEM) und E-Beam Systeme, die am Rande der Leistungsfähigkeit arbeiten
VC-E	3	Kriterium ist schwer einzuhalten, geeignet für höchstsensible Systeme einschließlich Lasergeräte mit langen optischen Wegen und anderen Systemen mit außergewöhnlich hohen dynamischen Stabilitätsanforderungen
VC-F	1	Erweitere Anforderungen für zukünftige Erfordernisse

8.5 Erschütterungsüberwachung

8.5.1 Anforderungen

Auf den ersten Blick mag die Aufgabe der Erschütterungsüberwachung recht einfach erscheinen, doch bei näherer Betrachtung wird man feststellen, dass an die Messgeräte recht hohe Anforderungen gestellt werden. Handelt es sich doch hierbei um Messgeräte, die während Wochen, Monaten oder sogar Jahren ihren Dienst zu versehen haben und in dieser Zeit keinen Augenblick aussetzen dürfen. In Tab. 8.7 sind die wichtigsten Anforderungen an ein Erschütterungsüberwachungssystem zusammengestellt.

8.5.2 Überwachungskonzept

Eine erfolgreiche Erschütterungsüberwachung erfordert eine sorgfältige Planung und Vorbereitung. Die wichtigsten Schritte sind in Tab. 8.8 zusammengestellt.

Tab. 8.7 Anforderungen an ein Erschütterungsüberwachungssystem

Zuverlässigkeit	Geeignet für Langzeit-Einsatz (Monate, Jahre) Geeignet für Baustellen-Verhältnisse (Staub, Spritzwasser)
Alarm-Sicherheit	Alarm bei Grenzwertüberschreitung (per SMS, Mail, Fax) Alarm bei Gerätestörung (voller Speicher, leere Batterien etc.)
Daten-Sicherheit	Nicht-flüchtiger Speicher (z. B. Speicherung auf Compact-Flash-Karten) Kalibrierte Sensoren (ca. alle 2 Jahre) Redundanz (Einsatz mehrerer autonomer Mess-Stationen)
Messbereich	Vgl. Abschn. 8.2.5
Einfache Installation	Keine störenden Kabel Einfache Umplatzierung
Fernbedienung	Gerätesteuerung per Mobilfunk, Internet o. ä. Daten-Download per Mobilfunk, Internet o. ä.
Intelligente Daten-Aufzeichnung	Ereignis-Aufzeichnung als Zeit-Verlauf Pegel-Aufzeichnung als Profil über gesamte Messdauer Programmierbare Aufzeichnung (z. B. zu jeder vollen Stunde während 5 min)
Auswertung	Roh-Signale (unbewertete Aufzeichnung in Original-Einheiten) Automatische Auswertung (Zeitbereich, Frequenzbereich, Gruppenauswertung) Normen-Vergleiche

Tab. 8.8 Arbeitsschritte einer Erschütterungsüberwachung

Nr.	Aufgabe	Beschreibung
1	Abschätzung des betroffenen Bereichs	Aufgrund von Erfahrungswerten oder Abminderungsfunktionen (z. B. Abb. 8.6) wird der Wirkungsbereich der Baumaßnahmen abgeschätzt
2	Definition der kritischen Objekte	Aufgrund von Kartenmaterial und einer Besichtigung vor Ort werden die kritischen Objekte definiert und ihre Empfindlichkeit gegenüber Erschütterungen festgelegt
3	Festlegen der Grenzwerte	Aufgrund der geplanten Baumaßnahmen und der Empfindlichkeit der Objekte werden die einzuhaltenden Grenzwerte festgelegt. Bei empfindlichen Anlagen sind die Daten beim Anlagen-Hersteller zu beschaffen
4	Definition der zu überwachenden Objekte	Aus den kritischen Objekten werden repräsentative Objekte ausgewählt, für die Mess-Stationen installiert werden sollen. Es sind so viele Objekte mit Mess-Stationen zu versehen, dass keine Unsicherheit über die Erschütterungseinwirkung im betroffenen Bereich besteht
5	Orientierung der Bewohner	Eine vorgängige Orientierung der Bewohner, bei denen eine Mess-Station installiert wird, kann die Arbeit sehr erleichtern
6	Erstellen des Alarmkonzepts	Im Alarmkonzept wird festgelegt, ab welchem Erschütterungsniveau ein Alarm erfolgt, wer den Alarm erhält und welche Aktionen vorzunehmen sind. Sinnvoll sind zweistufige Alarme, bei denen bei Erreichen von 50 % des Grenzwertes eine Informations-Meldung (SMS, Email) an den mit der Überwachung beauftragten erfolgt und bei 75 % eine Alarmmeldung an den Bauleiter vor Ort, an den verantwortlichen Ingenieur und an den mit der Überwachung beauftragten Ingenieur
7	Installation der Mess-Stationen	Entsprechend den Vorgaben der zu berücksichtigenden Normen werden die Mess-Stationen installiert und ausgetestet. Dazu gehört auch das Austesten des Alarm-Systems
8	Testphase	Wenn immer möglich sollten Probeläufe (Testsprengungen, Probe-Rammungen) durchgeführt werden. Bei diesen Probeläufen muss der mit der Überwachung beauftragte Ingenieur vor Ort anwesend sein, um die Daten sofort auszuwerten. Maschinen oder Baumethoden, die zu starke Schwingungen verursachen sind durch andere zu ersetzen. Zum Beispiel können Vibrationsrammen verwendet werden, die den Resonanzbereich nicht durchlaufen oder Pfähle vorgebohrt werden
9	Bauphase	Während der Bauphase werden die Mess-Stationen dem Baufortschritt entsprechend verschoben. Bei Beginn einer erschütterungsintensiven Aktivität und in kritischen Phasen muss der mit der Überwachung beauftragte Ingenieur vor Ort anwesend sein, um die Daten sofort auszuwerten. In regelmäßigen Intervallen wird ein Messbericht erstellt
10	Abschluss	Deinstallation der Mess-Stationen und Schlussbericht

Erschütterungsprognosen in Produktionsbetrieben des Maschinenbaus

9

Inhaltsverzeichnis

9.1 Maschinenerschütterungen

9.1.1 Zulässige Erschütterungen

In den meisten Fällen existieren vom Maschinenhersteller keine oder keine realistischen Anforderungen an die erforderliche Erschütterungsarmut am Aufstellort seiner Maschinen. Im Produktionsbetrieb oder in anderen Betrieben mit vergleichbarem Maschinenpark sind aber reichlich Erfahrungen mit einer entsprechenden Maschine vorhanden auf die zurückgegriffen werden kann. Oftmals kann in der heutigen Situation mit den vorhandenen Erschütterungen in der gewünschten Qualität produziert werden. Somit stellt die heutige Situation einen unteren Grenzwert der zulässigen Erschütterungen für den geplanten

A. Ziegler et al., *Bauwerksdynamik und Erschütterungsmessungen*,
https://doi.org/10.1007/978-3-658-38022-9_9

Standort dar. Durch Langzeitmessungen der Erschütterungen neben der zu beurteilende Maschine kann somit eine sinnvolle Anforderung quantitativ erfasst werden. Zu erwähnen ist, dass die zu beurteilende Maschine in der Messperiode selbst nicht in Betrieb sein darf oder nur die Zeitfenster der aufgezeichneten Erschütterungsdaten ausgewertet werden, in denen die Maschine nicht in Betrieb ist, während in der Umgebung die üblichen Arbeiten fortgeführt werden.

Relevante Grössen der störenden Erschütterungen sind neben der absoluten Amplitude der Erschütterung, deren Frequenzinhalt, deren Dauer und auch deren Häufigkeit. Um sämtliche Aspekte zu erfassen und trotzdem ein anwendbares, nicht zu komplexes Kriterium zur Verfügung zu haben, eignet sich eine Beurteilung analog der im Laborbau üblichen Vorgehensweise zur Standortevaluation. Dazu misst man über einen relevanten Zeitraum T_{mess}, was typischerweise ein paar Tagen entspricht, die Erschütterungen permanent. Um für den Betreiber eine statistisch relevante Aussage machen zu können, wird die Messdauer in Zeitfenster T_{prod} unterteilt, die etwa einem typischen Produktionszyklus eines Werkstücks (meistens nur wenige Minuten) entspricht. Innerhalb dieser Zeitfenster T_{prod} werden die Zeitreihen der Erschütterungsmessung mit einem Fenster T_F von wenigen Sekunden Länge abgefahren, wobei sich die Fenster sinnvollerweise zeitlich überlappen. Innerhalb jedes dieser Zeitfenster werden die Messdaten mit einem Hanningfenster (Vermeidung von Leakage-Effekten) multipliziert und anschliessend das Terzbandspektrum gebildet. Innerhalb des Zeitfensters T_{prod} wird in jedem Frequenzband der Maximalwert (Max-Hold-Terzbandspektrum) gespeichert. Damit sind die maximalen Erschütterungsamplituden je Terzband in diesem Zeitfenster, welches einem Produktionszyklus entspricht, bekannt. Diese Schritte sind in Abb. 9.1 dargestellt.

Mit Hilfe einer statistischen Verteilung, hier wird beispielsweise eine Normalverteilung angenommen, werden über die gesamte Beurteilungszeit (z. B. 24-Stunden oder die Dauer eines typischen Werktages) in den einzelnen Terz-Bändern über alle T_{prod}-Intervalle der Mittelwert (μ) und die Standartabweichung (σ) ermittelt. Zudem wird der maximale Wert gespeichert. Mit dem Mittelwert und der Standartabweichung wird der 97.725-Perzentilwert ($=\mu + 2 \cdot \sigma$) und der 99.865-Perzentilwert ($=\mu + 3 \cdot \sigma$) ermittelt (Abb. 9.2). Praktischer ausgedrückt kann damit ausgesagt werden, wie oft innerhalb der Beurteilungszeit die Erschütterungen innerhalb eines Produktionszyklus T_{prod} die betrachteten Amplituden im Terzband überschritten werden. Betrachtet man Zeitintervalle T_{Prod} von einer Minute, sind die statistischen Werte wie folgt zu verstehen:

- Der 97.725-Perzentilwert des Spektralwertes des Terzbandspektrums wird in 100 1-Minuten-Intervallen etwas mehr als 2x überschritten oder in 24 Stunden finden 32 Überschreitungen statt.
- Der 99.865-Perzentilwert des Spektralwertes des Terzbandspektrums wird in 1000 1-Minuten-Intervallen 1.35x überschritten oder in 24 Stunden finden 2 Überschreitungen statt, es handelt sich somit um ein seltenes Ereignis.

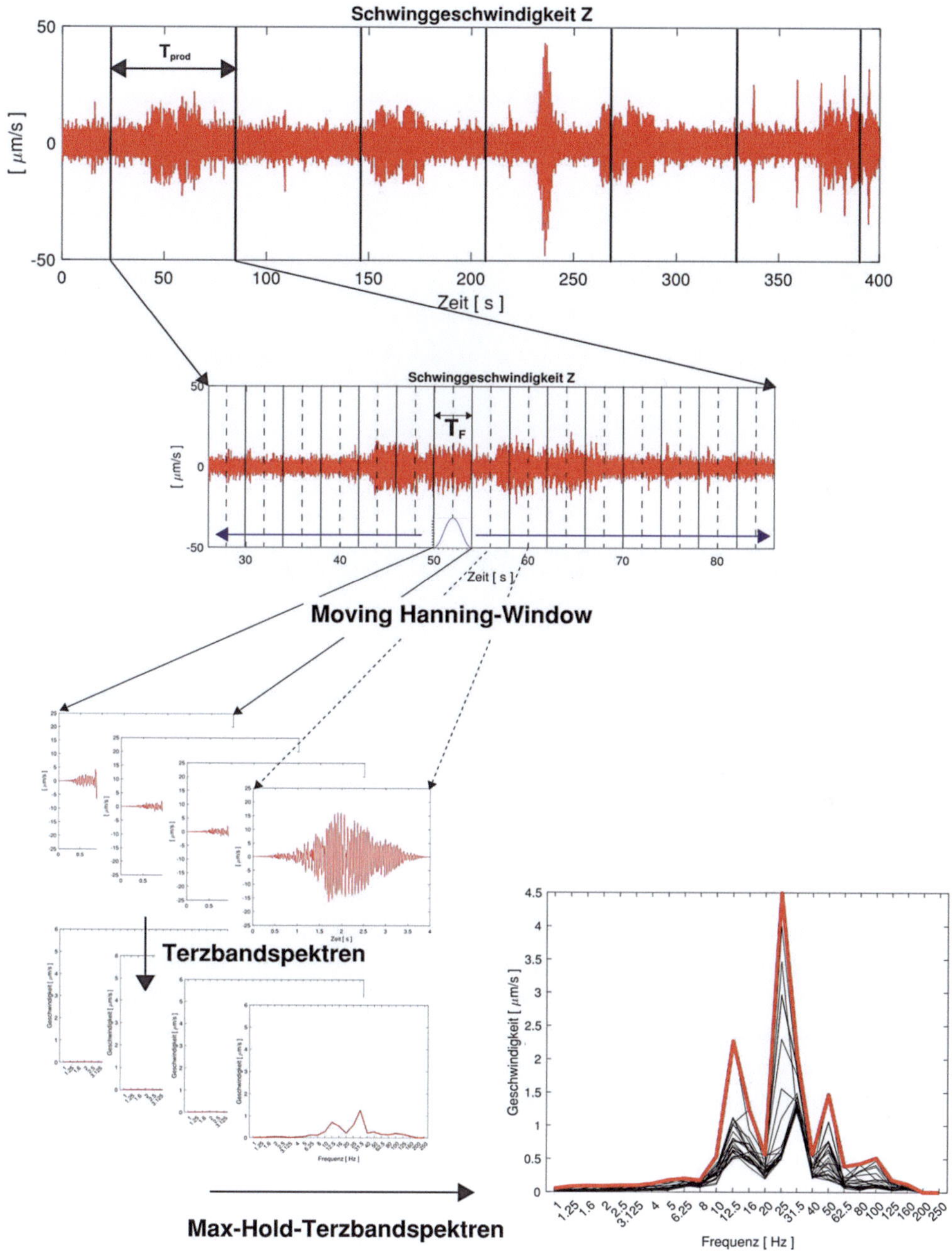

Abb. 9.1 Signalverarbeitung Max-Hold-Terzbandspektren

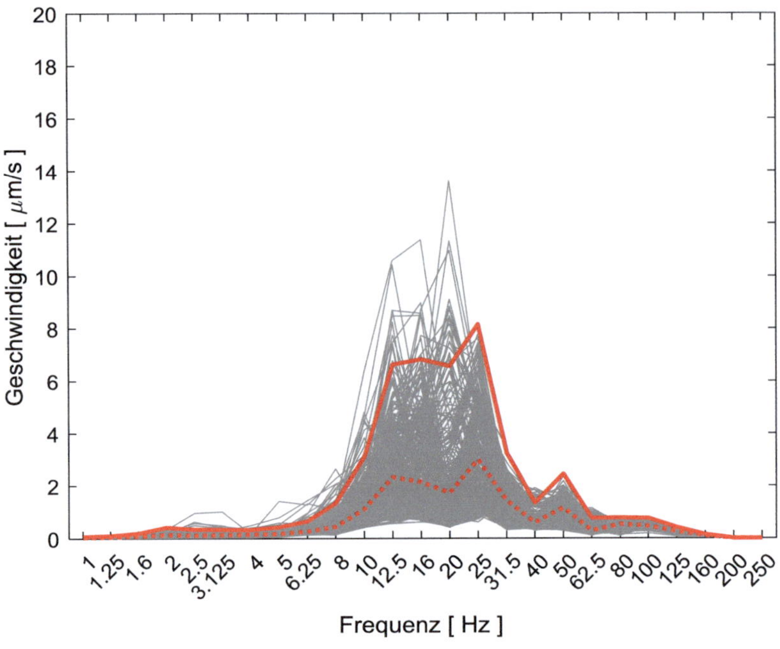

Abb. 9.2 Max-Hold-Terzbandspektren über einen ganzen Tag. Rot ausgezogen ist der 99.865 %-Fraktilwert eingezeichnet und rot gepunktet der Mittelwert der maximalen Amplituden in den Terzbändern je Beurteilungsintervall T_{prod}

9.1.2 Methodik zur Prognose

Um die zu erwartenden Erschütterungen durch den Betrieb einer bekannten Maschine an ihrem zukünftigen Standort zu prognostizieren, kann unten beschreibendes Vorgehen angewendet werden. Das Vorgehen beruht im Wesentlichen auf der Bestimmung von Admittanzen am heutigen und am künftigen Standort der Maschine. Besteht der künftige Standort, kann die Admittanz direkt gemessen werden, was zu den verlässlichsten Resultaten führt. Bei Neubauten können die Admittanzen am künftigen Aufstellort mit Hilfe von Finite Element Modellen ermittelt werden. Die Admittanz ist der Kehrwert der mechanischen Impedanz. Die mechanische Impedanz beschreibt den Widerstand, den das Bauteil der Ausbreitung der mechanischen Schwingungen entgegensetzt. Die Impedanz ergibt sich als Quotient einer Kraft F und einer resultierenden Geschwindigkeit v und die Admittanz somit als Quotient von Geschwindigkeit v und der Kraft F. Die Admittanz, mit der Einheit [(mm/s)/N], stellt somit die zu erwartende Geschwindigkeit bei einer Einheitskraft je Frequenz dar.

Vorgehen zur Prognose (Abb. 9.3):

1. Ermittlung der Admittanz am heutigen Standort der Anlage. Dazu wird zum Beispiel mit einem Impulshammer der Boden des Aufstellortes der Maschine mit einem Schlag

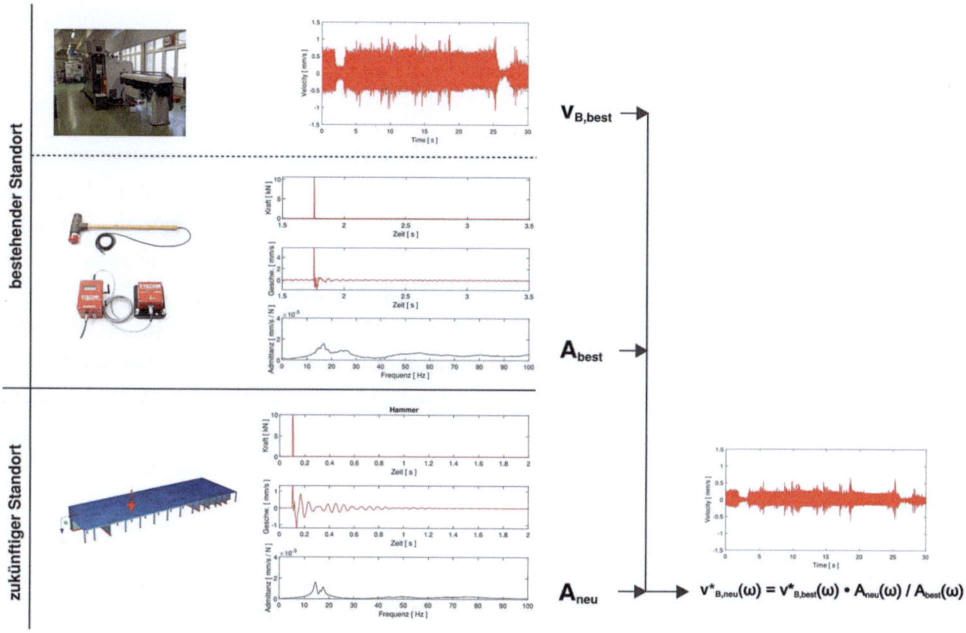

Abb. 9.3 Vorgehen zur Bestimmung der Schwinggeschwindigkeiten am neuen Standort

angeregt und die entsprechende Kraft $F_{A,best}(t)$ aufgezeichnet. Gleichzeitig wird die vertikale Schwinggeschwindigkeit des Bodens $v_{A,best}(t)$ aufgezeichnet. Die beiden Aufzeichnungen werden durch die Fourier-Transformation in den Frequenzbereich transformiert und dividiert, womit die Admittanz als $A_{best}(\omega) = v^*_{A,best}(\omega)/F^*_{A,best}(\omega)$ berechnet wird.

2. Die Schwinggeschwindigkeiten $v_{B,best}(t)$ von typischen Betriebszuständen der Anlage werden am selben Ort gemessen.
3. Die Admittanz wird am neuen Standort bestimmt. Wie oben erwähnt, kann dies gemessen werden oder mit Hilfe einer Finite-Element Simulation geschehen. In beiden Fällen wird wiederum die Struktur mit einem Impuls angeregt und die daraus resultierende Schwinggeschwindigkeit gemessen. Während in der Realität der Impuls mit dem Impulshammer erfolgt, wird in der Simulation das Modell mit einer dynamischen Impulskraft angeregt. Die Admittanz am neuen Standort wird analog zum Punkt 1 bestimmt: $A_{neu}(\omega) = v^*_{A,neu}(\omega)/F^*_{A,neu}(\omega)$.
4. Durch Division der Fourier-transformierten gemessenen Schwinggeschwindigkeit der Anlage am bestehenden Standort $v^*_{B,best}(\omega)$ mit der ermittelten Admittanz des bestehenden Standorts $A_{best}(\omega)$ und Multiplikation mit der Admittanz des neuen Standorts $A_{neu}(\omega)$, erhält man die zu erwartende Schwindgeschwindigkeit am neuen Standort im Frequenzbereich $v^*_{B,neu}(\omega) = v^*_{B,best}(\omega) \cdot A_{neu}(\omega)/A_{best}(\omega)$. Durch die Rücktransformation in den Zeitbereich erhält man die zu erwartende Schwinggeschwindigkeit $v_{B,neu}(t)$ am neuen Standort.

5. Aus der zu erwartenden Schwinggeschwindigkeit werden die Max-Hold-Terzband-spektren gebildet und mit den entsprechenden Spektren, welche am heutigen Standort der erschütterungsempflindlichen Anlagen aufgezeichnet wurden, verglichen.

Bei der Bestimmung der Admittanz in bestehenden Gebäuden sind immer mehrere Impulse aufzuzeichnen und anschliessend den Mittelwert daraus zu bestimmen. Dadurch können Störungen wie Hintergrund erschütterungen, welche immer vorhanden sind, ausgemittelt werden. Zudem ist es empfehlenswert, die Versuche dann durchzuführen, wenn es im Gebäude bezüglich Erschütterungen möglichst ruhig ist.

Das hier gezeigt Vorgehen bezieht sich immer auf die vertikalen Erschütterungen. In den meisten zu beurteilenden Situationen stehen die Maschinen auf Bodenplatten oder auf Deckenfeldern, die vertikalen Erschütterungen sind hier auch klar grösser als die horizontalen Erschütterungen und somit entscheidend für die Beurteilung. Das Verfahren kann auch auf horizontale Erschütterungen ausgeweitet werden, dies ist insbesondere nötig bei Produktionsanlagen in Oberschossen von horizontal schwach ausgesteiften Gebäuden.

9.2 Anwendungsbeispiel Hochpräzisionsschleifen

9.2.1 Problemstellung

Die Schneeberger Lineartechnik AG mit Hauptsitz in Roggwil ist ein führender Hersteller für Linear- und Profilschienenführungen, Zahnstangen und Kugelgetrieben. Die dazu erforderlichen Präzisionsschleifarbeiten stellen sehr hohe Anforderungen an die Erschütterungsarmut. Zurzeit sind Schleifgenauigkeiten von einem Mikrometer gefordert. In Zukunft, unter anderem durch die Miniaturisierung bedingt, steigen die Anforderungen bald in den Submikrometerbereich. Die Schneeberger Lineartechnik AG plante in Roggwil zur Erweiterung ihrer Produktion einen Neubau. Einige der bestehenden Maschinen und weitere ähnliche Maschinen sollen im Neubau in einer klimatisierten Halle untergebracht werden. Aus betrieblichen Gründen sind die Anlagen im klimatisierten Bereich auf derselben Bodenplatte anzuordnen, die Bodenplatte ihrerseits ist temperaturstabilisiert. Rund um den klimatisierten Bereich werden aus betrieblichen Gründen weitere Maschinen angeordnet, welche klar höhere Erschütterungsemissionen aufweisen.

9.2.2 Ermitteln der Anforderungen

Das Erschütterungsniveau wird analog dem in Abschn. 9.1 dargestellten Vorgehen erfasst. Im Produktionsbetrieb sind die Erschütterungen direkt bei zwei Schleifmaschinen und im vorhandenen Messraum, in welchen zur Qualitätssicherung hochpräzise Oberflächenmessungen durchgeführt werden, erfasst worden. Als Beispiel sind in den Abb. 9.4 und 9.5 die Pegelschriebe in den drei Raumrichtungen während der gesamten Messdauer dar-

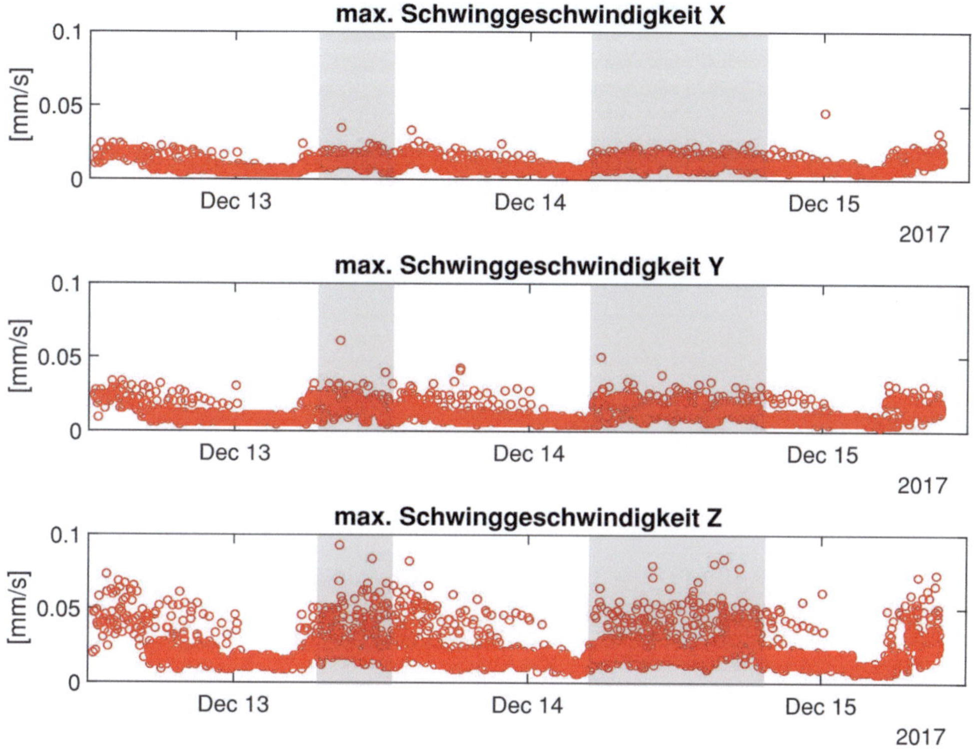

Abb. 9.4 Pegelschrieb bei der Schleifmaschine, Situation A

gestellt. In den grau hinterlegen Bereichen war diese Maschine nicht in Betrieb, während die übrige Produktion normal lief. Für die Bestimmung der Anforderung an die Ruhe für die Situationen A und B (siehe Abb. 9.10 und 9.11), wurden die grau hinterlegten Zeitfenster am 14. Dezember ausgewertet. In den Abb. 9.6 und 9.7 sind der Mittelwert (strichlierte Linie) und der 99.865 %-Fraktilwert (ausgezogene Linie) der Max-Hold-Terzbandspektren in diesem Zeitraum dargestellt. Die Spektren basieren auf Zeitfenstern der Länge $T_F = 1.0$ Sekunde. Mit solch kurzen Fenstern können Einzelimpulse, wie diese aus Werkzeugwechseln in der Maschine resultieren, adäquat erfasst werden.

9.2.3 Charakterisierung der externen Erschütterungsquellen für den Neubau

Neben den internen, produktionsbedingten Erschütterungen, welche in Abschn. 9.2.2 beschrieben sind, sind auch externe Quellen, wie Verkehr und anderes zu beachten. Dazu wurden am Standort des geplanten Gebäudes Langzeitmessungen der Erschütterungen durchgeführt. Insbesondere die naheliegende Strasse mit LKW-Verkehr ist als Quelle zu

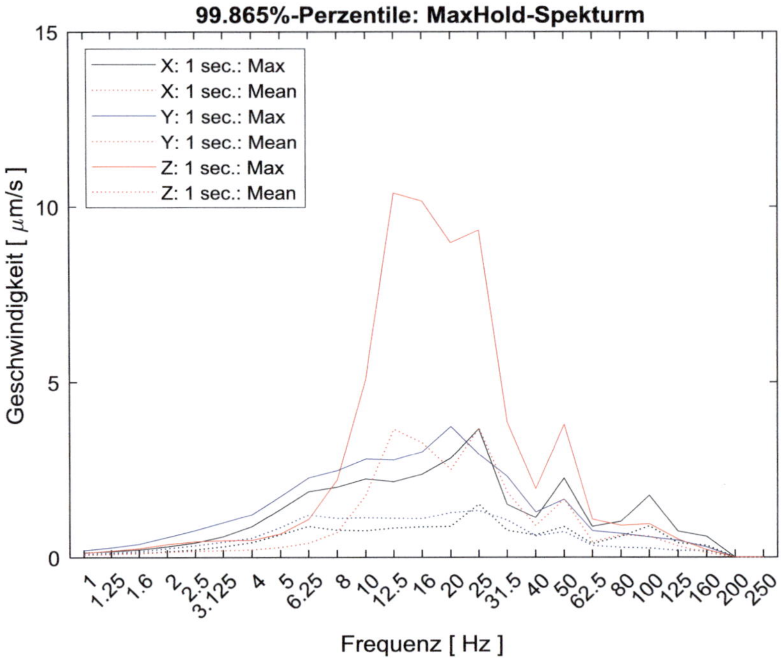

Abb. 9.5 Unterer Grenzwert für die Anforderung (ausgezogene Linie) an die Erschütterungsarmut, dargestellt als Terzbandspektrum, Situation A

nennen. In der Messkampagne wurden die Messgeräte auf die Moräne des anstehenden Baugrundes gestellt. Dazu sind die oberflächlichen weichen Schichten mit einem Baggerschlitz geöffnet worden. Während der Messperiode fanden in der unmittelbaren Umgebung Bauarbeiten statt (im Pegelschrieb in Abb. 9.8 grau hinterlegte Zeitbereiche). Ausgewertet wird das Zeitfenster am 14. Dezember von 17–21 Uhr. Das Verkehrsaufkommen ist in dieser Zeit als normal zu bezeichnen. In Abb. 9.9 ist der Mittelwert und der 99.865 %-Fraktilwert der Max-Hold-Terzabandspektren in diesem Zeitraum dargestellt. Die Spektren basieren auf Zeitfenstern der Länge $T_F = 1.0$ Sekunde. Um einen adäquaten Vergleich mit den Anforderungen an die Erschütterungsarmut durchzuführen, ist bei beiden Aspekten (Charakterisierung Quelle und Charakterisierung Anforderung) dasselbe Zeitfenster zur Ermittlung der Max-Hold-Terzbandspektren zu verwenden.

9.2.4 Konzept für den Hallenbau

Herzstück der neuen Produktionshalle ist der Bereich Präzisionsschleifen. Diese Arbeiten nehmen ca. 650 m^2 in Anspruch und sollen auf einer Ebene stattfinden. Eine weitere Anforderung ist, dass die Anlagen in Zukunft umgestellt und teilweise ersetzt werden können, ohne dass grosse bauliche Massnahmen nötig werden. Die Forderung nach hoher

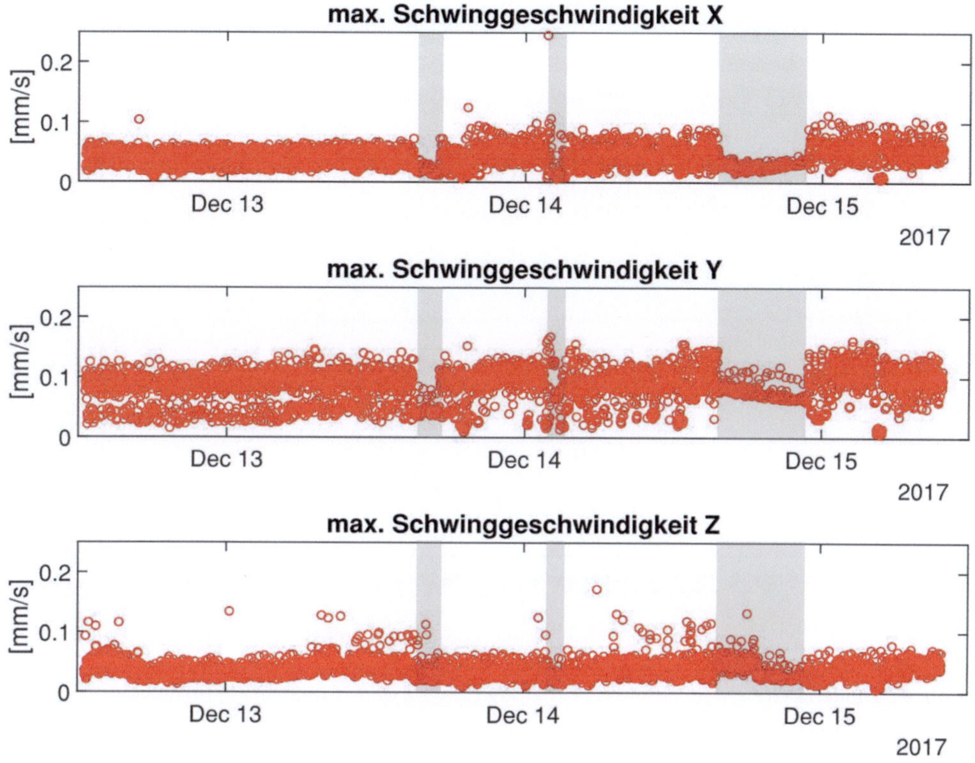

Abb. 9.6 Pegelschrieb bei der Schleifmaschine, Situation B

zukünftiger Flexibilität bedingt, dass auf einzelne Maschinensockel oder Lagerungen im Idealfall zu verzichten ist. Für den Bauherrn war schon zu Beginn des Projektes klar, dass dieser sensible Produktionsbereich auf der Bodenplatte des Gebäudes stehen wird. Zudem möchte man im Neubau, im Hinblick auf künftige Qualitätsanforderungen, ein klar niedrigeres Erschütterungsniveau erreichen als dies am heutigen Produktionsstandort herrscht.

Folgende konzeptionellen Überlegungen führten zur vorgeschlagenen Lösung (Abb. 9.10 und 9.11), welche dann bezüglich ihrer Tauglichkeit betreffend der Erschütterungen untersucht wurde.

- Der hoch sensible Bereich des Präzisionsschleifens wird möglichst weit von der Strasse entfernt angeordnet. Zwischen Präzisionsschleifen und der Strasse wird ein Untergeschoss angeordnet, welches die Erschütterungen vom Strassenverkehr tendenziell etwas abschirmt.
- Die hoch sensiblen Schleifmaschinen werden auf einer kräftigen Bodenplatte angeordnet. Erschütterungsemissionen der Maschinen werden durch die Steifigkeit und auch durch die Masse der Bodenplatte klein gehalten. Die Bodenplatte wird möglichst gut an den Untergrund angeschlossen, mit dem Ziel eines möglichst kleinen Impedanz-

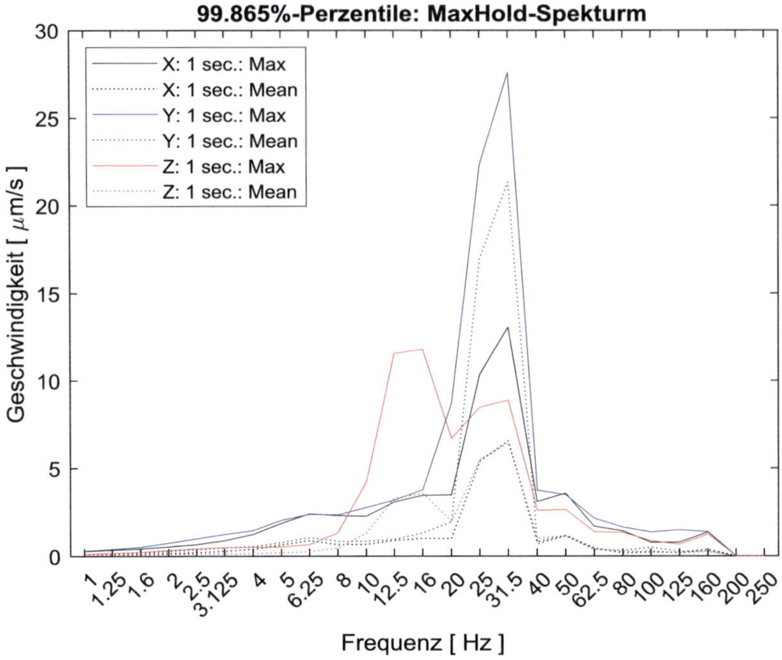

Abb. 9.7 unterer Grenzwert für die Anforderung (ausgezogene Linie) an die Erschütterungsarmut, dargestellt als Terzbandspektrum, Situation B

Unterschiedes zwischen Untergrund und Beton. Damit können Erschütterungen, welche an der Oberfläche der Bodenplatte eingeleitet werden in das Erdreich abgestrahlt werden, womit die mechanische Energie aus dem System abfliessen kann. Anstelle einer druckfesten Wärmedämmung, wie Schaumglas unter der Bodenplatte, welches eine sehr geringe Dichte und somit einen grossen Impedanz-unterschied zur Betonplatte aufweist, wird daher eine hochverdichtete Schüttung aus Elektro-Ofen-Schlacke verwendet.

- Die Bodenplatte mit der hochsensiblen Nutzung wird gegenüber dem restlichen Gebäude elastisch getrennt, wozu ein Polyurethan-Elastomer eingesetzt wurde. Die Erschütterungen aus dem Betrieb des Gebäude (Bohren, Fräsen, Kranbahn, Haustechnik, ...) gelangen so nur stark abgeschwächt in den hoch sensiblen Bereich.

9.2.5 Prognose der zu erwartenden Erschütterungen

Im Folgenden wird beispielhaft die zu erwartenden Erschütterungen für zwei künftige Situationen (Situationen A und B nach Abb. 9.10) untersucht. Für die effektive Verifizierung des Konzeptes sind alle relevanten Situationen eingeflossen. Die Abb. 9.12 und 9.13 zeigen typische, eher starke gemessene vertikale Schwinggeschwindigkeiten und

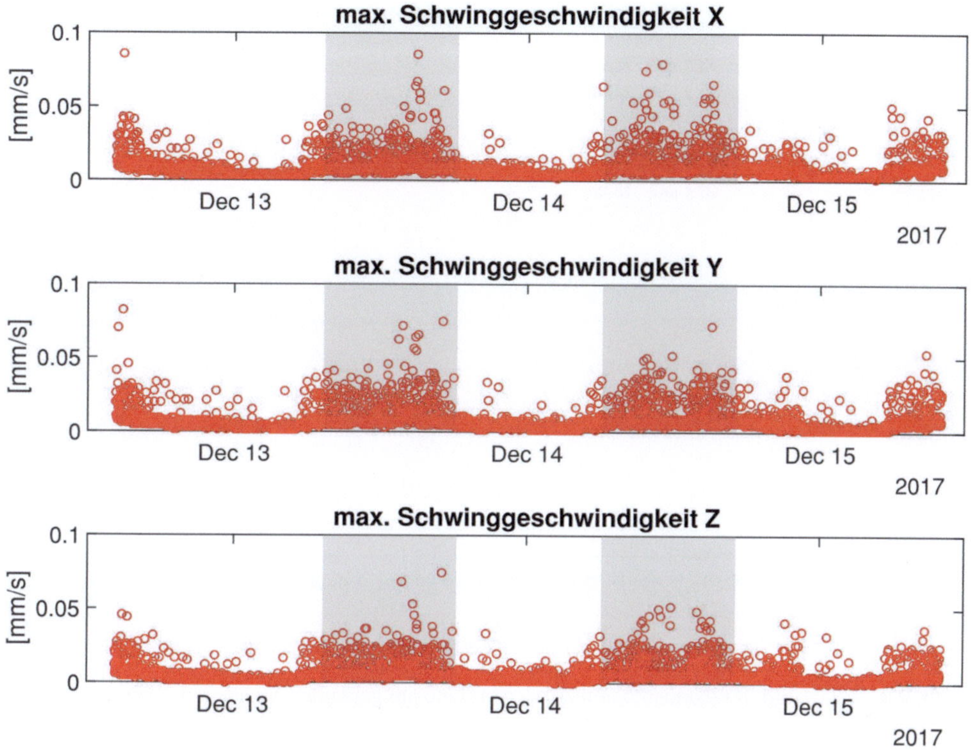

Abb. 9.8 Pegelschrieb im Baggerschlitz am Standort des geplanten Gebäudes

daraus ermittelte dynamische vertikale Kräfte während die betrachteten Werkzeugmaschinen am aktuellen Standort arbeiteten und Erschütterungen erzeugten.

Um den Frequenzinhalt der Signale zu kennen, wurden die Max-Hold-Terzbandspektren der Schwinggeschwindigkeiten aus den Abb. 9.12 und 9.13 ermittelt. Dazu wurden 1-Sekunden Zeitfenster verwendet, wie dies in Abschn. 9.1 beschrieben ist. In den Abb. 9.14 und 9.15 sind die Spektren dargestellt. Der massgebende Frequenzinhalt liegt zwischen 8 und 125 Hz.

Um die Admittanz der zukünftigen Bodenplatte abzuschätzen, wurde mit dem Finite Element Software Paket Sofistik 2018 die Bodenplatte und der anstehende Baugrund modelliert (Abb. 9.16). Bei der Modellierung des Baugrundes wurden an den Rändern nichtreflektierende Randelemente verwendet. Mangels Kenntnis der dynamischen Bodenkennziffern, wurden Scherwellengeschwindigkeiten und Dichten aus der Literatur (z. B. [1]) entnommen. Um die Unsicherheiten etwas zu erfassen wurden bezüglich des Baugrundverhaltens Sensitivitätsanalysen durchgeführt.

Bei der numerischen Modellierung von dynamischen Problemen sind die Anforderungen für die numerische Stabilität zu beachten. So müssen die betrachteten Wellenlängen durch das örtliche Disktretisierungsgitter (Finite Elemente Netz) genügend oft ab-

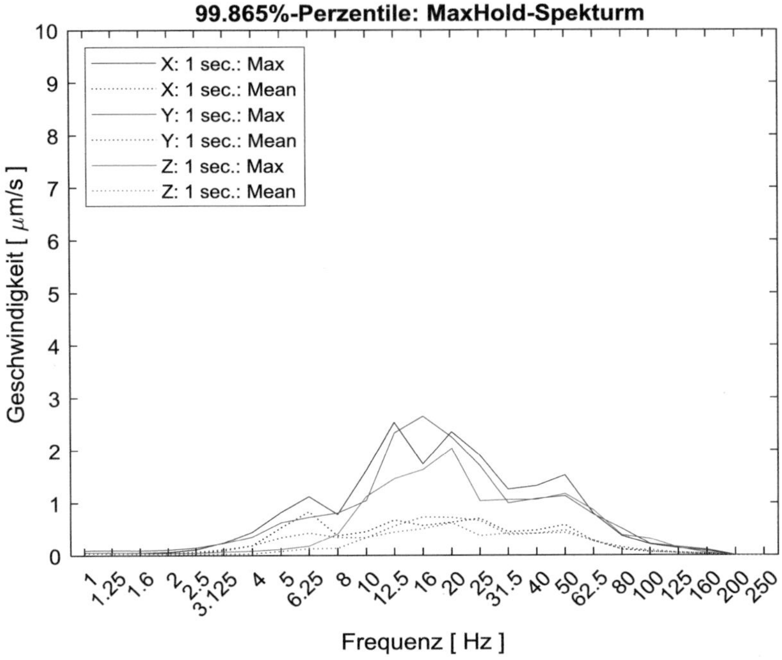

Abb. 9.9 Max-Hold-Terzbandspektren auf der Moräne am geplanten Standort des Neubaus

getastet werden und im Zeitbereich gilt es die Zeitintegration bzw. den diskreten Zeitschritt so zu wählen, dass die höchste Frequenz mindestens 10 bis 20 zeitliche Stützstellen hat.

In den Abb. 9.17 und 9.18 sind die simulierten Daten für die Situation A dargestellt. Aus der im Modell bestimmten Admittanz und den experimentell bestimmten dynamischen Kräften der Maschinen auf die Fundation (Abb. 9.12 und 9.13) wird die zu erwartende Schwinggeschwindigkeit am neuen Standort abgeschätzt. Ist die Schwinggeschwindigkeit nicht am Maschinenstandort selber von Interesse, so kann die Admittanz auch bestimmt werden, indem der Hammerschlag am Standort der Maschine erfolgt, die Aufzeichnung der Schwinggeschwindigkeiten jedoch an einen anderen, interessierenden Standort.

In den Abb. 9.19 und 9.20 sind für die Situationen A und B die prognostizierten Schwinggeschwindigkeiten abgebildet. Aus den prognostizierten Schwinggeschwindigkeiten wird das Max-Hold-Terzband analog zum Vorgehen im Abschn. 9.1 bestimmt und mit den Anforderungen aus Abschn. 9.2.2 verglichen.

9.2.6 Kontrolle bei der Bauausführung

Im Rohbau, nach Erstellung und Aushärtung der Bodenplatte wurden Admittanzmessungen auf der Bodenplatte vorgenommen um die Prognoseberechnung zu verifizieren. Dies ist insofern wichtig, da die Wellengeschwindigkeiten des Bodens in diesem Projekt nur konservativ abgeschätzt wurden und dies somit eine Unsicherheit darstellte. Falls die Ad-

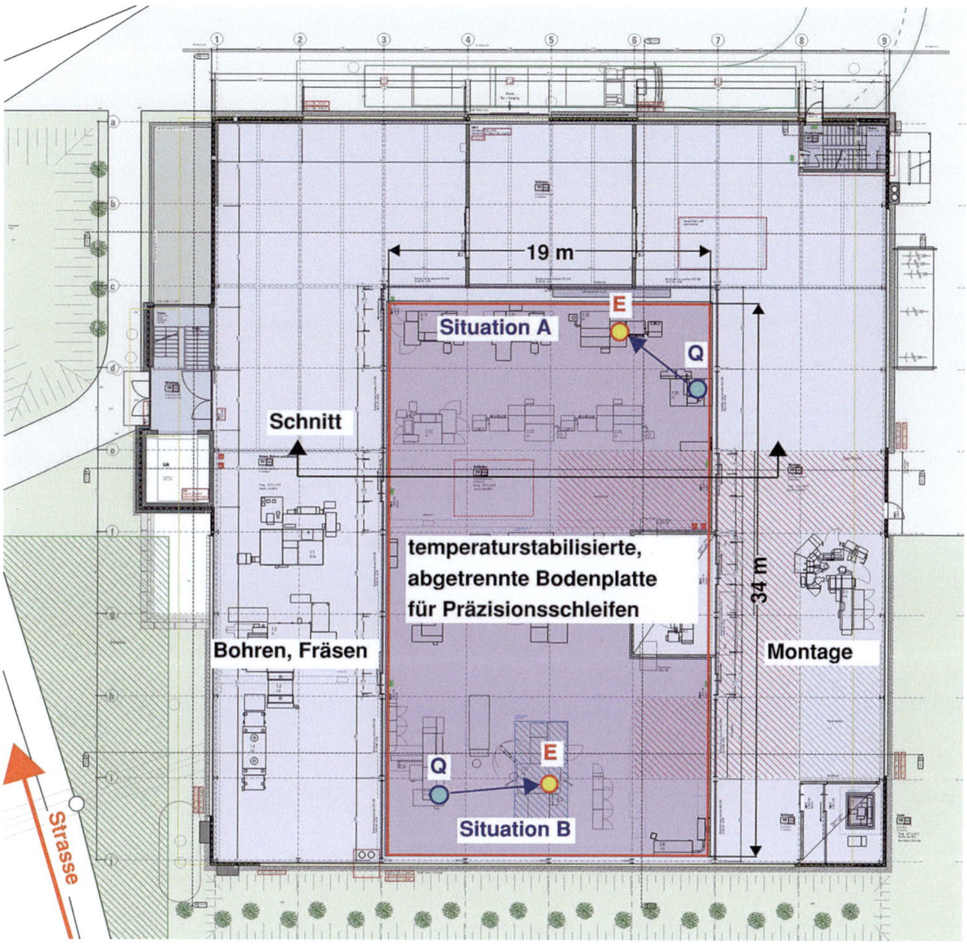

Abb. 9.10 Grundriss Erdgeschoss

mittanzmessungen zeigen würden, dass das Verhalten der Bodenplatte deutlich von den Annahmen abweicht, hätte man zu diesem Zeitpunkt noch Möglichkeiten um Massnahmen zu ergreifen. In den Abb. 9.21 und 9.22 sind die Admittanzmessungen und der Vergleich mit der im Finite Element Modell ermittelten Admittanz dargestellt. Der Vergleich mit der Simulation passt sehr gut.

9.2.7 Messung nach Inbetriebnahme

Ein Vergleich Simulation und Messung nach der Inbetriebnahme des Gebäudes ist nur qualitativ möglich, da die exakt gleichen Produktionsschritte der Maschinen bei der Messung am aktuellen Standort nicht festgehalten wurden. Trotzdem ist in den Abb. 9.23 und 9.24 sowie 9.25 und 9.26 ein Vergleich der Prognose und den nach Inbetriebnahme

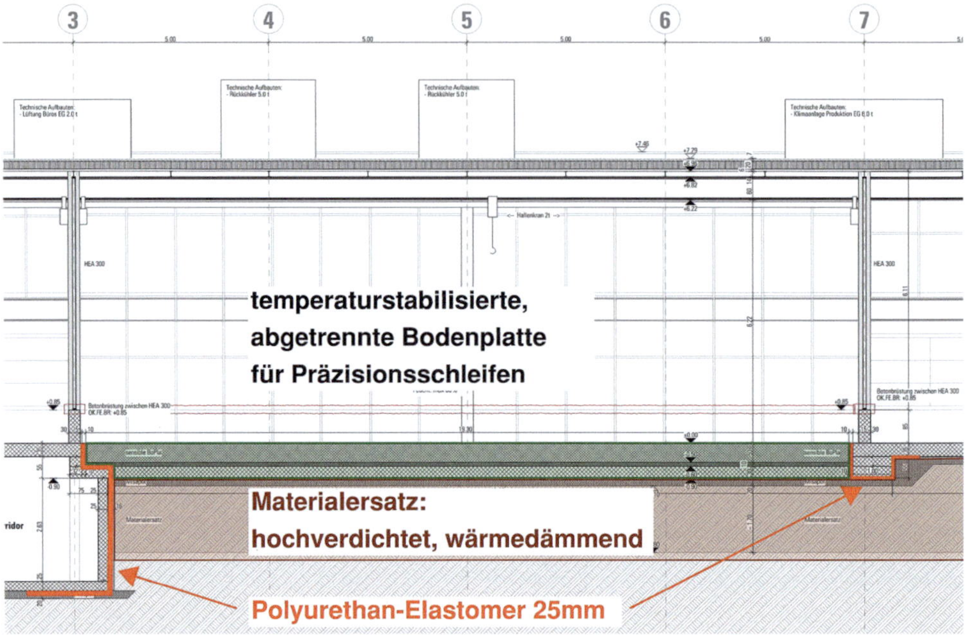

Abb. 9.11 Schnitt durch das Gebäude

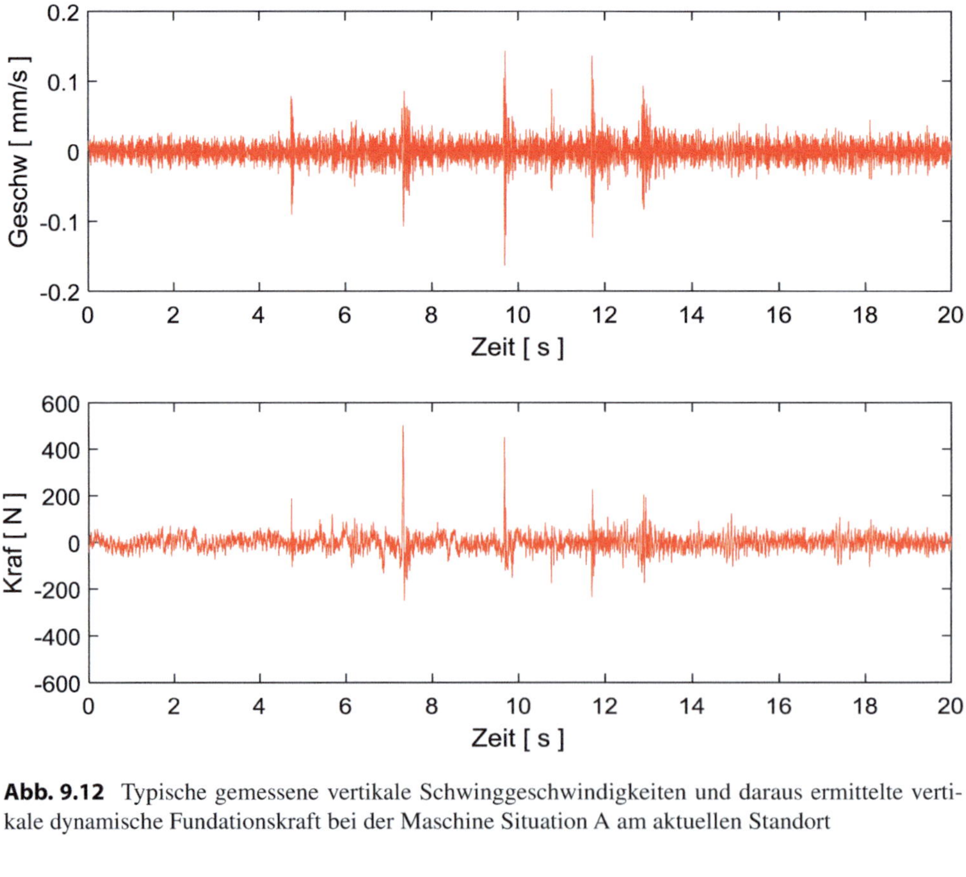

Abb. 9.12 Typische gemessene vertikale Schwinggeschwindigkeiten und daraus ermittelte vertikale dynamische Fundationskraft bei der Maschine Situation A am aktuellen Standort

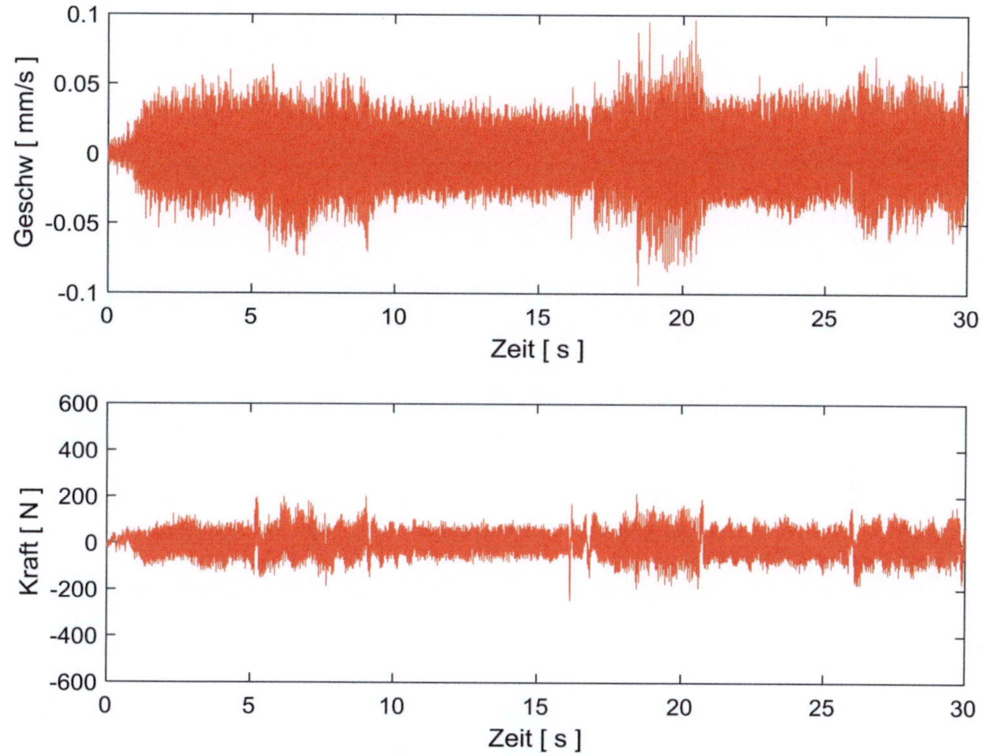

Abb. 9.13 Typische gemessene vertikale Schwinggeschwindigkeiten und daraus ermittelte vertikale dynamische Fundationskraft bei der Maschine Situation B am aktuellen Standort

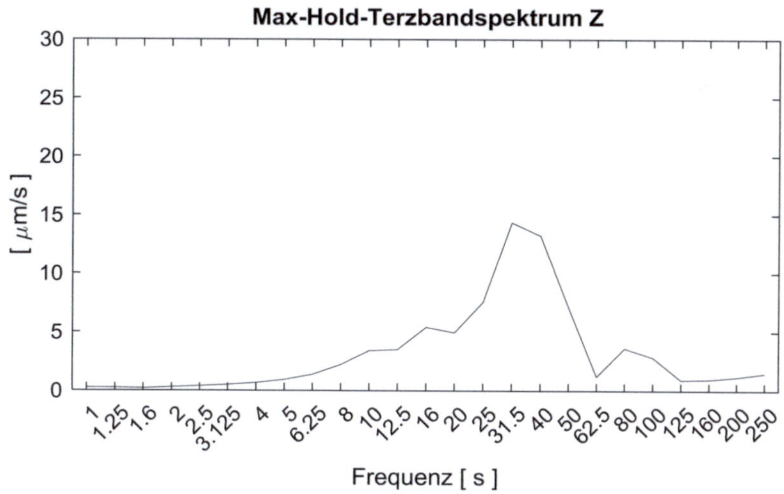

Abb. 9.14 Max-Hold-Terzbandspektrum der vertikalen Schwinggeschwindigkeiten bei der Maschine Situation A (Abb. 9.12)

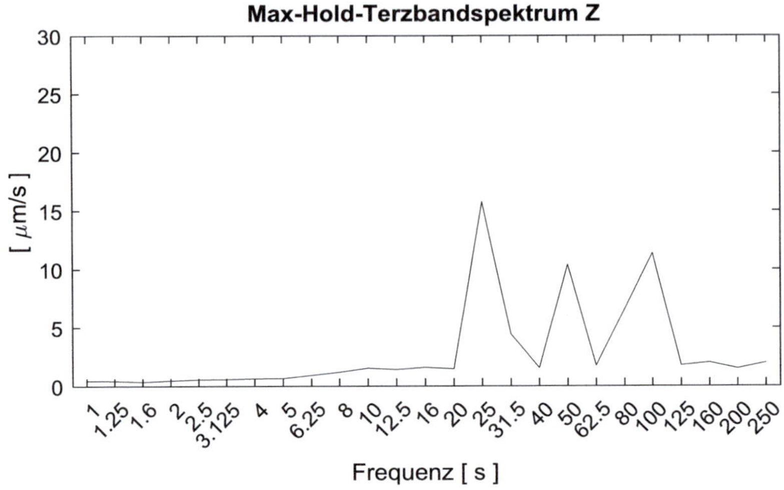

Abb. 9.15 Max-Hold-Terzbandspektrum der vertikalen Schwinggeschwindigkeiten bei der Maschine Situation B (Abb. 9.13)

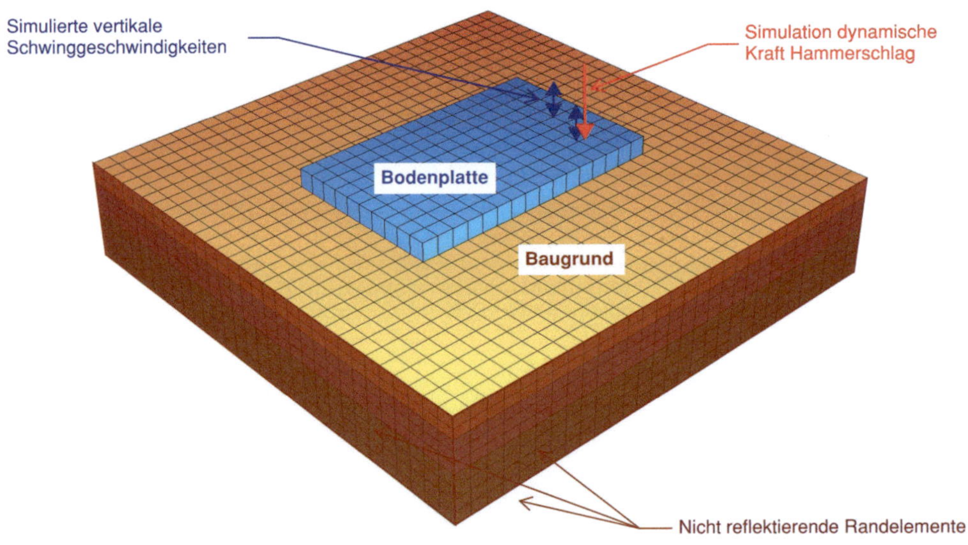

Abb. 9.16 Finite Element Modell Bodenplatte und Baugrund

gemessenen Erschütterungen für die Situationen A bzw. B gezeigt. In der Situation stimmen die Grössenordnungen der Amplituden der impulsartigen Erschütterungen gut überein. In der Situation B überschätzt die Prognose die Erschütterungen klar, dies ist auf die in der Simulation unterschätzte Admittanz der Bodenplatte im tiefferfrequenten Bereich zurückzuführen.

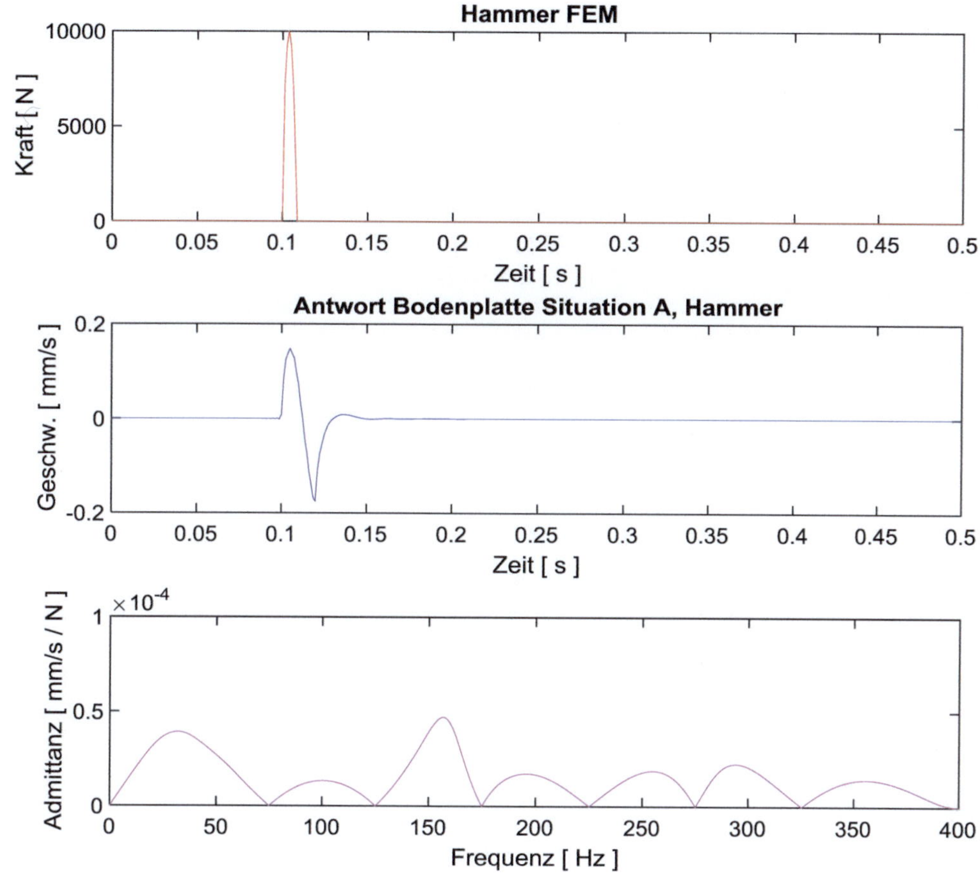

Abb. 9.17 Von oben nach unten: Simulierter Hammerschlag, zugehörige vertikale Schwinggeschwindigkeit der Bodenplatte und Admittanz bestimmt in der Situation A bei der Quelle

9.3 Schlussbemerkungen

Für die Prognosen von zu erwartenden Erschütterungen bei Produktionsbetrieben im Maschinenbau sind in einem ersten Schritt die Anforderungen an die Erschütterungsarmut zu ermitteln. Mangels Angaben von Maschinenherstellern können diese Anforderungen bei bestehenden Maschinen direkt durch Erschütterungsmessungen erfasst werden. Das Vorgehen bei der Signalverarbeitung analog zur Standortevaluation im Laborbau, basierend auf Max-Hold-Terzbandspektren, eignet sich sehr gut, um einen unteren zulässigen Grenzwert für die betrachtete Maschine zu erfassen. Durch Admittanzmessungen und Messungen der Schwinggeschwindigkeiten während typischen Produktionsprozessen am aktuellen Standort können die dynamischen Maschinenkräfte auf die Fundation abgeschätzt werden. Am geplanten Aufstellort kann bei Neubauten die Admittanz mit Hilfe

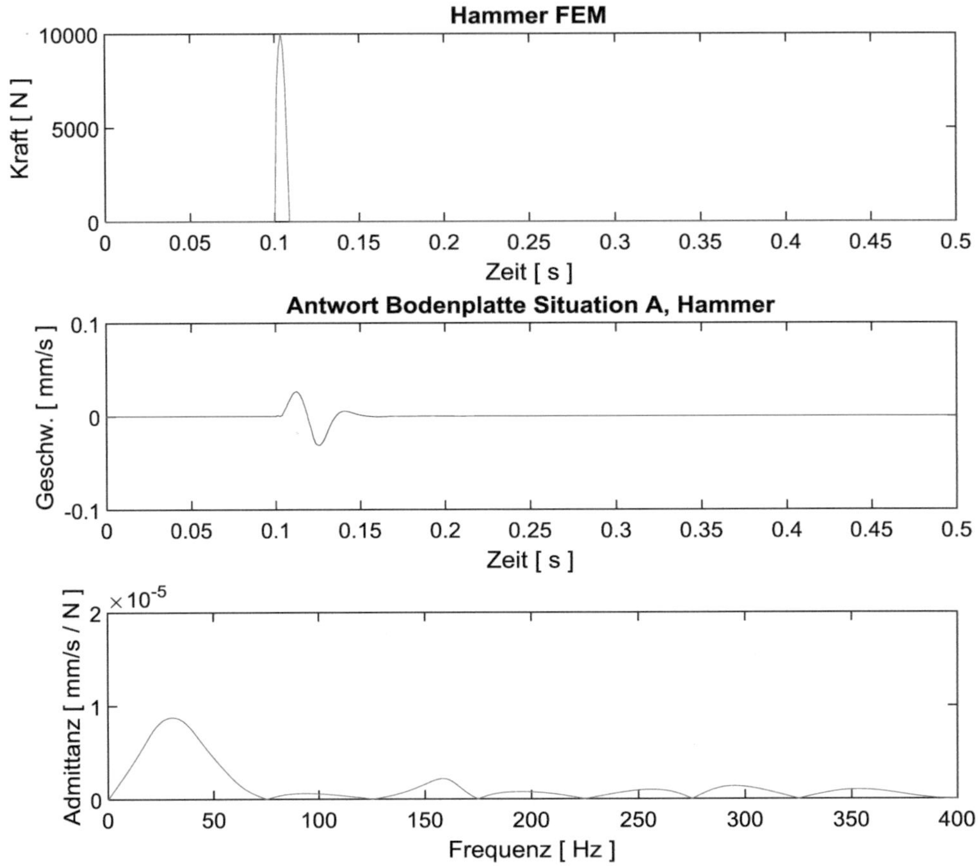

Abb. 9.18 Von oben nach unten: Simulierter Hammerschlag, zugehörige vertikale Schwinggeschwindigkeit der Bodenplatte und Admittanz bestimmt in der Situation A für einen Hammerschlag an der Quelle und die gemessene Schwinggeschwindigkeit beim Empfänger

von Finite Element Simulationen ermittelt werden während bei schon bestehenden Bauten dies sinnvollerweise gemessen wird. Zusammen mit der dynamischen Maschinenkraft kann die zu erwartende Schwinggeschwindigkeit am geplanten Standort prognostiziert und beurteilt werden.

Anhand eines Beispiels ist das Vorgehen exemplarisch vorgestellt worden. Die Admittanzmessung kurz nach Erstellung der Bodenplatte als auch die Erschütterungsmessung nach Inbetriebnahme der Halle zeigen, dass das Vorgehen eine verlässliche Prognose der zu erwartenden Erschütterungen ermöglicht.

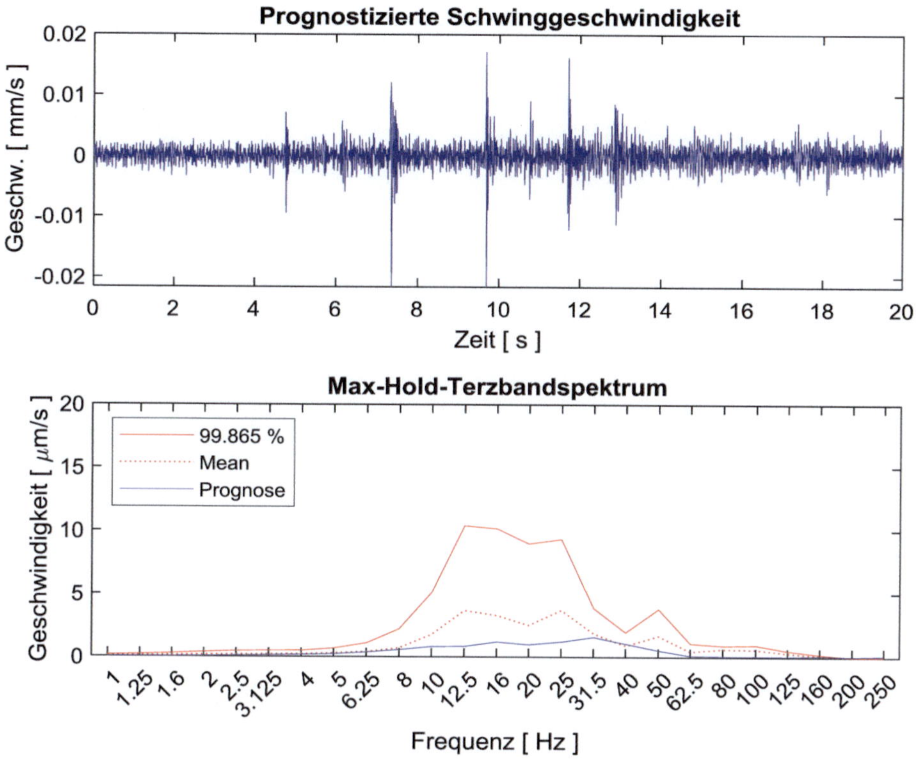

Abb. 9.19 Situation A: Prognostizierte Schwinggeschwindigkeit (oben) und Vergleich des Max-Hold-Terzbandspektrums der prognostizierten Schwinggeschwindigkeit mit den Anforderungen (rot ausgezogene Linie)

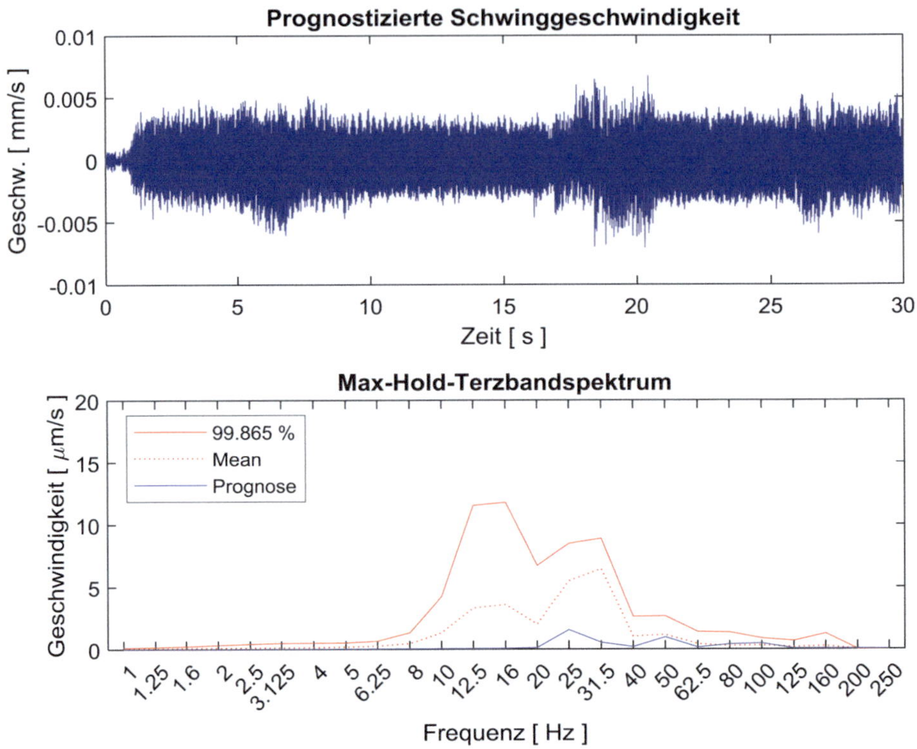

Abb. 9.20 Situation B: Prognostizierte Schwinggeschwindigkeit (oben) und Vergleich des Max-Hold-Terzbandspektrums der prognostizierten Schwinggeschwindigkeit mit den Anforderungen (rot ausgezogene Linie)

Abb. 9.21 Baustelle zum Zeitpunkt der Admittanzmessung

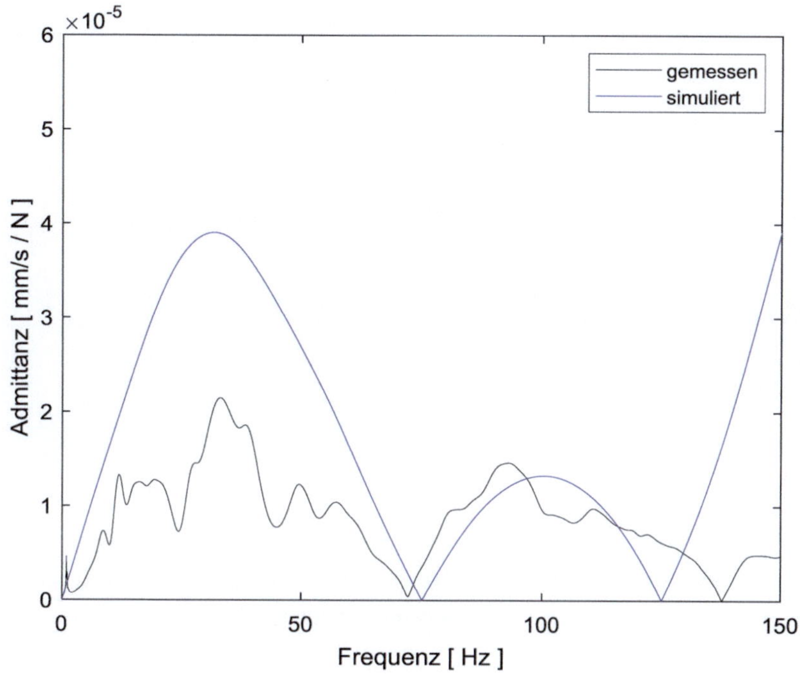

Abb. 9.22 Vergleich der gemessenen Admittanz und der mit der Finite Element Software ermittelten Admittanz für die Situation A

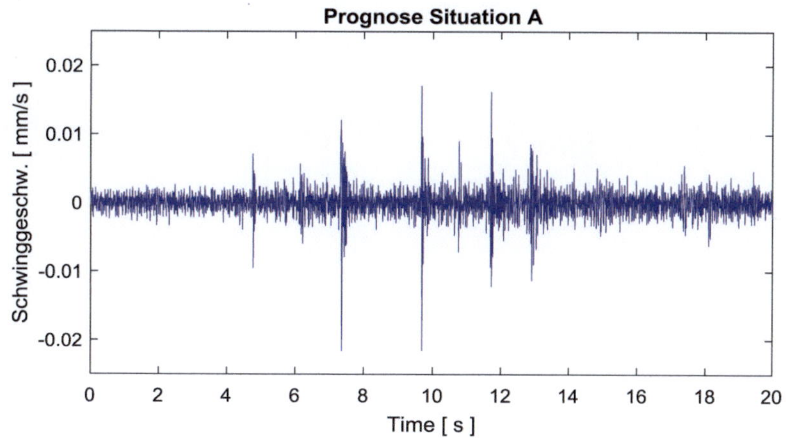

Abb. 9.23 Situation A: Prognostizierte vertikale Erschütterungen

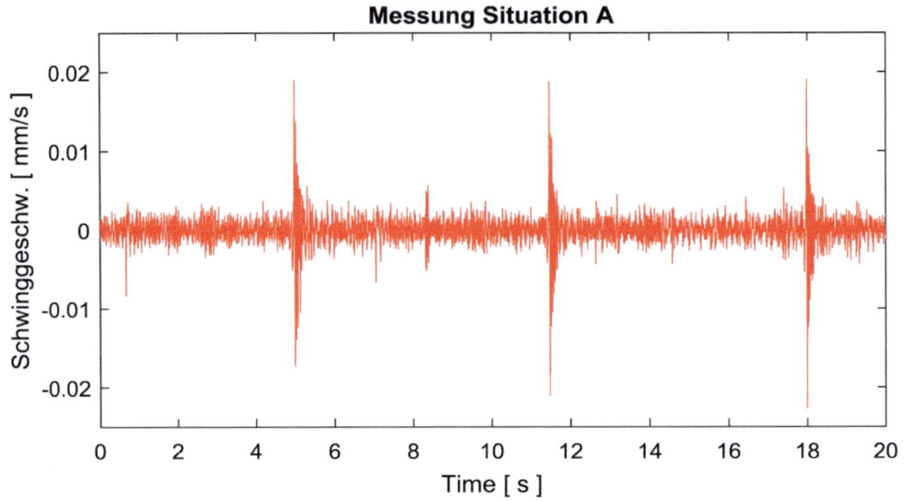

Abb. 9.24 Situation A: nach Inbetriebnahme gemessene vertikale Erschütterungen

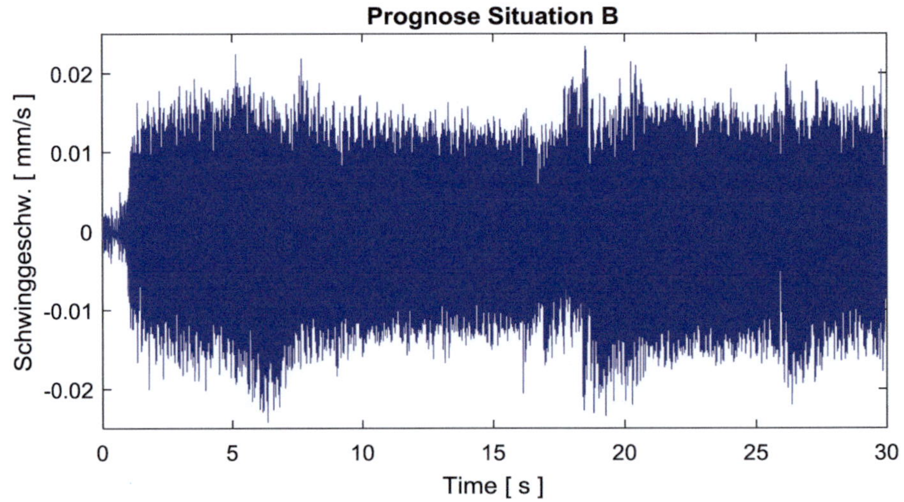

Abb. 9.25 Situation B: Prognostizierte vertikale Erschütterungen

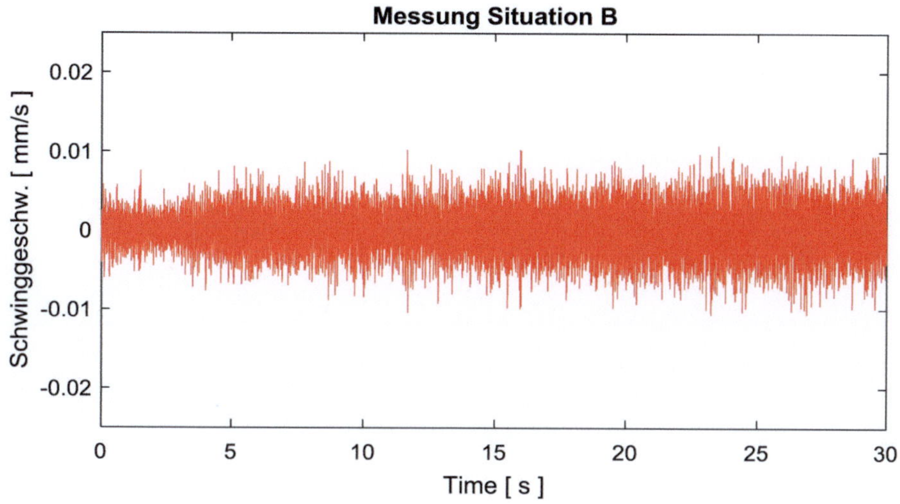

Abb. 9.26 Situation B: nach Inbetriebnahme gemessene vertikale Erschütterungen

Literatur

1. Studer J.A., Laue J., Koller M.G., (2008), Bodendynamik: Grundlagen, Kennziffern, Probleme und Lösungsansätze.

Baudynamische Aspekte beim Laborbau 10

Inhaltsverzeichnis

Diese Aufgabenstellung birgt viele Unbekannte und Risiken, nicht nur seitens Anforderungen an die Erschütterungen, sondern auch bezüglich Bauwerksverhalten und möglichen Erschütterungserzeuger. Ein möglichst frühes Miteinbeziehen eines Experten hilft, diese Risiken zu erkennen, zu quantifizieren und dies dem Bauherrn als Grundlage für weitere Planungsentscheide zur Verfügung zu stellen. Oft sind zu hohe Erwartungen und der Glaube, dass eine ingenieurtechnische Lösung (auch wenn sehr kostspielig) existiert, Gründe dafür, dass die Risiken bezüglich Gebrauchstauglichkeit spät erkannt werden und so einen grossen Mehraufwand generieren.

Ziel dieses Kapitels ist es, die relevanten Aspekte bei der Planung und Umsetzung von Laborbauten und immissionsreduzierenden Massnahmen in Erinnerung zu rufen, auf

A. Ziegler et al., *Bauwerksdynamik und Erschütterungsmessungen*, https://doi.org/10.1007/978-3-658-38022-9_10

Schwierigkeiten und Grenzen hinzuweisen und insbesondere die Unsicherheiten aufzuzeigen, die bei der Abschätzung der zu erwartenden Erschütterungen im Neubau mitberücksichtigt werden müssen.

10.1 Allgemeine Aspekte

Bereits in der frühen Planungsphase eines Gebäudes für erschütterungsempfindliche Nutzung sollten einige Aspekte bezüglich Erschütterungen mitberücksichtigt werden, u. a.:

- Die Anforderungen bezüglich Erschütterungen müssen als Erstes festgelegt werden, dabei ist zu beachten, dass es den absolut ruhigen Ort nicht gibt.
- Erschütterungsempfindliche Gerätschaften sollten möglichst weit entfernt von potenziellen Erschütterungsquellen platziert werden.
- Die bezüglich Erschütterungen ruhigsten Orte befinden sich im Allgemeinen auf dem Gebäudefundament (Bodenplatte).
- Den technischen Möglichkeiten für immissionsreduzierende Massnahmen sind physikalische Grenzen gesetzt.

Das Ablaufdiagramm in Abb. 10.1 stammt aus der Richtlinie VDI 2038 – Blatt 1 (Bild 3) [1] und zeigt die verschiedenen Elemente bei der baudynamischen Planung. Zuoberst steht die Festlegung der Anforderungen. Diese beeinflussen praktisch das gesamte Bauvorhaben und sollten entsprechend sorgfältig erarbeitet werden (siehe nächstes Kapitel). Die Ermittlung der Grundlagen und die Festlegung der Anforderung sollten sinnvollerweise durchgeführt werden, bevor ein Bauprojekt konkret wird (Vorstudien, strategische Planung). Als wichtigste Entscheidungsgrundlagen dienen die Prognosen der zu erwartenden Erschütterungen im zu erstellenden Gebäude (siehe Abschn. 10.4). In fast allen Phasen gewinnt man die Grundlagen mit entsprechenden Messungen vor Ort oder in vergleichbaren Situationen oder aber aus Erfahrung. Das Diagramm zeigt auch, dass mögliche Konsequenzen der Nichterfüllung der Anforderungen einschneidend sein können wie z. B. die Änderung des Standorts oder des gesamten Gebäudekonzepts. Die Prognosesicherheit bzw. deren Streuung ist zu diskutieren.

Die erschütterungsrelevanten Aspekte müssen bereits bei der Standortwahl mit Hilfe einer Standortevaluation (meist mit Messungen verbunden) berücksichtigt werden. Damit lassen sich mögliche Probleme vorzeitig erkennen.

Auch beim Raumkonzept und Tragwerkskonzept spielen die Erschütterungsaspekte eine entscheidende Rolle. Zwei Sachverhalte die häufiger anzutreffen sind:

- Platzierung der Gebäudetechnik im untersten Geschoss, wo es am wenigsten Erschütterungen gibt und somit bezüglich der Erschütterungen die ruhigsten Bedingungen zu finden wären.

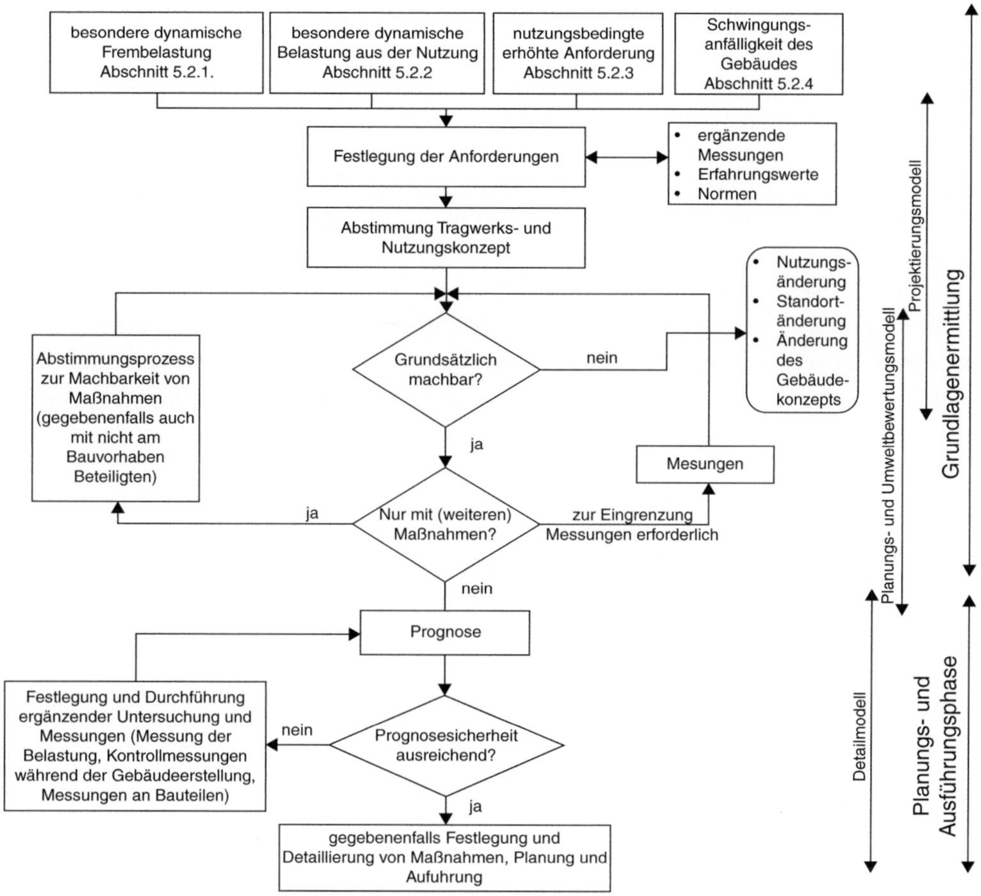

Abb. 10.1 Ablauf einer baudynamischen Planung (aus VDI 2038, Blatt 1, Bild 3 [1])

- Anhand anderer Kriterien festgelegter Stützenraster oder Bauhöhen der Geschossdecken. Beides hat Einfluss auf das Schwingverhalten der Decken und kann mögliche immissionsreduzierende Massnahmen wie z. B. die lokale elastische Lagerung eines Mikroskops limitieren oder gar unmöglich machen.

Werden zu Beginn die falschen Entscheidungen getroffen, dann werden unter Umständen unnötigerweise Randbedingungen geschaffen, die kostspielige Massnahmen oder sogar die Infragestellung der Gebrauchstauglichkeit nach sich ziehen.

Auch das Nutzungskonzept (zeitliche Aufteilung der Nutzung) wird von erschütterungsrelevanten Aspekten beeinflusst. Mit einem geeigneten Nutzungskonzept lassen sich allenfalls kostspielige Massnahmen oder Einschränkungen beim Raum- und Tragwerkskonzept vermeiden. Als Beispiel sei hier die Pumpe einer Sprinkleranlage erwähnt, die zu Wartungszwecken zweimal pro Jahr während einigen Minuten in Betrieb genommen werden muss. Werden die Nutzer richtig informiert und lassen sich erschütterungsempfindliche Abläufe betrieblich entsprechend steuern, kann auf eine immissionsreduzierende Massnahme bei der Pumpe und sämtlicher Zu- und Ableitungen verzichtet werden.

Oftmals ist es nicht wirtschaftlich und auch nicht notwendig, die strengsten Anforderungen im gesamten Gebäude zu erfüllen. Es sollten daher Bereiche unterschiedlicher Anforderungen definiert und ein entsprechendes Massnahmenkonzept erarbeitet werden. Sind nur vereinzelte Geräte erschütterungsempfindlich, sind lokale Massnahmen beim Gerät sinnvoll. Allerdings müssen dazu die Voraussetzungen geschaffen werden, dass eine lokale Massnahme auch ausgeführt werden kann (genügend Platz, ausreichend hohe Eigenfrequenzen der Geschossdecken, etc.). Sind hingegen viele empfindliche Geräte auf engem Raum vorgesehen, ist es unter Umständen einfacher, den gesamten Raum immissionsreduziert auszuführen (z. B. elastisch gelagerter Boden). Allerdings kann dann die Begehung der gelagerten Platte zu Problemen führen.

Standortwahl, Raumkonzept, Tragwerkskonzept, Nutzungskonzept und Massnahmenkonzept müssen aufeinander abgestimmt sein. Hierzu braucht es die Zusammenarbeit aller Beteiligten. Die Aufgabe des Baudynamikers besteht darin, die relevanten Aspekte zu benennen, aufzubereiten und die Planer und Bauherren über Möglichkeiten und Risiken zu informieren.

Es sei an dieser Stelle erwähnt, dass beim Laborbau, insbesondere bei Labors mit sehr hohen Anforderungen aufgrund der sehr spezialisierten Nutzung kaum normative Richtlinien existieren. Die für die Bearbeitung der Erschütterungsproblematik anzuwendenden Verfahren sind daher projektspezifisch zu entwickeln.

10.2 Anforderungen

Ein meist unterschätzter Aspekt bei der Planung von Laborbauten ist die Festlegung der Anforderungen bezüglich maximal zulässiger Erschütterungen. Dies ist grundsätzlich die Aufgabe des Bauherrn, wobei jedoch die Unterstützung durch den Baudynamiker oft nötig ist. Zur Definition der Anforderungen sind ein profundes Verständnis der dynamischen Vorgänge im erschütterungsempfindlichen Gerät und genaue Kenntnisse der Mess- und Auswerteverfahren erforderlich.

Die Angabe der Anforderungskriterien basiert auf physikalischen Grössen wie z. B. Schwinggeschwindigkeit oder Beschleunigung. Im Gegensatz zu anderen Anforderungen wie z. B. für die Raumtemperatur oder die statische Deckendurchbiegung ist bei den Erschütterungen die Angabe eines einzuhaltenden Maximalwerts nicht ausreichend. Es sind Angaben zum Frequenzbereich erforderlich und es bedarf einer klaren Definition, wie die zu beurteilende Grösse zu bestimmen ist. Leider sind diese Angaben in Gerätespezifikationen oftmals nicht oder nur ungenügend vorhanden.

Bei einer Messung sind die Abtastfrequenz und die Dauer einer Aufzeichnung entscheidende Parameter: Ist die Abtastrate zu tief, deckt die Messung eventuell nicht den gesamten relevanten Frequenzbereich ab. Ist die Dauer der Messung zu kurz, wird die

Frequenzauflösung schlecht. Auch der Ort, wo die Anforderungen einzuhalten sind, muss definiert sein. Die Anforderungen sollten am besten an der Schnittstelle zwischen Bauwerk und Gerät definiert werden (unterhalb allfälliger immissionsreduzierenden Massnahmen wie geräteinterne Federn oder vorgegebenen Schwingungstischen).

Es sind genaue Angaben zu machen, wie die gemessenen Signale verarbeitet werden müssen. Dies betrifft die Angabe von zu verwendenden Filtern, Angaben zur Transformation in den Frequenzbereich (u. a. Länge des Zeitfensters oder Mittelungsdauer, Fensterfunktionen, Frequenzauflösung) und Angaben zur Mittelwertbildung (u. a. arithmetischer Mittelwert, energetischer Mittelwert, Max-Hold). Je nach Auswerteverfahren ergeben sich unterschiedliche Resultate, die bis zu einem Faktor 5 voneinander abweichen (siehe Abschn. 10.3).

Im Weiteren sind die Anforderungen prinzipiell gerätespezifisch. Auch hier gibt es Schwierigkeiten: Oftmals ist gar nicht bekannt, welche empfindlichen Gerätschaften in Zukunft eingesetzt werden. Sind die Geräte spezifiziert, können die Angaben der Gerätehersteller ungenügend oder unrealistisch sein. Je nach Eigenschaft des Geräts (Eigenfrequenzen, Dämpfung, etc.) und durchzuführender Prozess (Dauer, einmalig oder repetitiv, etc.) sind ganz unterschiedliche Erschütterungsarten (impulsartig oder kontinuierlich) störend. Entsprechend muss das Auswerteverfahren für die Erschütterungsmessungen angepasst werden. Da meist nur der Hersteller über die notwendigen Kenntnisse verfügt, sollte prinzipiell er die erforderlichen Angaben zu Mess- und Auswerteverfahren bereitstellen.

Dies illustriert das folgende Beispiel: Man betrachtet ein erschütterungsempfindliches Gerät (z. B. Mikroskop) vereinfacht als Zweimassen-Schwinger mit entsprechenden Massen (M_1, M_2), Eigenfrequenzen (f_{res1}, f_{res2}) und Dämpfungskonstanten (ξ_1, ξ_2), wie in Abb. 10.2 dargestellt.

Untersucht werden zwei unterschiedliche Fälle der geräteinternen Dämpfung ξ_2 (stark und schwach gedämpft). Es wird die für eine äussere Störung für den Gerätenutzer relevante Relativverschiebung $x_1 - x_2$ (zwischen Objektiv und Objekt) für einen kurzen Puls und für eine längere Störung berechnet. Die Zeitverläufe sind in Abb. 10.3 mit den zugehörigen Terzbandspektren mit unterschiedlichen Mittelungszeiten dargestellt. In Abb. 10.4 ist die Relativverschiebung für die vier untersuchten Fälle dargestellt. Betrachtet man die Terzbandspektren der beiden unterschiedlichen Anregungen z. B. für eine Mittelungszeit von 1 Sekunde, so sind die Unterschiede in den Amplituden zwischen den beiden Fällen gross. Vergleicht man nun die Relativverschiebungen der beiden unter-

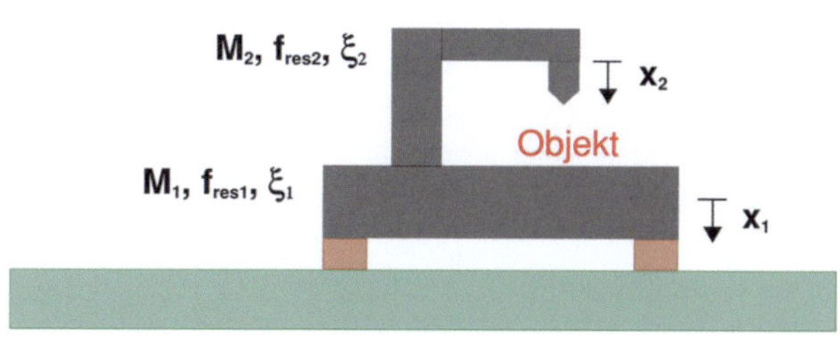

Abb. 10.2 Vereinfachtes System, als Zweimassenschwinger idealisiert

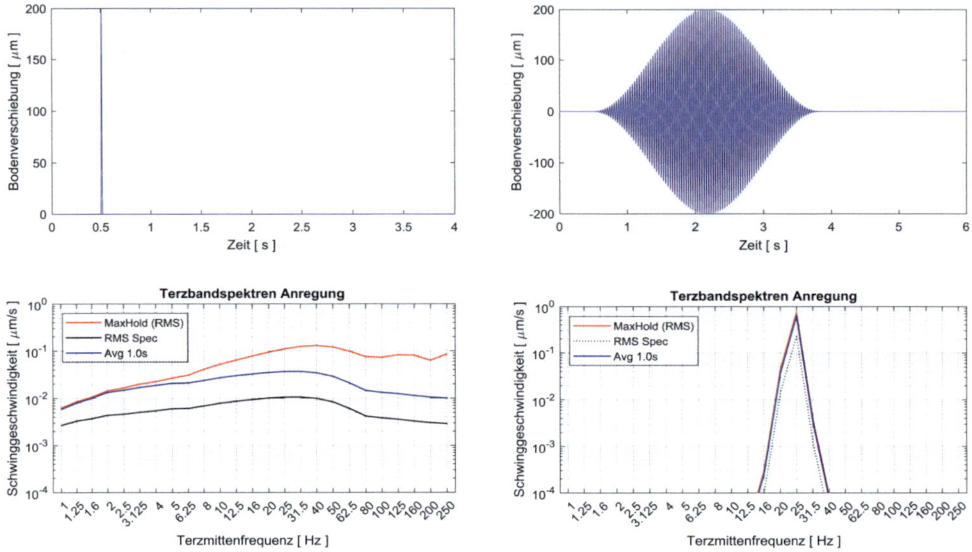

Abb. 10.3 Anregung des Systems mit kurzem Puls (links) und mit langen Puls mit definierter Hauptfrequenz (rechts) und die zugehörigen Terzbandspektren

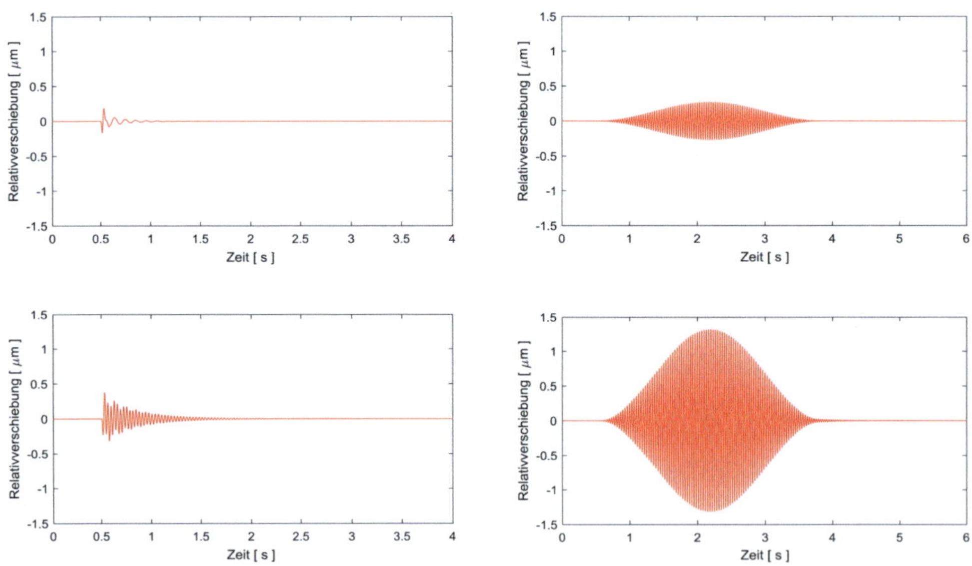

Abb. 10.4 Relativverschiebung zwischen Objektiv und Objekt links für den kurzen und rechts für den langen Puls – oben jeweils für eine hohe interne Dämpfung und unten für ein schwach gedämpftes System

schiedlichen Anregungen für den Fall eines stark gedämpften internen Systems, dann sind die Unterschiede in den Amplituden der Relativverschiebung klein, während sie im schwach gedämpften Fall gross sind.

Das Beispiel zeigt eindrücklich, dass die Wahl der Länge der Mittelungszeit für die Ermittlung der relevanten Terzbandspektren bei einer Standortbestimmung sowie das interne mechanische Verhalten des erschütterungsempfindlichen Gerätes miteinbezogen werden müssen. Letzteres ist jedoch lediglich dem Hersteller des Gerätes zugänglich.

Ein wichtiger Aspekt ist die Häufigkeit, mit der die verschiedenen Störungen auftreten. Wird der Output des Geräts durch Mittelung über eine Vielzahl von reproduzierbaren kurzzeitigen Ereignissen generiert, so spielt ein einzelnes kurzzeitiges Störsignal meist keine wesentliche Rolle oder wird als Ausreisser bei der Auswertung gar nicht berücksichtigt. Hingegen kann ein zu häufiges Auftreten der Störung einen sinnvollen Betrieb des Geräts unmöglich machen. Wird der Output des Geräts durch Aneinanderreihen von einzelnen Messungen generiert (Bsp. Bildaufbau oder Film von zeitlichen Prozessen), so ist bereits ein einzelnes Störereignis nicht erwünscht und kann zu Fehlinterpretationen führen. Es hängt somit von den Abläufen der Laborarbeiten und Prozessen der Geräte ab, bei welcher Häufigkeit von Störereignissen ein reibungsloser Betrieb gewährleistet werden kann. Angaben über die Häufigkeit gehören ebenfalls zur Definition der Anforderung und müssen wiederum von Seiten des Bauherrn oder Nutzers festgelegt werden.

Aus diesen Ausführungen geht hervor, dass es für die Festlegung der Anforderungen – wenn nicht durch Herstellerangaben der spezifizierten Geräte klar definiert – meist Fachkräfte bedarf. Oftmals sind Messungen bei baugleichen Gerätschaften erforderlich, um überhaupt Anforderungen für die projektierten Räumlichkeiten zu definieren. Neben dem Mess- und Auswerteverfahren müssen bei einer solchen Vergleichsmessung auch die vorhandene Bausubstanz und die Bodeneigenschaften am Standort bei der Interpretation der Resultate berücksichtig werden. Je nach Situation können durch eine Vergleichsmessung zu konservative Anforderungen resultieren.

Zur Definition der Anforderungen werden häufig die ursprünglich von Gordon und Ungar vorgeschlagen und stetig weiterentwickelten VC-Klassen (siehe Abb. 10.5, aus [2]) herangezogen. Neben der Angabe einer bestimmten VC-Klasse muss zusätzlich definiert werden, welche Arten von Ereignissen zu berücksichtigen sind und wie diese ausgewertet werden müssen.

Zusammenfassend kann festgehalten werden, dass es bei der Festlegung der Anforderungen mehr bedarf als nur der Angabe eines einzuhaltenden Grenzwerts oder einer VC-Klasse. Folgende Angaben sollten seitens Bauherrn/Gerätehersteller klar definiert werden:

- Grenzwert mit Angabe der Frequenz (auch in spektraler Form, klare Definition der Einheiten)
- Klare Angaben zu Messverfahren: Messdauer, Abtastrate

Criterion Curve	Amplitude[1] µm/s (µin/s)	Detail size[2] µm	Description of use
Workshop (ISO)	800 (32 000)	N/A	Distrinctly perceptible vibration. Appropriate to workshops and nonsensitive areas.
Office (ISO)	400 (16 000)	N/A	Perceptible vibration. Appropriate to offices and nonsensitive areas.
Residential day (ISO)	200 (8 000)	75	Barely perceptible vibration. Appropriate to sleep areas in most instances. Usually adequate for computer equipment, hospital recovery rooms, semiconductor probe test euipment, and mircroscopes less than 40x.
Operating theatre (ISO)	100 (4 000)	25	Vibration not perceptible. Suitable in most instances for surgical suites, microscopes to 100x and for other equipment of low sensitivity.
VC-A	50 (2 000)	8	Adequate in most instances for optical microscopes to 400x, microbalances, optical balances, proximity and projection aligners, etc.
VC-B	25 (1 000)	3	Appropriate for inspection and lithography equipment (including steppers) to 3 µm line widths.
VC-C	12.5 (500)	1 – 3	Appropriate standard for optical microscopes to 100x, lithography and inspection equipment (including moderately sensitive electron microscopes) to 1 µm detail size, TFT-LCD stepper/scanner processes.
VC-D	6.25 (250)	0.1 – 0.3	Suitable in most instances for demanding equipment, including many electron microscopes (SEMs and TEMs) and E-Beam systems.
VC-E	3.12 (125)	< 0.1	A chellenging criterion to achieve. Assumed to be adequate for the most demanding of sensitive systems including long path, laser-based, small target systems, E-Beam lithography systems working at nanometer scales, and other systems requiring extraordinary dynamic stability.
VC-F	1.56 (62.5)	N/A	Appropriate for extremely quiet research spaces: generally difficult to achieve in most instances, especially cleanrooms. Not recommended for use as a design criterion, only for evaluation.
VC-G	0.78 (31.3)	N/A	Appropriate for extremely quiet research spaces; generally difficult to achieve in most instances, especially cleanrooms. Not recommended for use as a design criterion, only for evaluation.

[1]As measured in one-third octave bands of frequency over the frequency range 8 to 80 Hz (VC-A and VC-B) or 1 to 80 Hz (VC-C through VC-G).

[2]The detail size refers to line width in the case of microelectronics fabrication, the particle (cell) size in the case of medical and pharmaceutical research, etc. It is not relevent to imaging associated with probe technologies, AFMs, and nanotechnology.

The information given in this table is for guidance only. In most instances, it is recommended that the advice of someone knowledgeable about applications and vibration requirements of the equipment and processes be sought.

Abb. 10.5 VC-Klassen nach [2]

- Klare Angaben zu Auswerteverfahren je Ereignistyp: Filtern, Angaben zur Transformation in den Frequenzbereich sowie Länge des Zeitfensters, Fensterfunktionen, Frequenzauflösung, Angaben zur Mittelwertbildung wie arithmetischer Mittelwert, energetischer Mittelwert, Max-Hold (inkl. Definition)
- Angaben zu zulässigen Häufigkeiten

10.3 Erschütterungsquellen

10.3.1 Externe Quellen

10.3.1.1 Verkehr

Die Entfernung des Grundstückes zu Verkehrsflächen ist leicht aus Plänen (z. B. GIS) ersichtlich. Schienen- und LKW- bzw. Busverkehr stellen hier die grössten Erschütterungsquellen dar. Die Immissionen können direkt durch Messungen erfasst werden. Um einen aussagekräftigen Überblick über die Grösse und Charakteristik der Erschütterungsimmissionen zu erhalten, sollte mindestens während einer Zeitdauer von 24 Stunden gemessen werden, je nach Anforderung auch länger. Bei Schienenverkehrsanlagen ist wichtig, dass auch die Stosszeiten erfasst werden. Zu diesen Zeiten sind oft auch ältere Fahrzeuge im Einsatz, welche mehr Emissionen verursachen können.

Als Beispiel sind in Abb. 10.6 die gemessenen vertikalen Schwinggeschwindigkeiten einer Zugdurchfahrt im Frei-Feld abgebildet. Abb. 10.7 zeigt die zugehörigen Terzbandspektren mit unterschiedlichen Zeitfenstern der Mittelung. Als Zeitfenster für die Mittelung werden Fenster mit Längen 0.5 s bis 16 s über das Signal gelegt, in definierten Schritten von Anfang zum Ende verschoben und innerhalb dieses Zeitfensters das Mittelwert Terzbandspektrum gebildet. Zwischen dem beiden Extremwerten (RMS- und Max-Hold-Spektrum) liegt in diesem Beispiel der Faktor 5, oder 2 ½ VC-Klassen. Bei breiterer Verteilung der Erschütterungsenergie im Spektrum kann dieser Faktor auch deutlich höher liegen.

Die Erschütterungen aus dem Verkehr weisen typischerweise ihre Energiemaxima in einem Frequenzbereich auf, in welchem sich auch die Eigenfrequenzen von Geschossdecken befinden.

Betreffend zukünftiger Entwicklung muss immer auch daran gedacht werden, dass das Schienennetz (neue Gleise, Einbau von Weichen, etc.), das Rollmaterial sowie die Trassen (Strasse und Schiene) einer zeitlichen Veränderung unterworfen sind, welche typischerweise kaum kontrollierbar ist.

10.3.1.2 Nachbarn und mögliche zukünftige Nachbarn

Sind auf den Nachbargrundstücken erschütterungsintensive Nutzungen vorhanden, so sind diese frühzeitig zu erfassen. Neben der Erschütterungsmessung auf dem Grundstück selber empfiehlt es sich auch, das Gespräch mit den Anrainern zu suchen, da es durchaus möglich ist, dass während der zeitlich begrenzten Messperiode gewisse Gerätschaften, die

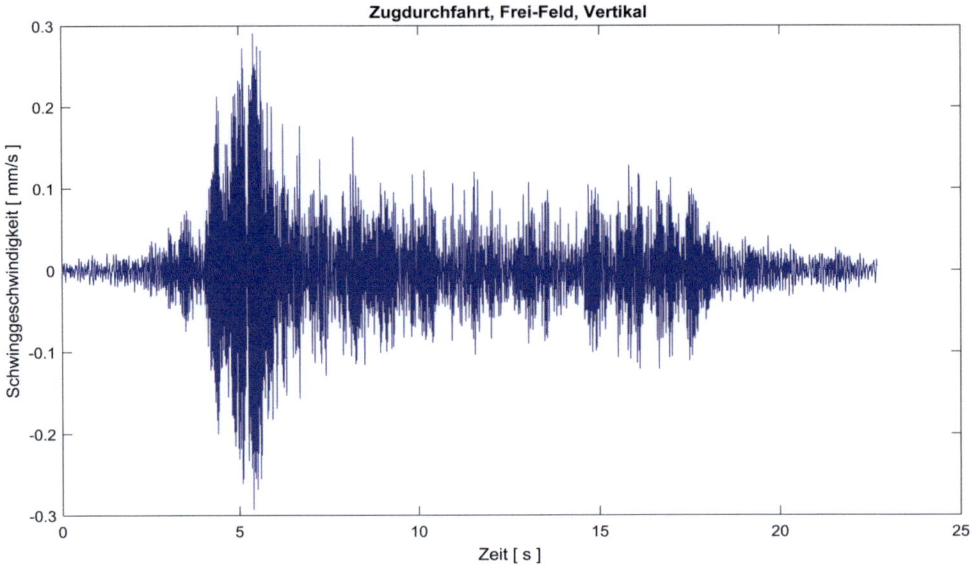

Abb. 10.6 Vertikale Erschütterungen einer Zugdurchfahrt, gemessen im freien Feld

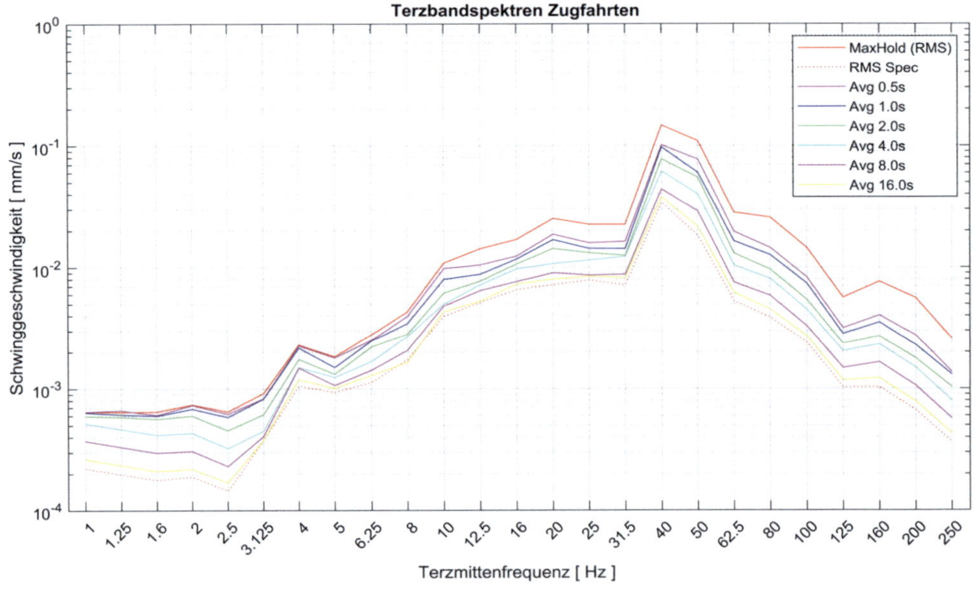

Abb. 10.7 Terzbandspektren des in Abb. 10.6 gezeigten Signales mit unterschiedlichen Mittelungszeiten

sich später als störend erweisen könnten, nicht erfasst werden. Insbesondere in Gewerbegebieten ist die Thematik mit erhöhter Aufmerksamkeit abzuklären. Als mögliche Quellen sind insbesondere Beton- und Kieswerke, Schrottplätze, Maschinenbaubetriebe mit Stanzwerkzeugen, grosse Motorenprüfstände, Kraftwerke, Pumpen etc. zu berücksichtigen.

Als Beispiel sind in Abb. 10.8 gemessene vertikale Schwinggeschwindigkeiten auf einem Gelände abgebildet. Es handelt sich dabei um die Erschütterung infolge eines Stanzbetriebes in ca. 100 m Entfernung. Abb. 10.9 zeigt die zugehörigen Terzbandspektren mit unterschiedlichen Zeitfenstern der Mittelung. Zwischen den beiden Extremwerten (RMS- und MaxHold-Spektrum) liegt in diesem Beispiel der Faktor 2, somit bei einer VC-Klasse.

Um ein umfassendes Bild der Erschütterungen vor Ort zu erhalten, sind Messungen von mindestens 24 Stunden empfehlenswert besser jedoch über mehrere Tage.

Sind die Nachbargrundstücke nicht bebaut oder findet in Zukunft eine Nutzeränderung statt, so ist dies in der Planung des eigenen Labors zu berücksichtigen, weil das Risiko besteht, dass eine erschütterungsintensive Nutzung in Zukunft die eigenen Arbeiten stören könnte. Rechtlich besteht kein Anrecht auf erhöhte Ruhe in der eigenen Parzelle, nur weil man selbst auf diese angewiesen ist.

Werden Erschütterungsmessungen zur Beurteilung des Standortes durchgeführt, so sind folgende Aspekte bei der Wahl der Lage und der Anzahl der notwendigen Messpunkte zu berücksichtigen:

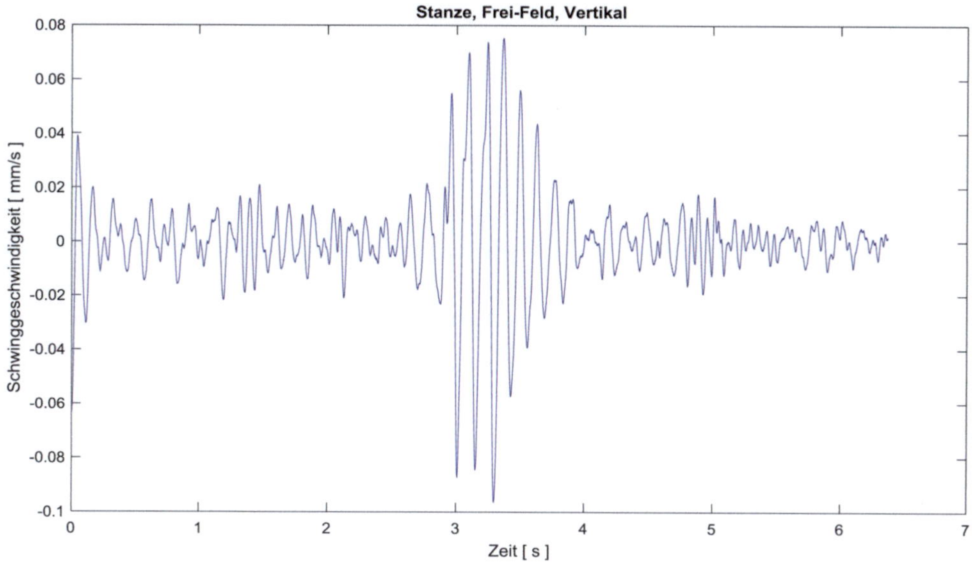

Abb. 10.8 Vertikale Erschütterungen infolge einer Stanze in ca. 100 m Entfernung, gemessen im freien Feld

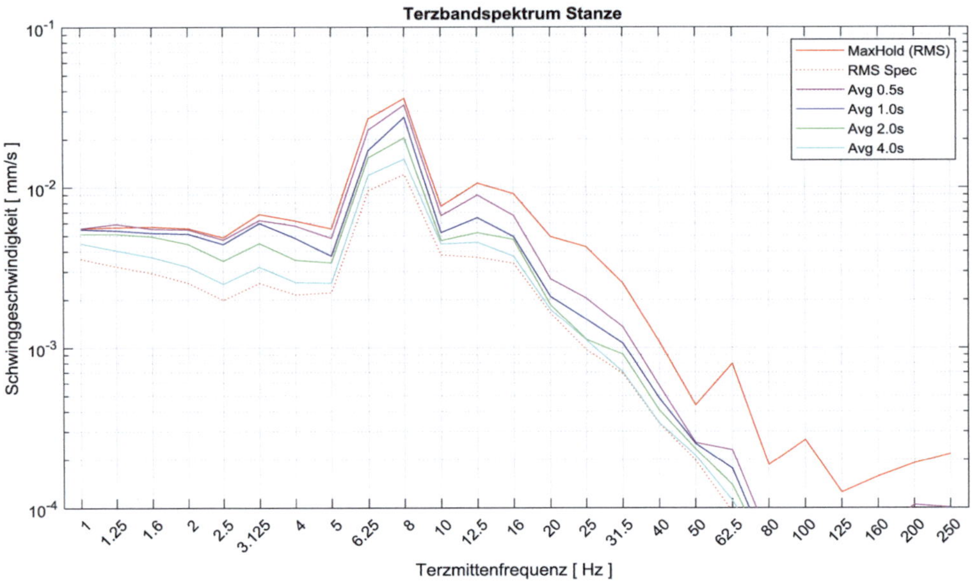

Abb. 10.9 Terzbandspektren des in Abb. 10.8 gezeigten Signales mit unterschiedlichen Mittelungszeiten

- Erschütterungen sind zeitlich und örtlich variable Felder von Teilchenbewegungen in den drei Raumrichtungen. Die verschiedenen vorhanden Erschütterungsquellen, die Reflexionen und Streuungen der Wellen an Flächen mit mechanischen Impedanzunterschieden (geologische Schichten, angrenzende Gebäude, …) führen zu konstruktiven und destruktiven Interferenzen im betrachteten Feld. Dies führt örtlich zu entsprechend höheren oder geringeren Erschütterungsamplituden.
- Messungen sind zeitlich zwar kontinuierlich möglich, örtlich (in der Fläche und in der Tiefe) können jedoch nur wenige einzelne Punkte erfasst werden. Es gibt somit eine Unsicherheit dahingehend, ob wirklich die maximalen Amplituden gemessen werden.
- Bezüglich des Bodenaufbaus sind insbesondere Schichtungen mit grossen Impedanz unterschieden bezüglich der Erschütterungsausbereitung sorgfältig zu beurteilen.

Es ist auch möglich, dass während der Nutzungszeit des Gebäudes Bauarbeiten auf den Nachbarparzellen oder an der angrenzenden Verkehrsinfrastruktur durchgeführt werden.

10.3.1.3 Wind

Wind ist ein stochastisches Ereignis und somit nur mit statistischen Verteilungen beschreibbar. Wind wirkt im Wesentlichen horizontal auf ein Gebäude ein und regt dieses turbulenzbedingt zu horizontalen Schwingungen an. Erhöhte Aufmerksamkeit ist dieser Erschütterungsquelle insbesondere dann zu schenken, wenn die Labors in den oberen Geschossen von hohen schlanken Gebäuden angeordnet werden. Da die Erschütterungen im Gebäude mit zunehmender Höhe zunehmen, sind erschütterungsempfindliche Bereiche in der Regel in den Untergeschossen oder in den unteren Geschossen eines Hochhauses anzuordnen.

10.3.2 Interne Quellen

Interne Quellen kann man in der Regel direkt kontrollieren.

10.3.2.1 Nutzung des Gebäudes durch Personen

Gehende Personen haben in der Regel Schrittfrequenzen um 2 Hz. Beim Auslegen des Tragwerkes ist darauf zu achten, dass die Eigenfrequenzen der Decken mindestens dem 6 oder eher 7-fachen der Schrittfrequenz entsprechen, damit die Struktur nicht in ihrer Eigenfrequenz angeregt wird. Zur Illustration sind in Abb. 10.10 die vertikale Schwinggeschwindigkeit auf einer Decke mit der tiefsten Eigenfrequenz grösser als 25 Hz abgebildet, wenn eine Person 2 Meter vom Sensor entfernt vorbei geht. Zu erkennen sind die Impulse der Fussauftritte ca. alle 0.5 Sekunden. Zwischen den Auftritten klingt die Schwingung sehr schnell wieder ab. Es findet keine Aufschaukeln statt. In Abb. 10.11 sind die vertikalen Schwinggeschwindigkeiten auf einer Decke mit 8.1 Hz Eigenfrequenz dargestellt, wenn eine Person mit 2 Hz 1 Meter neben dem Sensor vorbei geht. Klar zu erkennen ist das Aufschaukeln der Decke. Die effektive Amplitude der Erschütterung ist stark von der Dämpfung der Struktur abhängig. Diese ist per se nicht bekannt und kann nur konservativ abgeschätzt werden.

Neben dem Resonanzproblem können auch die Erschütterungen der einzelnen Impulse der Fussauftritte massgebend sein. Die effektive Amplitude dieser Erschütterungen ist abhängig von der Masse der Person, der Beschaffenheit des Schuhwerkes, der Art des Bodens, der Steifigkeit und der Masse der Decke.

Oft werden kleine Transportwagen mit Lasten oder Palettenrollis durch die Gänge geschoben. Deren Anregung ist kaum bekannt. Es gilt, solche Anregungen durch fugenfreie Oberflächen und Wagen mit weichen Rädern (Luftreifen) zu minimieren. Emissionen von

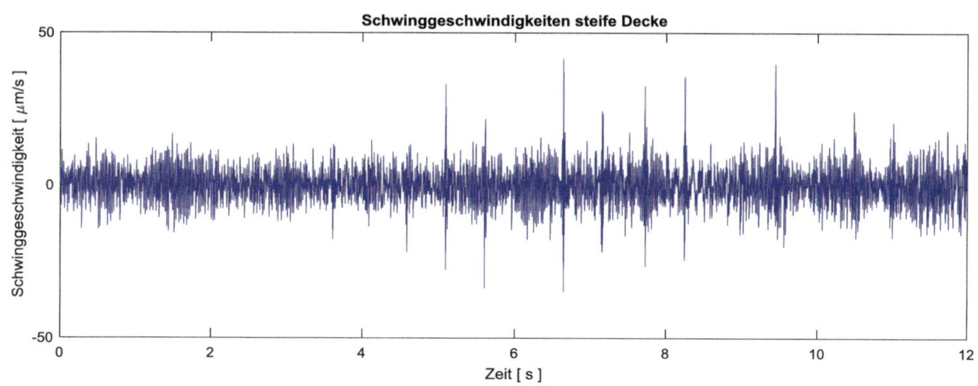

Abb. 10.10 Schwinggeschwindigkeiten einer steifen Decke (Eigenfrequenz grösser als 25 Hz), wenn eine Person 2 Meter neben dem Sensor vorbei geht

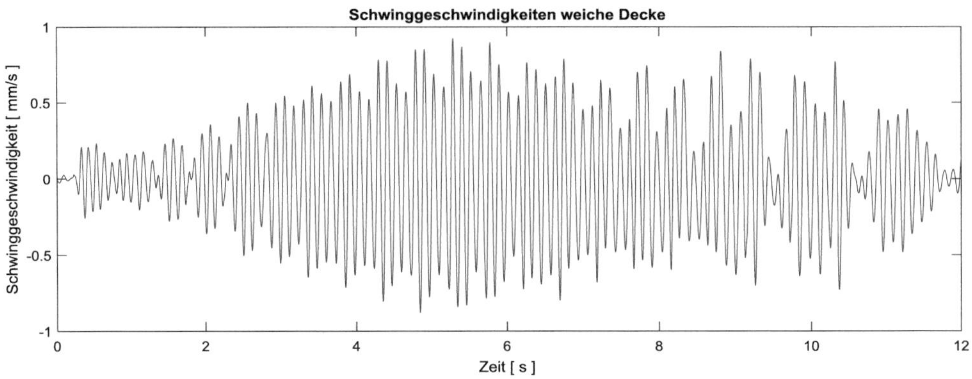

Abb. 10.11 Schwinggeschwindigkeiten einer weichen Decke (8.1 Hz Eigenfrequenz), wenn eine Person 1 Meter neben dem Sensor vorbei geht

Tiefgaragen und Anlieferungen und weitere Quellen wie das Zuschlagen von Türen, Fenstern, und Schubladen oder sich setzende Personen sind zu beachten.

10.3.2.2 Haustechnikanlagen

Für die erschütterungsempfindlichen Geräte können insbesondere Haustechnikanlagen, welche auf oder unter derselben Decke montiert sind, störend sein. Folgende Anlagen sind beispielsweise zu betrachten:

- Umluftkühler
- Ventilatoren
- Kompressoren (Kälte und Druckluft)
- Grosse Pumpen
- Medienführende Leitungen
- Notstromaggregate
- Lift- und Hebeanlagen
- …

Im Prinzip können die dynamischen Kräfte der einzelnen Anlagen problemlos an vergleichbaren Anlagen ermittelt oder anhand gegebener Unwuchtgüten abgeschätzt werden. Es stellt sich aber sehr oft die Problematik, dass die tatsächlich einzubauenden Anlagen erst dann bekannt sind, wenn die Auftragsvergabe an den entsprechenden Unternehmer abgeschlossen ist, also oftmals erst nach Fertigstellung des Rohbaus.

10.3.2.3 Erschütterungsintensive Laborgeräte

Bei Laborarbeiten werden oftmals auch Geräte benötigt, welche als Erschütterungserzeuger zu bezeichnen sind. So emittieren Kühlaggregate, Zentrifugen, Laborrüttler und dergleichen Erschütterungen, welche auf empfindliche Geräte störend sein können.

10.4 Erschütterungsprognosen

10.4.1 Externe Quellen

10.4.1.1 Umbegeungserschütterungen

Die Prognose der zu erwartenden Erschütterungen auf den Deckenfeldern infolge der Umgebungserschütterungen ist mit erheblichen Unsicherheiten verbunden. Zwei unterschiedliche Ansätze sind hier erwähnt.

Die Prognose kann auf empirischen Modellen basierend auf umfassender Erfahrung erfolgen. In der Regel bedient man sich dazu Transferspektren (Ankopplung Umgebung → Gebäudefundation, Verstärkung Fundation → Deckenfelder). Oft werden diese reduziert auf die Mittelwerte in den Terzbändern. Unterschiedliche unbekannte bzw. nicht genau bekannte Parameter werden dabei stark vereinfacht, was sich in der Prognosegenauigkeit widerspiegelt.

Alternativ werden zur Prognose auch aufwändige 3D – Simulationsmodelle mit Hilfe der Methode der Finiten Elemente verwendet. Es ist jedoch darauf hinzuweisen, dass viele der benötigten Angaben nur bedingt bekannt oder nicht exakt modellierbar sind. Erwähnenswert sind zwei Aspekte: Einerseits ist die Wirkung der nichttragenden Bauteile im Modell nicht wirklich abbildbar. Diese beeinflussen insbesondere bei den zu untersuchenden sehr kleinen Erschütterungsamplituden das dynamische Verhalten des Gebäudes erheblich. Andererseits sind die Erschütterungen der Umgebung, die ein zeitlich und örtlich variierendes Feld darstellen, nur an wenigen Stützstellen bekannt. In Realität erfolgt die Anregung jedoch flächig. Für Wellenlängen, welche kleiner oder im Bereich der Abmessung des Untergeschosses sind, ist die effektive Anregung schlicht nicht abbildbar.

Beide Ansätze haben ihre Stärken und Vorteile sowie aber auch ihre Ungenauigkeiten. Entscheidend dabei ist es, diese Prognoseunsicherheiten zu benennen, zu quantifizieren und mit den verantwortlichen Personen zu diskutieren.

10.4.1.2 Wind

Die dynamische Anregung des Gebäudes ist abhängig von der Windstärke (mittlere Windgeschwindigkeit), der Turbulenzintensität des Windes, der Gebäudeform und dessen dynamischen Eigenschaften. Die Windstärke, die Auftretenswahrscheinlichkeit und die Windrichtung sind oft von staatlichen Institutionen wie z. B. der SMA (Schweizerische Meteorologische Anstalt) über einen ausreichenden Zeitraum (30 Jahre) und Auflösung (Sekundenspitzenwerte) zu beziehen. Die effektiven dynamischen Kräfte auf das geplante Gebäude können über Windkanalversuche (Geländemodell mit bebauter Umgebung) näherungsweise abgeschätzt werden. Zusammen mit den dynamischen Parametern des Gebäudes können die zu erwartenden Erschütterungen abgeschätzt werden. Entscheidend ist hier, dass in Absprache mit dem Bauherrn eine zu berücksichtigende Wiederkehrperiode der Windgeschwindigkeit definiert wird, bis zu der das Labor störungsfrei betrieben werden kann.

In eher flachen Gebäuden kann durch das Einbauen ausreichend langer und zahlreicher Tragwände das Gebäude soweit versteift werden, dass die Erschütterungen minimiert werden können. In hohen schlanken Gebäuden sind die statischen Möglichkeiten sehr begrenzt.

10.4.2 Interne Quellen

10.4.2.1 Nutzung des Gebäudes durch Personen

Es sind hier zwei Vorgehensweisen diskutiert, welche es erlauben die Erschütterungen infolge Personenverkehrs abzuschätzen:

Messung an einer vergleichbaren Decke/Erfahrung Die sicherlich zuverlässigste Abschätzung erhält man durch eine Messung an einer quasi baugleichen Decke. Dazu müssen die Eigenfrequenzen, die Deckenmasse und die Dämpfung mit der geplanten Decke gut übereinstimmen. Zudem ist dem Bodenbelag Beachtung zu schenken. Durch einfaches Messen der vertikalen Schwinggeschwindigkeiten – verursacht durch Personen, die in unterschiedlichen Abständen zum Sensor vorbei gehen – gelangt man direkt zu den gefragten Schwinggeschwindigkeiten. Es ist zu empfehlen, unterschiedliche Szenarien (z. B. Schrittfrequenzen, Schuhwerk, ...) an mehreren Stellen auf der Decke zu untersuchen.

Simulation mit FEM Viele der heute eingesetzten Finite-Element- Software-Pakete bieten die Möglichkeit, dynamische Lastfunktionen entlang von definierten Pfaden vorzugeben und das dynamische Verhalten der Decke durch nummerische Zeitintegration zu ermitteln. Die Genauigkeit der ermittelten Resultate hängt stark davon ab, wie gut die dynamischen Kräfte bekannt sind (insbesondere Gewicht der Person, welches Schuhwerk getragen wird, welcher Bodenbelag eingesetzt ist) und wie umfassend die Struktur im Modell nachgebildet werden kann (z. B. Wirkung der nichttragenden Elemente, unbekannte Strukturdämpfung, ...). In Abb. 10.12 sind beispielhaft ein Simulationsmodell sowie die Gehstrecke und die Messpunkte abgebildet.

In Abb. 10.13 sind die nummerisch ermittelten vertikalen Schwinggeschwindigkeiten an den Punkten A1 und B1 dargestellt. In den Schwinggeschwindigkeiten ist klar erkenntlich, dass die Deckeneigenfrequenz mit 16 Hz hoch genug ist, so dass die Decke nicht in Resonanz aufgeschaukelt werden kann. Die Erschütterungen infolge eines einzelnen Fussauftrittes klingen ab, bevor der nächste Auftritt erfolgt.

10.4.2.2 Haustechnikanlagen

Die dynamischen Kräfte von Haustechnikanlagen sind oft unbekannt und können vom Hersteller nicht geliefert werden. Diese Kräfte können aber relativ einfach experimentell bestimmt werden, indem die Erschütterungen am Aufstellort einer baugleichen Anlage gemessen werden. Parallel dazu wird die mechanische Admittanz der Tragstruktur am

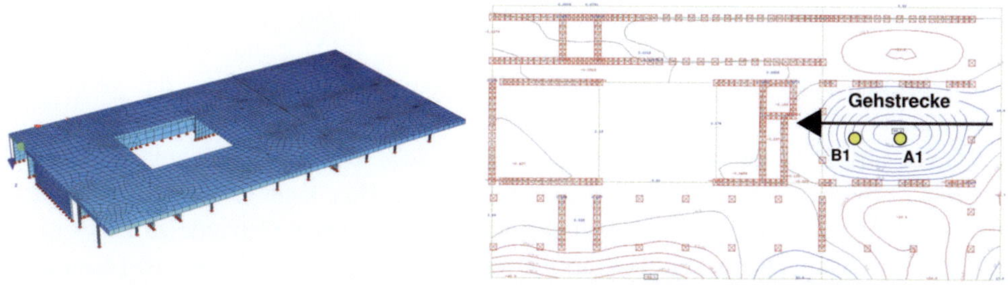

Abb. 10.12 Ausschnitt aus dem Simulationsmodell (links). Simulationsmodell mit Gehstrecke, Messpunkten und hinterlegtem ersten Schwingungsmode bei 16 Hz (rechts)

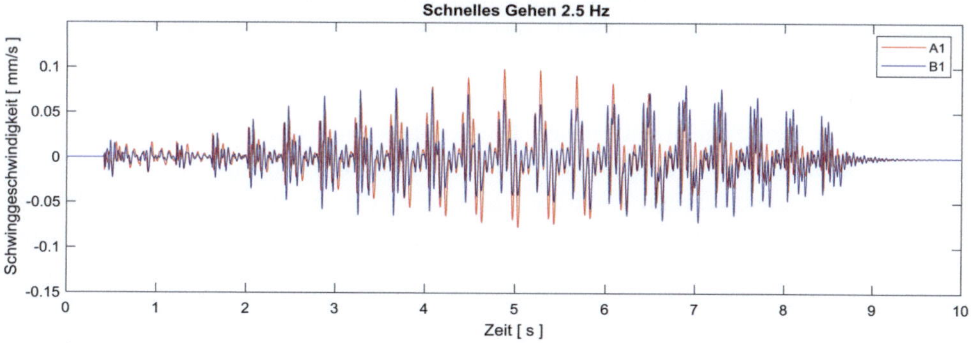

Abb. 10.13 Nummerisch ermittelte Schwinggeschwindigkeiten an den Puntken A1 und B1 während eine Person mit 2.5 Hz (= Schritte/Sekunde) relativ schnell neben den Messpunkten vorbei geht

Aufstellort mit Hilfe eines Schwingungserregers oder eines Impulshammers gemessen. Aus den gemessenen Schwinggeschwindigkeiten und der Admittanz können die dynamischen Kräfte ermittelt werden, welche die Anlage auf die Tragstruktur ausübt. Alternativ können die Kräfte auch aus den Angaben der Unwuchtgüte und den Massen der rotierenden Elemente abgeschätzt werden. Basierend auf diesen Kräften können am geplanten Standort die Erschütterungen prognostiziert werden.

10.5 Massnahmen

Ein frühzeitiger Miteinbezug eines Baudynamikers in den Planungs- und Bauprozess, eine adäquate Wahl des Standorts sowie des Raum-, Tragwerks- und Nutzungskonzepts kann die Notwendigkeit von immissionsreduzierenden Massnahmen bei erschütterungsempfindlichen Laborgeräten minimieren. Ganz ohne zusätzliche Massnahme dürfte aber kaum ein Laborbau auskommen, da zum Betrieb des Labors meist auch erschütterungserzeugende Geräte erforderlich sind. Zu erwähnen sind z. B. Kältekompressoren, die idealerweise nahe beim erschütterungsempfindlichen Gerät platziert werden sollten.

Immissionsreduzierende Massnahmen können entweder bei der Quelle, auf dem Ausbreitungsweg oder beim Empfänger vorgesehen werden. Im Folgenden werden nicht alle Möglichkeiten aufgeführt, sondern lediglich einige Aspekte erwähnt, die gerne vergessen gehen.

Häufig sind erschütterungserzeugende Geräte wie z. B. Haustechnikanlagen in einer Vielzahl vorhanden, aber örtlich begrenzt angeordnet. Hier kann es wirtschaftlich sein, den gesamten entsprechenden Bereich elastisch vom restlichen Gebäude zu trennen. Zu beachten ist, dass auch alle Leitungsverbindungen entkoppelt werden. Abb. 10.14 zeigt die elastische Lagerung einer Sockelplatte im neuen Biozentrum in Basel im Bauzustand, auf der ein Grossteil der Haustechnikanlagen montiert wird.

Bei einer elastischen Lagerung einer gebäudeinternen Quelle ist darauf zu achten, dass die Abstimmfrequenz der Lagerung so gewählt wird, dass die Anregung durch die Maschine nicht noch zusätzlich verstärkt wird. Je nach Dämpfung bewirkt eine elastische Lagerung, dass die Anteile um die Abstimmfrequenz verstärkt werden, was je nach Gerätschaften im erschütterungsempfindlichen Bereich mehr Nachteile mit sich zieht als es Vorteile bringt. Eine Schicht mit geringer Dichte oder geringer Steifigkeit und somit grossem Impedanzunterschied zum Beton (z. B. elastische Gebäudelagerung oder Wärmedämmung unter dem Gebäude) hat zur Folge, dass die von gebäudeinternen Quellen verursachten Erschütterungen in der Gebäudestruktur bleiben. Je nach Art der Quelle kann es aber von Vorteil sein, wenn die Energie ins Erdreich abgestrahlt werden kann.

Um lokale elastische Lagerungen von Maschinen oder empfindlichen Geräten sinnvoll ausführen zu können, muss die Tragstruktur entsprechend ausgebildet sein. Decken mit hoher Steifigkeit und grosser Masse sind hierfür besser geeignet als weiche und leichte Decken. Die Deckeneigenfrequenzen müssen grösser sein als die Abstimmfrequenz der elastischen Lagerung, ansonsten diese wirkungslos bleibt oder die Erschütterungen sogar verstärkt. Deckeneigenfrequenzen grösser als 15 Hz sind daher anzustreben. Eine grosse Masse hilft, Erschütterungen durch impulsartige Anregungen klein zu halten.

Abb. 10.14 Bauzustand einer elastisch gelagerte Sockelplatte aus Beton im Bereich der Haustechnikanlagen

Es kann durchaus wirtschaftlicher sein, bei allen erschütterungserzeugenden Haustechnikanlagen generelle Massnahmen umzusetzen als bei jeder einzelnen Maschine zu entscheiden, ob Massnahmen erforderlich sind. Üblicherweise eingesetzte Haustechnikanlagen werden häufig auf einen Betonsockel (Höhe ca. 20 cm) auf Polyurethan-Elastomermatten (Höhe ca. 5 cm) mit einer Abstimmfrequenz von 10 bis 12 Hz (oder tiefer) gestellt. Schwere und grosse Anlagen müssen aber immer gezielt untersucht werden. Häufig sind hier allfällige maschineninterne Lagerungen zu beachten. Eine möglichst grosse elastisch gelagerte Sockelmasse (3- bis 5-mal die Masse der Anlage) ist u. a. für die Stabilität der Maschine erforderlich.

Als Massnahme zur Reduktion von gebäudeexternen Erschütterungen sei hier die Art der Fundation erwähnt. Ein möglichst grosses und steifes Fundament (z. B. gesamtes, genügend ausgesteiftes Untergeschoss) kann je nach Situation weniger empfindlich auf Erschütterungen reagieren, als Fundamentblöcke, die aus dem Gebäudefundament ausgeschnitten werden, da diese sich besser mit den Wellen im Boden bewegen können (Analogie zu kleinen und grossen Schiffen bei mittlerem Wellengang).

Bei den Massnahmen an erschütterungsempfindlichen Anlagen sei hier lediglich erwähnt, dass eine Vielzahl von passiven aber auch aktiven Systemen zur Schwingungsreduktion auf dem Markt zu finden ist. Hier gilt es, die Herstellerangaben kritisch zu hinterfragen und auch die Eigenfrequenzen der Decken am geplanten Aufstellort zu berücksichtigen.

10.6 Schlussbemerkungen

Die Vielzahl der unterschiedlichen Aspekte mit Bezug zur Erschütterungsthematik zeigt die Komplexität von Bauprojekten mit Labors, an die hohe Anforderungen gestellt werden. Jeder Bau ist einmalig. Die Vorgehensweise muss projektspezifisch angepasst werden – ein Kochrezept gibt es nicht. Zur Bearbeitung sind sowohl seitens Bauherr und Nutzer wie auch seitens Planer und Baudynamiker ein profundes Verständnis der dynamischen Vorgänge und vertiefte Kenntnisse der Mess- und Auswerteverfahren erforderlich.

In allen Bereichen – angefangen bei der Festlegung der Anforderungen über die Beschreibung der Erschütterungsquellen bis hin zur Beschreibung des projektierten Baus – gibt es viele Unbekannte und somit grosse Unsicherheiten. Sensitivitätsanalysen, die Betrachtung von unterschiedlichen Szenarien und eine statistische Herangehensweise sind erforderlich, diese Unsicherheiten zu quantifizieren und als Entscheidungsgrundlage für den Bauherrn aufzubereiten. Die Aufgabe des Baudynamikers besteht darin, die relevanten Aspekte zu benennen, zu bearbeiten und die Planer und Bauherren über Möglichkeiten und Risiken zu informieren. Der Bauherr muss in den Prozess involviert werden, denn er entscheidet am Ende über die Umsetzung und trägt somit auch einen Teil der Verantwortung.

Literatur

1. VDI-Richtlinie 2038 Blatt 1 bis 3, Gebrauchstauglichkeit von Bauwerken bei dynamischen Einwirkungen – Untersuchungsmethoden und Beurteilungsverfahren der Baudynamik, Düsseldorf, 2012/2013e.
2. Amick H., Gendreau M. Busch T. Gordon C. (2005). *Evolving criteria for research facilities: I – Vibration*, Proceedings of SPIE Conference 5933: Buildings for Nanoscale Research and Beyond, San Diege, CA, 31 Jul 2005 to 1 Aug 2005.

Simulation von Bauwerksdynamik-Problemen 11

Inhaltsverzeichnis

Seit bald 50 Jahren sind wir in der Lage Schwingungsprobleme im Bauwesen mit Computerprogrammen zu simulieren. Das Geheimnis hinter diesen Simulationen ist die Auflösung der zu untersuchenden Strukturen in einzelne Stäbe, Platten und Würfel. Das Vorgehen ist ähnlich wie beim Ein-Massen-Schwinger. Beim Ein-Massen-Schwinger ist eine Differenzialgleichung in der Form von $M\ddot{x}(t)+C\dot{x}(t)+Kx(t)=P(t)$ zu lösen, d. h. mit der Masse, der Dämpfung, der Federsteifigkeit und der Belastung können wir den Schwingungsverlauf berechnen. Beim FE-Programm wird bereits für ein einfaches Stabelement – anstelle der Federsteifigkeit – eine 6 × 6-Steifigkeitsmatrix verwendet. Für ein ganzes Gebäude ergibt sich dann schnell einmal eine Matrizengleichung mit Zehntausenden von Zeilen und Kolonnen. Dazu kommt, dass dieses Gleichungssystem nicht nur einmal, sondern für jeden Zeitschritt neu zu lösen ist, sodass z. B. für ein Erdbeben von 20 s Dauer und einer Schrittlänge von 0,01 s bereits 2000 solcher Matrizengleichungen durchzuführen sind.

A. Ziegler et al., *Bauwerksdynamik und Erschütterungsmessungen*,
https://doi.org/10.1007/978-3-658-38022-9_11

Für Bauwerke lassen sich solche Berechnungen problemlos durchführen. Die heutigen PCs mit ihren leistungsfähigen Prozessoren kommen damit noch nicht an ihre Grenzen. Die Frage ist also weniger, ob wir das berechnen können, sondern vielmehr ob wir den Ergebnissen unserer FE-Berechnung trauen können. Dieser Frage wollen wir in den folgenden Abschnitten nachgehen. Anhand von einfachen Experimenten mit einem 1-M-Schwinger und durch Vergleiche zwischen FE-Berechnungen und ausgeführten Projekten soll aufgezeigt werden, wie weit wir den Ergebnissen einer FE-Berechnung vertrauen können und wo die Grenzen einer dynamischen FE-Berechnung liegen.

Das Angebot an kommerziell erhältlichen Computerprogrammen für die Simulation von dynamischen Vorgängen bei Tragstrukturen ist sehr groß. Ein weit verbreitetes Produkt ist das Programm SAP-2000 von Computers & Structures Inc. Für die nachfolgenden FE-Berechnungen und Vergleiche wurde die Version 17 von SAP-2000 verwendet.

11.1 Modellbildung

Die Modellbildung ist das zentrale Thema bei der Beurteilung von FE-Berechnungen. Dabei geht es einerseits um die Modellierung der Geometrie, d. h. um den sichtbaren Teil der zu untersuchenden Struktur, andererseits um die Modellierung des Deformationsverhaltens, d. h. um die Materialgesetze. In beiden Bereichen sind wir bei FE-Programmen für Tragstrukturen auf sicherem Boden. Die Geometrie ist in der Regel gut bekannt und auch die Materialgesetze werden (vor allem solange es sich um Beton oder Stahl handelt) genügend genau modelliert. Unsicherheiten hingegen existieren bei der Definition der Lasten. Wie können wir Lastfunktionen realistisch definieren? Wie lange dauert ein Windstoß? Wie viele synchrone Hüpfbewegungen sind für Personen, die eine Fußgängerbrücke überqueren, anzunehmen?

Tragwerke wie die Fußgängerbrücke über die Verzasca in Abb. 11.1 lassen sich mit einem klassischen FE-Programm bestens erfassen. Stahlrohre und Stahlträger werden als

a b

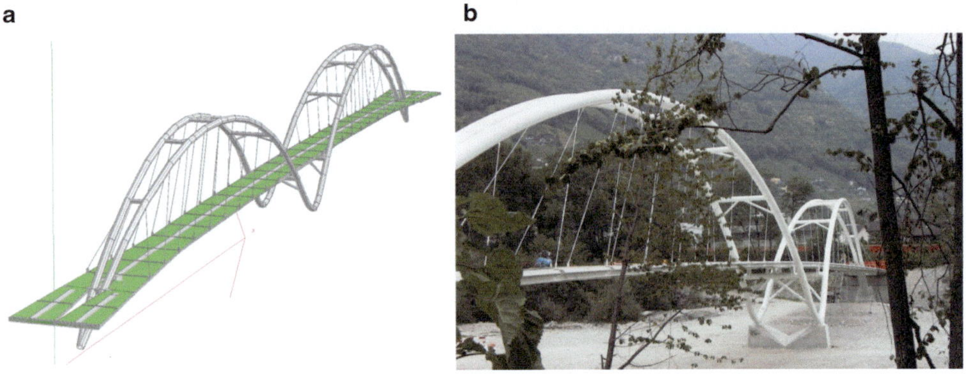

Abb. 11.1 (**a**) FE-Modell der Brücke über die Verzasca, (**b**) Fertige Brücke (noch ohne Geländer)

Stabelemente und der Fahrweg als Platten modelliert. Das Materialverhalten ist linear-elastisch, sodass sich keine besonderen Probleme bei der Berechnung der Eigenfrequenzen ergeben. Die Übereinstimmung zwischen berechneten und gemessenen Eigenfrequenzen ist in solchen Fällen in der Regel auch sehr gut. Die Schwierigkeiten beginnen bei der Definition der Belastung. Dies ist allerdings nicht eine Unzulänglichkeit des FE-Programmes, sondern liegt letzten Endes am unvollständigen Wissen des Ingenieurs.

11.2 Der Ein-Massen-Schwinger

Ein „schwebender" Kaffeetisch wie in Abb. 11.2a ist nicht nur ein dekoratives Element, sondern auch eine sehr nützliche Einrichtung für dynamische Experimente. Mit seiner Platte von 500 kg und den austauschbaren Federn lassen sich die verschiedensten Experimente durchführen. Einige davon wollen wir in den nächsten Abschnitten näher betrachten.

Als erstes lassen wir einen Sandsack auf die Platte fallen und messen die resultierende Schwingung der Platte. Bei einem Sandsack von 5 kg und einer Fallhöhe von 1 m sollte die Platte von 500 kg gemäß Impulssatz (d. h. $m_1 \cdot v_1 = m_2 \cdot v_2$) eine Schwinggeschwindigkeit von 44,3 mm/s aufweisen. Die Messung ergibt, wie man in Abb. 11.3a sieht, einen Wert von 42 mm/s. Die Übereinstimmung ist erstaunlich gut.

Nun wollen wir aber überprüfen, ob dieser Vorgang auch mit einer FE-Berechnung genügend genau simuliert werden kann. Der Tisch wird als Platte auf 4 Federn modelliert (siehe Abb. 11.2b). Als Lastfunktion wird eine Stoßbelastung von 2,2 kN von 0,01 s Dauer eingegeben. Dies entspricht einem Impuls von 22 kgm/s und somit genau dem 5 kg-Sack mit 1 m Fallhöhe. In Abb. 11.3 ist der gemessene und der berechnete Schwingungsverlauf für eine elastische Lagerung mit Stahlfedern dargestellt. Die Übereinstimmung ist – zumindest bezüglich maximaler Schwinggeschwindigkeit – bemerkenswert gut.

a

b

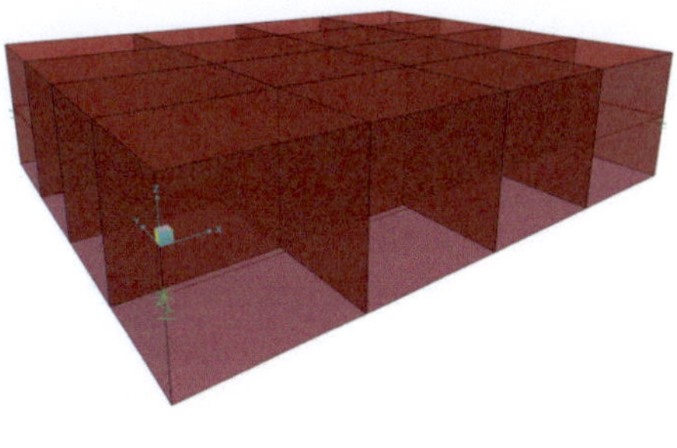

Abb. 11.2 (**a**) „Schwebender" Kaffeetisch, (**b**) FE-Modell des „schwebenden" Kaffeetisch

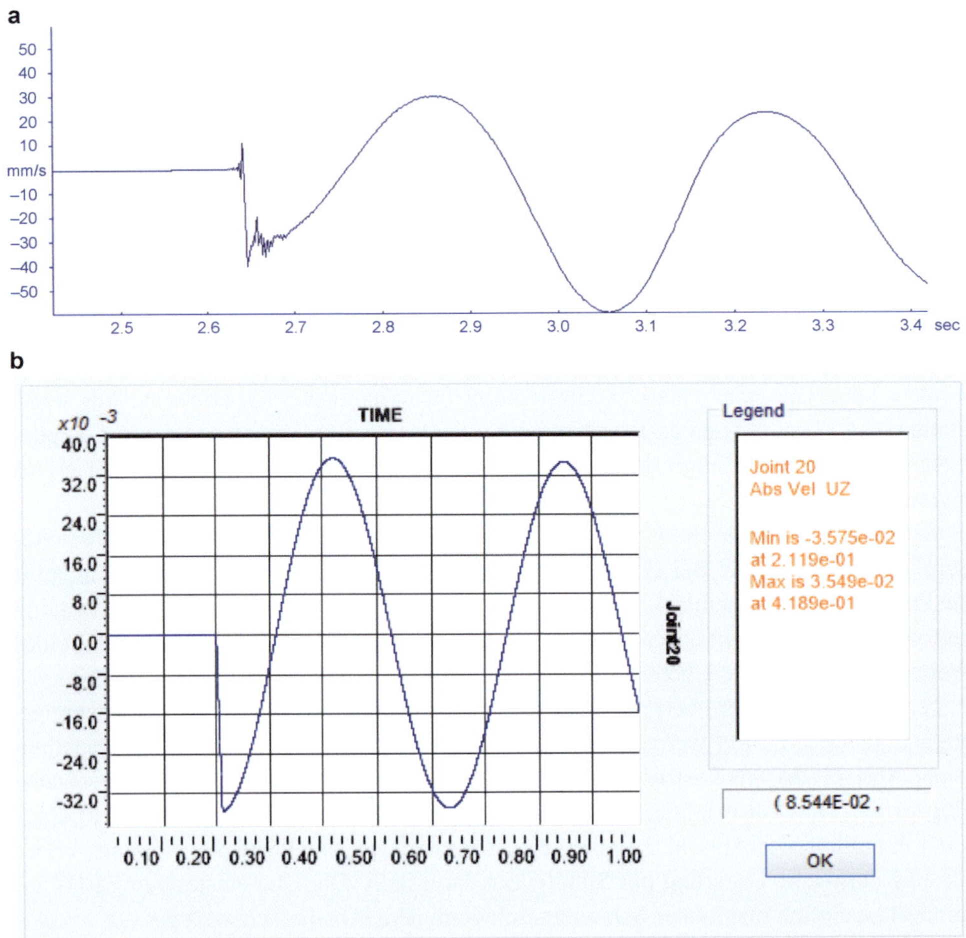

Abb. 11.3 (**a**) Gemessener Schwingungsverlauf bei 2,4-Hz-Stahlfedern, (**b**) Berechneter Schwingungsverlauf

Auch bei einer zweiten Versuchsanordnung mit PUR-Schaum-Federn ist die Übereinstimmung zwischen Theorie und Praxis, wie man in Abb. 11.4 sieht, recht gut.

Die Versuchseinrichtung von Abb. 11.2a lässt sich übrigens auch sehr gut für die Definition von Kraftverläufen bei Impuls-Belastungen verwenden. Ein „Heel-Drop " z. B., ausgeführt durch eine Person mit 70 kg Masse, ergibt den Schwingungsverlauf von Abb. 11.5. Daraus lässt sich der zugehörige Impuls zurückrechnen. Aufgrund dieses Versuchs kommt man zum Schluss, dass der „Heel Drop" einer Person mit 70 kg einem Impuls von 35 kgm/s entspricht. Diese Größe werden wir weiter unten bei der Berechnung von Schwingungen infolge Impuls-Belastung noch mehrfach verwenden.

a

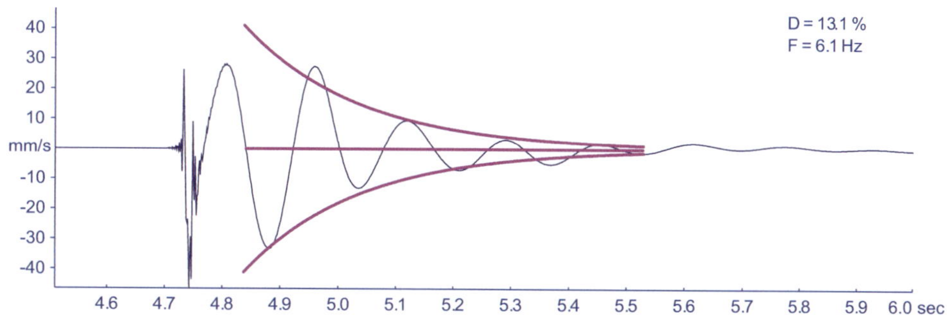

b

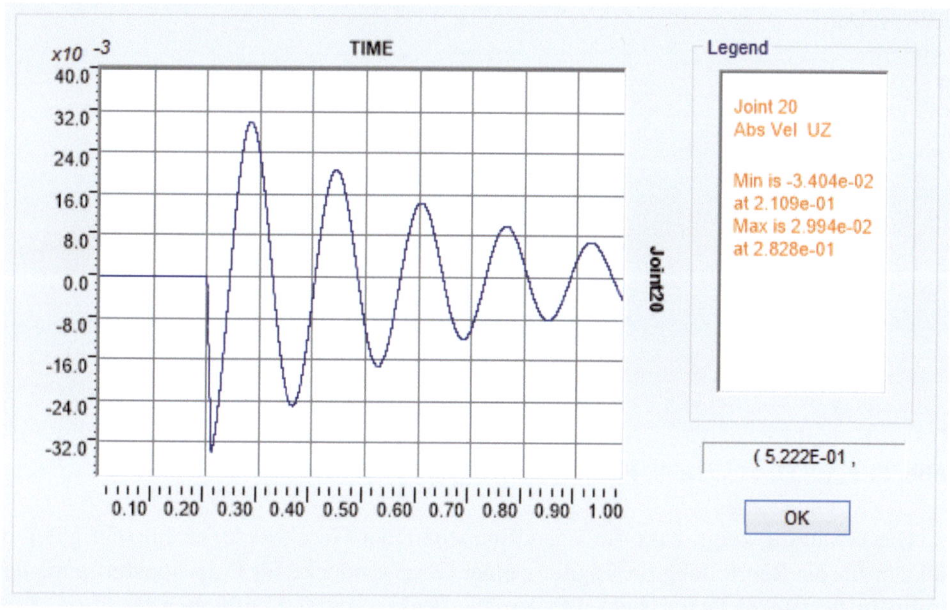

Abb. 11.4 (**a**) Gemessener Schwingungsverlauf bei 6,2-Hz-PUR-Schaum-Federn, (**b**) Berechneter Schwingungsverlauf

11.3 Geschossdecken

Die Frage nach der richtigen Ausbildung von Geschossdecken tritt immer wieder auf. Insbesondere für Industrieanlagen mit Präzisionsfertigung kann die Wahl des Deckensystems von entscheidender Bedeutung sein. In der Regel sollten möglichst wenig Stützen den Raum einschränken. Gleichzeitig sollten die Geschossdecken aus Kosten- und Platzgründen möglichst dünn sein. Zwei Forderungen, die garantiert zu lebhaften Decken führen, auf denen wohl kaum Präzisionsfertigung möglich sein wird.

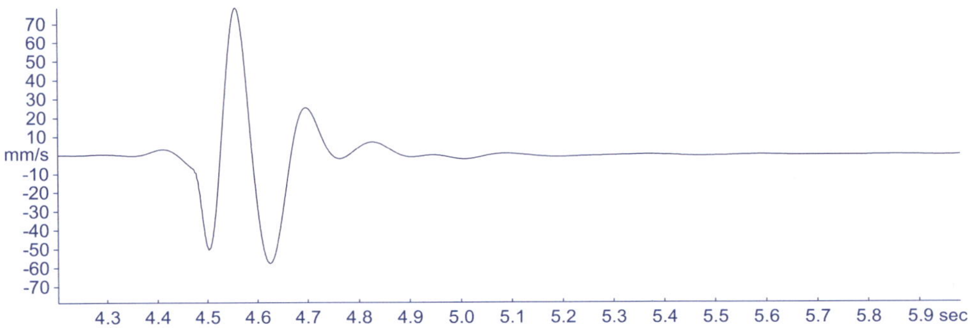

Abb. 11.5 Schwingungsverlauf infolge „Heel-Drop" (auf einer 500-kg-Platte mit 6,2 Hz PUR-Federn)

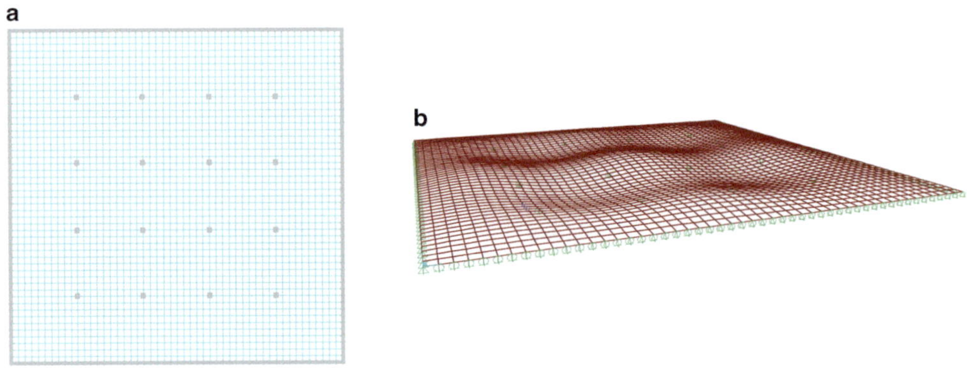

Abb. 11.6 (**a**) FE-Modelle für Flachdecke, (**b**) Schwingungsform für Flachdecke

Die Erfahrung zeigt, dass die Grundfrequenz einer Geschossdecke ein sehr guter Indikator für die Beurteilung der Eignung einer Geschossdecke für Präzisionsfertigung darstellt. In der Regel lassen sich auf Geschossdecken mit Grundfrequenzen über 18 Hz problemlos Anlagen für Präzisionsfertigung aufbauen. Bei Geschossdecken mit Eigenfrequenzen unter 10 Hz hingegen treten häufig Probleme auf. Sei es dass die Maschinen sich gegenseitig stören oder dass sie durch Materialtransporte wie Rollwagen oder Gabelstapler gestört werden.

Eine dynamische FE-Berechnung müsste das ideale Hilfsmittel sein, um zur richtigen Deckenkonstruktion zu gelangen. Mit einem einfachen Modell, wie in Abb. 11.6a dargestellt, lassen sich die Eigenfrequenzen einer Geschossdecke leicht berechnen. In Tab. 11.1 sind die Grundfrequenzen für diese Geschossdecken mit Stützenraster von 5 m × 5 m bis 10 m × 12 m und Deckenstärken von 20 bis 60 cm zusammengestellt. Daraus lässt sich leicht herauslesen, welche Deckenstärke für welche Feldgröße erforderlich ist, um eine bestimmte Eigenfrequenz zu erreichen.

Es ist zu beachten, dass die Berechnungen für Tab. 11.1 mit einem E-Modul von $4{,}2 * 10^7$ kN/m² durchgeführt worden sind und nicht mit dem in der Statik üblichen

Tab. 11.1 Eigenfrequenzen von Flachdecken aus Stahlbeton

L	B	D = 0,2	D = 0,3	D = 0,4	D = 0,5	D = 0,6
5	5	15,6	23,3	31,0	38,6	46,0
5	6	11,0	16,5	21,9	27,3	32,6
5	7	8,25	12,4	16,4	20,5	24,5
6	6	10,8	16,2	21,6	26,9	32,1
6	7	8,1	12,1	16,1	20,1	24,0
6	8	6,3	9,4	12,5	15,6	18,7
7	7	8,0	11,9	15,9	19,8	23,7
7	8	6,2	9,2	12,3	15,4	18,4
7	9	4,9	7,4	9,9	12,3	14,7
8	8	6,1	9,1	12,2	15,2	18,2
8	9	4,9	7,3	9,7	12,1	14,5
8	10	4,0	6,0	8,0	9,9	11,9
9	9	4,8	7,2	9,6	12	14,4
9	10	3,9	5,9	7,9	9,8	11,8
9	11	3,3	4,9	6,6	8,2	9,8
10	10	3,9	5,8	7,8	9,7	11,7
10	11	3,3	4,9	6,5	8,1	9,7
10	12	2,8	4,1	5,5	6,9	8,2

E-Modul von $3{,}5 * 10^7$ kN/m². Damit wird dem kurzzeitigen (dynamischen) Deformationsverhalten des Betons Rechnung getragen. Zahlreiche Schwingungsmessungen an Betontragwerken haben gezeigt, dass die Verwendung eines E-Moduls von $4{,}2 * 10^7$ kN/m² für armierten Beton zu realistischen Ergebnissen führt. Für vorgespannten Beton empfiehlt sich ein E-Modul von $4{,}6 * 10^7$ kN/m².

Zur Verifikation soll ein Beispiel aus der Uhrenindustrie – die ja bekanntlich von der Präzision lebt – herangezogen werden. Abb. 11.7a zeigt die zukünftige Halle für Décolletage mit einem regelmäßigen Stützenraster von 7,5 m × 7,5 m. Für die unteren Geschosse wurden Deckenstärken von 55 cm gewählt, für die oberen 45 cm. Die gemessenen Eigenfrequenzen betrugen 18,8 Hz für die 55-cm-Decken und 15,2 Hz für die 45-cm-Decken. Ein Vergleich mit Tab. 11.1 zeigt, dass die FE-Berechnung tatsächlich in der Lage ist, die Eigenfrequenzen recht genau vorauszuberechnen.

Die Eigenfrequenz ist allerdings nicht das einzige Kriterium, denn eine Geschossdecke für Präzisionsfertigung sollte auch gegen Stöße resistent sein. Somit stellt sich die Frage, ob ein FE-Modell auch in der Lage ist, Deckenschwingungen infolge Impulsbelastungen korrekt zu berechnen. Ein Versuch soll hier Klarheit verschaffen.

Für diesen Versuch wurde ein Sandsack von 10 kg aus einer Höhe von 50 cm in Feldmitte fallen gelassen. Dies ergibt einen Impuls von 31,3 kgm/s. Der gemessene Schwingungsverlauf ist in Abb. 11.8b oben abgebildet. Für die Berechnung mit dem FE-Modelle wurde eine Belastung von 3,13 kN während 0,01 s eingegeben. Damit ist der Impuls im FE-Model gleich wie im Versuch.

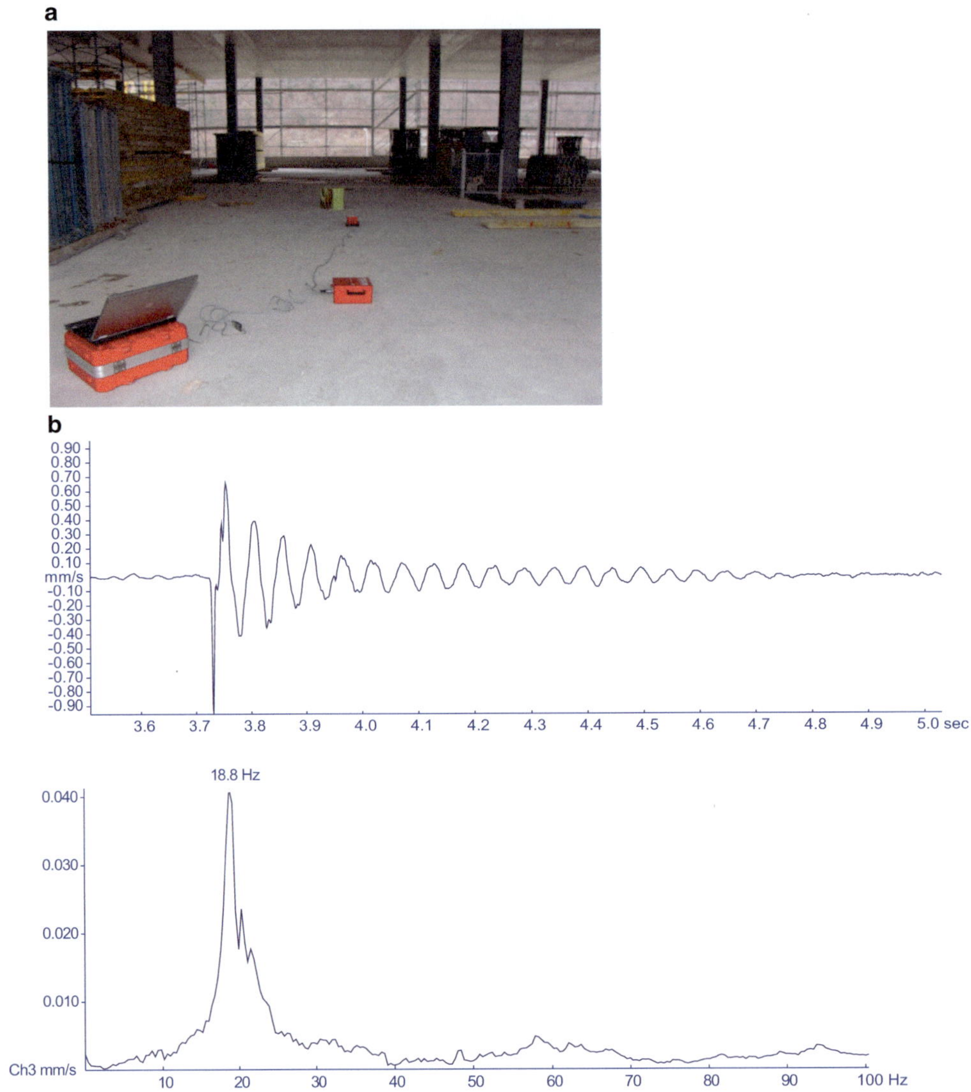

Abb. 11.7 (**a**) Messung der Eigenfrequenzen für eine Decke mit 7,5 m × 7,5 m Stützenraster, (**b**) Schwingungsverlauf und Amplitudenspektrum für die Decke in (**a**) (bei Impulsanregung)

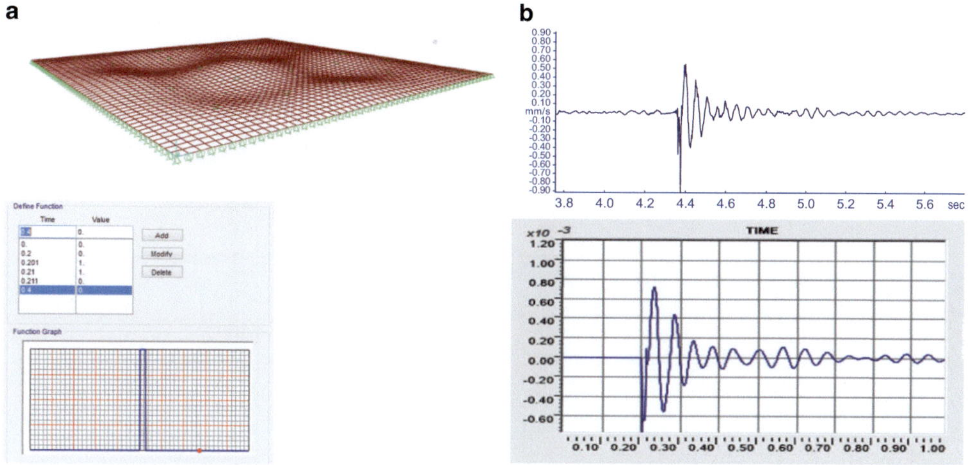

Abb. 11.8 (**a**) FE-Modell für eine Decke mit 7,5 m × 7,5 m Stützenraster (d = 45 cm): *oben* 1. Eigenform; *unten* Belastungsfunktion, (**b**) Schwingungsverlauf: *oben* gemessen; *unten* berechnet

11.4 Balkone

Balkone sind allseits beliebt. Sie lassen Wohnungen Größer erscheinen und bilden auch ein interessantes gestalterisches Element für den Architekten. Vor allem wenn sie weit auskragen und sehr schlank ausgebildet sind. Der Spaß hört spätestens dann auf, wenn sich die Bewohner nicht mehr auf den Balkon wagen, weil man seekrank wird oder Angst bekommen, sobald der Nachbar oben auf dem Balkon eine Party veranstaltet.

Verschiedene „unbefriedigende“ Fälle haben uns veranlasst abzuklären, ob die starken Schwingungen eines Balkons nicht im Voraus erkannt werden können. Oder anders formuliert: Ist ein FE-Programm in der Lage die Schwingungen eines Balkons genügen genau zu berechnen?

Abb. 11.9 zeigt das Beispiel eines Mehrfamilienhauses mit nachträglich angebrachten Balkonen. Die Balkonplatten werden durch zwei vertikale Träger gehalten, die ihrerseits jeweils auf der Höhe der Geschossdecken mit dem Haus verbunden sind.

Die Grundfrequenz des Balkons betrug 6,6 Hz. An sich wäre nichts gegen diesen Balkon einzuwenden, denn die Eigenfrequenz liegt höher als das Zweifache der maximalen Hüpffrequenz. Trotzdem ergab eine Schwingungsmessung mit Anregung durch einen „Heel-Drop“ den Schwingungsverlauf von Abb. 11.11a mit sagenhaften 50 mm/s, was nicht akzeptabel ist.

Die nachträglich durchgeführte FE-Berechnung (Abb. 11.10) mit einer Impulsanregung von 35 kgm/s (3,5 kN während 0,01 s), wie in Abschn. 11.2 empirisch bestimmt, ergab den in Abb. 11.11b dargestellten Schwingungsverlauf mit einer maximalen Schwinggeschwindigkeit von 70 mm/s. Dies bedeutet auch hier, dass ein FE-Programm durchaus in der Lage ist, das dynamische Verhalten eines Balkons zu berechnen.

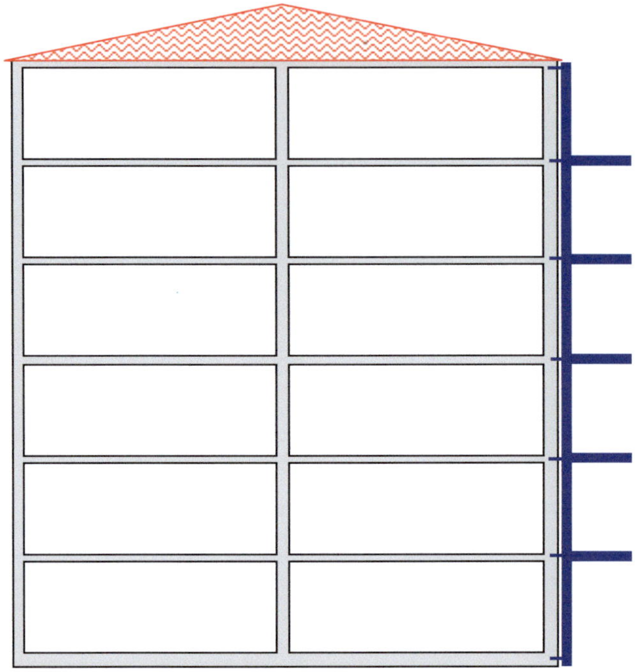

Abb. 11.9 Prinzip-Skizze für nachträglich angebrachte Balkone

Abb. 11.10 FE-Modell für nachträglich angebrachte Balkone

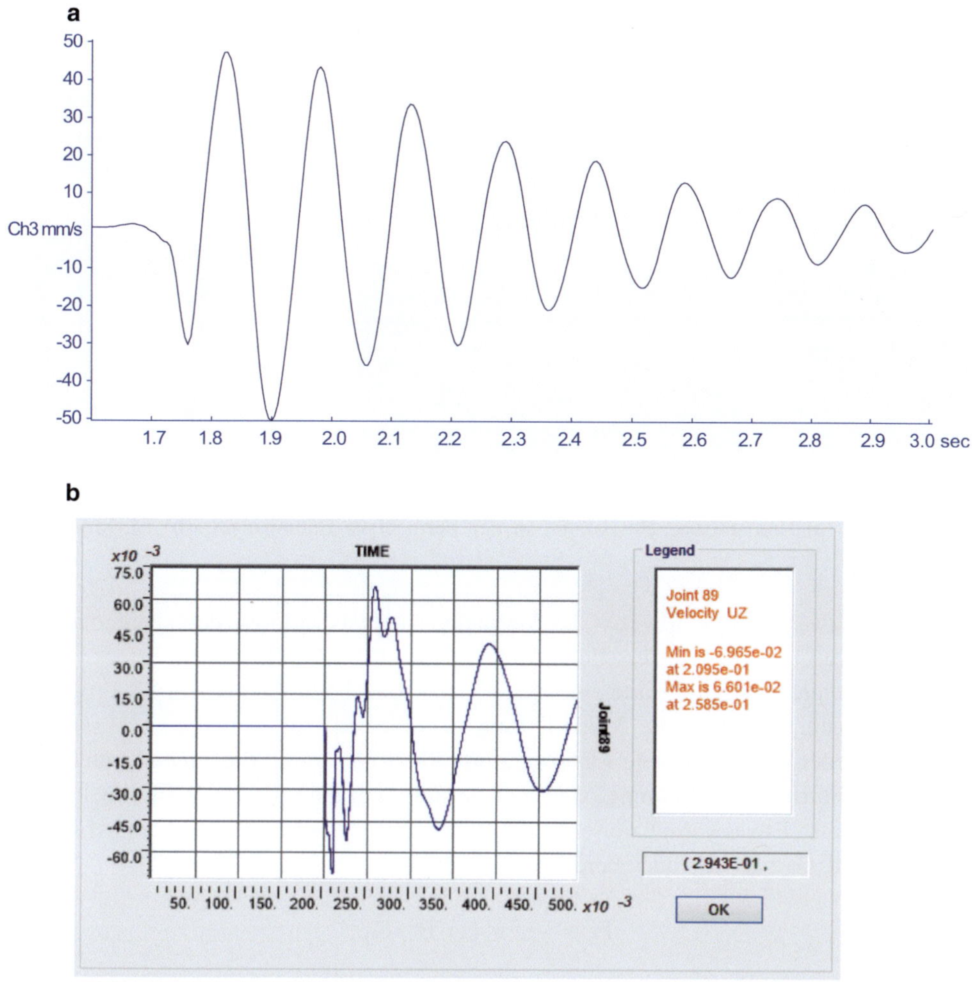

Abb. 11.11 (**a**) Gemessener Schwingungsverlauf bei einem Heel-Drop, (**b**) Berechneter Schwingungsverlauf

11.5 Windanregung

Wenn es darum geht, Gäste zu verwöhnen, kennt die schweizerische Hotellerie keine Grenzen. Ein gutes Beispiel ist die Dépendance des Hotels „Le Vieux Manoir“ bei Murten. In luftiger Höhe direkt am Seeufer kann der Gast sich entspannen. Wenn er überhaupt zum Schlafen kommt und nicht schon beim ersten Windstoß den Raum mitten in der Nacht panikartig verlässt.

Die in Abb. 11.12a dargestellte Tragstruktur ist nach dem ersten Herbststurm sehr schnell mit drei Verstrebungen ergänzt worden. Der romantische Eindruck eines Bauma b

Abb. 11.12 (**a**) Romantische Hotel-Suite in der Form eines Baumhauses, (**b**) FE-Modell für Baumhaus

hauses geht zwar – zum Leidwesen des Architekten – etwas verloren, doch kann man jetzt ohne Angstzustände die wunderschöne Aussicht auch bei Sturm genießen.

Was ist schief gelaufen? Hätte eine dynamische Berechnung mit einem FE-Programm dieses Problem erkannt? Die Modellierung der Tragstruktur stellt keine besonderen Schwierigkeiten dar. Mit einem FE-Programm erhält man rasch die Eigenfrequenz von 1,58 Hz in horizontaler Richtung, was sehr gut mit dem gemessenen Wert von 1,56 Hz zusammenpasst. Etwas komplizierter ist die realistische Definition der Belastungsfunktion für den Wind. Gemäß Lehrbuch berechnet sich die Windkraft nach Gl. (11.1):

$$F_D = \frac{1}{2}\rho \cdot v^2(t) \cdot B^2 \cdot C_D \qquad (11.1)$$

Dabei stehen F_D für die Windkraft, ρ für die spezifische Masse der Luft (ca. 1,2 kg/m^3), v(t) für die Windgeschwindigkeit, B für die charakteristische Abmessung quer zum Wind und C_D für den Winddruckkoeffizienten. Den Winddruckkoeffizienten für ein Gebäude wie in Abb. 11.12a erhält man aus Tabellen über Windbelastungen. Er liegt für einen Würfel bei ca. 2,0. Nehmen wir nun für einen starken Windstoß eine Windgeschwindigkeit von 80 km/h an, so erhalten wir eine Belastung für das gesamte Baumhaus von 12 kN.

Nun gilt es, daraus eine realistische Belastungs-Zeit-Funktion zu definieren. Wenn Resonanz-Schwingungen fürs erste ausgeschlossen werden, so genügt es vollkommen für eine einzelne Böe, eine einfache Trapez-Form wie in Abb. 11.13a anzunehmen. Die daraus durch das FE-Programm berechnete Schwingung ist in Abb. 11.13b dargestellt. Sie gibt eine maximale Schwinggeschwindigkeit von 22 mm/s an. Effektiv wurde ein Maximalwert von knapp 34 mm/s gemessen (siehe Abb. 11.14).

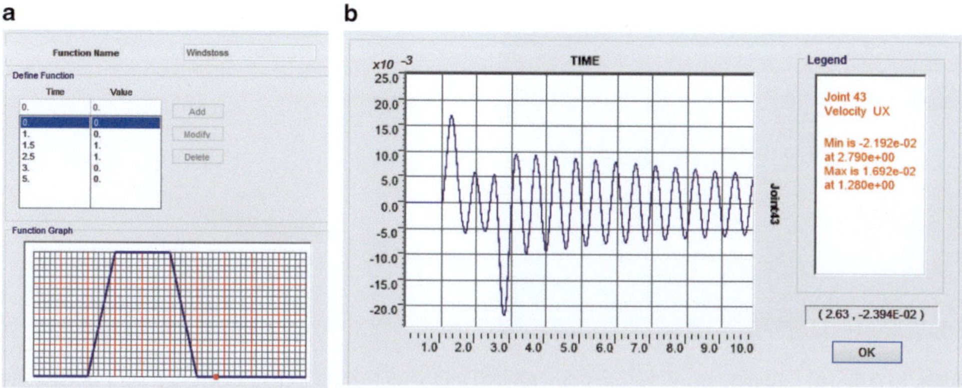

Abb. 11.13 (**a**) Angenommene Belastungs-Zeit-Funktion für einen Windstoß, (**b**) Berechneter Schwingungsverlauf infolge Belastungsfunktion von Abb. 6.3 mit $P_{max} = 12$ kN

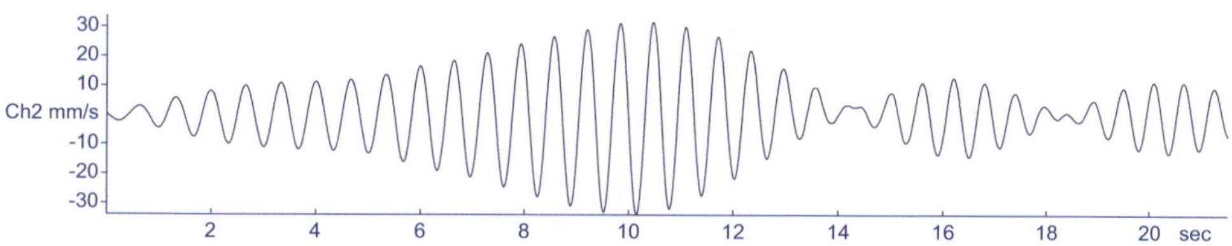

Abb. 11.14 Bei einem Sturm gemessener Schwingungsverlauf

Das Beispiel zeigt wiederum, dass FE-Programme durchaus in der Lage sind, uns bei dynamischen Problemstellungen sinnvoll zu unterstützen.

11.6 Fußgängerbrücken

Eine der schönsten Fußgängerbrücken findet sich im Tessin in der Nähe des Dorfes Carasso (Abb. 11.15). In einem eleganten Bogen schwingt sich die Fußgängerbrücke über den Ticino und überquert in einem Gegenbogen das Flussvorland. Bevor die Brücke jedoch gebaut werden konnte, musste abgeklärt werden, ob die Schwingungen beherrschbar sind. Konkret war zu untersuchen, welche Eigenfrequenzen die Brücke aufweisen wird und ob unter der Einwirkung von Personen nicht zu starke Schwingungen auftreten werden.

Die Bestimmung der Eigenfrequenzen stellte kein Größeres Problem dar. Es zeigte sich auch rasch, dass einige der Eigenfrequenzen im kritischen Bereich liegen (vgl. Abb. 11.16) und dass somit Resonanzschwingungen – angeregt durch Personen – zu erwarten sind.

a

b

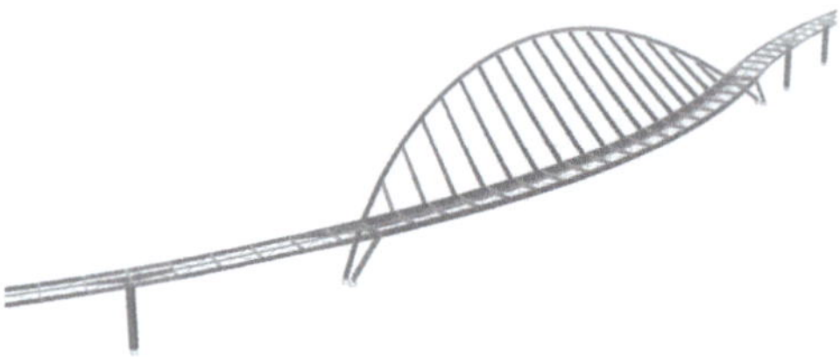

Abb. 11.15 (**a**) Fußgängerbrücke über den Fluss Ticino bei Carasso, (**b**) FE-Modell für Fußgängerbrücke von (**a**)

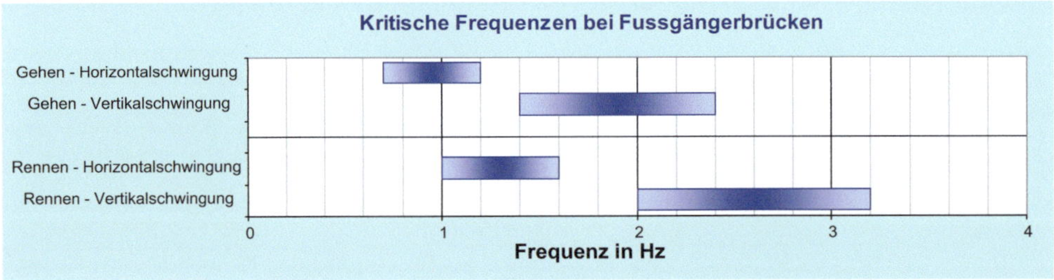

Abb. 11.16 Kritische Frequenzen bei Menschen-induzierten Schwingungen

Das große Problem bestand allerdings darin, eine realistische Belastungsfunktion zu wählen. Für die Berechnung der maximalen Schwingungen wurden vier Lastfälle untersucht:

- 4 Personen Gehen im Takt
- 4 Personen Laufen im Takt
- 10 Personen Gehen im Takt
- 10 Personen Laufen im Takt

Dabei wurde angenommen, dass die Schrittfrequenz mit den kritischen Eigenfrequenzen, exakt zusammenfällt. Als Anregungsfunktion wurde eine harmonische Schwingung von 20 Zyklen gewählt. Die Kraftamplituden ergaben sich aus dem Gewicht von 0,8 kN pro Person und den Verstärkungsfaktoren für gehende und laufende Personen (gemäß Abb. 5.10b). Diese Definition der Belastungsfunktion ist selbstverständlich eine grobe Vereinfachung der Realität. Sie impliziert unter anderem, dass sich alle Personen synchron bewegen.

Die Ergebnisse der FE-Berechnung waren dann auch einigermaßen ernüchternd. Sie ergab für 10 Personen, die im Takt über die Brücke rennen, maximale Beschleunigungen von 5 m/s². Dabei werden Werte über 1 m/s² bereits als unangenehm und Werte über 2,5 m/s² als nicht akzeptabel eingestuft.

Der Einbau von Schwingungstilgern schien unumgänglich. Mit Schwingungstilgern lässt sich die Dämpfung einer Tragstruktur auf 3 bis 5 % erhöhen. Diese Dämpfung reicht in der Regel aus, um die auftretenden Belastungen im zulässigen Bereich zu halten. Der Extremfall „Laufen von 10 Personen im Takt" würde allerdings trotzdem zu störenden Schwingungen führen. Die Entscheidung, ob Schwingungstilger einzubauen sind oder nicht, wurde sinnvollerweise nicht vor dem Bau der Brücke gefällt, sondern erst nach der Erstellung der Brücke. Allerdings waren die Aussparungen und Befestigungspunkte für die Tilger einzuplanen.

Nach dem Bau der Brücke wurden die Schwingungen unter verschiedensten Belastungsarten gemessen. Die wichtigsten Ergebnisse sind in Abb. 11.17 dargestellt. Offensichtlich waren die mit dem FE-Programm errechneten Schwingungen um einen Faktor 10 bis 20 höher als die in Realität gemessenen. Auf den Einbau von Schwingungstilgern konnte verzichtet werden und alle Beteiligten waren überaus zufrieden.

Trotzdem stellt sich hier – wie in den vorangegangenen Beispielen – die Frage, „Was ist bei der Berechnung schief gelaufen?" Woher kommt die große Diskrepanz zwischen berechneten und gemessenen Schwingungen? Ein Berechnungshilfsmittel, das Werte liefert, die um einen Faktor 10 bis 20 zu hoch sind, ist genau so wenig tauglich wie eines das zu tiefe Werte liefert. Der Grund für die große Diskrepanz liegt in der Wahl der Belastungsfunktion. Die Annahme von 20 synchronen Belastungszyklen ist wohl nicht besonders realistisch. Und solange wir keine realistischen Belastungsfunktionen einführen, können wir auch keine realistischen Ergebnisse erwarten.

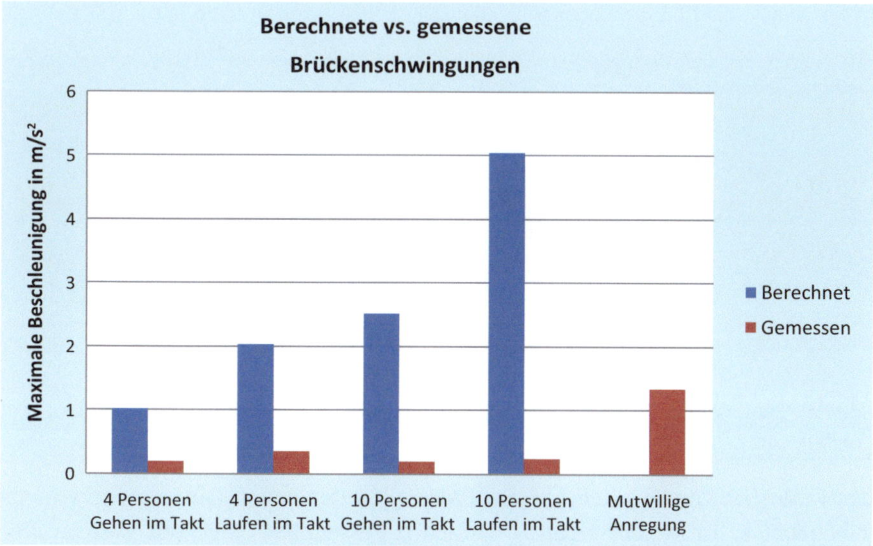

Abb. 11.17 Vergleich der berechneten Schwingungen mit den tatsächlich gemessenen Schwingungen

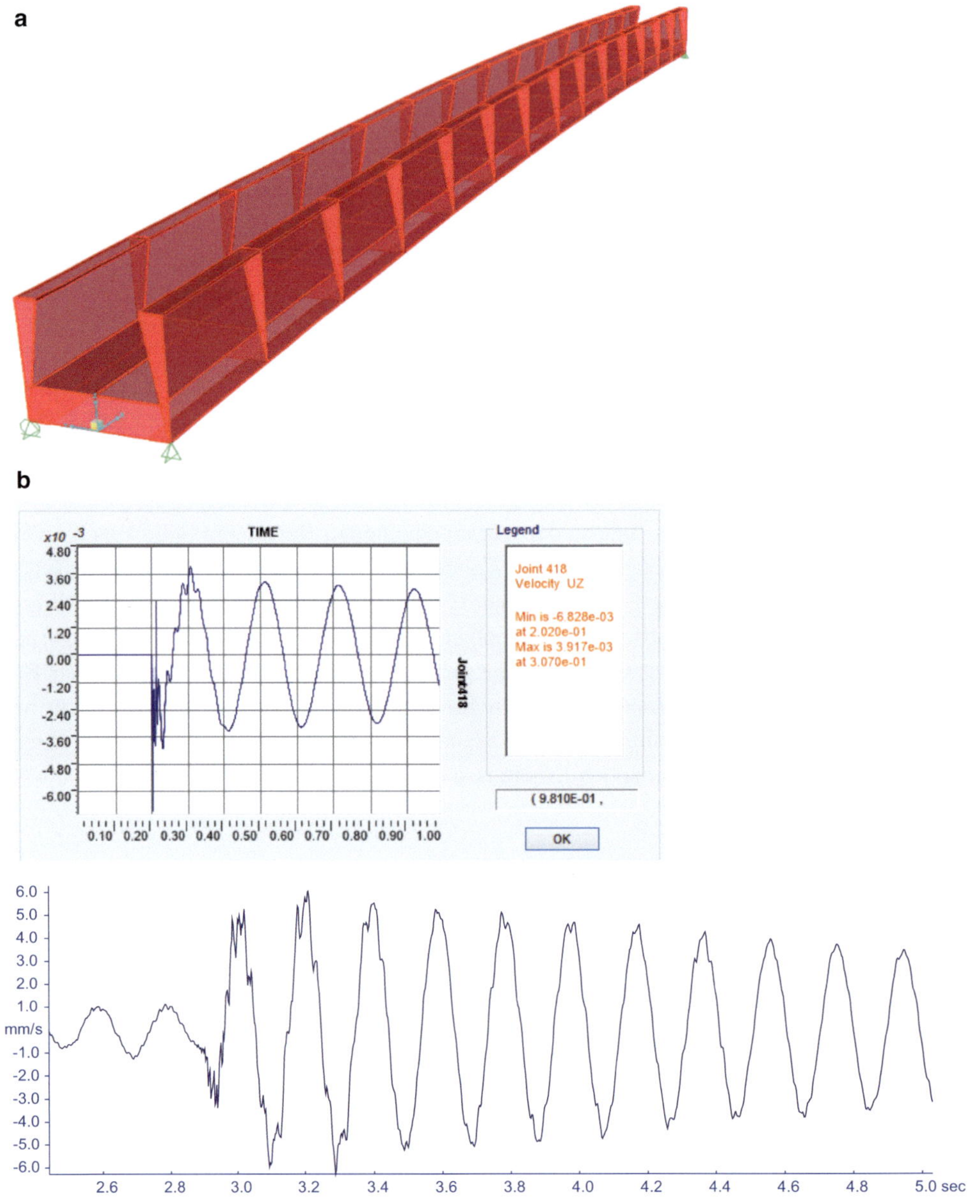

Abb. 11.18 (**a**) Passerelle im neuen Businesspark Ittigen, (**b**) Schwingungsverlauf: *oben* berechnet; *unten* gemessen

Als zweites Beispiel wollen wir die Passerellen des neuen Businessparks in Ittigen näher betrachten. In diesem Neubau wurden 6 Passerellen eingebaut, welche die verschiedenen Bürokomplexe elegant verbinden. Diese Passerellen sind – wie in Abb. 11.18 dargestellt – als einfache Balken in Stahl-Bauweise konzipiert. Die freie Spannweite beträgt 28 m.

Nachdem abgeklärt worden war, dass keine Resonanzphänomene durch gehende Personen auftreten können, war noch zu untersuchen, ob impulsartige Belastungen zu unangenehmen Schwingungen führen könnten. Als Belastungsfunktion wurde die bereits oben mehrfach erwähnte Impulsbelastung von 35 kgm/s verwendet, was einem durchschnittlichen „Heel drop" entspricht. Die dynamische FE-Berechnung ergab – wie man in Abb. 11.18b sieht – eine maximale Schwinggeschwindigkeit von 4 mm/s. Die an der Passerelle selbst durchgeführten Versuche ergaben maximale Schwingungen von 6 mm/s bei einem „Heel drop". Die Übereinstimmung ist zwar nicht perfekt, kann aber doch als „brauchbar" eingestuft werden.

11.7 Dynamische Lastfunktionen

Dynamische Lastfunktionen brauchen wir praktisch für jede dynamische Berechnung. Es sei denn wir interessieren uns nur für die Eigenfrequenz einer Tragstruktur, um Resonanzschwingungen zu vermeiden. Aber auch hier sollte man sich nicht vorschnell auf harmonische Schwingungen und Resonanzen beschränken. Grundsätzlich sind bei jeder dynamischen Dimensionierung beide Belastungsarten, die harmonische Belastung und die Impuls-artige Belastung zu berücksichtigen. Das Beispiel mit der Gasbetondecke in Abschn. 11.4 oder die angehängten Balkone in Kap. 7 zeigen deutlich, dass es nicht genügt, Resonanzschwingungen zu vermeiden. Auch die Impuls-artigen Schwingungen müssen im akzeptablen Bereich liegen.

Dynamische Lastfunktionen brauchen wir typischerweise für Tragwerke mit

- Personen-induzierten Schwingungen
- Maschinen-induzierten Schwingungen
- Wind-induzierten Schwingungen

Bei diesen Beispielen handelt es sich um Anregungen, die sowohl primär harmonisch als auch primär Impuls-artig sein können. Das Hüpfen einer Person auf einem Balkon (mit 10 Hz Eigenfrequenz) ist Impuls-artig, denn die Schwingung ist praktisch abgeklungen bevor der nächste Hüpfer folgt. Das gleiche Hüpfen auf einer Fußgängerbrücke (mit 2,5 Hz Eigenfrequenz) ist primär harmonisch und führt zu Resonanzschwingungen.

Für die Definition von Lastfunktionen sind – falls keine Literaturangaben oder Herstellerinformationen vorliegen – Messungen unerlässlich. Von Menschen erzeugte Impulse können z. B. mit der in Abb. 11.2a dargestellten Versuchseinrichtung ermittelt werden. Für die Bestimmung von Maschinen-induzierten Kräften (z. B. von Druckmaschinen, Stanzmaschinen oder Robotern) können dynamische Erreger (Abb. 11.19a) oder Fallgewichte (Abb. 11.19b) eingesetzt werden. Die vom dynamischen Erreger oder vom Fallgewicht erzeugten Kräfte bzw. Impulse sind bekannt und werden mittels der gemessenen Schwingungen für die Berechnung der Maschinen-induzierten Kräfte verwendet.

Abb. 11.19 (**a**) Dynamischer Erreger für die Bestimmung der harmonischen Kräfte einer Druckmaschine, (**b**) Fall-Gewicht-Anlage für die Simulation einer Stanzmaschine

In praktisch allen dynamischen Berechnungen ist eine exakte Definition der Lastfunktion unerlässlich. Und in den meisten Fällen sind beide Anteile, die harmonische Anregung und die Impuls-artige getrennt zu berücksichtigen.

11.8 Schlussfolgerungen

FE-Programme sind äußerst leistungsfähige Instrumente, um das dynamische Verhalten von Tragwerken zu analysieren. Sofern die Geometrie des zu berechnenden Tragwerkes adäquat abgebildet wird und sofern das verwendete FE-Programm die richtigen Materialgesetze zu Verfügung stellt, lassen sich auch sehr komplexe Tragwerke zuverlässig modellieren. Probleme entstehen eigentlich erst bei der Einführung der Belastungsfunktion. Solange es „nur" um die Berechnung von Eigenfrequenzen geht, ist nicht mit großen Abweichungen zwischen Modell und Wirklichkeit zu rechnen. Denn für die Berechnung der Eigenfrequenzen und Eigenformen werden keine Belastungsfunktionen gebraucht.

Erst bei der Berechnung des Schwingungsverhaltens unter dynamischen Belastungen treten Probleme auf. Dabei liegen die Probleme nicht primär auf der Seite des FE-Programmes sondern auf der Seite des Ingenieurs, der das FE-Programm einsetzt. Wie soll er die Belastung einer Fußgängerbrücke definieren, wenn nicht einmal die Krafteinwirkung einer einzelnen Person genügend genau bekannt ist. Das gleiche gilt für die dynamischen Kräfte einer Maschine. Zumeist schützen sich die Maschinenhersteller dadurch, dass sie höhere dynamische Lasten angeben, als in Wirklichkeit auftreten.

Der korrekten Definition der dynamischen Belastung muss ein wesentlich Größerer Stellenwert zugeordnet werden. Solange die Belastungsfunktion nicht ausreichend bekannt ist, können wir nicht erwarten, dass die berechneten Schwingungen korrekt sind.

Die Tücken der Bauwerksdynamik

12

Inhaltsverzeichnis

A. Ziegler et al., *Bauwerksdynamik und Erschütterungsmessungen*,
https://doi.org/10.1007/978-3-658-38022-9_12

Bauwerksdynamik ist sicherlich eines der schwierigeren Gebiete der Bauingenieur-Wissenschaften. Man kann sich das notwendige Wissen an einer Hochschule erwerben. Das allein dürfte nicht ganz reichen. Man kann auch aus praktischer Erfahrung lernen. Zusammen mit dem Hochschulwissen dürfte dies eine gute Grundlage ergeben. Man kann zusätzlich auch aus den Fehlern der anderen lernen, dann muss man sie nicht selbst machen. Das spart Kosten und Ärger.

In diesem Sinne sind die Beispiele im letzten Kapitel dieses Buches zusammengestellt worden. Die Sammlung enthält 35 Beispiele von schwierigen, nicht unbedingt ideal angepackten Dynamik-Herausforderungen aber auch mit Beispielen in denen Fehlüberlegungen kommentiert werden. Bei manchen Fällen hätte man – mit genügend Fachwissen und Erfahrung – den richtigen Lösungsweg wissen können. Bei anderen erkennt man den richtigen Weg wirklich erst wenn der Fehler bereits gemacht ist. Und bei einigen Fällen gibt es gar keine richtige Lösung.

Vielleicht tragen die 35 Beispiele dazu bei, dass in Zukunft die Tücken der Bauwerksdynamik bereits in der Planungsphase erkannt werden. In der Planungsphase lässt sich noch Vieles zurechtbiegen. Ist das Bauwerk einmal erstellt, lassen sich Fehler in der Bauwerksdynamik nur schwer oder gar nicht mehr korrigieren.

Liste der Fallbeispiele

1. Schwingungen in einer Weberei
2. Bürogebäude neben einer Produktionshalle
3. Vibrationen bei Zentrifugen
4. Sekundär abgestrahlter Schall bei Webmaschinen
5. Ausbreitung der Erschütterung bei einer Wasserkraftanlage
6. Einfluss der Vorspannung auf die Eigenfrequenz
7. Schwingungen einer Leichtbeton-Geschossdecke
8. Schwingungen in einem Theater
9. Erhöhung der Eigenfrequenz einer Betondecke
10. Erschütterungen bei Präzisionsfertigung
11. Resonanzschwingungen bei einer Flaschenblasanlage
12. Bürohaus neben Eisenbahngleis
13. Schwingungen eines Kirchturmes

14. Horizontale Gebäudeschwingungen infolge Eisenbahnverkehr
15. Elastische Lagerung eines Einfamilienhauses
16. Elastische Lagerung eines Liftmotors
17. Überbauung über einem Eisenbahntunnel
18. Haus mit freier Aussicht
19. Schwingungen im Operationsmikroskop
20. Schwingungen im Baumhaus
21. Neue Maschinen in einer Druckerei
22. Wohnüberbauung in einer Distanz von 29 m zum Gleis
23. Hochhaus neben Eisenbahnlinie
24. Schwingende Balkone
25. Bürohaus neben Eisenbahngleis
26. Gebäude über Eisenbahntunnel
27. Schwingungen bei einer Druckmaschine
28. Eigentumswohnungen neben Industriegebäude
29. Shredder-Anlage
30. Gymnastik-Räume
31. Rohmühle
32. Eigenfrequenzen Sensor
33. Frei-Feld Messung
34. Tiefe Frequenzen
35. Luftpolster

12.1 Schwingungen in einer Weberei

Das Gebäude ist ein dreistöckiges Beton-Skelett-Tragwerk mit einer Grundfläche von 22 m × 53 m. Die Träger des ersten und des zweiten Geschosses sind vorgespannte Betonträger. Tragende Schubwände existieren nur im Untergeschoss. Im Gebäude wurden seit über 30 Jahren qualitativ hochstehende Textilfilter hergestellt, ohne dass irgendwelche Probleme aufgetaucht wären. 56 Maschinen, jede mit einem Gewicht von 2,2 t, produzierten Tag und Nacht. Im Laufe der Zeit wurden einige Zwischenwände entfernt, um den Warenfluss zu verbessern. Dann wurden Hochgeschwindigkeits-Webmaschinen installiert. Und damit traten extrem hohe Horizontalschwingungen von bis zu 10 mm/s auf. Der örtliche Ingenieur wurde beigezogen, um die Schwingungen zu reduzieren.

Er entschied sich für eine Verstärkung mit schweren Doppel-T-Trägern (HEM-300), wie in Abb. 12.1 blau dargestellt. Das Ergebnis war katastrophal. Anstelle einer Reduktion brachte die Verstärkungsmaßnahme eine Verdoppelung der horizontalen Schwingungen mit Schwinggeschwindigkeiten von bis zu 20 mm/s. Mitarbeiter beklagten sich über Seekrankheit.

Was war passiert? Das Gebäude hatte – vor der Verstärkung mit Stahlträgern – die zweite Eigenfrequenz bei 3 Hz, d. h. leicht unterhalb der Hauptanregungsfrequenz der

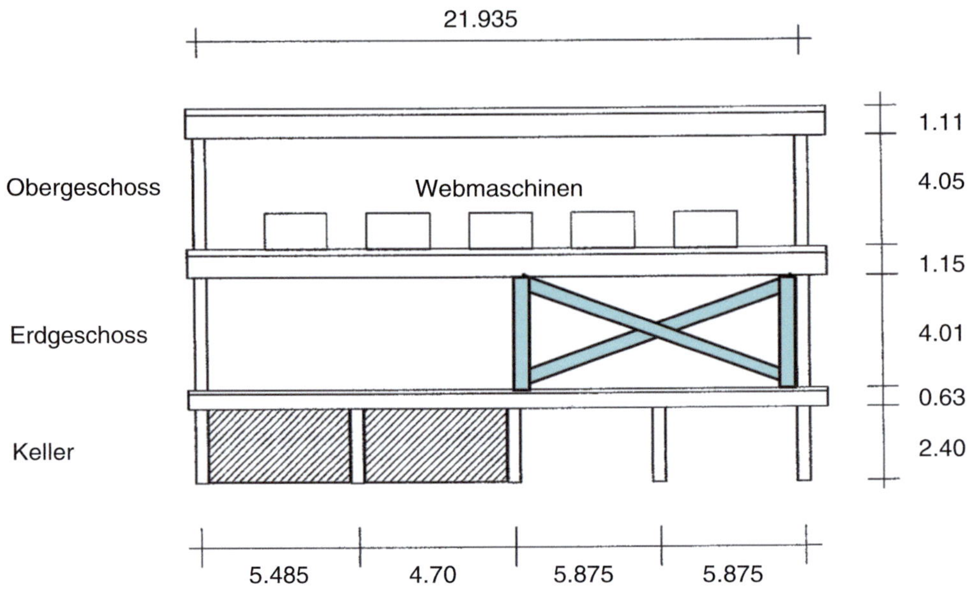

Abb. 12.1 Schnitt durch das Gebäude mit Verstärkung mit Stahlträgern

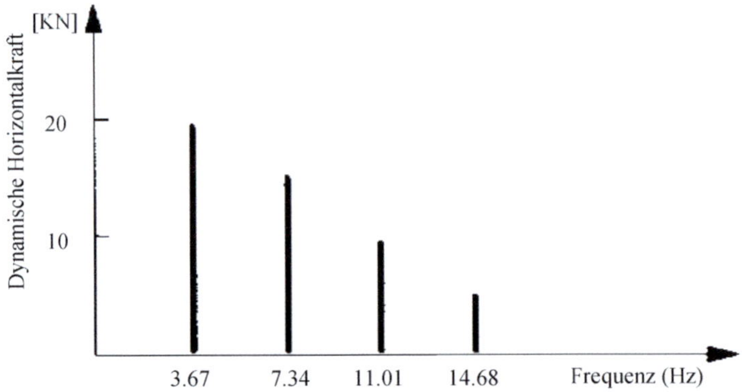

Abb. 12.2 Dynamische Horizontalkräfte der Webmaschinen

Webmaschinen (siehe Abb. 12.2). Mit den Stahlträgern stiegen die horizontalen Eigenfrequenzen an und die zweite Eigenfrequenz erreichte exakt die Hauptanregungsfrequenz von 3,67 Hz. Die horizontalen Schwingungsamplituden verdoppelten sich.

Um das Problem zu lösen, wurde eine FE-Berechnung durchgeführt. Damit konnte die Wirkung verschiedener Verstärkungsmaßnahmen studiert werden. Schließlich wurde die Lösung mit Schubwänden, wie sie in Abb. 12.3 und 12.4 dargestellt sind, gewählt. Diese Lösung trägt die Horizontalkräfte sicher auf die Fundation ab und erhöht die Eigenfrequenz und die Dämpfung. Die erste Eigenfrequenz ergab sich rechnerisch zu 3,0 Hz

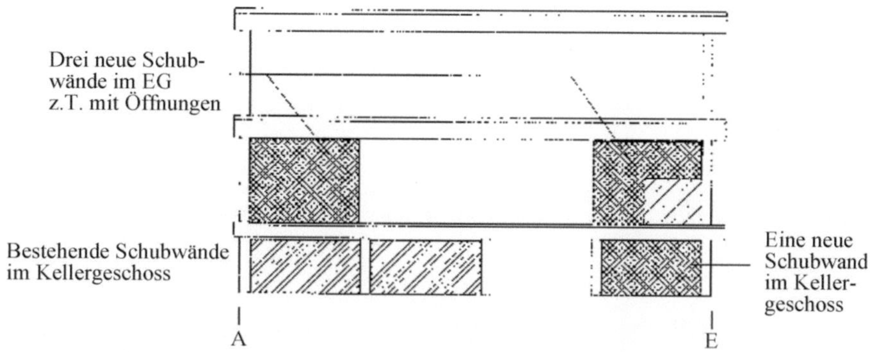

Abb. 12.3 Verstärkung mit 3 zusätzlichen Schubwänden (Schnitt)

Abb. 12.4 Verstärkung mit 3 zusätzlichen Schubwänden (Grundriss)

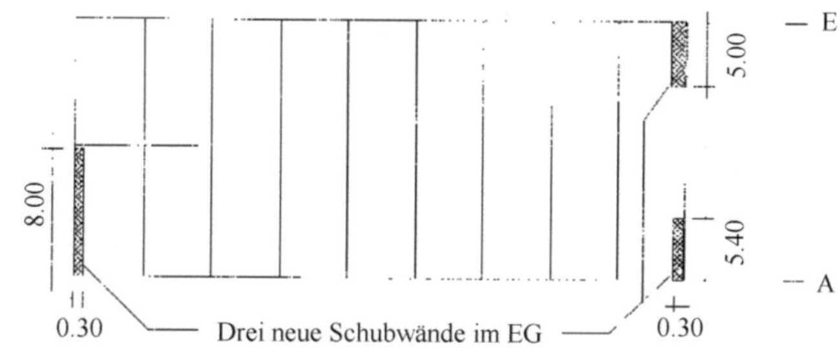

und die zweite zu 5,5 Hz. Somit lag die Hauptanregungsfrequenz von 3,67 Hz zwischen den zwei untersten Eigenfrequenzen und konnte keine Resonanz erzeugen. Eine Reduktion von 80 % wurde vorausgesagt. Messungen nach dem Einbau der Verstärkungen zeigten, dass eine Reduktion von über 90 % erreicht worden ist.

12.2 Bürogebäude neben einer Produktionshalle

Ein neues Bürogebäude wurde unmittelbar neben einem existierenden Produktionsgebäude errichtet (Abb. 12.5). Das Produktionsgebäude enthielt Ausstellungsräume, in denen die neuesten Webmaschinen gezeigt wurden. Im Bürogebäude sollten Sitzungen mit zukünftigen Kunden stattfinden. Sehr bald wurde aber klar, dass der Lärmpegel im Bürogebäude einfach zu hoch war.

Die beiden Gebäude haben ihre Fundation auf der gleichen Felsschicht, womit sich eine gute Erschütterungsübertragung von einem Gebäude zum anderen ergab. Überdies bestand die Isolation zwischen den beiden Gebäuden aus 15 mm Styropor-Hartschaum. Die Wand des existierenden Produktionsgebäudes wurde nämlich der Einfachheit halber direkt als äußere Schalung für das neue Bürogebäude verwendet.

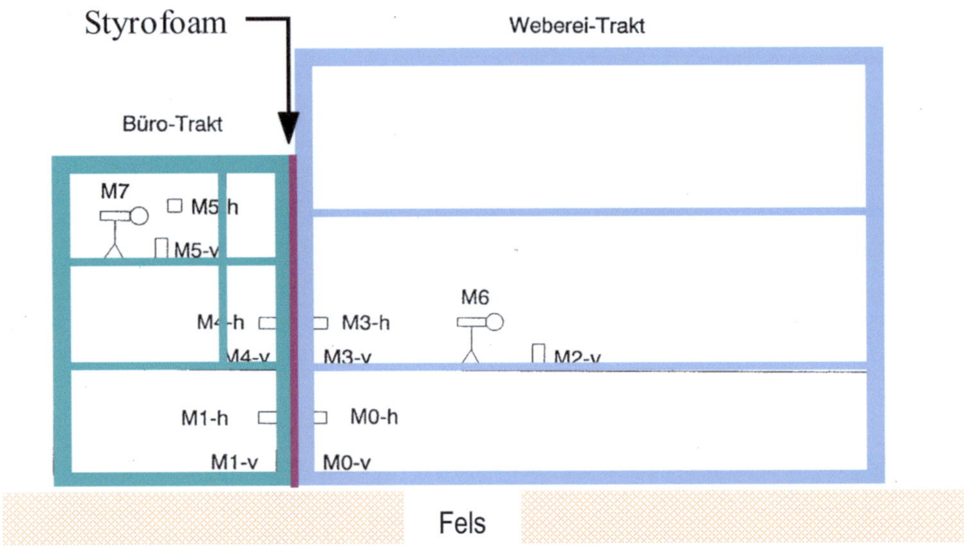

Abb. 12.5 Schnitt durch das Bürogebäude (*links*) und das Produktionsgebäude (*rechts*)

Umfangreiche Vibrations- und Schallmessungen ergaben folgende Ergebnisse: Der Lärm in den Sitzungszimmern des Bürogebäudes wurde eindeutig durch sekundär abgestrahlten Schall erzeugt. Das Spektrum des Schalldruckes entsprach – wie man aus Abb. 12.6a–c entnehmen kann – einer Superposition des Wand- und Boden-Vibrationsspektrums. Der Schallpegel in den Sitzungszimmern lag in folgenden Bereichen:

- Webmaschinen im Produktionsgebäude in Betrieb: 51 bis 53 dBA
- Alle Maschinen und Anlagen abgestellt: 24 bis 25 dBA

Mit den Messungen konnte auch nachgewiesen werden, dass die Erschütterungsübertragung sowohl über die gemeinsame Felsplatte als auch über die Styropor-Isolation verlief.

Um die unbefriedigende Situation zu verbessern wurden drei Möglichkeiten geprüft:

- Entfernung der Styropor-Isolation mit einer Seil-Säge
- Verwendung von elastisch gelagerten Zwischenwänden
- Änderung der Nutzung des Bürogebäudes

Welche Lösung schlussendlich gewählt wurde, ist den Autoren nicht bekannt.

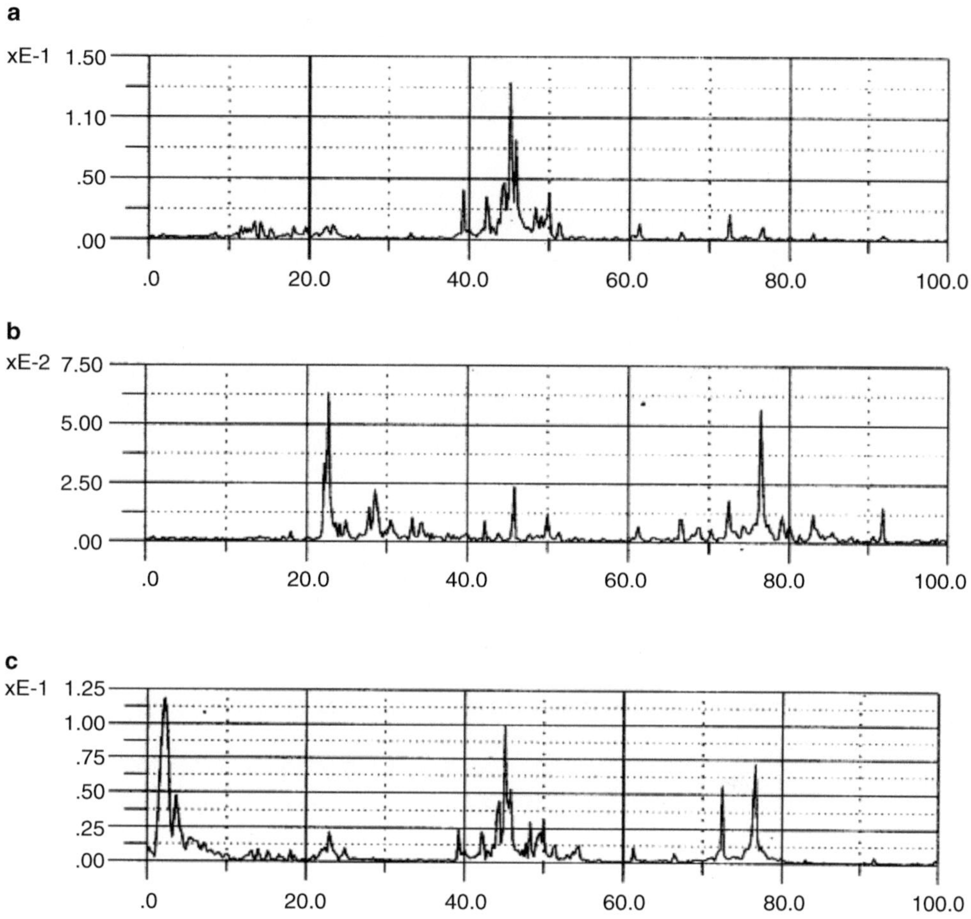

Abb. 12.6 **a** Vibrationsspektrum der Wand im Sitzungszimmer, **b** Vibrationsspektrum des Bodens im Sitzungszimmer, **c** Schallspektrum im Sitzungszimmer

12.3 Vibrationen bei Zentrifugen

Vier Zentrifugen wurden auf einer Plattform installiert. Die Plattform besteht aus einer 12 cm dicken Betonplatte, die auf Stahlträgern ruht (siehe Abb. 12.7). Der Ingenieur dimensionierte die Plattform unter Berücksichtigung der Hauptanregungsfrequenz der Zentrifuge. Bei einer Betriebsdrehzahl von 600 U/Min wurde eine Anregungsfrequenz von 10 Hz eingesetzt. Für eine solche Anregung wurde eine Plattform mit einer Eigenfrequenz von 7 Hz als adäquat erachtet. Die Überraschung war groß, als die Plattform schon bei den ersten Testläufen wild schüttelte. Messungen (Abb. 12.9) ergaben die Resonanzkurve von Abb. 12.8 und zeigten maximale Schwinggeschwindigkeiten von 13 mm/s. Die Eigenfrequenz der Plattform lag offensichtlich nicht bei 7 Hz sondern vielmehr bei 10 Hz und fiel somit mit der Anregungsfrequenz zusammen (Abb. 12.9).

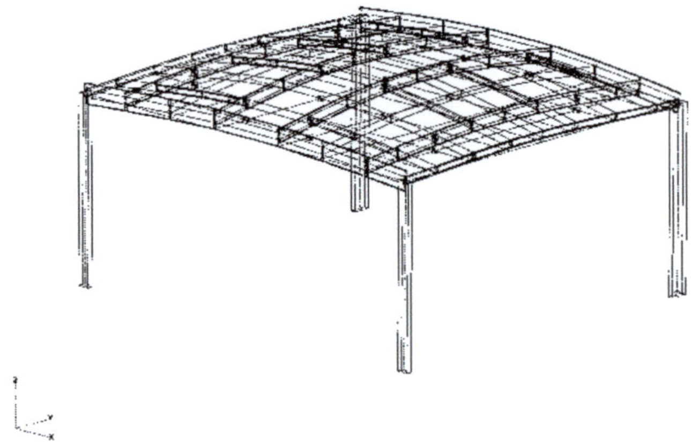

Abb. 12.7 FE-Modell der ursprünglichen Plattform

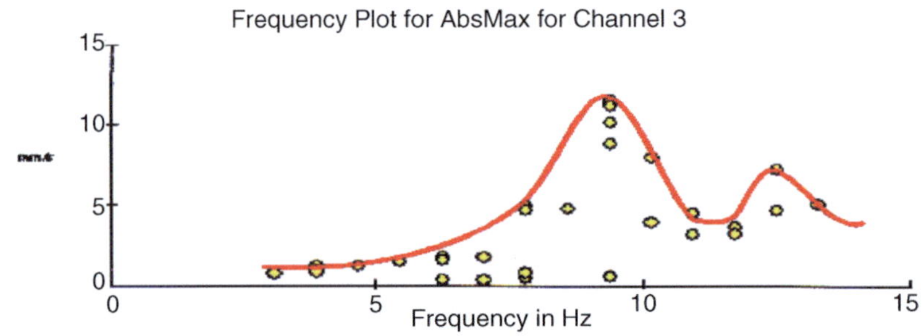

Abb. 12.8 Resonanzkurve der Plattform

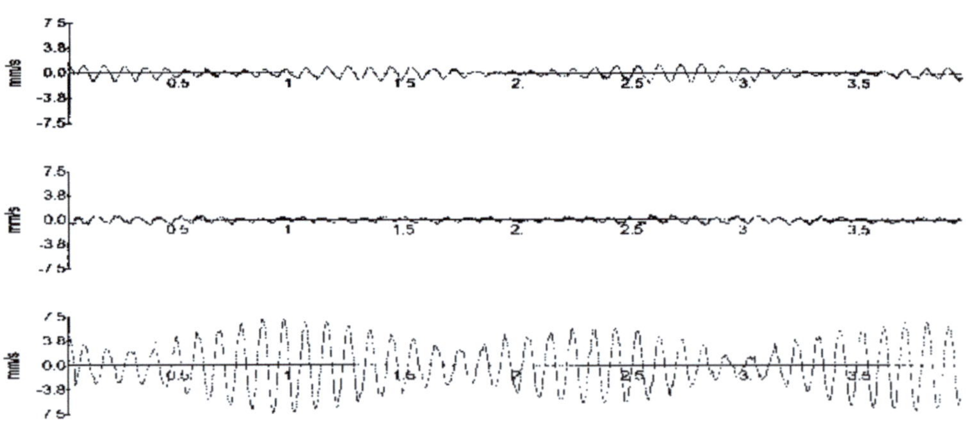

Abb. 12.9 Schwingungsaufzeichnung auf der Plattform (hor1, hor2, vert.)

Der Grund für das ungünstige Verhalten der Plattform war der Kontakt zwischen der Betonplatte und den Stahlträgern. Der Ingenieur ging davon aus, dass die Betonplatte und die Stahlträger unabhängig wirken. Diese Annahme ist – zumindest für eine statische Betrachtung – auf der sicheren Seite. Für eine dynamische Betrachtung ist eine solche An-

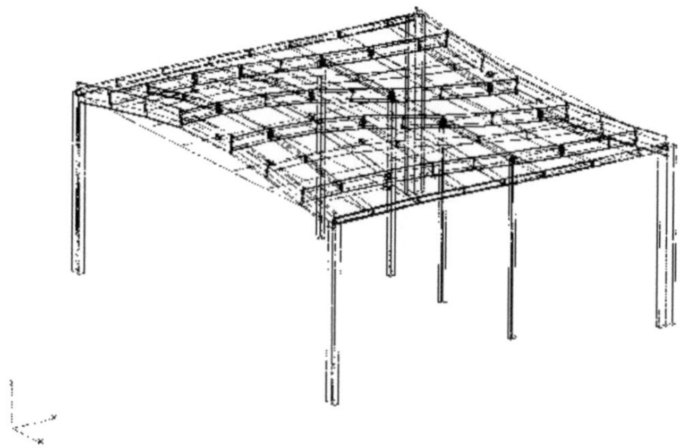

Abb. 12.10 FE-Modell für verstärkte Plattform

nahme falsch. Die Betonplatte klebt quasi an den Stahlträgern und wirkt somit als Verbundträger mit einer entsprechend höheren Steifigkeit. Die Betonplatte hatte deshalb eine Eigenfrequenz von 10 Hz, was mit der Anregungsfrequenz zusammenfiel und entsprechend hohe Resonanzschwingungen ergab.

Die Lösung des Problems war der Einbau von vier zusätzlichen Stützen, wie in Abb. 12.10 dargestellt. Die Grundfrequenz der Plattform erreichte damit 20,5 Hz, womit sich keine störenden Schwingungen mehr ergaben.

Die dynamische FE-Berechnung ergab folgende Ergebnisse:

Ursprüngliche Plattform (ohne Verbund)	7,5 Hz
Ursprüngliche Plattform (mit Verbund)	10,1 Hz
Plattform mit 4 Stützen:	20,5 Hz

12.4 Sekundär abgestrahlter Schall bei Webmaschinen

Im oberen Stock eines Industriegebäudes wurden 12 Webmaschinen installiert (Abb. 12.11), während das Erdgeschoss (Abb. 12.12) weiterhin als Reparaturwerkstätte für schwere Lastwagen verwendet wurde. Kaum nahmen die Webmaschinen ihren Betrieb auf, beschwerten sich die Mitarbeiter im Erdgeschoss über den hohen Lärmpegel. Wenn alle Webmaschinen in Betrieb waren, wurde im Erdgeschoss ein Schallpegel von 80 dBA gemessen. Dies war sogar für eine Reparaturwerkstätte zu hoch.

Der Hersteller der Webmaschinen empfahl den Einbau von speziellen weichen Federn mit dem Ergebnis, dass zwar der Schallpegel stark zurückging aber die Schwingungen der Maschinen stark anstiegen. Überdies wären die Kosten für die Lagerung der 12 Maschinen mit diesen Federelementen sehr teuer geworden.

Eine effizientere Lösung war der Einbau von Gummi- oder PU-Schaum-Platten (Abb. 12.14). Diese sind leicht zu installieren und kosten nicht ein Vermögen. Überdies können – ohne viel Aufwand – Tests mit verschiedenen Material-Typen durchgeführt werden bis die richtige Abstimmung gefunden worden ist. Wie man aus Abb. 12.13 entnehmen

Abb. 12.11 Webmaschinen im 1. OG

Abb. 12.12 Untersicht der vorfabrizierten Geschossdecke

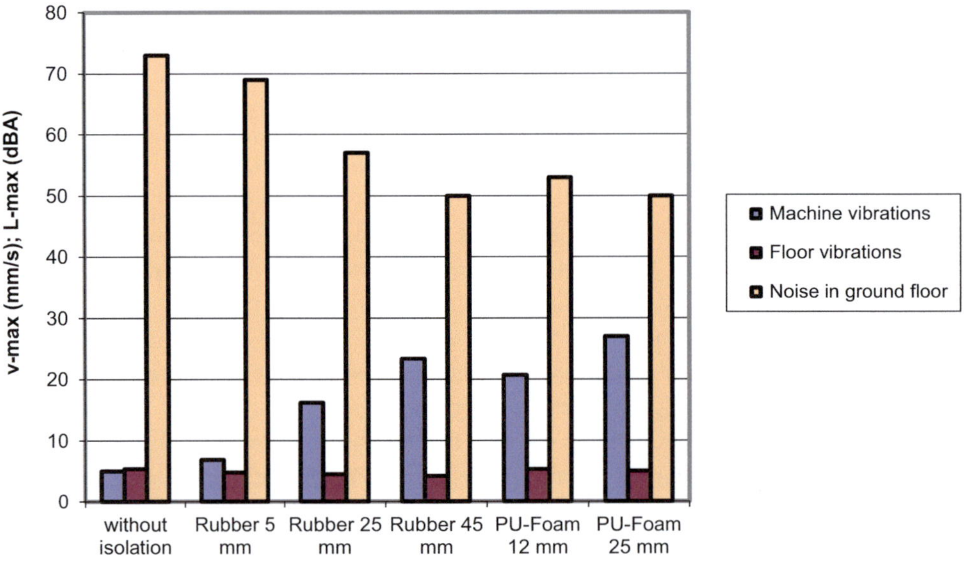

Abb. 12.13 Wirkung verschiedener PU-Schaum-Platten

Abb. 12.14 Muster von Gummi- und PU-Schaum-Platten

kann, nimmt die Schwingung der Maschine mit zunehmender Weichheit der Lagerung zu, während gleichzeitig der Schallpegel im Erdgeschoss abnimmt. Die Schwingung der Geschossdecke variierte dabei nicht stark. Die Aufgabe bestand nun darin, den optimalen Kompromiss zwischen Schallreduktion und Erhöhung der Maschinenschwingung zu finden. Schließlich wurde eine Lösung mit 12 mm PU-Schaum gewählt. Die Schwingungen auf der Geschossdecke von maximal 5 mm/s lagen damit im akzeptablen Bereich (Abb. 12.14).

12.5 Ausbreitung der Erschütterung bei einer Wasserkraftanlage

Bei einer Distanz von 100 m von der Wasserkraftanlage (Abb. 12.15) erwartete der Architekt nicht, dass die Vibrationen der Turbinen für das neue Einfamilienhaus auf der anderen Seite der Autobahn irgendwelche Probleme verursachen könnten. Allerdings beschwerte sich sein Kunde sehr bald über andauernden Schall, der zu Übelkeit und Kopfschmerzen führe und ihn nachts nicht schlafen lasse.

Messungen auf dem Fundament der Wasserkraftanlage ergaben eine konstante Schwingung von 0,15 mm/s. In einer Distanz von 100 m lagen die Schwingungen auf dem Gebäudefundament immer noch bei 0,025 mm/s. Durch Verstärkungseffekte ergaben sich im Gebäude selbst Schwingungen von bis zu 0,13 mm/s bei 31 Hz (Abb. 12.19). Mit einer Abstrahleffizienz von 10 dB ergibt sich damit ein Schallpegel von über 35 dBA, was gerade in der Nacht nicht besonders angenehm ist.

Der Grund für die unerwartet hohen Immissionen ist die Autobahnunterführung (Abb. 12.16). Dadurch werden die Vibrationen von der Wasserkraftanlage ziemlich ungedämpft zum Einfamilienhaus geleitet (Abb. 12.17). Mit einer elastischen Lagerung des Einfamilienhauses (Abb. 12.18) hätte das Problem verhindert werden können (Abb. 12.19).

Abb. 12.15 Wasserkraftanlage

Abb. 12.16 Autobahnunterführung

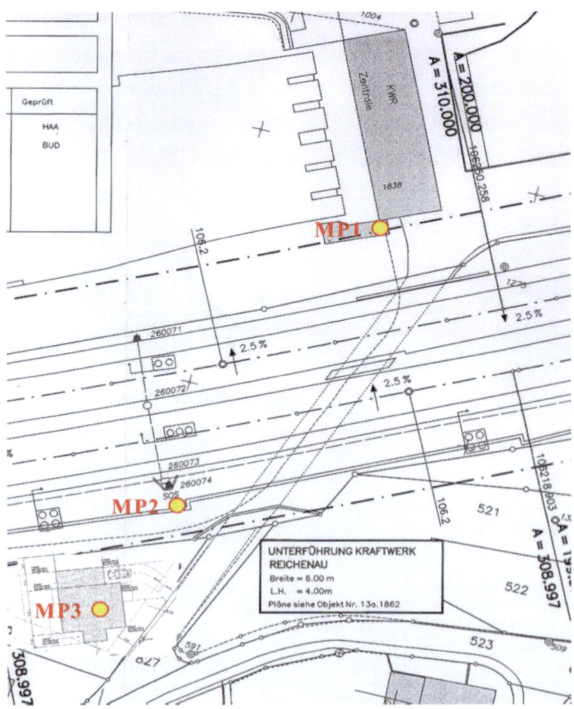

Abb. 12.17 Situation mit Wasserkraftanlage, Unterführung und betroffenes Einfamilienhaus

Abb. 12.18 Betroffenes Einfamilienhaus

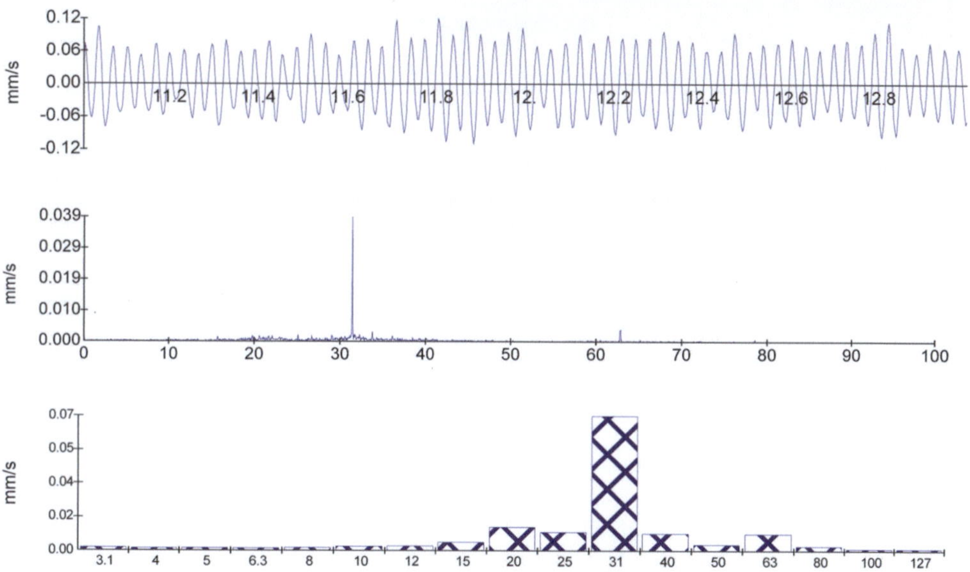

Abb. 12.19 Schwingungen des Fußbodens im Einfamilienhaus

12.6 Einfluss der Vorspannung auf die Eigenfrequenz

Leichtbeton ist für manche Anwendungen der ideale Baustoff. Vorsicht ist allerdings geboten, wenn es sich um schwingungsempfindliche Tragwerke handelt. Der Ingenieur, der das Busterminal in Abb. 12.20 und 12.21 entwarf, war sich dieser Problematik bewusst und argumentierte, dass nachträgliche Vorspannung die Eigenfrequenz der Geschossdecken erhöhen werde. Die nachträgliche Vorspannung hatte man bei einigen Platten bereits aufgebracht, als Probleme mit dem Aufbringen der Vorspannung auftauchten. Es wurde entschieden, die Wirkung der Vorspannung durch Messungen zu überprüfen.

Wie in Abb. 12.22 dargestellt, wurden Messungen im vorgespannten und nichtvorgespannten Bereich durchgeführt. Die entsprechenden Aufzeichnungen und Am-

Abb. 12.20 Gasbeton-Platten für die Geschossdecke des Busterminal

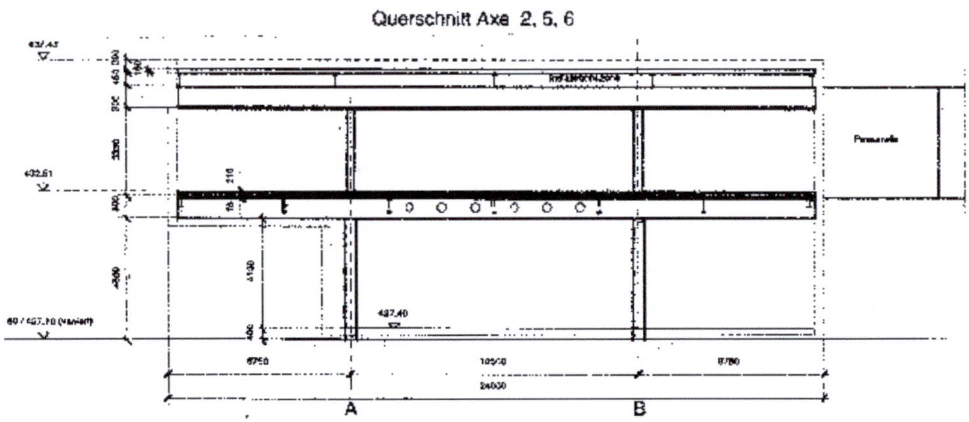

Abb. 12.21 Schnitt durch Busterminal

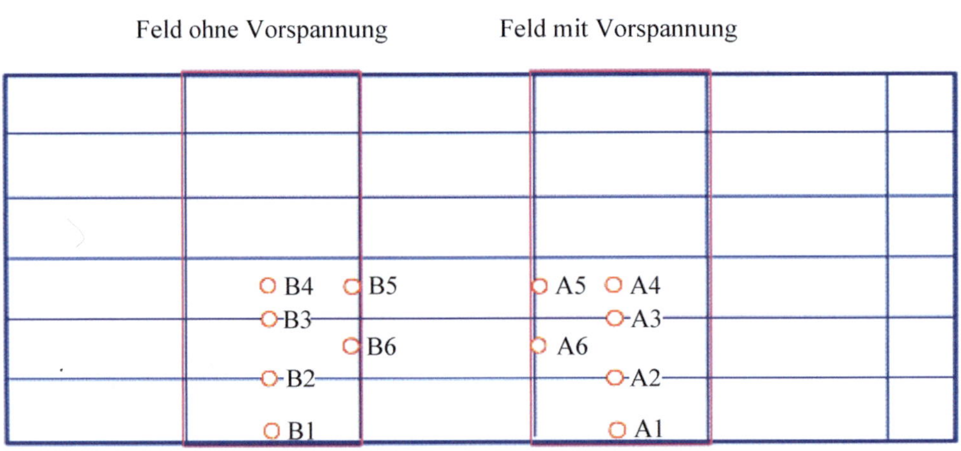

Abb. 12.22 Grundriss mit Position der Sensoren

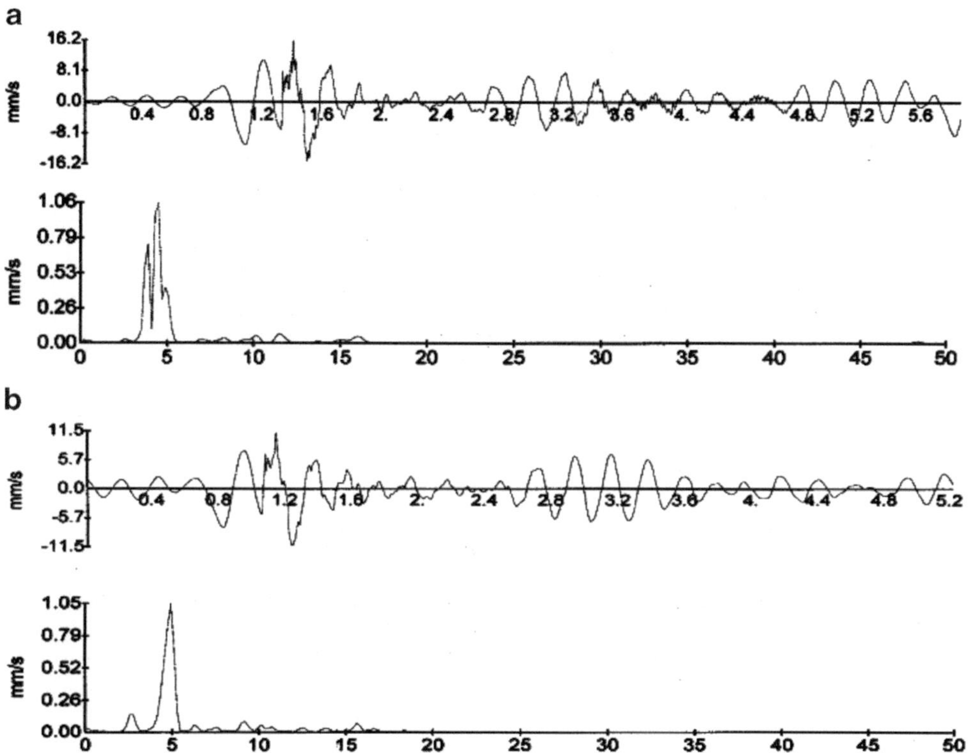

Abb. 12.23 **a** Schwingungsverlauf und Amplitudenspektrum für Bereich ohne Vorspannung, **b** Schwingungsverlauf und Amplitudenspektrum für Bereich mit Vorspannung

plitudenspektren sind in Abb. 12.23a, b wiedergegeben. Die Aufzeichnungen in den beiden Bereichen sind praktisch identisch und auch die Eigenfrequenzen zeigen nur ganz geringe Unterschiede.

Vorspannung an sich hat keinen Einfluss auf die Eigenfrequenz einer Tragstruktur. Dies liegt daran, dass es sich bei den aufgebrachten Kräften um innere Kräfte handelt. Allerdings kann wegen des Schließens von Rissen ein leichter Anstieg der Eigenfrequenz beobachtet werden. Im vorliegenden Beispiel wurde ein Anstieg von 8 % festgestellt.

12.7 Schwingungen einer Leichtbeton-Geschossdecke

Das 12-stöckige Gebäude sollte um 3 Stockwerke ergänzt werden. Um die zusätzlichen Lasten klein zu halten, wurde Leichtbeton gewählt. Leichtbeton hat ein Raumgewicht von nur 6 kN/m³ und einen statischen E-Modul von 4 kN/mm². Normaler Beton hingegen hat ein Raumgewicht von 25 kN/m³ und einen statischen E-Modul von 35 kN/mm². Die dynamische Berechnung wies eine Eigenfrequenz von 6 bis 7 Hz aus. Resonanzschwingungen durch Personen sollten somit nicht auftreten. Trotzdem störten sich die Gäste an den

Abb. 12.24 Leichtbetondecke im Bau

Abb. 12.25 Personalrestaurant mit Leichtbetondecke von Abb. 12.24

Schwingungen, die von gehenden Personen hervorgerufen wurden (Abb. 12.24 und 12.25). Die Messungen zeigten dann auch, dass beim Rennen Schwingungen von bis zu 8 mm/s entstehen (vgl. Abb. 12.26). Nachträgliche FE-Berechnungen zeigten, dass mit einer Impulsbelastung von 35 kgm/s (entsprechend einem Heel Drop), eine maximale Schwinggeschwindigkeit von 12 mm/s erreicht wird (Abb. 12.27). Dies zeigt, dass ein FE-Programm durchaus in der Lage ist, das dynamische Verhalten einer Geschossdecke korrekt zu berechnen.

Was ist bei dieser Decke nicht optimal gelaufen? Leichtbeton hat eine um einen Faktor 4 geringere Masse. Dies bedeutet, dass die Masse fehlt, um einer Impulsbelastung Widerstand zu leisten. Dies wiederum bedeutet, dass es nicht genügt abzuklären, ob eine Leichtbeton-Geschossdecke Resonanzerscheinungen aufweisen wird. Die Geschossdecke des Personalrestaurants hatte ja auch eine Eigenfrequenz von 6,4 Hz und die Schwingungsspitzen wurden, wie man in Abb. 12.26 erkennt, nicht durch Aufschaukeln erreicht. Bei Leichtbau-Konstruktionen ist es daher besonders wichtig, dass im Rahmen der dynamischen Beurteilung nicht nur das Phänomen der harmonischen Anregung sondern auch das Phänomen der Impuls-Anregung untersucht wird.

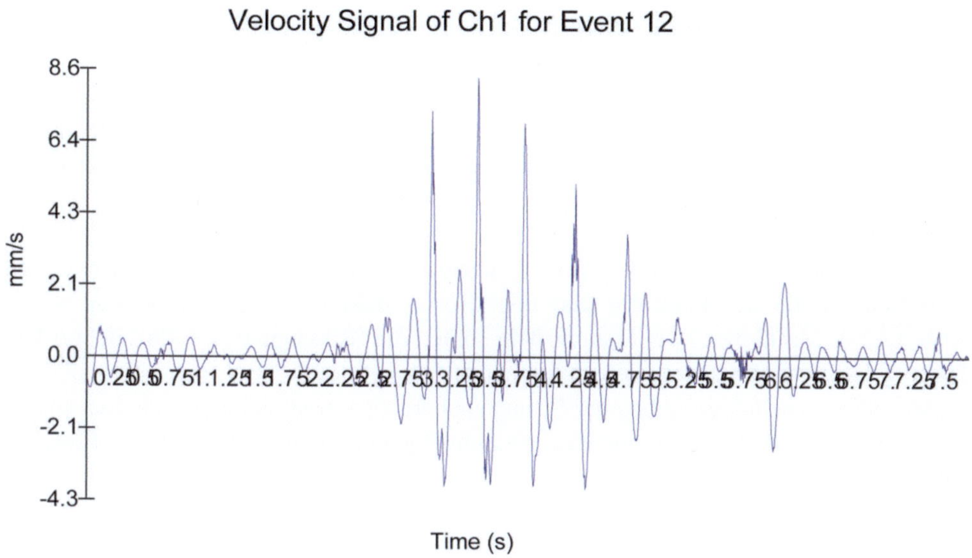

Abb. 12.26 Gemessener Schwingungsverlauf

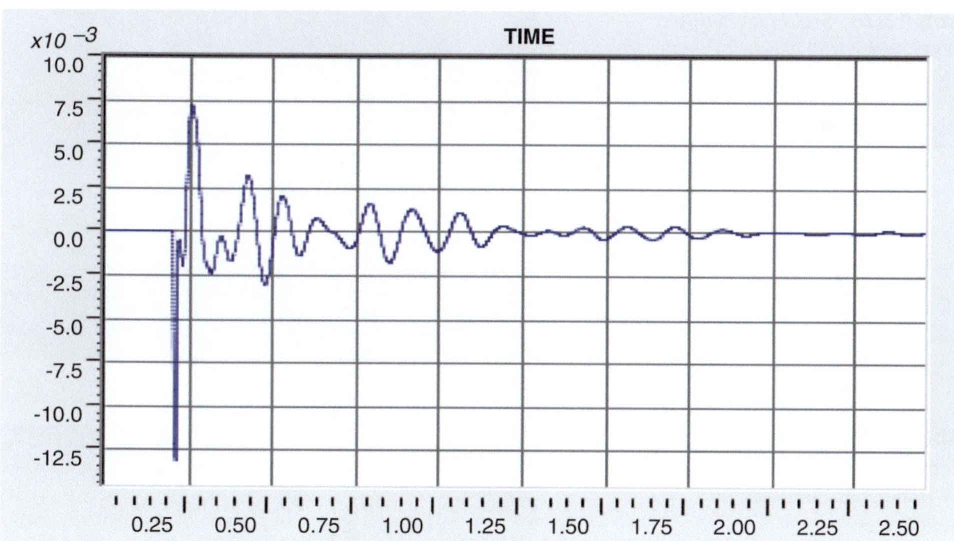

Abb. 12.27 Berechneter Schwingungsverlauf

12.8 Schwingungen in einem Theater

Die Tribüne in Abb. 12.28 ist als geneigte auskragende Plattform gestaltet. Die Plattform steigt in einem Winkel von ca. 20° von der untersten bis zur obersten Reihe an. Der untere Rand (mit der vordersten Sitzreihe) ist in einem Fundationsblock eingespannt (unter dem Boden), während die anderen drei Ränder der Plattform frei sind. Die Breite der Plattform beträgt 10 m, die Länge 8 m.

Die Plattform wies sehr starke Schwingungen auf, weshalb zwei Spannkabel zwischen dem freien Ende der Plattform und dem Boden darunter eingebaut wurden (siehe Abb. 12.29). Mit diesen zwei Spannkabeln sollten die Schwingungen reduziert werden. Das Ergebnis war allerdings sehr enttäuschend.

Messungen nach dem Einbau der Spannkabel ergaben, dass sich die Eigenfrequenzen nur geringfügig erhöht hatten und dass die Schwingungen immer noch sehr hoch waren. Mit drei Personen, welche die Plattform absichtlich anregten, wurden Schwingungen von 50 mm/s erreicht (Abb. 12.30 und 12.31). Dies entspricht einer Beschleunigung von 2 m/s^2 oder einem Schwingweg von 2 mm.

Warum funktioniert die Aussteifung mit Spannkabeln nicht? Die Kraft in den Spannkabeln hat keinen Einfluss auf das Schwingverhalten der auskragenden Plattform. Nur die

Abb. 12.28 Sitzreihen auf der auskragenden Platform

Abb. 12.29 Untersicht mit den zwei Spannkabeln zwischen der Plattform und dem Boden

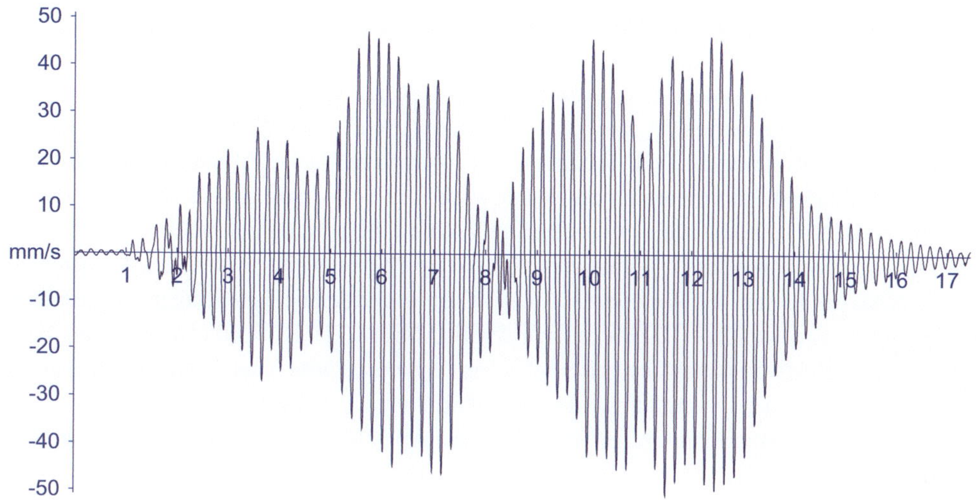

Abb. 12.30 Schwingungsaufzeichnung bei Anregung durch 3 Personen

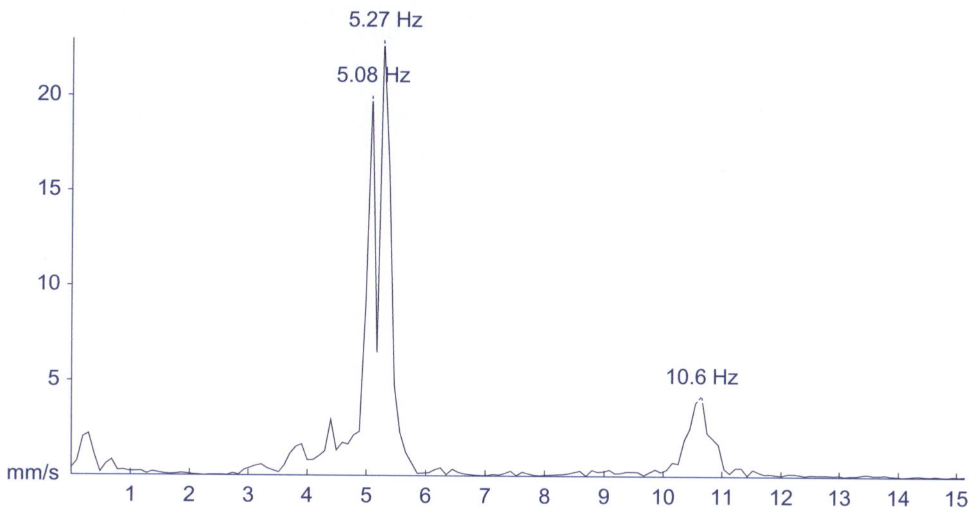

Abb. 12.31 Amplitudenspektrum zu Signal in Abb. 12.30

Querschnittsfläche der Kabel und der E-Modul des Stahls finden Eingang in die Bewegungsgleichung. Vergleicht man die kleine Querschnittsfläche der Spannkabel mit der großen Querschnittsfläche der auskragenden Plattform, so wird schnell klar, dass man von den Spannkabeln nicht allzu viel erwarten darf. Eine bessere Lösung wäre wohl der Einbau von Dämpfungselementen gewesen.

12.9 Erhöhung der Eigenfrequenz einer Betondecke

Die neue Produktionshalle war termingerecht fertiggestellt worden und die meisten Produktionsanlagen waren in ihre neue Position gebracht worden. Allerdings ließ die Qualität der produzierten Teile (hoch präzise pharmazeutische Pumpen) zu wünschen übrig und die Produktion musste gestoppt werden. Die Schwingungen der Geschossdecke waren eindeutig zu hoch und es musste ohne Verzug eine Lösung gefunden werden.

Der erste Vorschlag des Bauingenieurs war, die freie Spannweite zwischen den Stützen zu reduzieren. Als Test für die Wirksamkeit dieser Lösung wurden bei jeder Stütze 8 Baustützen aufgestellt, was gesamthaft 120 Baustützen ergab (Abb. 12.32). Es wurde argumentiert, dass dadurch die effektive Spannweite von 8 auf 5,6 m reduziert würde. Und da die Eigenfrequenz sich proportional zu $1/L^2$ verhält, würde die Eigenfrequenz von 14 auf 28 Hz ansteigen.

Eine genauere Betrachtung des Vorschlages in Abb. 12.33 zeigt rasch, dass diese Methode nicht von Erfolg gekrönt sein kann. Die Baustützen mit einer Querschnittsfläche von

Abb. 12.32 Versuche mit Baustützen, um eine Reduktion der Spannweite zu simulieren

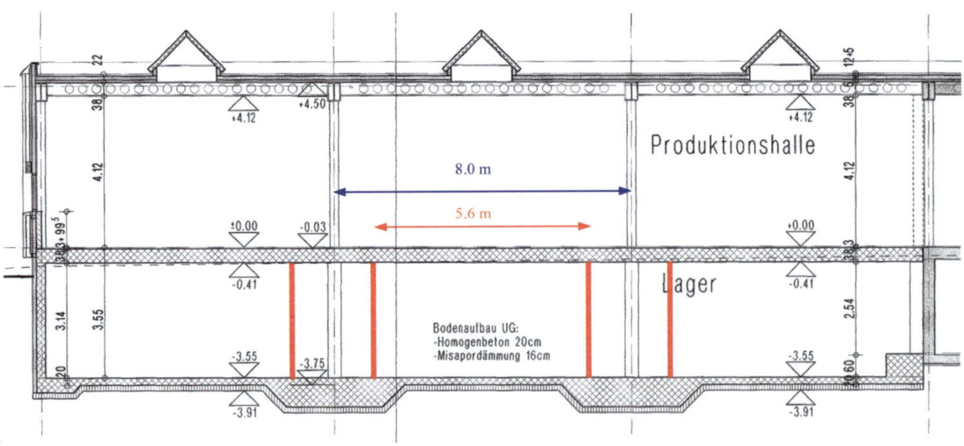

Abb. 12.33 Schnitt durch Produktionshalle mit den vorgeschlagenen Stützen, um die freie Spannweite von 8 auf 5,6 m zu reduzieren und die Eigenfrequenz von 14 auf 28 Hz zu erhöhen

Abb. 12.34 Test mit 8 Baustützen in Feldmitte um die Eigenfrequenz von 14 auf 18 Hz zu erhöhen

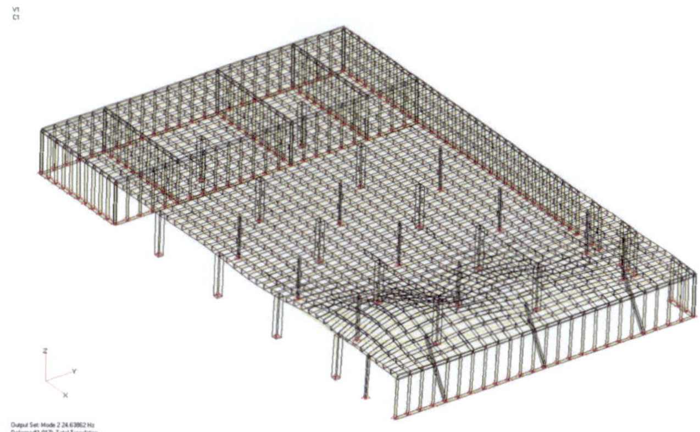

Abb. 12.35 Dynamisches FE-Modell zur Simulation der Wirkung von zusätzlichen Stützen

7 cm² sind viel weicher als die bestehenden Stützen. Sie wirken vielmehr als weiche Federn und erhöhen die Eigenfrequenz nur unwesentlich. Messungen zeigten dann auch, dass der erreichte Zuwachs nicht mehr als 1 Hz betrug. Es braucht wesentlich mehr als 8 Stützen mit einem Querschnitt von 7 cm² um eine Decke von 40 cm Stärke auszusteifen. Letzten Endes wurden Schrägstützen – wie in Abb. 12.35 dargestellt – eingebaut, um wenigsten einen Teil der Geschossdecke zu versteifen. Als Test dienten die Baustützen in Abb. 12.34.

12.10 Erschütterungen bei Präzisionsfertigung

Das neue Produktionsgebäude – konzipiert als zweigeschossiger Stahlbeton-Skelettbau mit großzügigen Deckenspannweiten von 8,40 m × 8,40 m und 40 cm Deckenstärke (Abb. 12.37) – wurde bezogen. Rasch zeigte sich, dass die neu installierten Bearbeitungszentren (Abb. 12.36) nicht auf voller Leistung fahren durften. Die gegenseitigen Störungen durch Vibrationen waren zu stark. Bei manchen Maschinen traten Erschütterungen

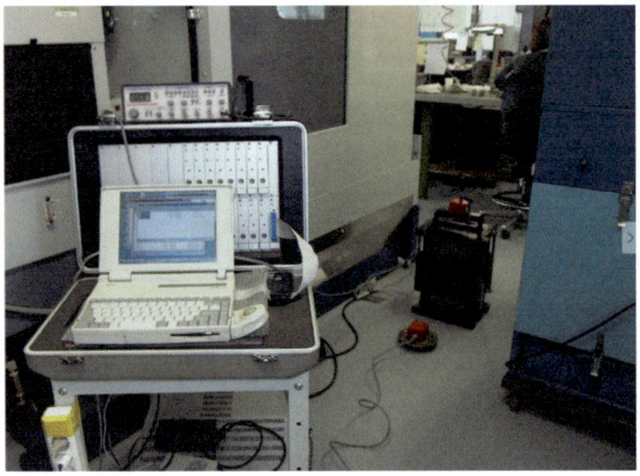

Abb. 12.36 Schwingungsmessungen zwischen zwei Bearbeitungszentren

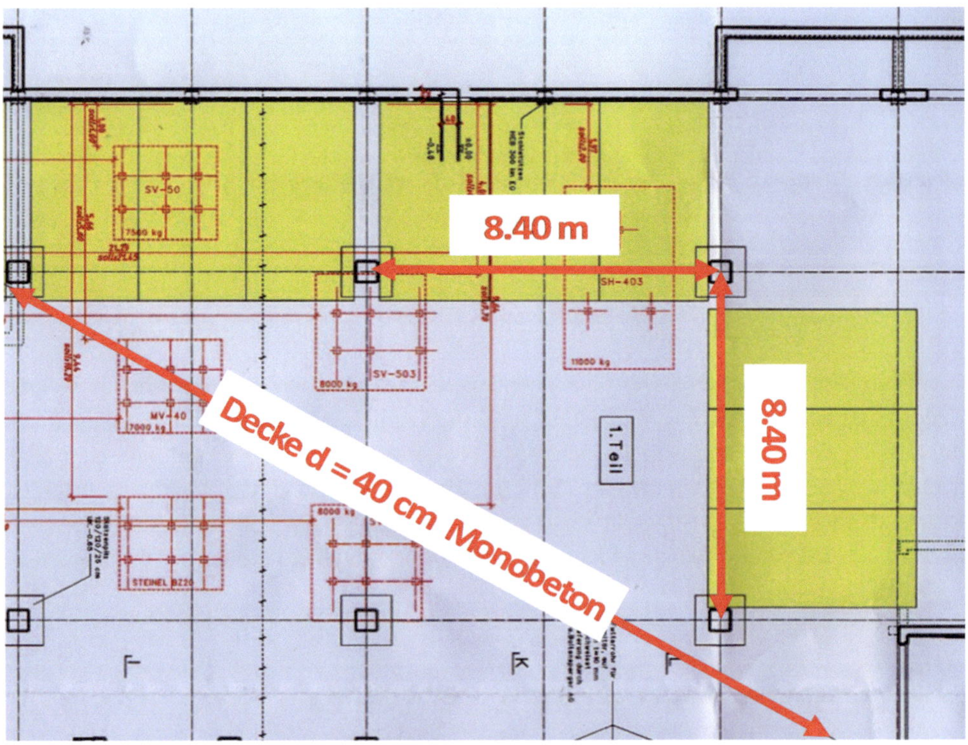

Abb. 12.37 Ausschnitt aus Deckenplan

(verursacht von Nachbarmaschinen) von über 1 mm/s auf. Dabei sind bereits Erschütterungen von 0,4 mm/s als obere Grenze für Präzisionsfertigung zu betrachten.

Als Maßnahme zur Reduktion der störenden Schwingungen wurde der Einbau von zusätzlichen Stützen in der Parkgarage im UG erwogen. Zur vorgängigen Überprüfung der

Abb. 12.38 Test mit 12 Baustützen zur Simulation der Verstärkung mit Stützen

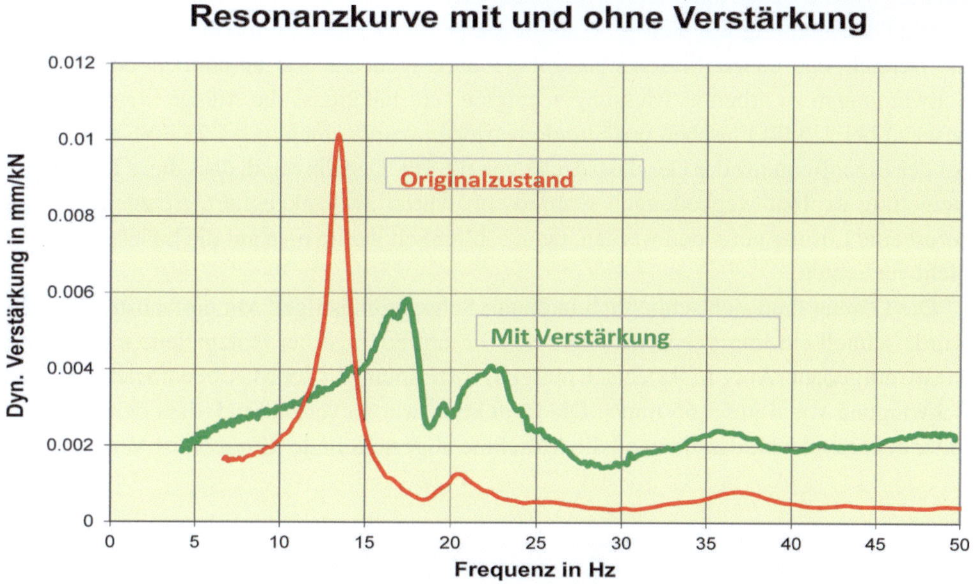

Abb. 12.39 Resonanzkurven für Originalzustand und Zustand mit Verstärkung durch Baustützen

Wirksamkeit dieser Maßnahme wurde die Durchführung einer Simulation mit Hilfe von Baustützen beschlossen. Um eine annähernd realistische Simulation zu erreichen, mussten 12 Baustützen (siehe Abb. 12.38) für jede neue Betonstütze eingebaut werden.

Die durchgeführten Messungen zeigten, dass sich mit dieser Maßnahme die Eigenfrequenz von 13,4 auf 17 Hz erhöhen lässt (Abb. 12.39). Die dynamische Verstärkung bei Resonanz reduzierte sich um 40 % und die maximalen Erschütterungen bei den Bearbeitungszentren gingen teilweise über 50 % zurück. Diese Ergebnisse zeigten, dass die gewählte Maßnahme – d. h. der Einbau von Stützen – der richtige Weg ist. Mit den Stützen, die ja einiges steifer sind als die für den Test gewählte Untersprießung, dürfte die Reduktion der Erschütterungen noch etwas Größer gewesen sein.

12.11 Resonanzschwingungen bei einer Flaschenblasanlage

Eine Flaschenblasanlage sollte vom Standort A zum Standort B transferiert werden. Vorgängig wurde abgeklärt, ob sich die Geschossdecke am Standort B hierfür auch eignet. Denn Flaschenblasanlagen verursachen recht starke impulsartige Kräfte. Bei 18.000 Flaschen pro Stunde ergibt dies 5 Schläge pro Sekunde und wenn die Decke dann noch 5 Hz Eigenfrequenz aufweist, kann dies zu erheblichen Problemen führen. Die Messungen (Abb. 12.40) ergaben eine Eigenfrequenz von 6,6 Hz (Abb. 12.41), was praktisch gleich war wie am gegenwärtigen Standort A. Man war sich auch bewusst, dass die vorgesehene Leistung von 5,8 Flaschen pro Sekunde recht nahe bei der Eigenfrequenz der Decke zu liegen kommt. Aber da die Decke am Standort B dynamisch die gleichen Eigenschaften aufwies wie die Decke am Standort A, sprach nichts gegen eine Transferierung der Anlage.

Die Überraschung war sehr groß als Beschwerden wegen übermäßiger Schwingungen im Bereich der neuen Flaschenblasanlage eingingen. Es sei unmöglich bei solchen Schwingungen zu arbeiten. Messungen zeigten sehr bald, dass die Anlage nicht wie vorgesehen bei 21.000 Flaschen pro Stunde betrieben wurde sondern bei 23.700, d. h. exakt bei der Eigenfrequenz der Geschossdecke von 6,6 Hz. Der Einwand, dass diese Leistungssteigerung explizit wegbedungen worden sei, wurde zwar akzeptiert, trotzdem musste sofort eine Lösung gefunden werden, denn schließlich wollte man auf die höhere Leistung nicht verzichten.

Die Lösung fand sich schließlich in einem Schwingungstilger. Mit einfachsten Mitteln wurde schnell ein improvisierter Tilger aus 9 Stahlfedern, einer Holzpallette und 500 kg Masse aufgebaut (Abb. 12.42). Nach einigen Abstimmungen der Masse reduzierte sich die Schwingung von 4 auf 1,65 mm/s. Die Reduktion war so verblüffend, dass der Betriebsleiter überzeugt war, dass jemand die Maschine abgestellt hatte. Zusätzliche Versuche mit

Abb. 12.40 Messung der Resonanzkurve am neuen Standort B

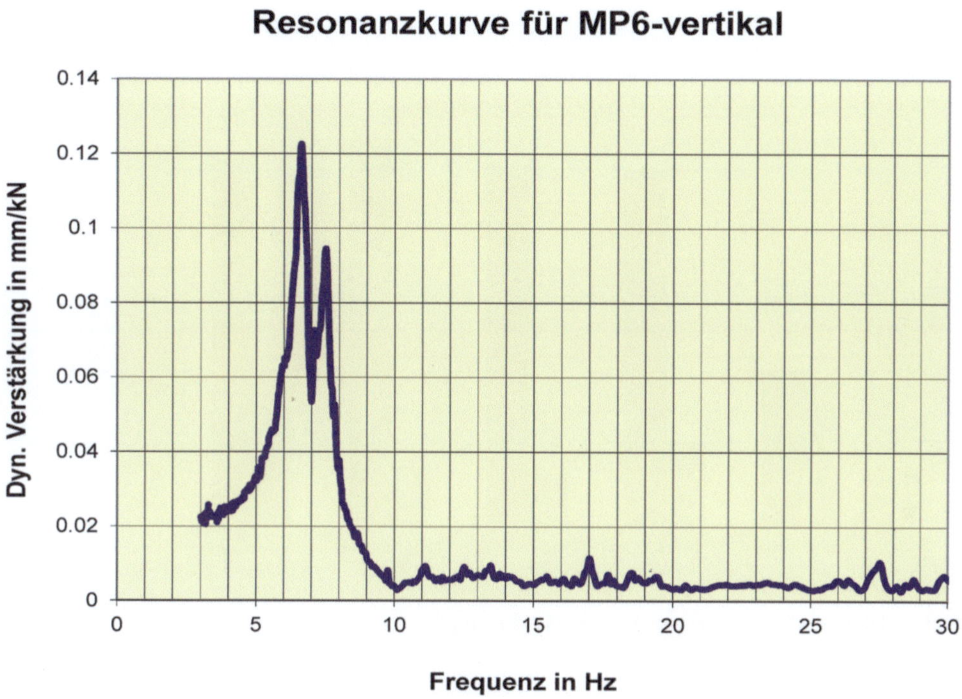

Abb. 12.41 Resonanzkurve für Decke am Standort B

Abb. 12.42 Improvisierter Schwingungstilger

Luftfedern, die ja eine wesentlich Größere Dämpfung aufweisen als Stahlfedern, ergaben keine besseren Ergebnisse (siehe Abb. 12.43). Es sei auch noch darauf hingewiesen, dass diese Lösung nur dann so gut funktioniert, wenn Anregungsfrequenz und die Eigenfrequenz der Geschossdecke exakt zusammenfallen.

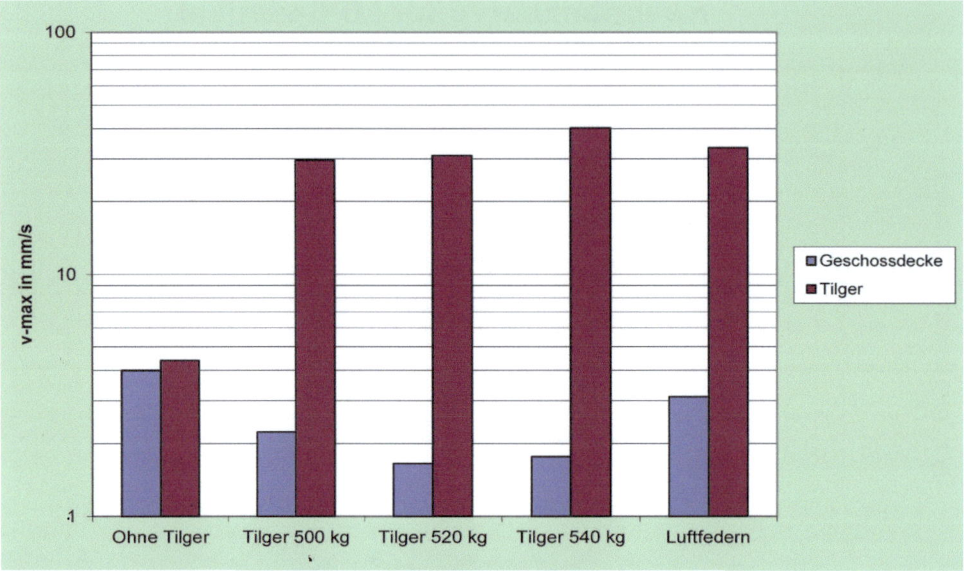

Abb. 12.43 Einfluss der Tilgermasse und der Dämpfung

12.12 Bürohaus neben Eisenbahngleis

Im projektierten Bürohaus an bester Lage mit Blick auf den See werden die zukünftigen Mieter gewisse Ansprüche stellen. Da sollten weder die Züge hinter dem Gebäude (Abb. 12.44) noch die Trams vor dem Gebäude störend wahrgenommen werden. Eine elastische Lagerung des Gebäudes drängte sich auf. Der Bauherr entschied sich für eine elastische Trennung zwischen dem Erdgeschoss und dem 1. Untergeschoss (siehe Abb. 12.45). Auf die Mauerkronen des oberen Garagengeschosses wurden Gummi-Elemente platziert. Auf diesen ruht das gesamte viergeschossige Gebäude mit einer (theoretischen) Abstimmfrequenz von 14 Hz. Zwei Liftkerne, die elastisch mit den Decken verbunden sind, stabilisieren das Gebäude in horizontaler Richtung und garantieren die Erdbebensicherheit.

Der Rohbau war kaum fertig, als die ersten besorgten Anrufe des Bauherrn eintrafen. Jetzt hätte man so viel Geld für die elastische Lagerung ausgegeben und die Züge seien trotzdem gut spürbar. Die sofort durchgeführte Messkampagne ergab folgendes Bild: In der Mehrzahl der über 40 Büros waren die Zugserschütterungen nicht spürbar. In einigen wenigen lagen die maximalen Erschütterungen bei 0,3 bis 0,4 mm/s (siehe Abb. 12.46). Aber in den beiden großen Sitzungszimmern im EG erreichten die Schwingungen 0,7 mm/s (Abb. 12.47). Dies ist eindeutig gut spürbar und entspricht sicher nicht den Komfortansprüchen eines Bürohauses an bester Lage.

Abb. 12.44 Standort des neuen Bürogebäudes mit Gleisanlage und Weichen

Abb. 12.45 Prinzip der gewählten elastischen Lagerung

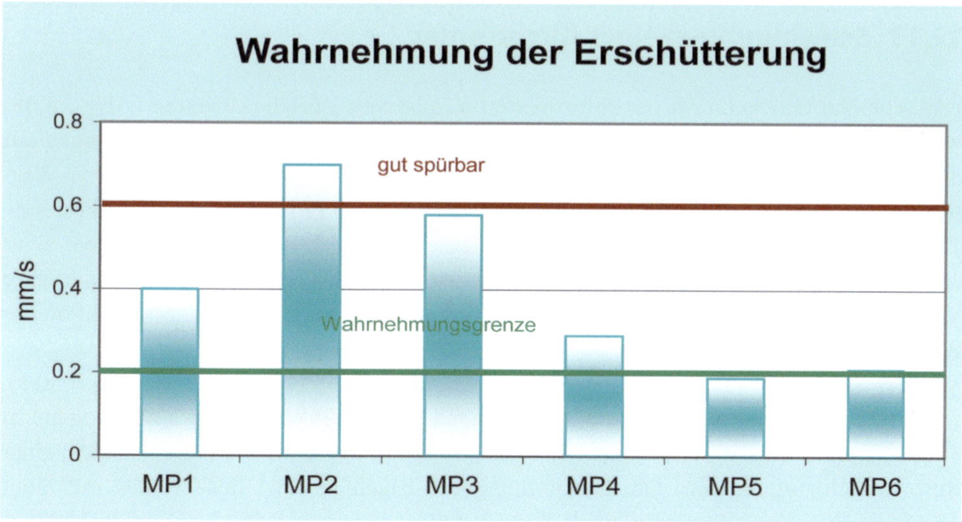

Abb. 12.46 Wahrnehmung der Erschütterungen in 6 verschiedenen Büros

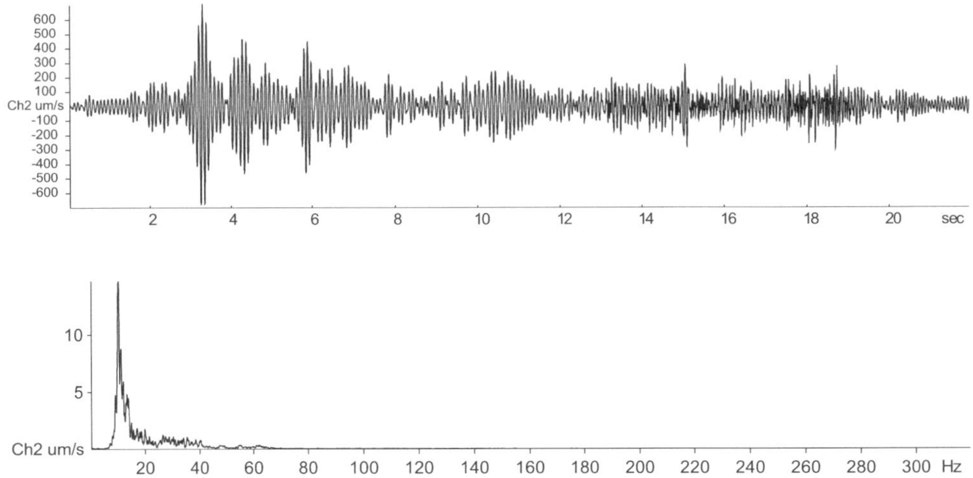

Abb. 12.47 Schwingungsaufzeichnung und Amplitudenspektrum für MP 2

Was war schief gelaufen? Zusätzliche Messungen zeigten, dass die erreichte Abstimmfrequenz nicht bei 14 Hz lag sondern bei 16 Hz. Eine „kleine" Abweichung, die normalerweise keine nachteiligen Folgen zeitigen sollte, wenn nicht die Geschossdecken der großen Sitzungszimmer nicht ebenfalls ihre Eigenfrequenz genau bei 16 Hz gehabt hätten. Dieser Umstand führte zu Resonanzerscheinungen und damit zu maximalen Schwingungsamplituden von 0,7 mm/s. Nachträgliche Maßnahmen zur Reduktion stehen in solchen Fällen kaum zur Verfügung. Auch Versuche mit Schwingungstilgern ergaben keine Verbesserung.

12.13 Schwingungen eines Kirchturmes

Der schlanke Glockenturm der reformierten Kirche von Zürich-Altstetten (Abb. 12.48) weist beim Läuten der Glocken (Abb. 12.49) seit jeher relativ starke Schwingungen auf mit maximalen Schwinggeschwindigkeiten von bis zu 35 mm/s und maximalen Wegamplituden von 4 mm. Bezogen auf die Turmhöhe von 50 m ist dies auch kein Problem. Trotzdem wurden verschiedene Versuche unternommen, um diese Schwingungen etwas zu reduzieren. Verstärkungen an der Tragstruktur selbst ergaben nur geringfügige Verbesserungen. Deshalb wollte man durch Veränderung am Geläute eine Reduktion der Schwingungen erreichen.

Messungen (Abb. 12.50) zeigten, dass die stärksten Schwingungen durch die 1000 kg schwere Glocke 4 verursacht werden. Die übrigen Glocken mit Eigengewichten von bis zu 3500 kg trugen wesentlich weniger bei. Diese Situation weist auf das Vorhandensein einer Resonanzschwingung hin. Die Bestimmung der Eigenfrequenz des Turmes mit einer „Ambient Vibration"-Messung ergab eine Grundfrequenz von 1,56 Hz. Die Glocke Nr. 4

Abb. 12.48 Ref. Kirche Zürich-Altstetten

Abb. 12.49 Glocken der Ref. Kirche Zürich-Altstetten

hatte eine Schlagzahl von 55, was einer Anregung der 3. Harmonischen von 1,375 Hz entspricht. Somit war die naheliegende Maßnahme eine Reduktion der Schlagzahl, um einen Größeren Abstand zur Eigenfrequenz von 1,56 Hz zu gewinnen. Das Erstaunen war recht groß, als sich damit die Schwingungen noch verstärkten.

Wie lässt sich dieses Phänomen erklären: Die gemessene Eigenfrequenz von 1,54 Hz (Abb. 12.51) entspricht der Steifigkeit des Turmes bei sehr geringen Verformungen. Die maßgebende Eigenfrequenz für große Verformungen – wie sie beim Läuten aller Glocken auftreten – ist jedoch wesentlich tiefer. Sie dürfte beim Turm von Altstetten bei 1,37 Hz liegen. Damit erklärt sich auch, warum eine Reduktion der Schlagzahl von Glocke 4 einen Zuwachs und die Erhöhung der Schlagzahl eine Reduktion der Schwingungen ergab.

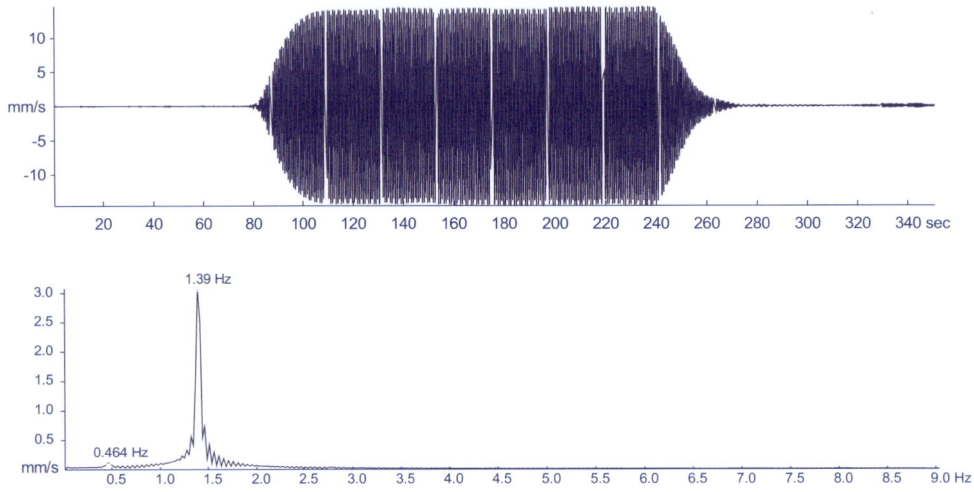

Abb. 12.50 Schwinggeschwindigkeit und Amplitudenspektrum für Glocke 4

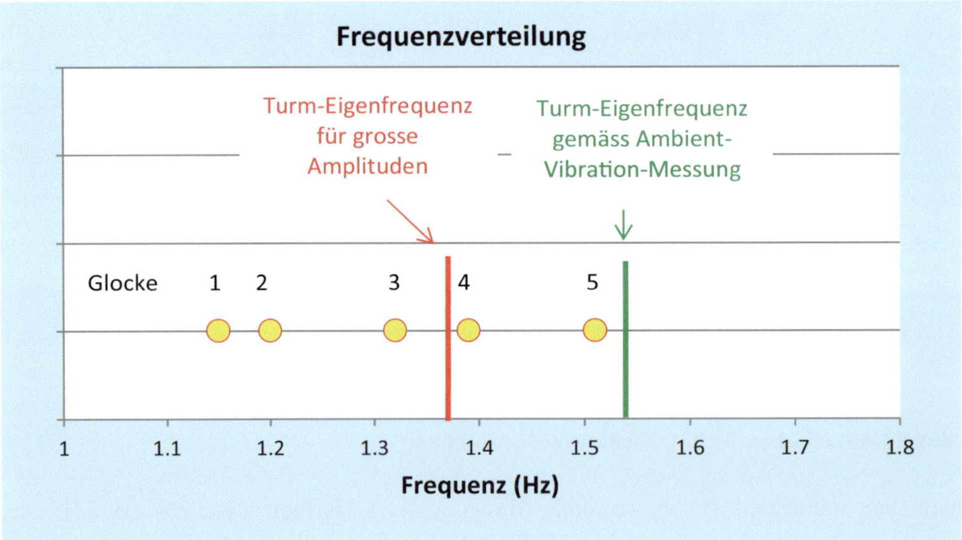

Abb. 12.51 Frequenzverteilung

12.14 Horizontale Gebäudeschwingungen infolge Eisenbahnverkehr

Eine Faustregel besagt, dass Gebäude, die weniger als 20 m von der Eisenbahnlinie entfernt liegen, in der Regel ernsthafte Erschütterungs- und Körperschallprobleme aufweisen. Gebäude die weiter entfernt liegen als 50 m, weisen in der Regel keine spür-

Abb. 12.52 6-stöckiges Gebäude auf Seeboden-Ablagerung

Abb. 12.53 Situation relativ zur Eisenbahnlinie

baren Erschütterungen und keinen hörbaren Körperschall auf. Umso erstaunlicher war es, als eine Anfrage für Erschütterungsmessungen für ein Gebäude in 150 m Distanz von den Gleisen eintraf (Abb. 12.53). Die Bewohner hatten die oberste Wohnung im 6-geschossigen Gebäude (Abb. 12.52) mit wunderschönem Blick auf den Vierwaldstättersee gekauft. Mit der Zeit stellten sie unangenehme Horizontalschwingungen der gesamten Wohnung fest. Bald stellte sich auch heraus, dass diese Schwingungen immer bei der Durchfahrt von langen Güterzügen auf dem 150 m entfernten Gleis auftraten. Für eine Luxus-Wohnung war dies nicht unbedingt eine befriedigende Situation, weder für den Verkäufer, noch für den Käufer.

Messungen zeigten, dass in der besagten Wohnung tatsächlich Horizontalschwingungen von bis zu 2,7 mm/s auftraten mit dominanten Frequenzen von 3,56 Hz (Abb. 12.54 und 12.55). Solche Schwingungen sind – trotz der relativ tiefen Frequenz – eindeutig gut spürbar und je nach Erwartungshaltung der Bewohner recht störend.

Hätte diese Situation vorausgesehen werden können? Hätte man mit elastischer Lagerung die Schwingungen reduzieren können? Bei einer Distanz von 150 m vom Eisenbahngleis war nicht zu erwarten, dass die Zugserschütterungen noch zu spüren sind. Das

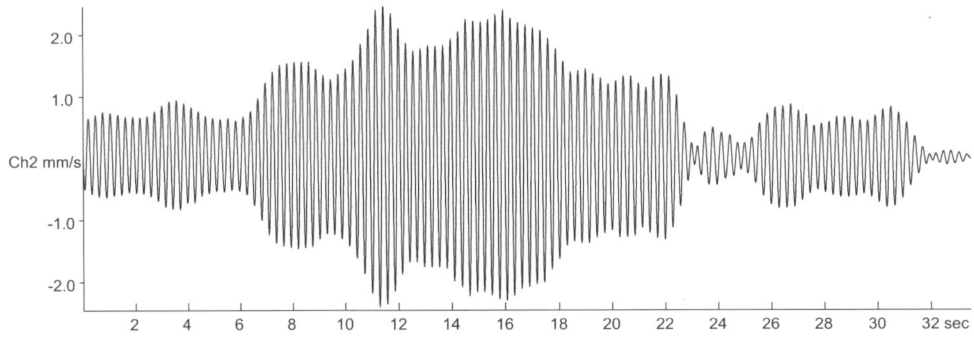

Abb. 12.54 Horizontale Schwingungsaufzeichnung im 6. Stock

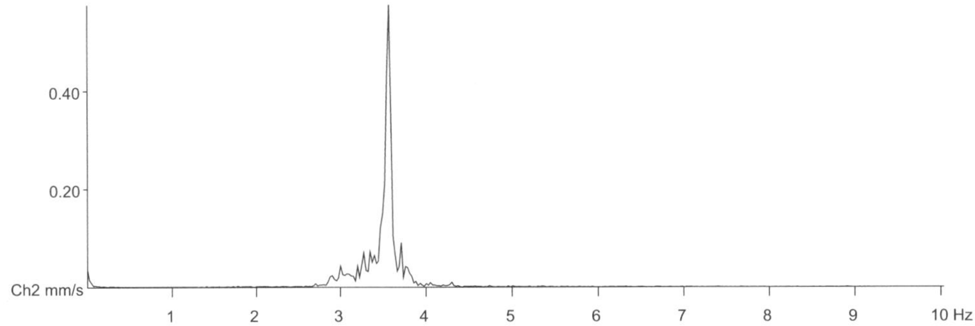

Abb. 12.55 Amplitudenspektrum zu Abb. 12.54

6-geschossige Gebäude befindet sich in einer Schwemmebene mit entsprechend weichem Boden. Das im Boden eingebettete Gebäude hat eine Kipp-Eigenfrequenz von 3,56 Hz und die Erschütterungen im Frei-Feld weisen dominante Schwingungen zwischen 3 und 4 Hz auf. Dadurch ergeben sich Resonanzschwingungen, die auch bei einer Distanz von 150 m zum Gleis zu starken horizontalen Schwingungen führen. Eine elastische Lagerung hätte bei derart tiefer Anregungsfrequenz keine Verbesserung gebracht. Einzig eine Größere Gebäudegrundfläche hätte die Schwingungen reduziert, da damit die Eigenfrequenz der Kippschwingung höher ausgefallen wäre und damit Resonanzschwingungen vermieden worden wären.

12.15 Elastische Lagerung eines Einfamilienhauses

Das Grundstück war ideal gelegen. Zwar etwas nahe bei der Eisenbahnlinie (siehe Abb. 12.56 und 12.57) aber mit einer elastischen Lagerung sollte man dieses Problem in den Griff bekommen. Frei-Feld-Messungen und entsprechende Berechnungen zeigten dann auch, dass ohne Maßnahmen mit Erschütterungen von bis zu 1,4 mm/s und mit

Abb. 12.56 Einfamilienhaus neben Eisenbahnlinie

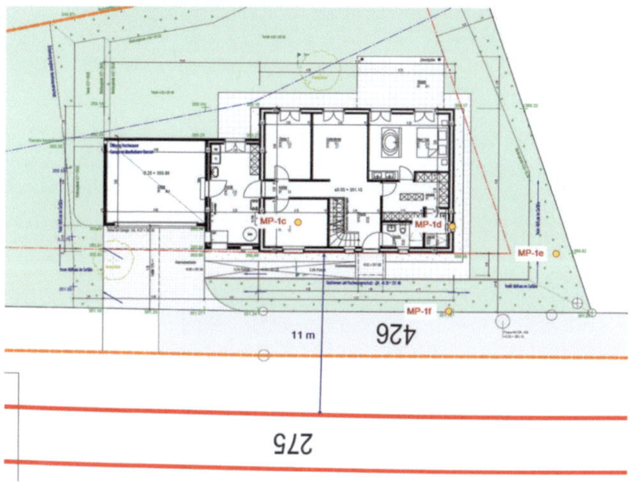

Abb. 12.57 Grundriss EG (Distanz zum Gleis = 11 m)

Körperschall von bis zu 48 dBA zu rechnen ist. Somit wurde eine elastische Lagerung – abgestimmt auf 12 Hz – beschlossen. Die Wahl des Materials und die Ausführung wurde (gegen die Empfehlung des Fachspezialisten) dem Bauunternehmer überlassen. Der Bauherr wurde etwas stutzig, als er auf dem Bauplatz die Rollen aus relativ hartem Gummischrot vorfand. Rasch durchgeführte Tests zeigten dann auch, dass mit diesem Material nur eine Abstimmung auf 30 Hz erreicht werden kann. Für einen Wechsel des Materials war es aber zu spät. Die Matten waren schon eingebaut und der Unternehmer hatte überhaupt kein Gehör für die Befürchtungen des Bauherrn.

Auf Wunsch des Bauherrn wurden nun Prognose-Rechnungen für die elastische Lagerung mit dem eingebauten Gummischrot-Material durchgeführt. Die Ergebnisse waren beängstigend. Die Berechnungen zeigten, dass sich die Erschütterungen gegenüber der Variante ohne elastische Lagerung sogar verdoppeln würden. Auf den Körperschall hatte das eingebaute Material keinen nennenswerten Einfluss (Abb. 12.58 und 12.59).

Messungen nach Fertigstellung des Gebäudes bestätigten dann auch, dass die eingebaute elastische Lagerung – mit einer Abstimmfrequenz von 30 Hz – eine Verdoppelung

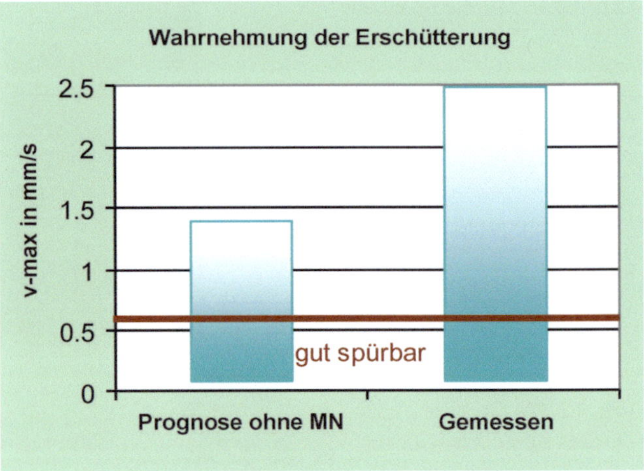

Abb. 12.58 Wahrnehmung der Erschütterung

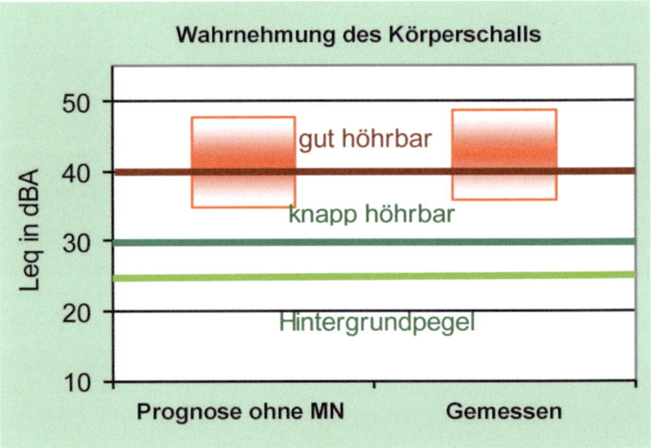

Abb. 12.59 Wahrnehmung des Körperschalls

der Erschütterung bewirkt hat, anstatt diese zu reduzieren. Die schweren Güterzüge nachts verursachen nun Schwingungen von bis zu 2,5 mm/s. Möglichkeiten, um diesen Baufehler mit vertretbarem Aufwand zu korrigieren, existieren leider nicht.

12.16 Elastische Lagerung eines Liftmotors

Die neu bezogene Eigentumswohnung war zwar wunderschön, doch der Liftmotor (Abb. 12.60) verursachte extrem störende Geräusche. Unangenehm war es vor allem, wenn die Nachbarn nach Mitternacht nach Hause kamen. Rasch musste Abhilfe geschafft werden. Die störenden Frequenzen des Liftmotors lagen bei 50 Hz und damit im tieferen

Abb. 12.60 Elastische Lagerung eines Liftmotors

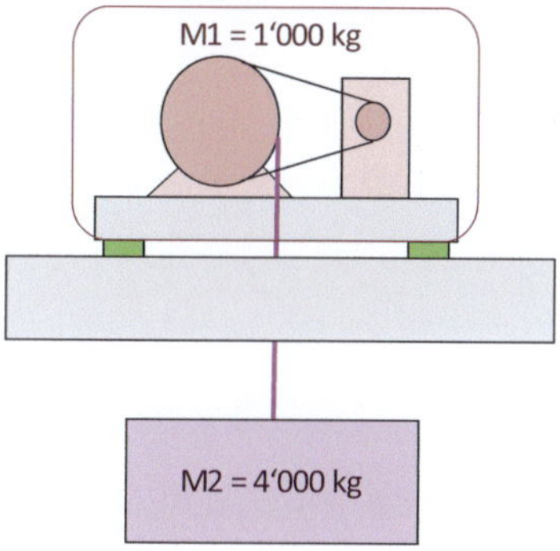

Abb. 12.61 Massenverteilung beim Liftmotor

Körperschall-Frequenzbereich. Eine elastische Lagerung, abgestimmt auf 20 Hz, schien das Richtige. Bei einer Gesamtmasse von 5000 kg, wobei der Motor 1000 kg beitrug und der Lift 4000 kg, glaubte man das richtige Material in Form einer 10 mm dicken profilierten Gummiplatte gefunden zu haben (Abb. 12.61, 12.62 und 12.63).

Die Enttäuschung war groß, als der Besitzer der obersten Eigentumswohnung sich weiterhin beschwerte. Ja sogar behauptete, dass sich die Situation noch verschlimmert habe.

Was war falsch gelaufen? Die elastische Lagerung war auf die Gesamtmasse von 5000 kg, d. h. die Masse des Lifts und die Masse des Motors ausgelegt worden (Abb. 12.61). Dabei schwingt der Liftkasten, der ja über ein relativ flexibles Stahlseil mit dem Motor verbunden ist, dynamisch gar nicht mit. Deshalb ergab sich eine Eigenfrequenz von 52,3 Hz (Abb. 12.62). Eine korrekte Bemessung der elastischen Lagerung berücksichtigt für die Berechnung der Abstimmfrequenz nur die Masse des Liftmotors, d. h. 1000 kg. Für den Nachweis der Einhaltung der maximal zulässigen Belastung der elastischen Lagerung hingegen müssen beide Anteile, die des Lifts und die des Motors, berücksichtigt werden.

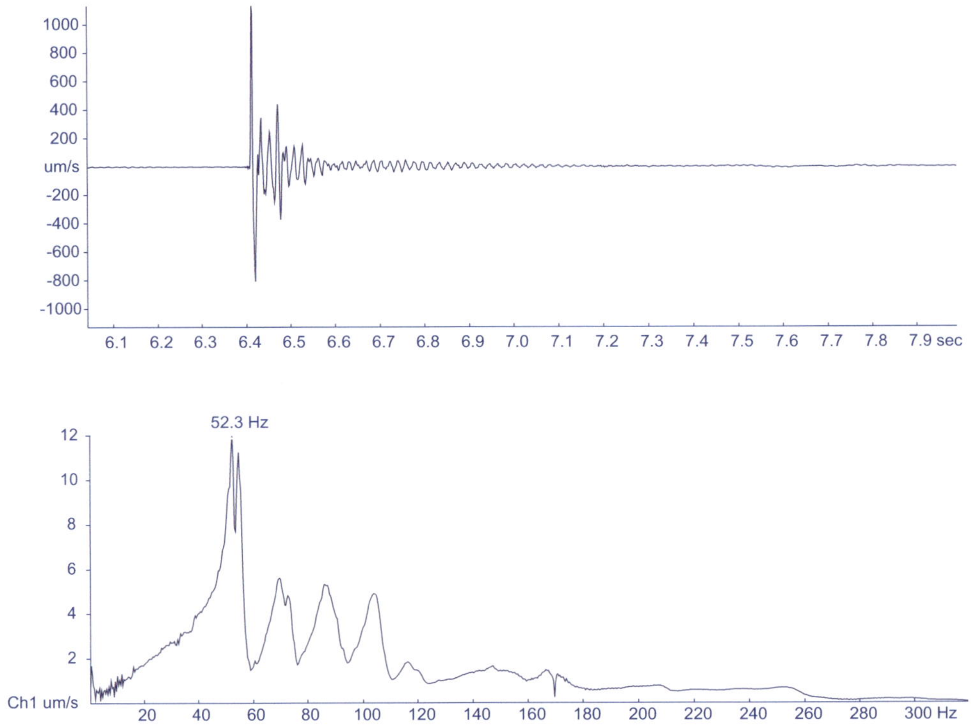

Abb. 12.62 Zeitverlauf und Amplitudenspektrum bei Impulsanregung

Abb. 12.63 Elastische Lagerung mit 10 mm Gummiplatte

12.17 Überbauung über einem Eisenbahntunnel

Das bestehende Haus befindet sich 30 m über dem Tunnel (siehe Abb. 12.64). Der Besitzer des Hauses hatte sich schon öfters bei den SBB über das Dröhnen bei der Durchfahrt von Güterzügen beschwert. Messungen in seiner Wohnung ergaben Vorbeifahrtspegel von bis

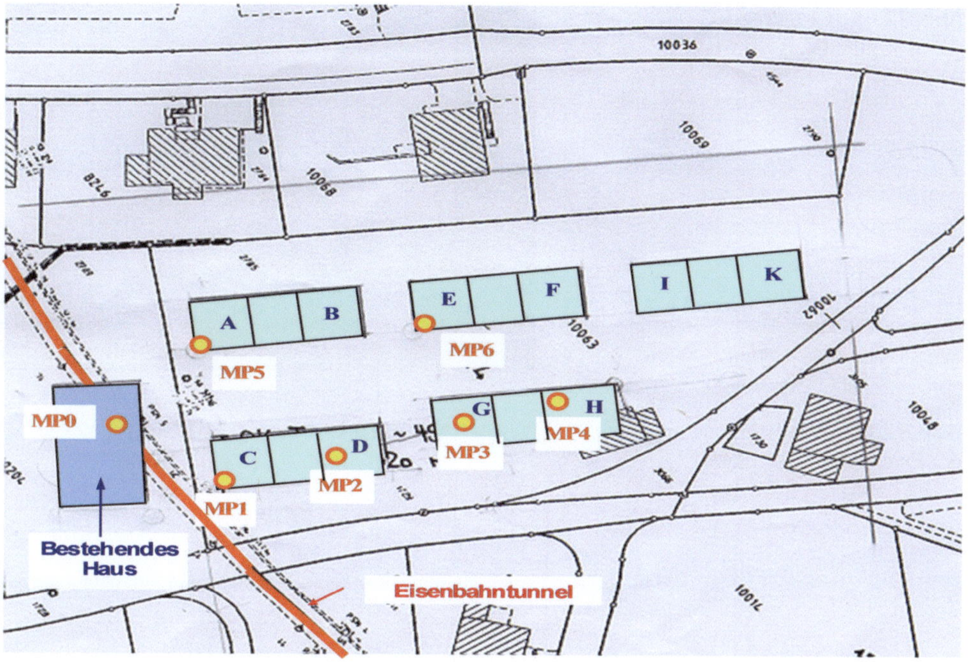

Abb. 12.64 Einfamilienhaus neben Eisenbahnlinie

zu 50 dBA. Ändern ließe sich nichts und schließlich sei ja der Tunnel zuerst dagewesen. Um den Nachbar, der gleich fünf neue Häuser neben dem Tunnel erstellen wollte, vor dem gleichen Schicksal zu bewahren, empfahl er dem Architekten der geplanten Überbauung, eine Studie über die zu erwartenden Erschütterungs- und Körperschall-Immissionen durchführen zu lassen.

Die Frei-Feld-Messungen und die entsprechenden Berechnungen ergaben, dass zwar die Werte der BEKS in den projektierten Häusern eingehalten sein werden, dass aber der Körperschall hörbar sein werde (siehe Abb. 12.67). Für die Häuser unmittelbar neben dem Tunnel wurde, da es sich um Eigentumswohnungen handelte, eine elastische Lagerung empfohlen. Sollte dies nicht gemacht werden, so müsse man zumindest die Käufer entsprechend orientieren.

Kaum waren die neuen Häuser (Abb. 12.65) bezogen, meldeten sich schon die ersten Anwälte. Die Körperschall-Immissionen seien unzumutbar. Offensichtlich hatte man auf die elastische Lagerung verzichtet. Auch hatte man es unterlassen, die Käufer über die Körperschall-Immissionen aus dem Tunnel zu orientieren. Nachträglich durchgeführte Messungen zeigten, dass die Körperschall-Immissionen die BEKS-Werte gut einhalten und dass sie sogar etwas tiefer waren als die prognostizierten Werte (Abb. 12.66 und 12.67). Das Beispiel zeigt, dass das Einhalten der BEKS-Werte noch lange nicht eine komfortable Wohnsituation garantiert. Es zeigt auch, wie wichtig die offene Information der Käufer ist.

Abb. 12.65 Grundriss EG (Distanz zum Gleis = 11 m)

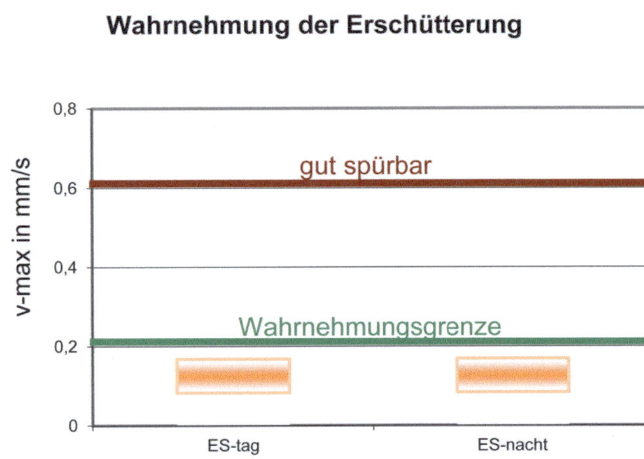

Abb. 12.66 Wahrnehmung der Erschütterung

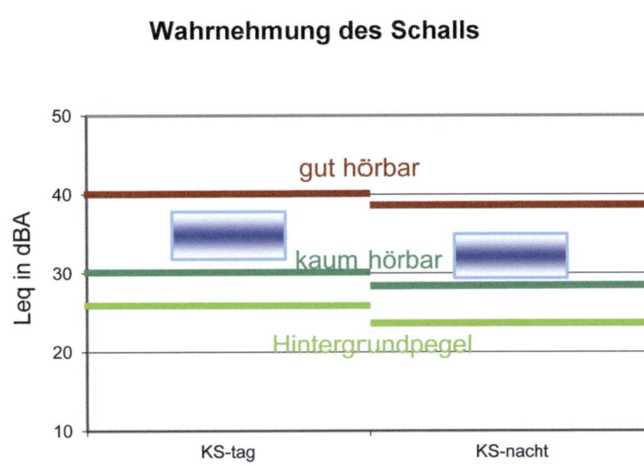

Abb. 12.67 Wahrnehmung des Körperschalls

12.18 Haus mit freier Aussicht

Der Plan des Architekten war bestechend. Im neuen Einfamilienhaus hoch über dem Vierwaldstättersee sollte keine Stütze den Blick stören. Dazu war aber eine 9 m frei auskragende Geschossdecke nötig. Mit üblichen Deckenstärken war dies nicht zu schaffen. Deshalb wurde die Betondecke über dem Gartensitzplatz mit Zugstangen an den vorgespannten Dachträgern aufgehängt (siehe Abb. 12.68). Erste Zweifel kamen erst auf, als Handwerker sich über seltsame Schwingungen in gewissen Bereichen des Hauses beschwerten.

Die Messungen zeigten, dass der Fußboden im Wohnzimmer mit der Aufhängung eine Eigenfrequenz von 4,2 Hz und eine Dämpfung von 0,6 % aufweist (Abb. 12.69). Bei normalem Gehen wurden Schwingungen von 3 mm/s erreicht. Beim Rennen ergaben sich keine stärkeren Schwingungen. Hingegen konnten mit mutwilliger Anregung Schwingungen von bis zu 11 mm/s provoziert werden.

Wie lässt sich dieser Sachverhalt erklären? Menschen machen beim normalen Gehen etwa 2 Schritte pro Sekunde, d. h. sie geben pro Sekunde 2 kurze vertikale Impulse ab. Beim Rennen steigert sich die Schrittfrequenz auf ca. 2,7. Mit Impulsen von 2 Hz wird aber nicht nur eine 2-Hz-Schwingung erzeugt, sondern auch ein solche von 4 Hz, 6 Hz usw., wobei die höheren Frequenzen schwächer ausfallen. In der oben beschriebenen Wohnung erzeugt man beim Gehen mit 2,1 Schritten pro Sekunde nicht nur eine Anregung von 2,1 Hz, sondern auch eine solche von 4,2 Hz (Abb. 12.70) und erzeugt damit

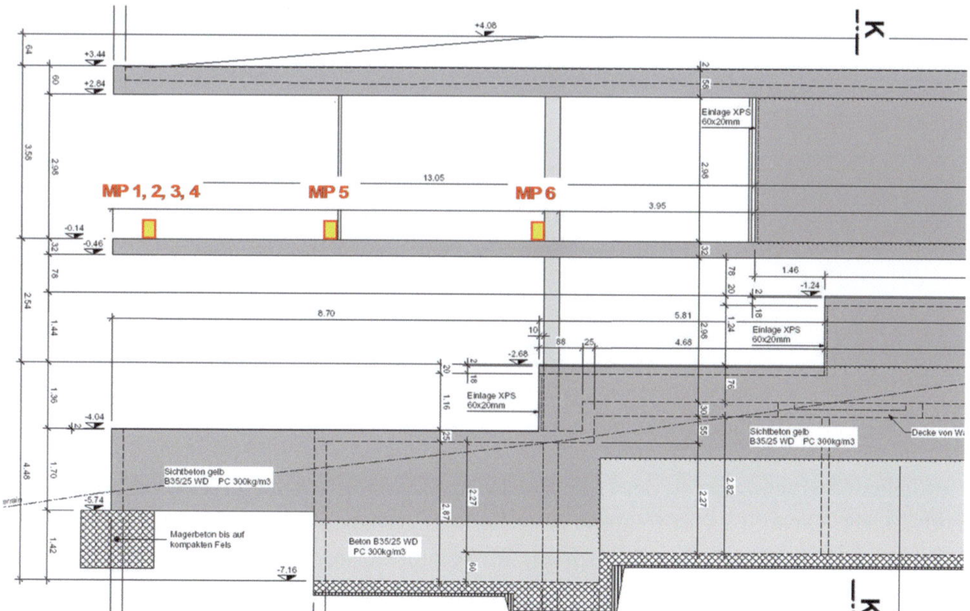

Abb. 12.68 Schnitt mit auskragender Geschossdecke

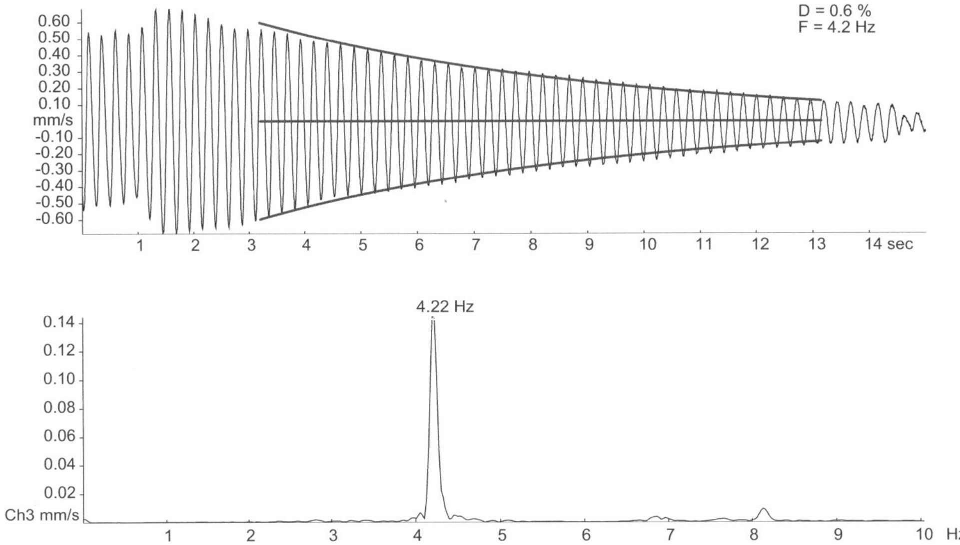

Abb. 12.69 Ausschwingversuch zur Bestimmung der Eigenfrequenz und der Dämpfung

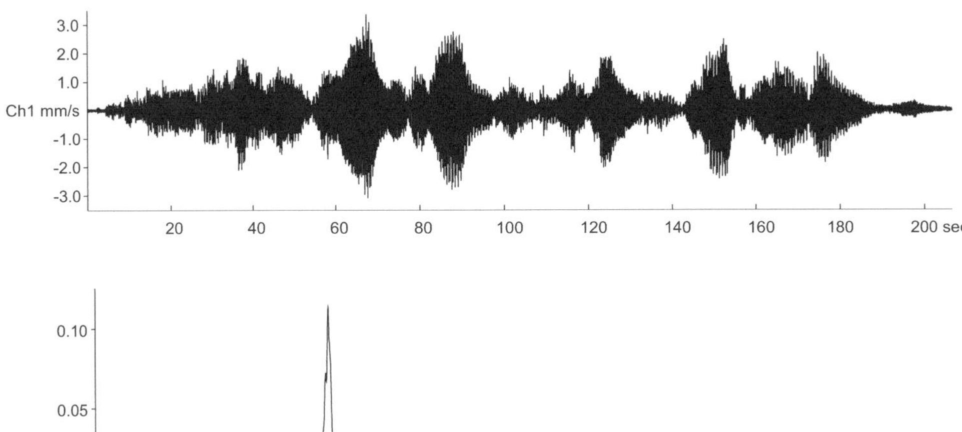

Abb. 12.70 Schwingungsverlauf und Amplitudenspektrum für „Gehen“

Resonanzschwingungen mit der Geschossdecke. Beim Rennen liegt die Anregung bei 2,7 und 5,4 Hz. Obwohl die Anregung beim Rennen stärker ist als beim Gehen, fallen die Schwingungen nicht stärker aus, da keine Resonanzschwingung entsteht (Abb. 12.71).

Abgesehen vom Resonanzphänomen hat man beim vorliegenden Tragwerk eine Grundregel der Statik verletzt, nämlich, dass man „Kräfte nicht spazieren führen sollte“.

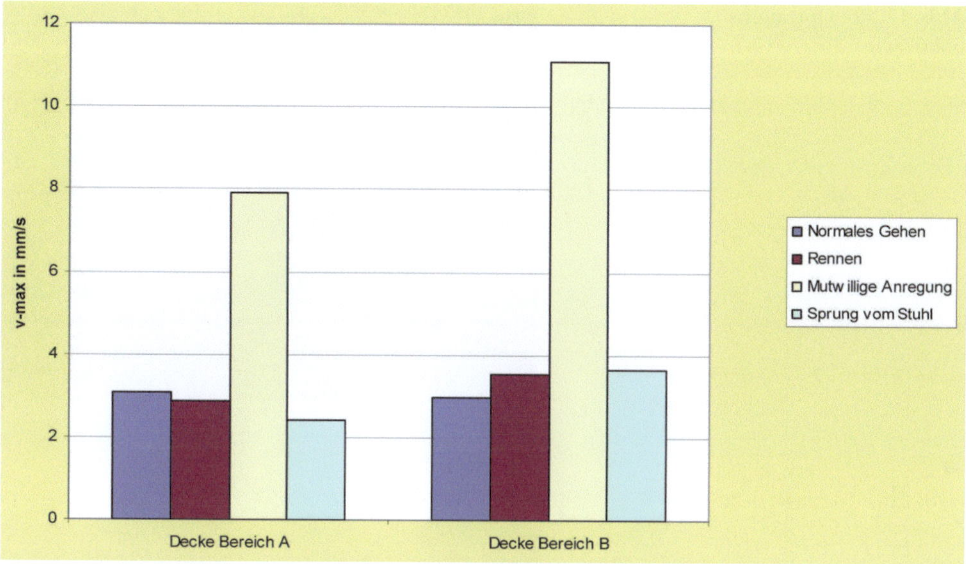

Abb. 12.71 Maximale Schwingungen bei verschiedenen Aktivitäten

12.19 Schwingungen im Operationsmikroskop

Beim Operationsmikroskop (Abb. 12.72) in der Frauenklinik traten störende Schwingungen auf, die sich darin manifestierten, dass ein durch das Mikroskop betrachtetes ruhendes Objekt sich gut sichtbar hin und her bewegte. Der Lieferant des Mikroskops hatte schon alles versucht, um diese Störungen zu eliminieren, konnte aber keine Verbesserung erreichen. Schwingungsmessungen auf dem Fußboden zeigten, dass bei 17,1 Hz tatsächlich eine sehr kleine Störschwingung von 40 µm/s vorhanden war. Schwingungen dieser Größenordnung sollten an sich für das Mikroskop kein Problem darstellen.

Die Messung auf dem Mikroskop selbst ergab ein interessantes Ergebnis: Die Betrachtung eines Objektes durch das Mikroskop zeigte jeweils starke Horizontalbewegungen. Sobald man den Sensor mit einer Masse von 3,5 kg darauf stellte, verschwanden die störenden Schwingungen. Die Begründung für dieses Phänomen ergab sich aus der Messung der Eigenfrequenzen des Mikroskops (siehe Abb. 12.73a). Da das Mikroskop eine dritte Eigenfrequenz von ebenfalls 17 Hz aufwies, ergab sich im Mikroskop eine massive Verstärkung der Schwingungen, die vom Boden kamen.

Nun ging es noch darum, den Verursacher der 17,1-Hz-Schwingung zu lokalisieren. Bei über 100 Aggregaten im Gebäude war dies keine leichte Aufgabe. Erst eine systematische Messung mit horizontalen und vertikalen Messreihen verteilt über das ganze Gebäude führte zum Ziel. Durch Vergleiche der Amplituden der an verschiedenen Messpunkten erfassten 17,1-Hz-Schwingungen konnte schließlich ein Ventilator im 5. OG als Verursacher der störenden Schwingung eruiert werden (Abb. 12.74). Durch An- und

Abb. 12.72 Operationsmikroskop

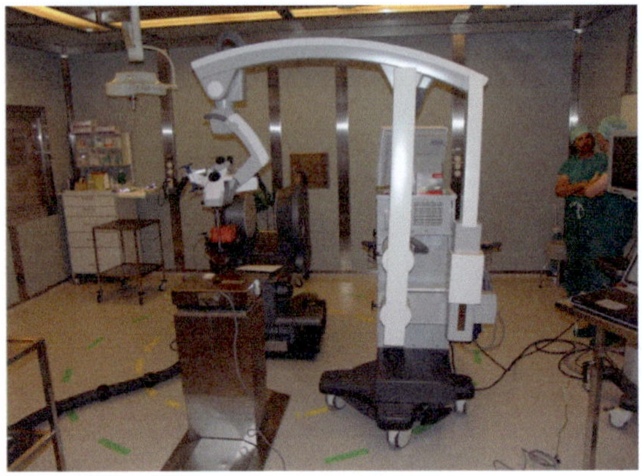

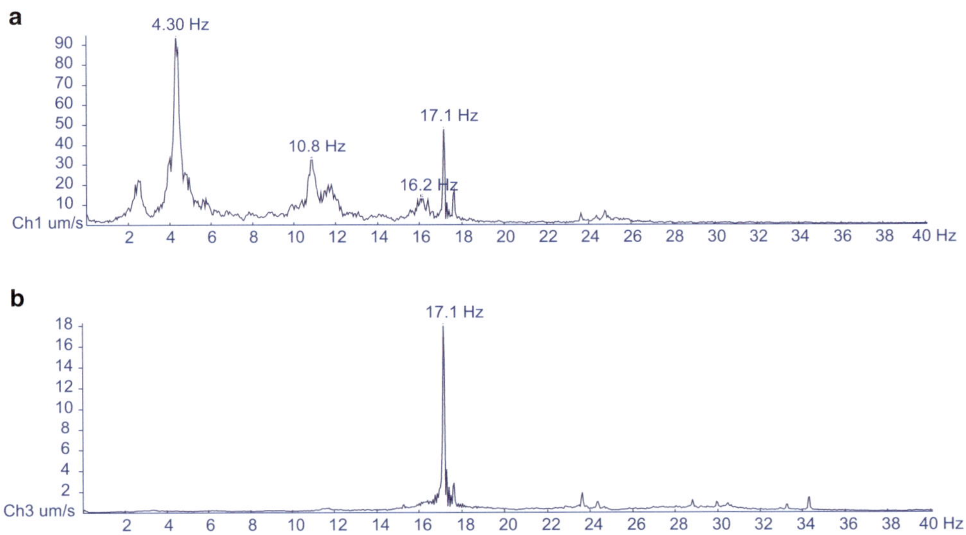

Abb. 12.73 **a** Amplitudenspektrum auf dem Operationsmikroskop, **b** Amplitudenspektrum auf dem Fußboden

Abb. 12.74 Ventilator der Lüftungseinheit F-100

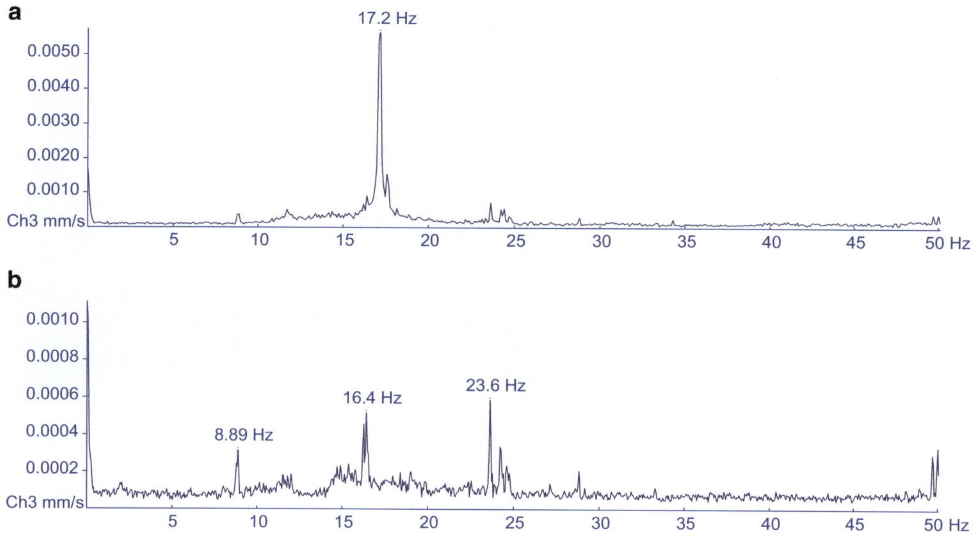

Abb. 12.75 **a** Amplitudenspektrum bei Volllast, **b** Amplitudenspektrum bei abgestellter Lüftung

Abstellen konnte dann leicht die Richtigkeit dieses Befundes verifiziert werden (Abb. 12.75a, b). Als Maßnahme wurde schließlich die Veränderung der Drehzahl gewählt.

12.20 Schwingungen im Baumhaus

Ein Hotel der Luxusklasse hat im Rahmen einer kleinen Erweiterung ein Baumhaus im hoteleigenen Park realisiert (Abb. 12.76). Unter dem Arbeitstitel „Glasdiamant" wurde ein exklusives Hotelzimmer auf drei Stützen in den Bäumen direkt am See erstellt. Schlafen zwischen Baumkronen mit Blick auf Schilf und See mit der untergehenden Sonne am Horizont muss sicherlich ein einmaliges Erlebnis sein. Weniger lustig fanden das die Gäste, die eine stürmische Nacht erwischt hatten und geweckt durch die wilden Schwingungen das Baumhaus fluchtartig verließen um sich im Hotel in Sicherheit zu bringen.

Der Ingenieur hatte zwar die Windkräfte berücksichtigt und nachgewiesen, dass die statischen Deformationen wohl im normgemäßen Rahmen sind. Eine dynamische Berechnung blieb allerdings aus. Dabei hätte eine einfache Umrechnung der statischen Deformation unter Windlast – unter Berücksichtigung der Eigenfrequenz – gezeigt, dass mit Schwinggeschwindigkeiten von 40 mm/s zu rechnen ist. Nachträglich durchgeführte Messungen zeigten dann auch, dass innerhalb eines Monates mehrmals Schwingungen von über 30 mm/s auftreten (Abb. 12.78).

Abb. 12.76 Exklusives Hotelzimmer konzipiert als Baumhaus

Abb. 12.77 Provisorische Verstärkung durch Abspannungen

Erste Verstärkungen mit Spannseilen (Abb. 12.77) brachten keinen Erfolg. Dies war ja auch nicht zu erwarten, wenn man das Verhältnis zwischen Seilquerschnitt und Rohrquerschnitt betrachtet. Erst eine Verstärkung mit drei Diagonalen (Abb. 12.79) führte zum Erfolg. Mit dieser Maßnahme konnten die horizontalen Schwingungen von 35 auf 3,3 mm/s reduziert werden. Damit konnte das Baumhaus seiner ursprünglichen Bestimmung übergeben werden und ist seither zu einem Anziehungspunkt für Gäste aus aller Welt geworden.

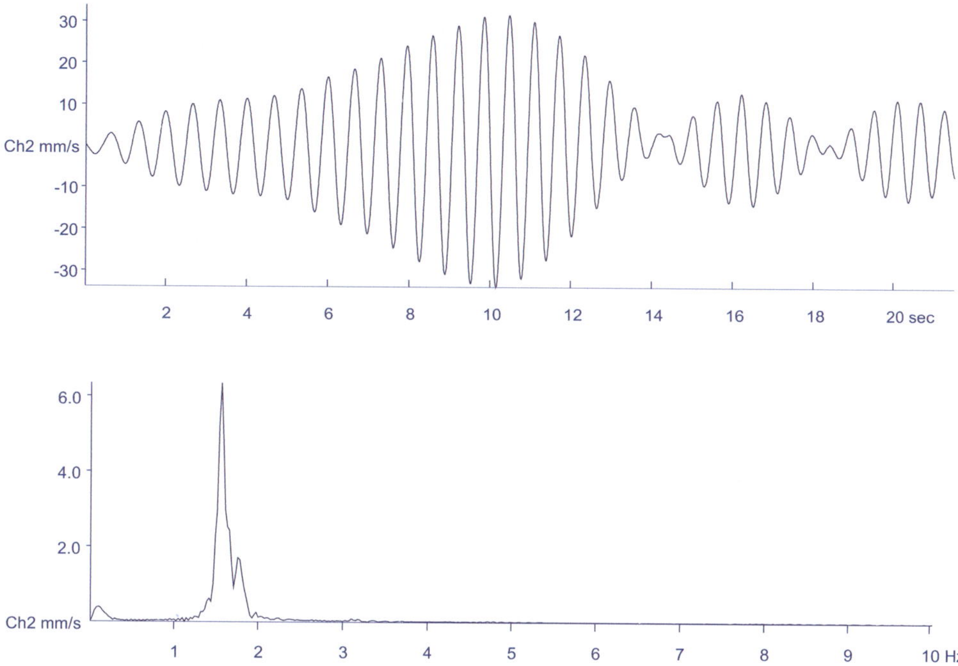

Abb. 12.78 Schwingungsverlauf und Amplitudenspektrum bei Windböen

Abb. 12.79 Verstärkung durch Diagonalen

12.21 Neue Maschinen in einer Druckerei

Die Aufgabe schien an sich recht einfach. Die Druckerei wollte eine bestehende Maschine durch eine neue ersetzen (Abb. 12.80 und 12.81) und wollte vorgängig abklären lassen, ob dies für das Gebäude Schwingungsprobleme geben könnte. Da schriftlich zugesichert wurde, dass die neue Maschine mit der gleichen Drehzahl betrieben wird wie die alte, wurde nur eine einfache Studie mit Messung der Deckeneigenfrequenzen und der

Abb. 12.80 Schwingungsmessung bei der alten Druckmaschine

Abb. 12.81 Schwingungsmessung bei der neuen Druckmaschine

Anregungsfrequenzen der Maschine durchgeführt. Auf eine Anregung des Gebäudes mit einem dynamischen Erreger zur Prüfung des Schwingverhaltens bei höheren Anregungsfrequenzen wurde bewusst verzichtet. Die Eigenfrequenz der Geschossdecke lag bei 15 Hz und somit zwischen der Anregung 3. und 4. Ordnung (siehe Abb. 12.82). Starke Schwingungen waren nicht zu erwarten, da Druckmaschinen die Hauptanregung bei der 1. und 2. Ordnung aufweisen.

Die Überraschung war groß als nach der Installation der neuen Maschine die Mitarbeiter in den darüber liegenden Geschossen sich über wackelnde Bildschirme beschwerten. Mit der alten Druckmaschine war nichts Derartiges beobachtet worden.

Messungen zeigten, dass das Gebäude im 2. OG tatsächlich Horizontalschwingungen von bis zu 1,3 mm/s aufwies und dadurch die Flachbildschirme in Schwingung versetzte. Sie zeigten aber auch, dass die Maschinen dabei mit einer Leistung von 16.170 Blatt/h arbeiteten und damit die horizontale Eigenfrequenz von 4,5 Hz anregten. Bei einer Leistung unter den vereinbarten 15.000 Blatt/h traten keine störenden Schwingungen auf (siehe Abb. 12.83). Das Beispiel zeigt, dass man bei solchen Abklärungen immer einen größeren Leistungsbereich einbeziehen sollte als der Kunde angibt.

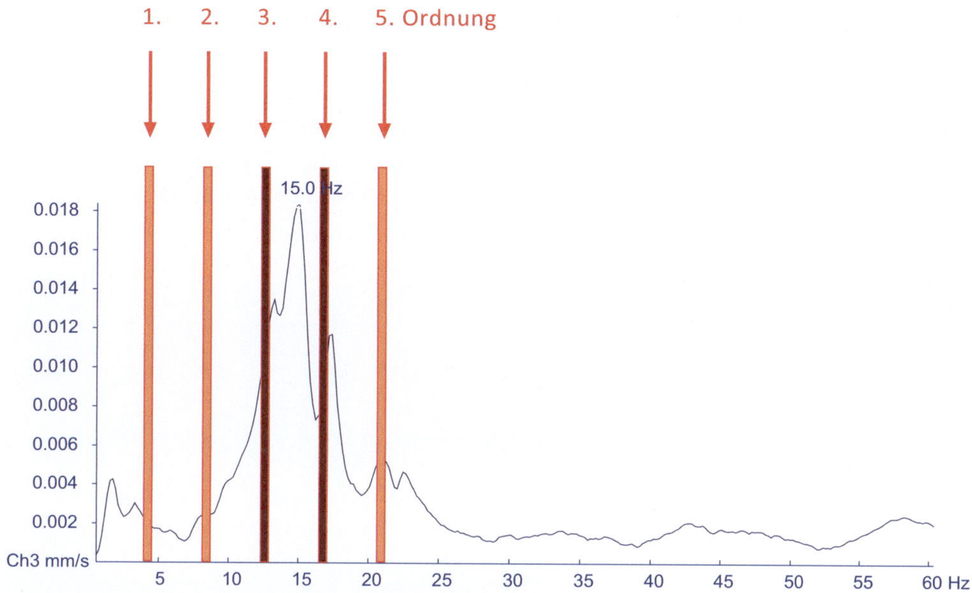

Abb. 12.82 Amplitudenspektrum und Anregungsfrequenzen beim Betrieb mit 15.000 Bogen pro Stunde

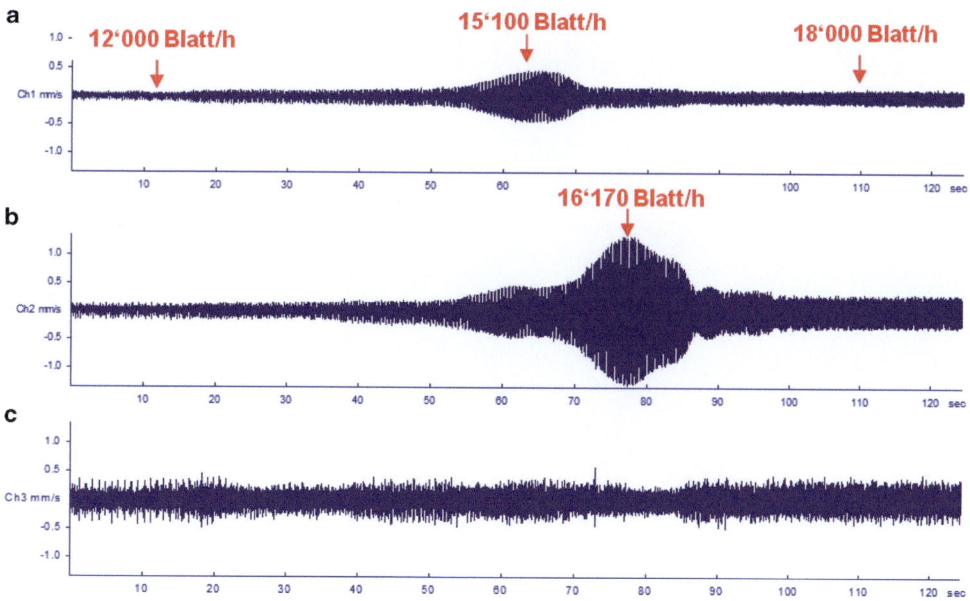

Abb. 12.83 Schwingungsverlauf mit zunehmender Drehzahl: **a** Horizontal-X, **b** Horizontal-Y, **c** Vertikal-Z

12.22 Wohnüberbauung in einer Distanz von 29 m zum Gleis

Die Wohnüberbauung war im Rohbau bereits fertig, als die ersten Bedenken wegen Eisenbahnerschütterungen aufkamen (Abb. 12.84). In gewissen Räumen vibriere es ganz gehörig und man habe das Gefühl, der Zug fahre durch die Garage. Dabei hatte das Gebäude eine Distanz von knapp 30 m von der Eisenbahnlinie (Abb. 12.85). Auf die Idee, die Er-

Abb. 12.84 Blick vom Dach auf die Gleisanlage

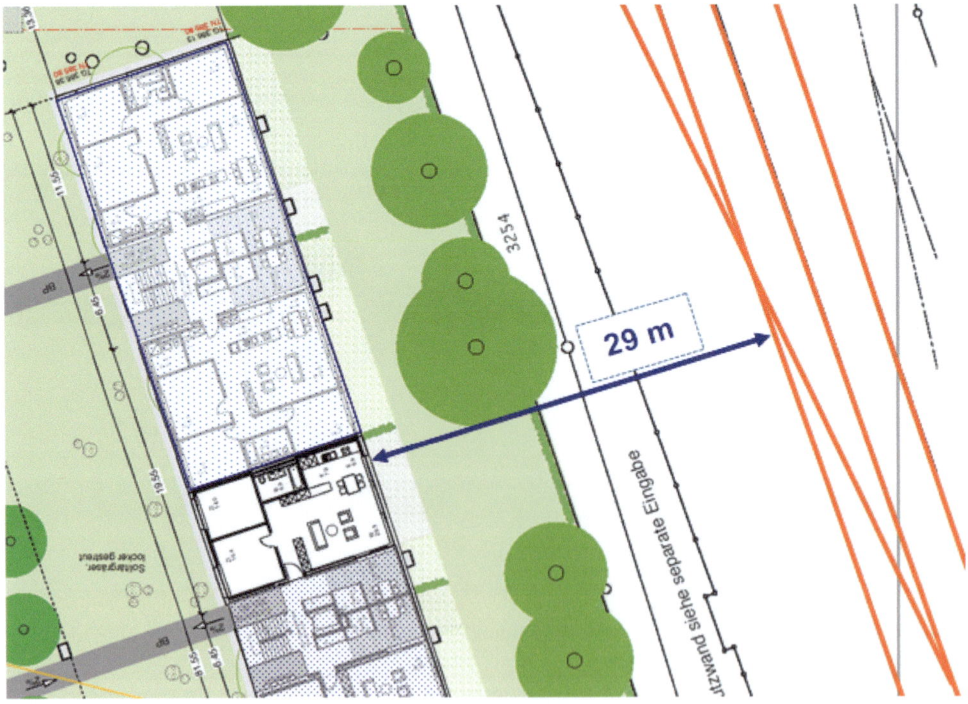

Abb. 12.85 Situation mit Wohnhaus und Gleisanlage

schütterungs- oder Körperschall-Immissionen zu untersuchen ist in der Projektierungsphase niemand gekommen.

Ohne Verzug wurden Erschütterungs- und Körperschallmessungen in den verschiedensten Räumen angeordnet, damit man sich ein klares Bild über die Immissionsverhältnisse machen konnte. Tatsächlich traten in zahlreichen Räumen gut spürbare Erschütterungen von 0,6 mm/s auf. In einigen Zimmern erreichten die Erschütterungen sogar 1,1 mm/s und der Körperschall 43 dBA (Abb. 12.86 und 12.87).

Wie war das möglich? 30 m Distanz vom Gleis ist ein Abstand, bei dem der Fachspezialist zwar eine vertiefte Abklärung der Erschütterungs- und Körperschall-Immissionen empfiehlt. Und doch sind die hier gemessenen Immissionen auf den ersten Blick erstaunlich hoch. Drei Faktoren trugen im vorliegenden Fall zu diesen hohen Immissionen bei: Erstens fahren die Züge mit 120 km/h, zweitens befindet sich eine Weiche auf dem nächstgelegenen Gleis und drittens weisen die Räume mit den höchsten Immissionswerten Deckeneigenfrequenzen von 40 Hz und nur eine geringe Dämpfung von 2,2 % auf. Diese Kombination führte zu überdurchschnittlich starken Erschütterungen. Das Beispiel zeigt einmal mehr, dass bei Neubauprojekten innerhalb des 50-m-Korridors der Eisenbahnlinie Abklärungen zu Erschütterungs- und Körperschall-Immissionen unbedingt empfehlenswert sind.

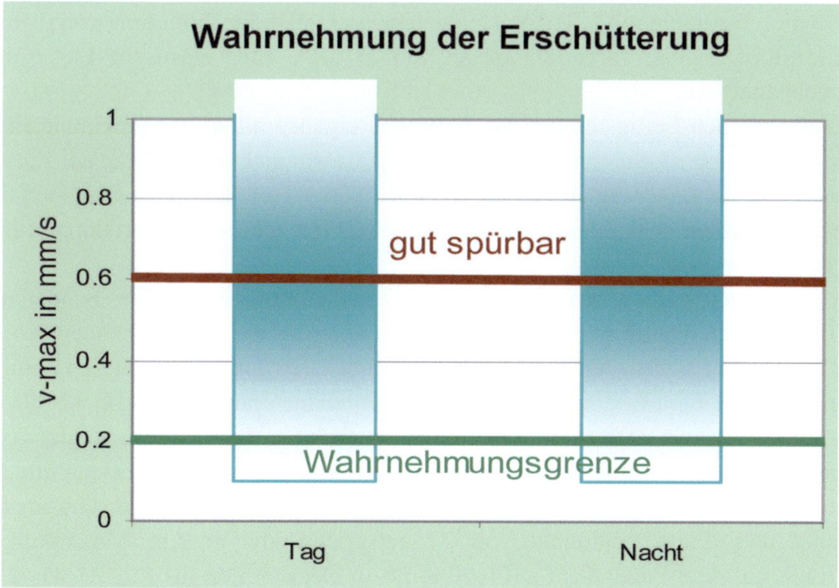

Abb. 12.86 Wahrnehmung der Erschütterungen

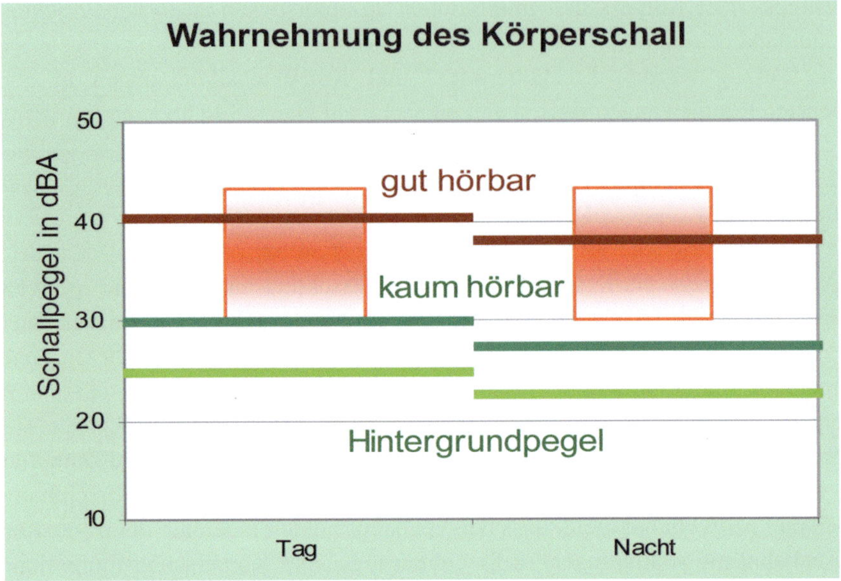

Abb. 12.87 Wahrnehmung des Körperschalls

12.23 Hochhaus neben Eisenbahnlinie

Das 13-geschossige Hochhaus in Abb. 12.88 befindet sich in 30 m Distanz vom Gleis. Eine Prognoserechnung mit VIBRA-2 ergab eine maximale Erschütterung von 0,15 mm/s und einen Körperschall-Vorbeifahrtspegel von 35 dBA. Eine elastische Lagerung war somit nicht angezeigt.

Messungen nach Fertigstellung des Gebäudes ergaben allerdings maximale Erschütterungen von 0,3 mm/s. Solche Immissionen wirken zwar nicht störend und der Entscheid, auf eine elastische Lagerung zu verzichten, war richtig. Trotzdem muss man sich fragen, was bei der Prognose schief gelaufen ist. Warum liegt der gemessene Wert doppelt so hoch wie der prognostizierte Wert.

Die Messungen zeigten, dass die maximalen Erschütterungen auf dem Fundament bei 0,013 mm/s liegen. Damit waren sie sogar etwas tiefer als die entsprechenden Prognosewerte. Im 12. OG neben dem Kern erreichten sie 0,026 mm/s. Sie wiesen somit eine Verstärkung von einem Faktor 2 gegenüber dem Fundamentpunkt auf (Abb. 12.89). Diese Verstärkung – die wie zusätzliche Messungen an anderen Hochhäusern zeigten, typisch sind für Hochhäuser – wurde in der Prognose nicht berücksichtigt. In Deckenmitte im 12. OG wurde eine Schwingstärke von 0,3 mm/s gemessen, was einem Verstärkungsfaktor gegenüber dem Fundamentpunkt von 23 entspricht. Die enorme Verstärkung von 0,013 mm/s auf dem Fundament auf 0,30 mm/s in Deckenmitte im 12. OG wurde noch begünstigt durch das Zusammenfallen der Eigenfrequenz des Kerns (siehe Abb. 12.90) mit

Abb. 12.88 Hochhaus neben Eisenbahnlinie

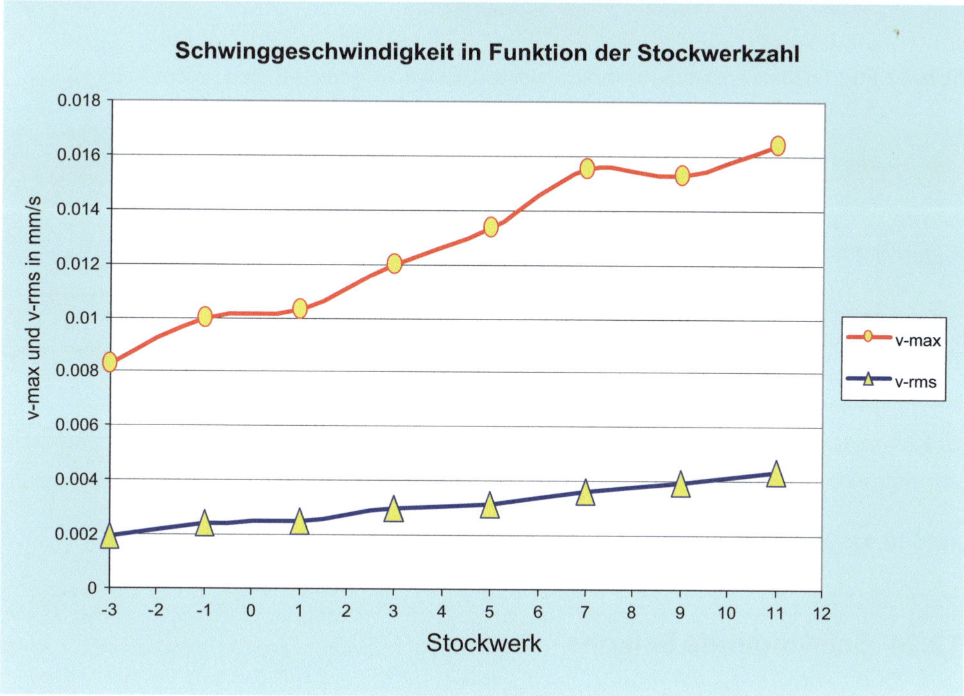

Abb. 12.89 Zuwachs der Erschütterungen mit zunehmender Stockwerkzahl

der Eigenfrequenz der Geschossdecken im 12. OG. Verstärkend wirkte auch die geringe Dämpfung der Geschossdecken von 1 bis 2 %. Im Gegensatz zur Erschütterungsprognose war die Körperschallprognose zutreffend. Dies hängt damit zusammen, dass die Verstärkung der Vertikalschwingungen durch den Hochhauskern sich primär im tieferen Frequenzbereich abspielt (siehe Abb. 12.91).

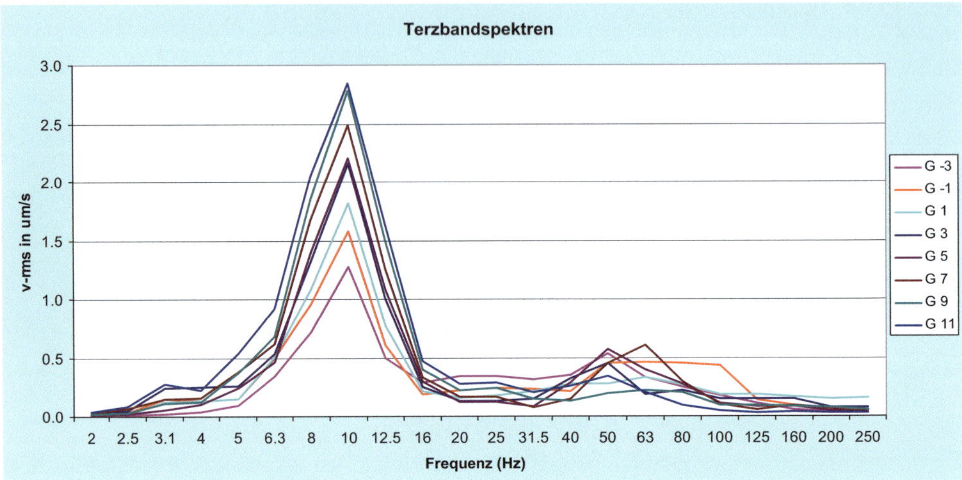

Abb. 12.90 Terzbandspektren für verschiedene Stockwerke, gemessen neben dem Kern

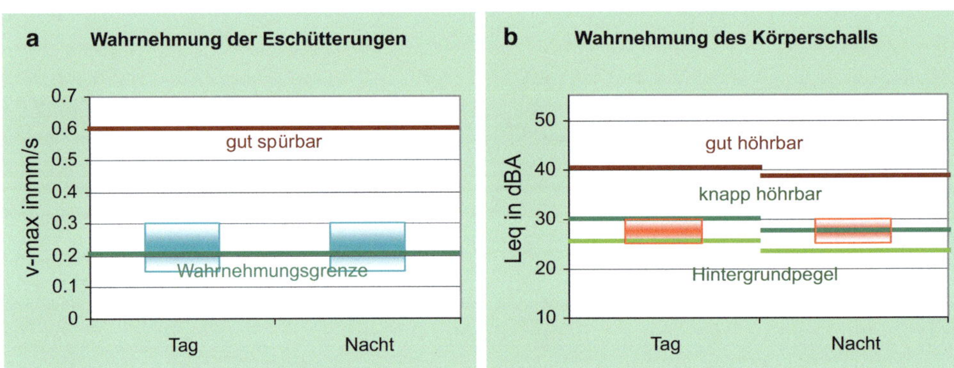

Abb. 12.91 **a** Wahrnehmung der Erschütterung, **b** Wahrnehmung des Körperschalls

12.24 Schwingende Balkone

Die Gebäude einer Genossenschaftssiedlung waren in die Jahre gekommen und auch die Balkone waren für heutige Vorstellungen viel zu klein. Eine Generalsanierung drängte sich auf und im Zuge dieser Sanierung wurden die kleinen Betonbalkone durch größere, angehängte Stahlbalkone ersetzt (siehe Abb. 12.92 und 12.93). Mehr als 180 Balkone dieser Art mussten erstellt werden. Der Architekt wollte eine schlanke Lösung und auch der Bauingenieur war – nachdem er die Eigenfrequenz und das statische Deformationsverhalten abgeklärt hatte – mit der vorgeschlagenen Lösung einverstanden.

Bei der Abnahme der Gebäude durch den Bauherrn war dann die Begeisterung für die schlanken Balkone allerdings weniger groß. Man befürchtete, dass sich die Bewohner

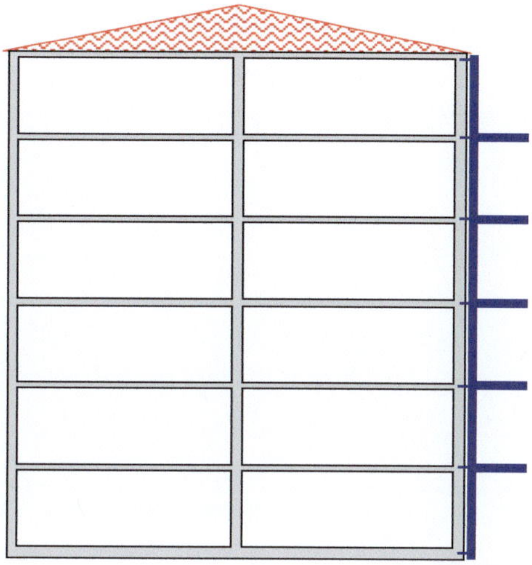

Abb. 12.92 Prinzip-Skizze für die nachträglich angebrachten Balkone

Abb. 12.93 FE-Modell für nachträglich angebrachte Balkone

nicht mehr auf die Balkone wagen würden, weil sie seekrank werden oder Angst bekommen, sobald der Nachbar oben auf dem Balkon eine Party veranstaltet. Eine Schwingungsmessung mit Anregung durch einen „Heel-Drop" ergab den Schwingungsverlauf von Abb. 12.94 mit mehr als 50 mm/s. Die Grundfrequenz des Balkons betrug 6,6 Hz. An sich wäre nichts gegen diesen Balkon einzuwenden, denn die Eigenfrequenz liegt höher als das Zweifache der maximalen Hüpffrequenz. Trotzdem ist das dynamische Verhalten dieses Balkons nicht „akzeptabel".

Die nachträglich durchgeführte FE-Berechnung (Abb. 12.93) mit einer Impulsanregung von 35 kgm/s (3,5 kN während 0,01 s) ergab den in Abb. 12.95 dargestellten Schwingungsverlauf mit einer maximalen Schwinggeschwindigkeit von 70 mm/s. Dies bedeutet, dass ein FE-Programm durchaus in der Lage ist, das dynamische Verhalten eines Balkons richtig zu berechnen. Somit ließen sich solche Probleme durch geeignete Berechnung im Voraus erkennen und vermeiden.

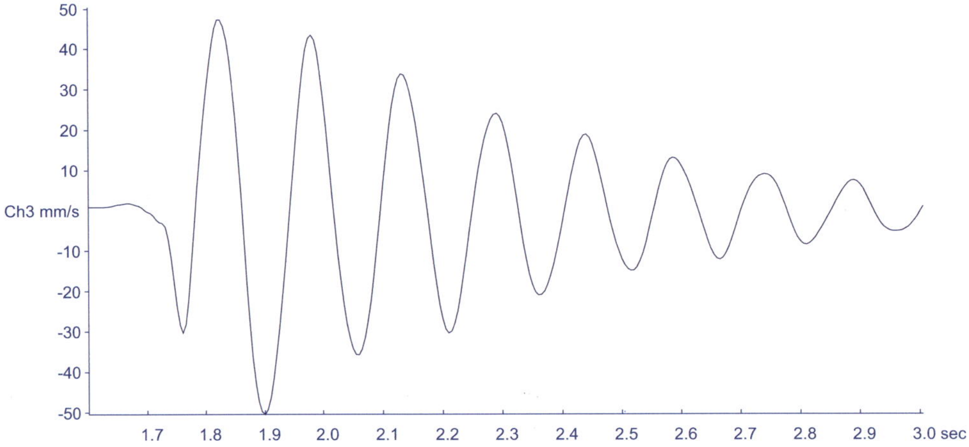

Abb. 12.94 Gemessener Schwingungsverlauf bei einem Heel-Drop

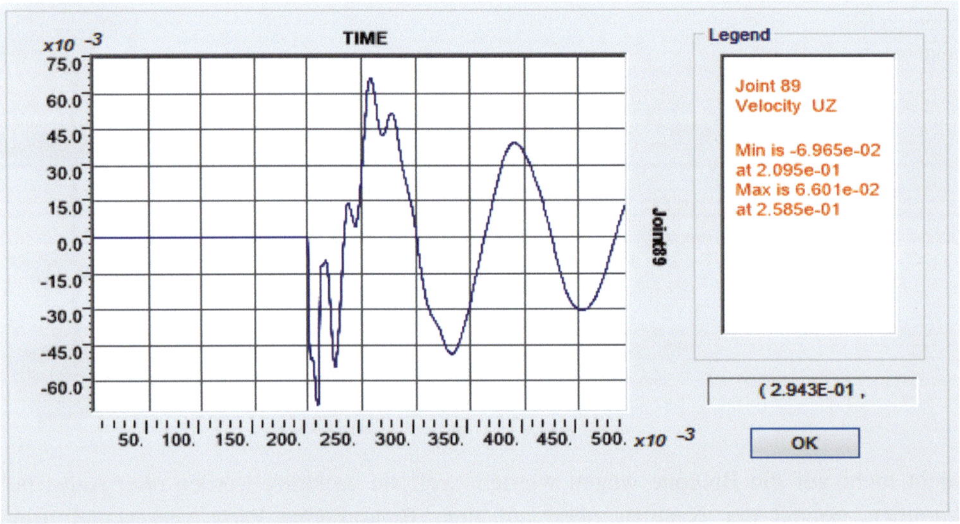

Abb. 12.95 Berechneter Schwingungsverlauf

12.25 Bürohaus neben Eisenbahngleis

Bei einem Abstand von nur 10 m vom Eisenbahngleis war allen Beteiligten klar, dass es ohne elastische Lagerung wohl nicht gehen wird. Die Kosten für die elastische Lagerung des 4-geschossigen Bürohauses mussten einkalkuliert werden. Nachdem die Baugrube mit der 10 m hohen Rühlwand gegen das Eisenbahngleis (Abb. 12.96 und 12.97) stand, wurden Messungen durchgeführt.

Abb. 12.96 Rühlwand gegen Bahn mit Messpunkt MP 1b

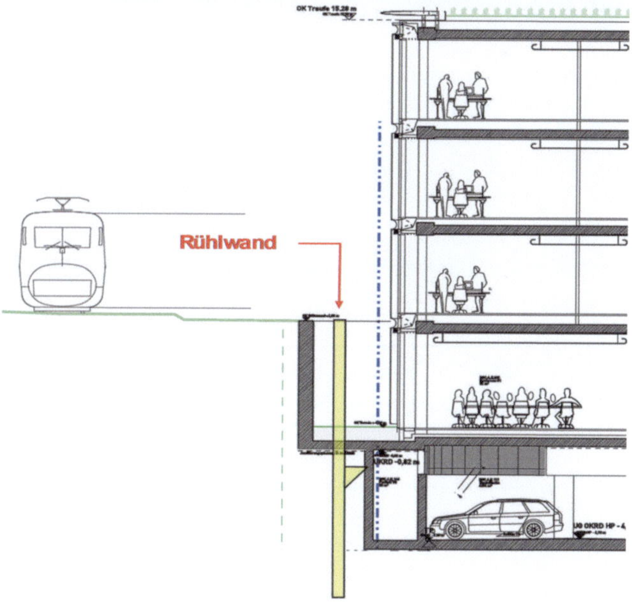

Abb. 12.97 Rühlwand gegen Bahn (Schnitt)

Das Erstaunen war nicht gering, als man auf der Baugrubensohle praktisch keine Eisenbahnerschütterungen messen konnte. An den Frei-Feld-Messpunkten neben der Baugrube waren die Erschütterungen wesentlich höher als bei vergleichbaren Situationen. In der Baugrube selbst waren sie wesentlich tiefer als erwartet (siehe Abb. 12.98). Zur Verifizierung dieses überraschend positiven Befundes wurden Messungen beim Nachbargebäude durchgeführt (siehe Abb. 12.99, Gebäude Alte Landstraße 397). Die Darstellung des Ankopplungsspektrums und dessen Vergleich mit üblichen Ankopplungsspektren ergaben die Erklärung für die überraschend tiefen Erschütterungen.

Die Felsschicht, auf der das neue Gebäude gestellt werden sollte – und auf der auch das Nachbargebäude stand – wurde durch die Eisenbahnerschütterungen praktisch nicht an-

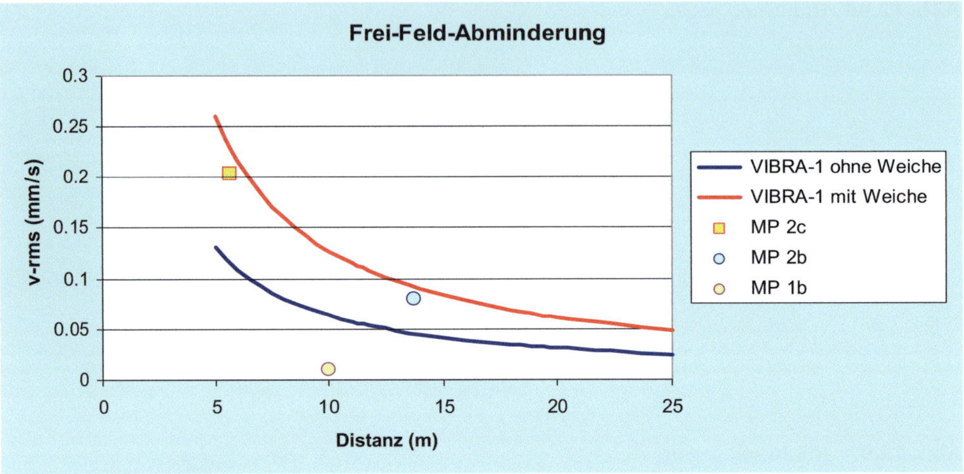

Abb. 12.98 Vergleich der Messdaten mit dem Abminderungsmodell in VIBRA-1 (MP 2b und MP 2c sind Frei-Feld-Messpunkte neben der Baugrube, MP 1b ist ein Messpunkt in der Baugrube)

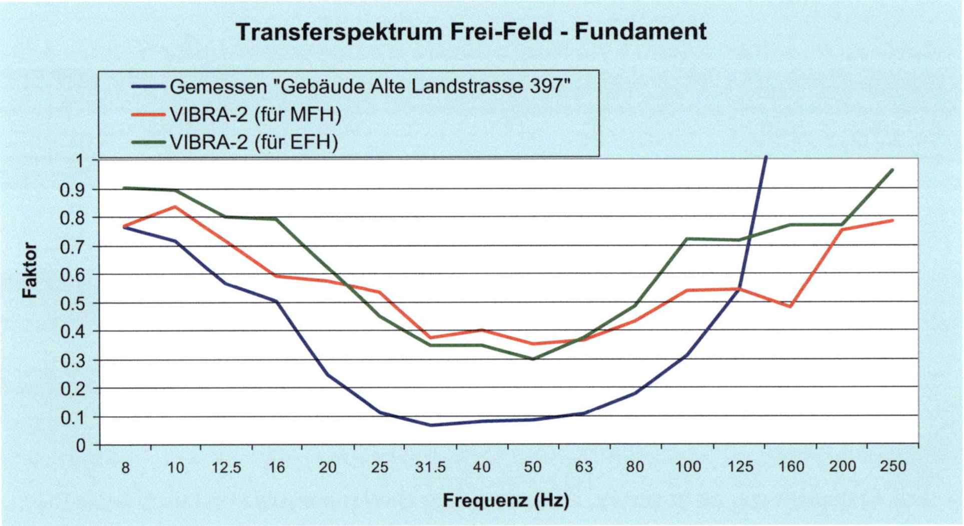

Abb. 12.99 Vergleich von Ankopplungsspektren

geregt. Die Erschütterungen blieben offensichtlich in der wesentlich weicheren Lockergesteinsschicht. Für das neue Bürogebäude konnte somit auf eine kostspielige elastische Lagerung der Bodenplatte verzichtet werden. Die Wand gegen das Eisenbahngleis hingegen musste elastisch getrennt werden. Das Beispiel zeigt einmal mehr, dass für eine aussagekräftige Immissionsprognose für Gebäude neben Eisenbahnlinien In-situ-Messungen unerlässlich sind.

12.26 Gebäude über Eisenbahntunnel

Der alte Eisenbahntunnel genügte den heutigen Anforderungen nicht mehr. Es musste ein neuer Tunnel parallel zum alten erstellt werden (Abb. 12.100). Für die meisten Häuser bedeutete dies eine Reduktion der Immissionen, da sich damit die Distanz zum Gleis vergrößerte. Für einige Häuser jedoch bedeutete es eine Verstärkung der Immissionen. Vor dem Bau des neuen Tunnels wurden umfangreiche Messungen in allen betroffenen Häusern durchgeführt. Aufgrund dieser Messdaten und unter Berücksichtigung der neuen Lage des Tunnels und der neuen Fahrgeschwindigkeiten wurden Prognosen für die zukünftigen Immissionen erstellt. Maßnahmen zur Reduktion der Immissionen wurden definiert und wo erforderlich eingebaut, damit die geltenden Grenzwerte überall gut eingehalten werden konnten.

Trotzdem gab es in einem Gebäude Überraschungen. Das Gebäude beherbergt eine Produktionsanlage und befindet sich 50 m über dem neuen Tunnel. In den großen Räumen der Produktionsanlage konnte das Dröhnen des Zuges gut wahrgenommen werden. Im danebenliegenden Wohnhaus war es nur ganz schwach hörbar. Spüren konnte man die Vibrationen nirgends.

Die Messungen zeigten, dass die Vibrationen und der Körperschall im Wohnhaus tiefer lagen als die prognostizierten Werte. Sie zeigten aber auch, dass sich der Frequenzgehalt der Erschütterungen nach oben verschoben hat (siehe Abb. 12.101). Beim alten Tunnel lagen die dominanten Frequenzen zwischen 40 und 63 Hz, beim neuen zwischen 40 und 125 Hz. Obwohl die Vibrationen sich nur um 40 % erhöht hatten, ergab sich zusammen mit der Frequenzverschiebung eine Verstärkung des A-bewerteten Schallpegels um 12 dBA, was einer Zunahme um 400 % entspricht (siehe Abb. 12.102 und 12.103). Dieser Aspekt, d. h. die Frequenzverschiebung, wurde in der Prognose-Rechnung nicht berücksichtigt.

Abb. 12.100 Portal des neuen Eisenbahntunnels

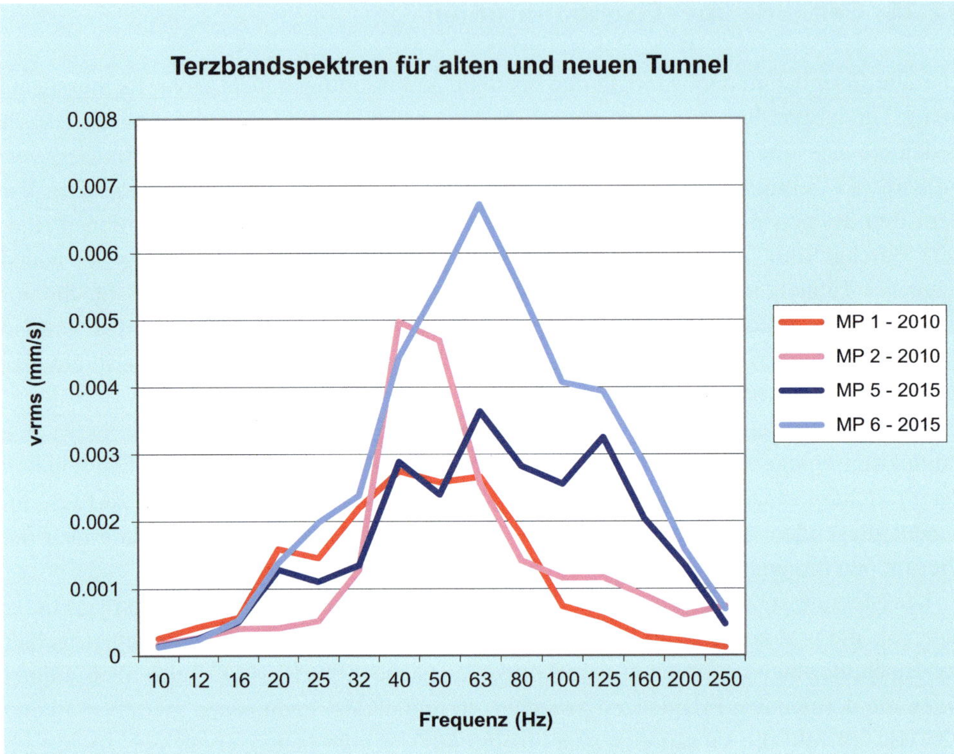

Abb. 12.101 Terzbandspektren für den alten und den neuen Tunnel

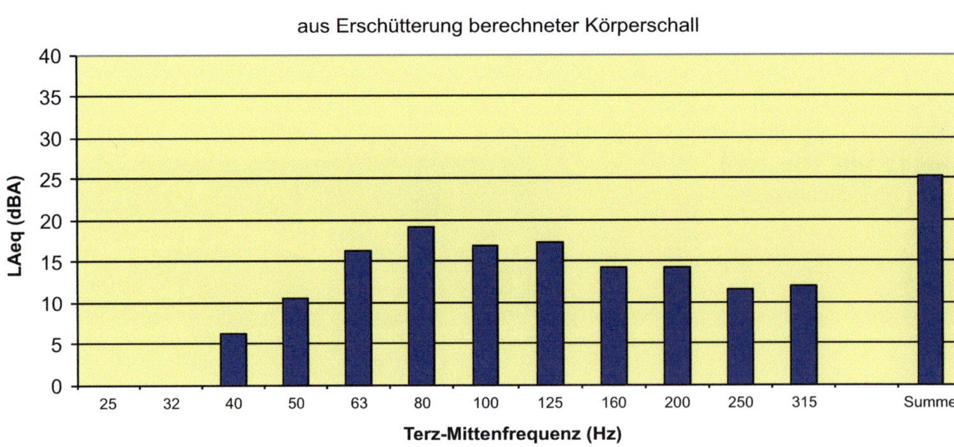

Abb. 12.102 Körperschall aufgrund der Messung 2010 (alter Tunnel)

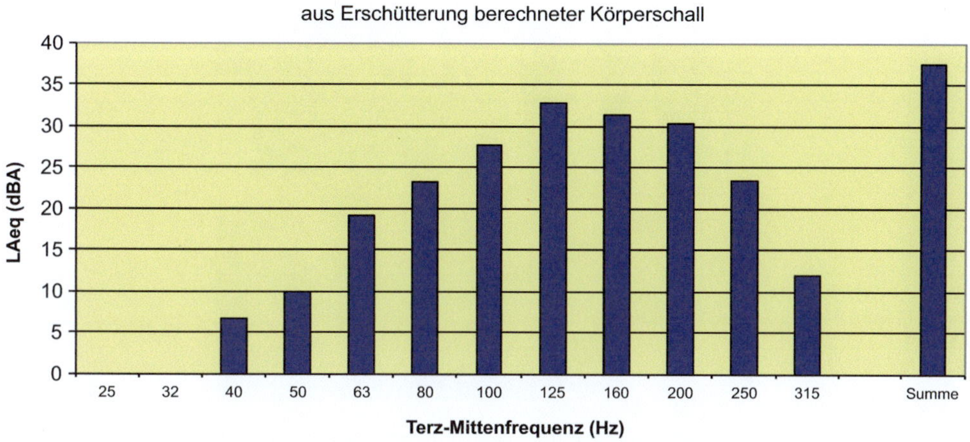

Abb. 12.103 Körperschall aufgrund der Messung 2015 (neuer Tunnel)

12.27 Schwingungen bei einer Druckmaschine

Ursprünglich war das Erdgeschoss im neuerstellten Gebäude als Ausstellungsraum für Autos gedacht. Leider fiel der vorgesehene Mieter kurzfristig aus und ein neuer Mieter musste gefunden werden und den hatte man zum Glück in der Form eines Druckereibetriebes gefunden. In diesem Moment machte sich niemand große Gedanken über Schwingungen. Hauptsache war, die freie Fläche war vermietet. Dafür war die Überraschung umso Größer als die Druckmaschine (Abb. 12.104) ihren Betrieb aufnehmen sollte. Die Geschossdecke vibrierte recht unangenehm und im ganzen Gebäude konnten Vibrationen verspürt werden.

Als erstes wurden die dynamischen Eigenschaften der Geschossdecke untersucht. Zu diesem Zweck wurde mittels Impulsanregung ein Ausschwingversuch durchgeführt. Die Eigenfrequenz der Decke betrug 8,2 Hz, die Dämpfung 1,8 % (Abb. 12.105). Die Druckmaschine war auf eine Produktion von 14.500 Blatt pro Stunde eingestellt. Dies ergibt 4 kurzzeitige Stöße pro Sekunde. Damit erhält man eine Hauptanregung von 4 Hz aber auch alle höheren Mehrfachen davon, d. h. 8 Hz, 12 Hz usw. Und da die zweite Ordnung mit 8 Hz mit der Eigenfrequenz der Geschossdecke zusammenfiel ergaben sich Resonanzschwingungen.

Abb. 12.106 zeigt eine Aufzeichnung von 50 s Dauer. Wie man anhand des Amplitudenspektrums in Abb. 12.107 erkennt, wurde in diesem Zeitabschnitt die Leistung von 14.000 Blatt auf 15.000 Blatt erhöht. Dies entspricht einer Frequenzspanne von 3,89 bis 4,17 Blatt pro Sekunde. Die maximale Schwinggeschwindigkeit beträgt 2,89 mm/s, die maximale

Abb. 12.104 Schwingungsmessung bei der neuinstallierten Druckmaschine

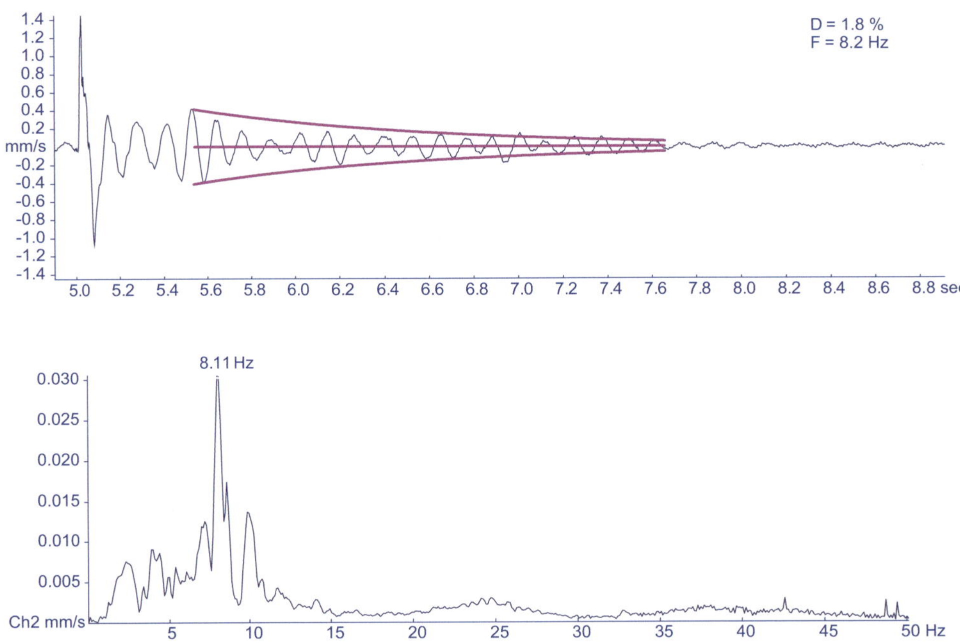

Abb. 12.105 Schwingungsaufzeichnung und Amplitudenspektrum bei Impulsanregung

Beschleunigung 0,175 m/s² und die maximale Wegamplitude 60 µm/s. Für die Geschossdecke aus Stahlbeton sind solche Schwingungen keine Gefährdung. Probleme entstehen beim Arbeiten bei solch starken Schwingungen. Eventuell beeinträchtigen sie auch die einwandfreie Funktion der Maschine. Eine einfache Lösung des Problems wäre die Erhöhung der Maschinenleistung gewesen. Damit wäre die Maschine außerhalb des Resonanzbereiches gewesen. Aber damit war der Betreiber der Druckmaschine nicht einverstanden.

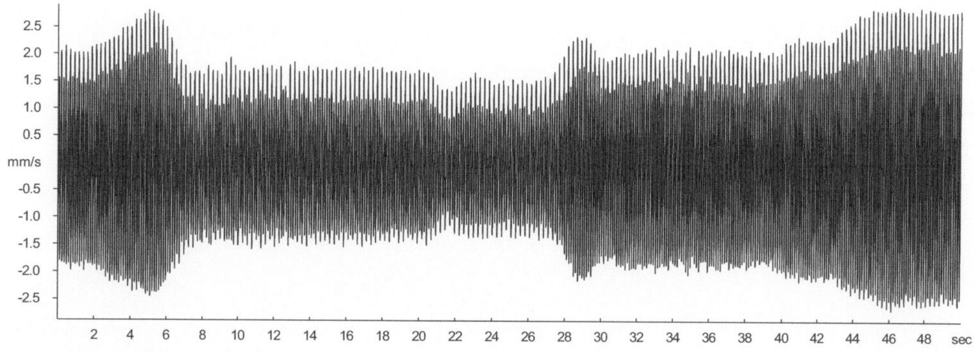

Abb. 12.106 Typische Aufzeichnung der Vertikalschwingung

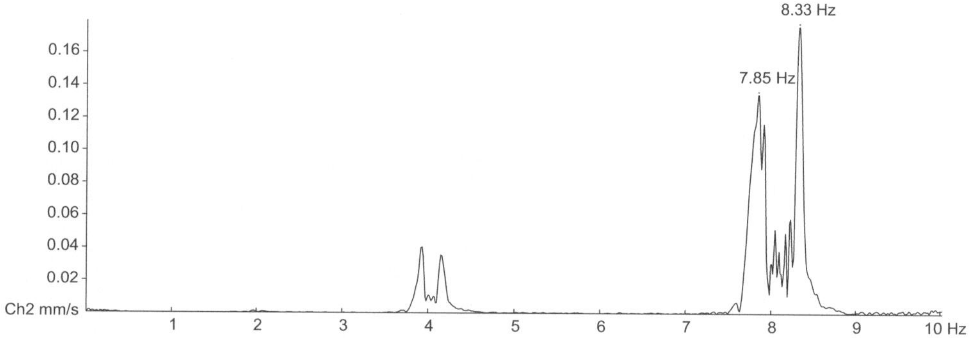

Abb. 12.107 Amplitudenspektrum von Abb. 12.106

12.28 Eigentumswohnungen neben Industriegebäude

Der Mühlenbetrieb stand seit Jahrzehnten inmitten der Industriezone. Doch die Zeiten ändern sich. Industrien verschwinden und anstelle der Industriegebäude werden – da sich das Stadtzentrum mittlerweile ins Industriegebiet ausgedehnt hat – Wohngebäude mit Luxus-Eigentumswohnung erstellt (Abb. 12.108). Nur der Mühlenbetrieb bleibt und produziert weiter, denn er war ja zuerst hier (Abb. 12.109).

Die Platzverhältnisse waren eng. Das neue 5-geschossige Wohngebäude musste unmittelbar an den Mühlenbetrieb angebaut werden (Abb. 12.110). Der beigezogene Spezialist stellte sicher, dass sich die Gebäude in keinem Punkt berührten, indem er eine 10 cm dicke Trennschicht zwischen die beiden Gebäude einplante.

Trotzdem wurden die Bewohner der Eigentumswohnungen nicht ganz glücklich. Man hatte mit Dreifachverglasung alles unternommen, um den Außenschall draußen zu halten. Dafür hörte man den vom Mühlenbetrieb erzeugte Körperschall von 30 dBA umso besser. Und zwar Tag und Nacht.

Abb. 12.108 Luxus-Eigentumswohnung

Abb. 12.109 Mahlwerk eines Mühlenbetriebes

Die Trennung zwischen den Gebäuden war perfekt ausgeführt worden. Somit konnte die Erschütterungsübertragung nur über den Baugrund erfolgen. Und dort konnte man natürlich nichts mehr ändern. Somit blieb nichts anderes übrig als die Maschinen zu identifizieren, die den größten Beitrag an den störenden Körperschall liefern und diese elastisch zu lagern.

Mit großem Aufwand konnte schließlich der Körperschall auf 23 dBA reduziert werden. Die vollständige Ruhe, wie man sie sich für eine Luxus-Eigentumswohnung erträumt, konnte allerdings nicht erreicht werden. Dies wäre nur mit einer elastischen Lagerung des Wohngebäudes erreicht worden.

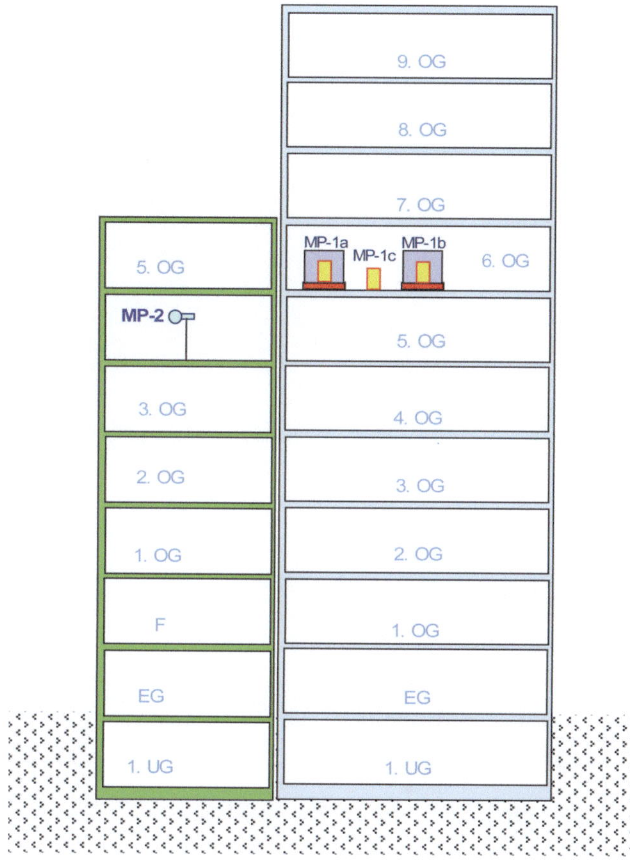

Abb. 12.110 Schnitt durch die beiden Gebäude

12.29 Shredder-Anlage

Das Problem schien unlösbar. Die Shredder-Anlage (Abb. 12.111) war speziell auf weichen Federn gelagert worden und doch beschwerte sich der Nachbar in 60 m Entfernung über störende Erschütterungen, die zum Teil 4 mm/s erreichten. Die Lösung musste rasch gefunden werden, denn es drohte ein Betriebsstopp.

Durch eine systematische Messung mit Sensoren auf dem gesamten Ausbreitungsweg zwischen der Shredder-Anlage und dem Einfamilienhaus (Abb. 12.112) konnte festgestellt werden, dass an sich alles seine physikalische Richtigkeit hatte. Die Erschütterungen nahmen exponentiell ab mit einem Exponenten von 1,5, wie es sich gehört. Und zwar sowohl

Abb. 12.111 Shredder-Anlage

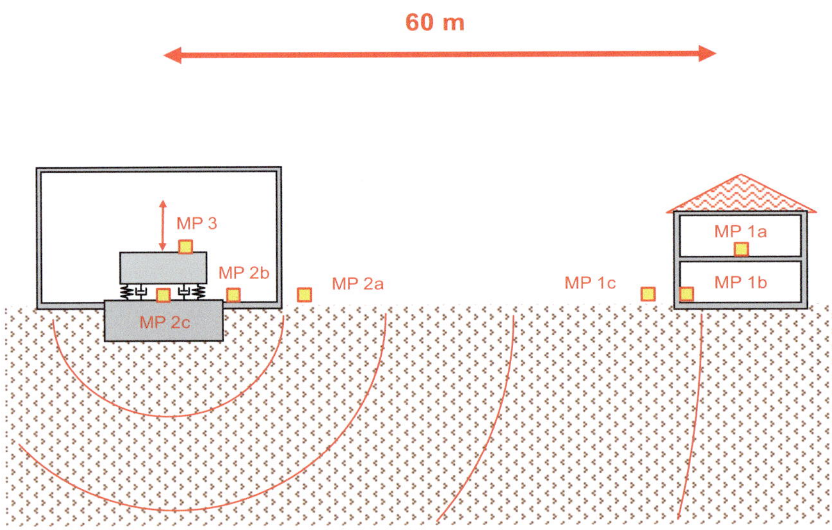

Abb. 12.112 Messkette zwischen Shredder-Anlage und Wohngebäude

für den ruhigen Normalbetrieb als auch für die immer wieder auftretenden Impulse (siehe Abb. 12.113). Aber diese Impulse konnte niemand erklären. Auch der herbeigerufene Hersteller der Anlage nicht.

Ein Augenschein unter der Shredder-Anlage zeigte dann, dass das Fördersieb zwischendurch immer wieder mit voller Wucht auf dem Hallenboden aufschlug, da die Federn falsch bemessen waren (Abb. 12.114). Und da es unter der Shredder-Anlage dunkel, nass und schmutzig war, hatte sich niemand die Mühe genommen, dort nachzusehen. Mit neuen Federelementen war ein großer Teil der Impulse weg, aber noch nicht alle. Ein zweiter Augenschein unter der Anlage mit gleichzeitiger Verfolgung der Vibrationen auf dem Bildschirm ergab, dass bei einem Federpaket der Shredder-Anlage eine Feder gebrochen war, denn es knackte immer wieder ganz bedrohlich. Erst das Ersetzen aller Federn mit wesentlich stärkeren Federpaketen brachte den gewünschten Erfolg.

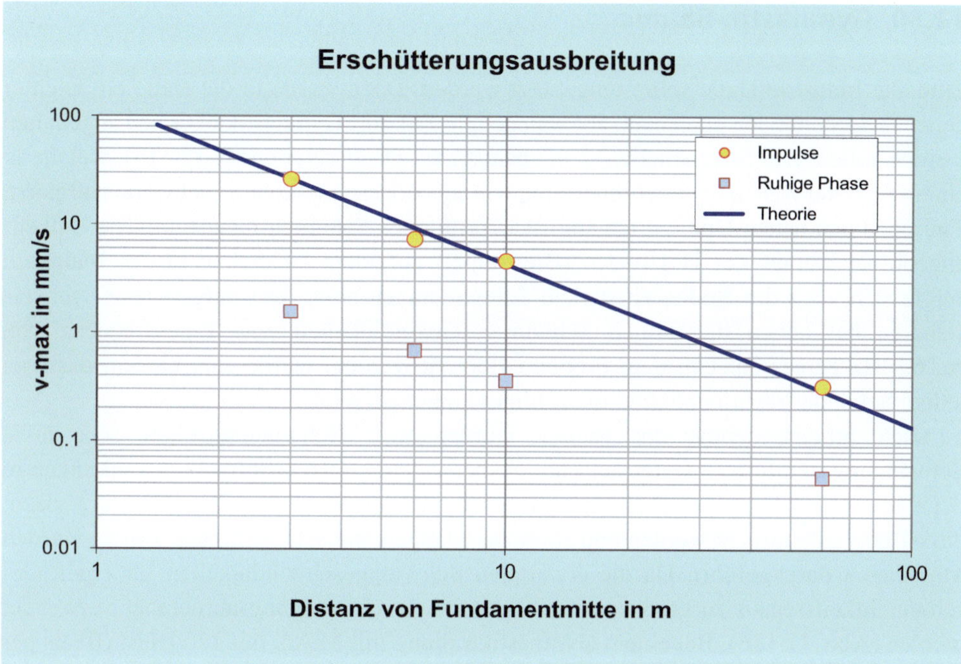

Abb. 12.113 Erschütterungsausbreitung für Impulse und für ruhige Phase

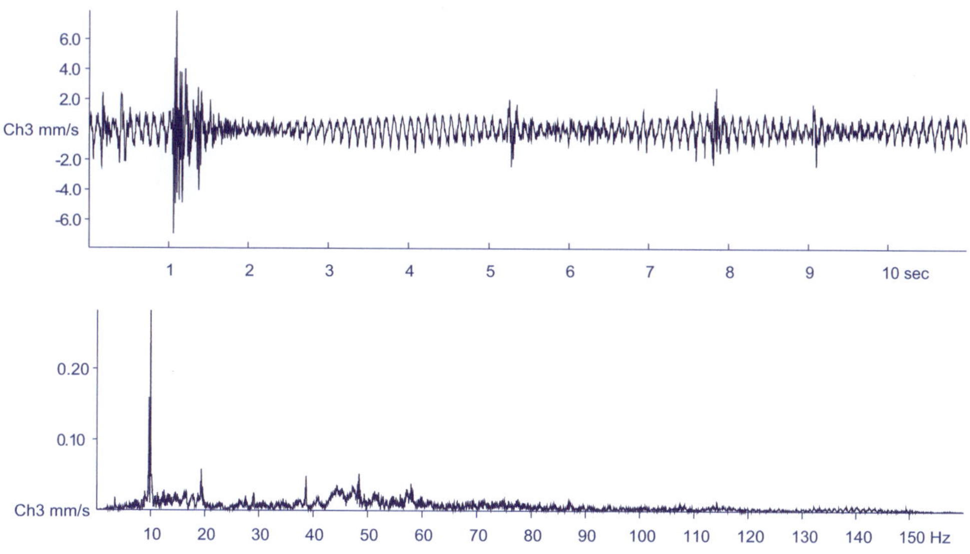

Abb. 12.114 Schwingungsverlauf und Amplitudenspektrum auf Shredder-Fundament

12.30 Gymnastik-Räume

Eine alte Industrie-Halle sollte umgenutzt werden. Dazu wurde in die Halle ein leichter neuer Zwischenboden eingebaut, auf welchem in Zukunft Gymnastiklektionen abgehalten werden sollen. Die bestehenden, 17 m spannenden Dachträger (Abb. 12.115), welche in einem Abstand von 10 m angeordnet sind, wurden zu geschosshohen Fachwerken ergänzt. Zwischen den neuen Untergurten sind Walzprofile als Sekundärträger (einfache Balken) angeordnet worauf der Holzboden (Brettstapel) aufgelegt ist. Schon in der Bauphase zeigte sich, dass der Boden zu starken Schwingungen neigt. Der aufgebotene Sachverständige hat neben den hohen Schwinggeschwindigkeiten eine Eigenfrequenz von ca. 6,8 Hz gemessen. Um dem Problem Herr zu werden, wurde entschieden, dass bei jedem Sekundärträger ein Schwingungstilger eingebaut wird.

Nach Inbetriebnahme der Räume wurden trotz Schwingungstilger sehr hohe Schwingungsamplituden festgestellt und insbesondere starke Luftdruckschwankungen in der Badmintonhalle, welche sich im Erdgeschoss darunter befindet. Dies führt u. a. dazu, dass Türen aufgedrückt werden und störende Klappergeräusche auftreten. Erneut wurden Messungen durchgeführt. Da die erwarteten Schwinggeschwindigkeiten für einen Geschwindigkeitssensor zu groß waren, musste ein Beschleunigungsaufnehmer verwendet werden (Abb. 12.116). Bei einem Gymnastiktraining mit Musik mit 170 BPM (Beats per

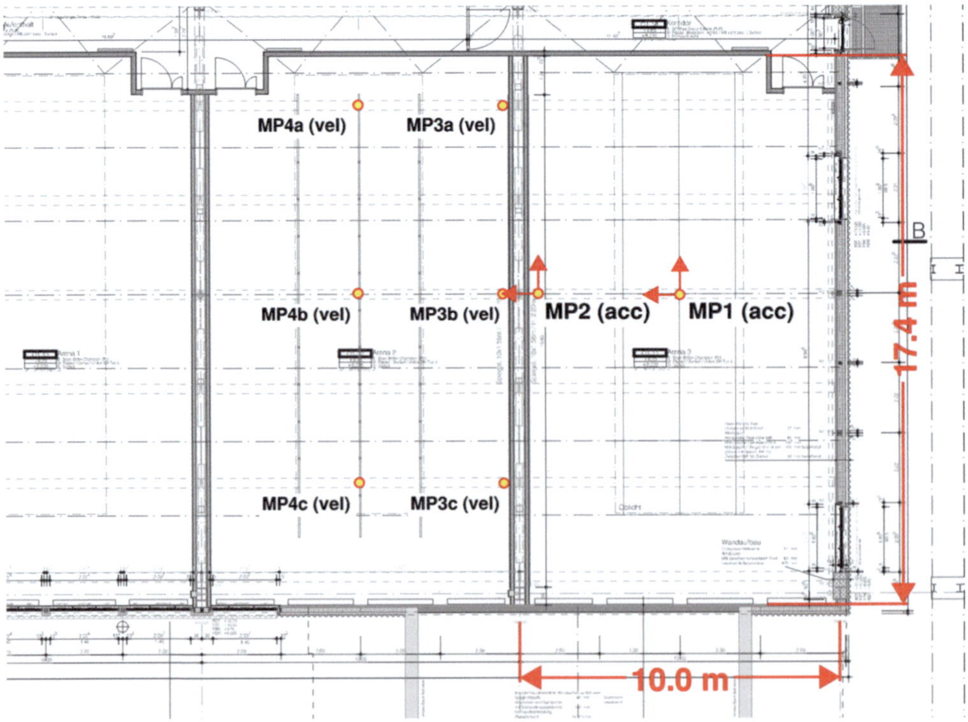

Abb. 12.115 Grundriss der betroffenen Gymnastikräume im 1. OG

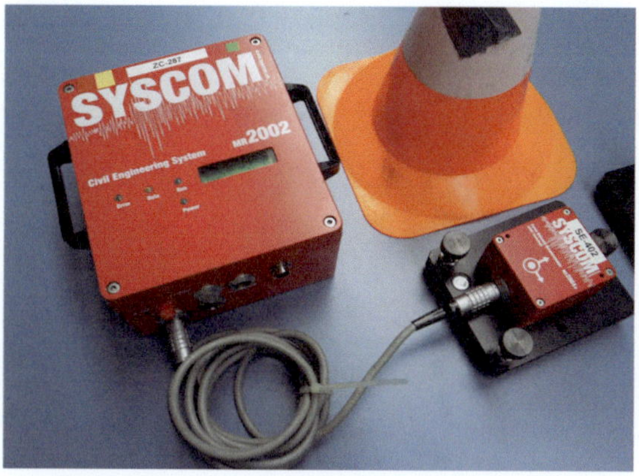

Abb. 12.116 Schwingungsmessung mit Beschleunigungssensor

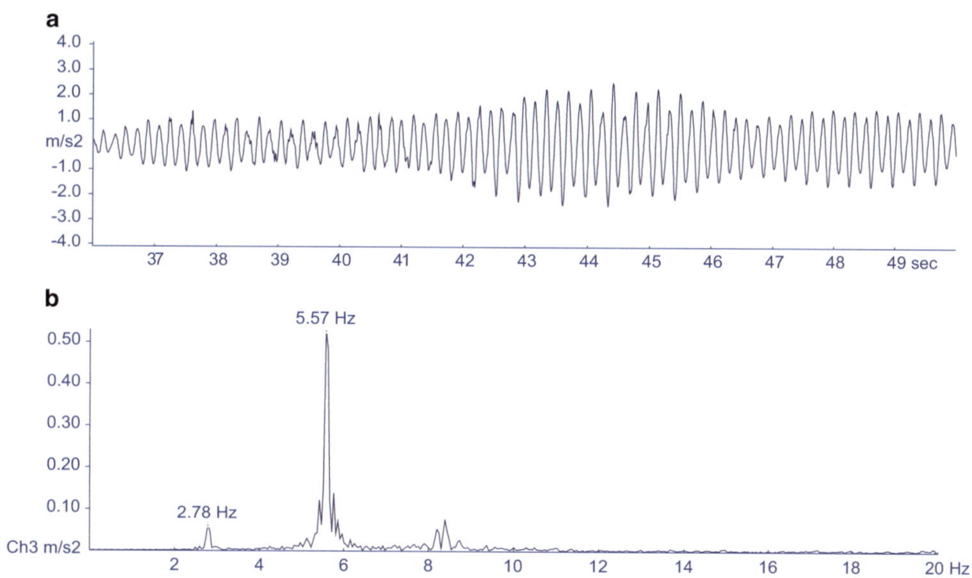

Abb. 12.117 Beschleunigungsverlauf während eines Trainings (**a**) mit zugehörigem Amplitudenspektrum (**b**)

Minute) wurden im Raum selber Beschleunigungen von bis zu 3 m/s^2 gemessen (Abb. 12.117). Dies entspricht ca. 80 mm/s und ist inakzeptabel.

Was ist falsch gelaufen? Warum haben die Tilger die Schwingungen nicht reduziert? Betrachtet man das Abb. 12.118, so stellt man fest, dass das System ohne Tilger ein Amplitudenmaximum bei 6,7 Hz aufweist, das System mit Tilger hingegen bei 5,8 Hz. Die Anregungsfrequenz bei Gymnastiktraining mit Musik mit 170 BPM liegt bei 5,67 Hz. Deshalb hat der Tilger die Schwingungen nicht reduziert sondern verstärkt. Zudem haben

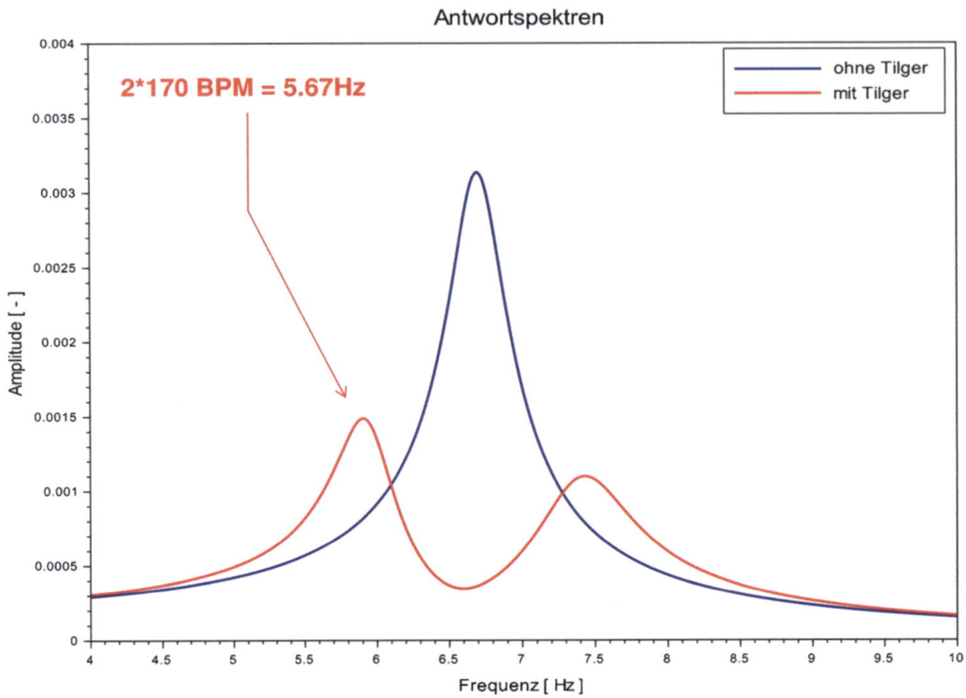

Abb. 12.118 Amplitudengang der betrachteten Deckenkonstruktion mit (*rot*) und ohne (*blau*) Schwingungstilger

Überlegungen zur Ermüdungsfestigkeit gezeigt, dass die Struktur ein Ermüdungsproblem hat, also neben dem Gebrauchstauglichkeits- auch ein Tragsicherheitsproblem vorliegt.

12.31 Rohmühle

In einem Industriegebäude wurden Schäden an Gebäudeteilen festgestellt. Zudem werden spürbare, störende Schwingungen im Obergeschoss beanstandet. Zu den störenden Sekundäreffekten zählen, um nur einige zu nennen, wackelnde Bildschirme, klappernde gestapelte Stühle, bewegte Spiegelungen in Fensterscheiben und sichtbar vibrierende Oberflächen von Flüssigkeiten. Die Ursache der störenden und potenziell schädigenden Erschütterungen wird im Betrieb einer Rohmühle eines Zementwerkes in knapp 190 m Entfernung vermutet (Abb. 12.119). Mit gezieltem Ein- und Ausschalten der Mühle konnte der Zusammenhang zwischen den störenden Schwingungen und dem Betrieb der Rohmühle aufgezeigt werden.

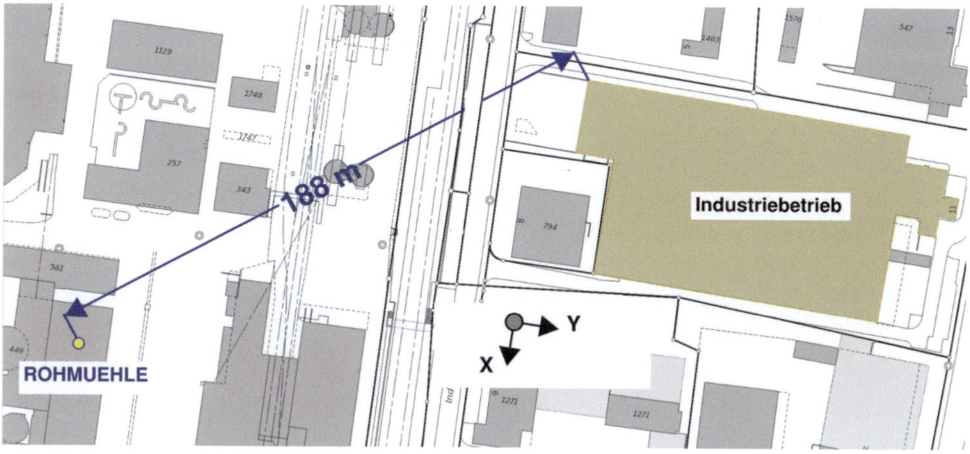

Abb. 12.119 Situation mit der Rohmühle und dem betroffenen Gebäude

In einer Nacht, wenn die Umgebungserschütterungen tief sind, wurden Erschütterungsmessungen mit einer Vielzahl von Sensoren durchgeführt. Dabei wurden Schwinggeschwindigkeitssensoren bei der Rohmühle, zwischen der Rohmühle und dem betroffenen Gebäue, auf der Bodenplatte im betroffenen Gebäude und an mehreren Standorten im Obergeschoss des betroffenen Gebäudes, in den Räumen, in denen die Erschütterungen besonders störend bezeichnet wurden, installiert. Neben diesen gezielten Messungen, bei denen die Rohmühle aus- und wieder eingeschaltet wurde, wurden die Erschütterungen über weitere 2 Wochen im betroffenen Gebäude permanent aufgezeichnet.

In Abb. 12.120 sind die gemessenen Schwinggeschwindigkeiten in die 3 Raumrichtungen und als Vektorsumme während der Messung in der Nacht bei der Rohmühle und im betroffenen Gebäude im ersten Obergeschoss dargestellt. Es kann festgestellt werden, dass die horizontalen Erschütterungen im ersten Obergeschoss in knapp 190 m Entfernung zur Rohmühle etwa gleich gross sind wie bei der Rohmühle selbst. Mit bis zu 0.5 mm/s sind diese Erschütterungen spürbar.

Werden die gemessenen Schwinggeschwindigkeiten in den Frequenzbereich transformiert und die Terzbandspektren gebildet (Abb. 12.121), so kann erkannt werden, dass bei der Rohmühle beim Betrieb der Mühle, Frequenzen zwischen 8 und 20 Hz dominant emittiert werden. Beim Messpunkt im ersten Obergeschoss kann bei 8 Hz eine dominante Frequenz erkannt werden. Durch eine Impulsanregung der Decke in horizontaler Richtung konnte bei ausgeschalteter Rohmühle auch gezeigt werden, dass 8 Hz eine Gebäudeeigenfrequenz darstellt. Diese Eigenfrequenz verstärkt die Erschütterungen vom Boden auf das

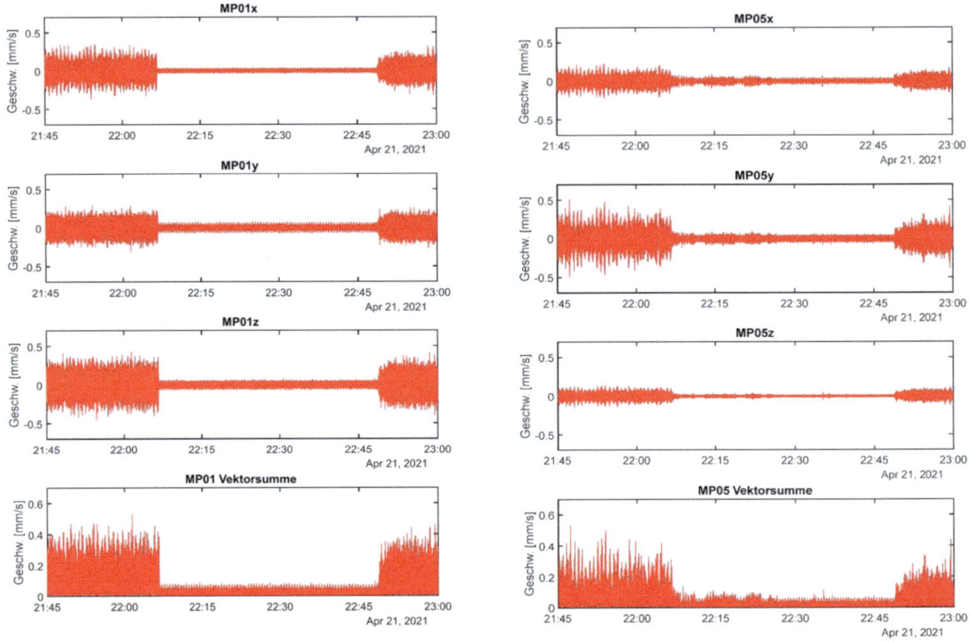

Abb. 12.120 Gemessene Schwinggeschwindigkeiten in die drei Raumrichtungen und die ermittelten Vektorsumme. Links direkt bei der Rohmühle und rechts im ersten Obergeschoss bei einer Gebäudeecke in 190 m Entfernung

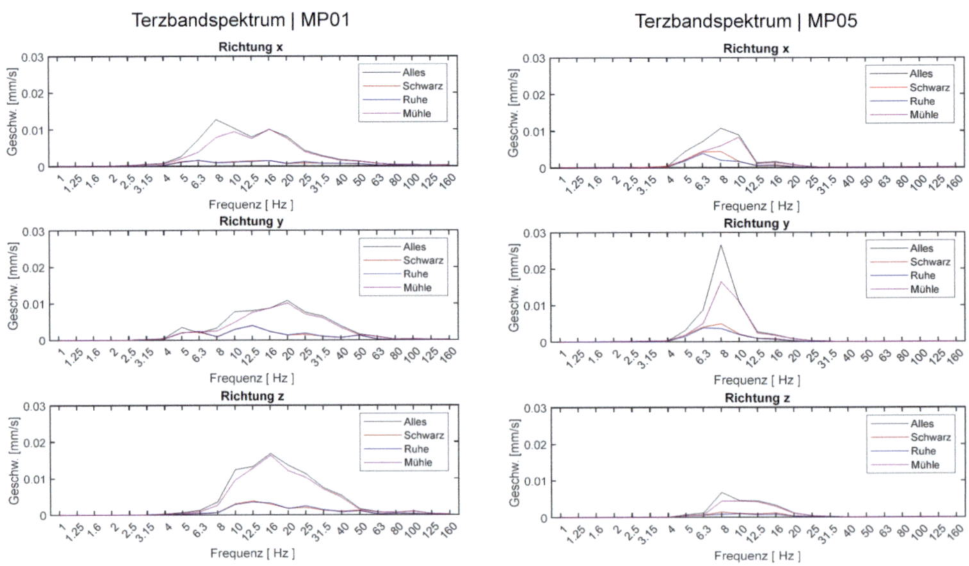

Abb. 12.121 Ermittelte Terzbandspektren. Links direkt bei der Rohmühle und rechts im ersten Obergeschoss bei einer Gebäudeecke in knapp 190 m Entfernung

1. Obergeschoss somit in einem Frequenzbereich, in dem die Rohmühle auch hohe Erschütterungsenergien emittiert.

Ein Blick in die Konstruktionspläne des Gebäudes zeigten zudem auf, dass die beiden Decken, auf denen die Erschütterungen verstärkt und störend wahrgenommen werden, in den horizontalen Richtungen nur ungenügend und bezüglich der Torsion exzentrisch ausgesteift sind und diese somit so stark angeregt werden können.

12.32 Eigenfrequenzen Sensor

Sensoren werden oft für die unterschiedlichsten Messaufgaben eingesetzt. So werden auch eher grössere, robuste Sensorkonstruktionen für sehr feine, eher höher frequente Messungen eingesetzt. Es stellt sich die Frage, ob solche Sensor-Designs wirklich geeignet sind um über den ganzen, in ihren Datenblättern aufgezeigten Frequenzbereich qualitativ einwandfreie Erschütterungsmessdaten zu erfassen, oder ob allenfalls gewisse Aspekte beim Aufstellen der Sensoren beachtet werden müssen.

Um diesen Aspekt zu untersuchen, wurde ein Sensortyp am gleichen Standort auf unterschiedliche Arten am Boden am selben Standort aufgestellt bzw. montiert. Folgende Konfigurationen wurden untersucht (Abb. 12.122):

- Stellschrauben tief oder hoch
- Stellschrauben massiv
- Sensor ohne Platte auf Boden geklebt
- Unterlage Beton | Stahl (Stahlplatte auf Boden geklebt)

Für die Untersuchung wurden die Sensoren zeitsynchronisiert betrieben und jeweils die gleichen Ereignisse (Durchfahrten eines Trams in der Nacht) aufgezeichnet. Eine Tram-

Abb. 12.122 Sensoren mit unterschiedlichen Aufstellbedingungen auf einem Betonboden. Von links nach rechts: Stellschrauben hoch, Stellschrauben tief, massive Stellschrauben, Aufstellung auf einer auf den Beton geklebten Stahlplatte

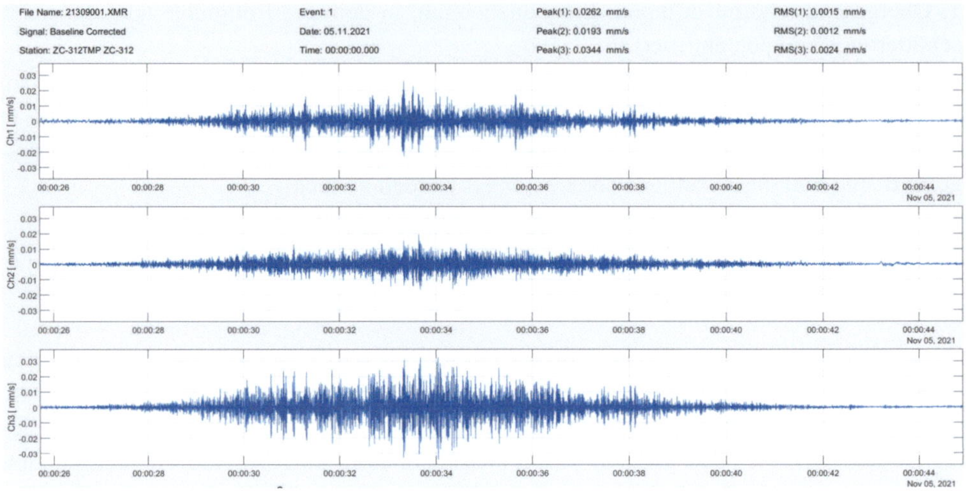

Abb. 12.123 Gemessene Schwinggeschwindigkeiten einer typischen Tramdurchfahrt in die drei Raumrichtungen

durchfahrt regt Erschütterungen in einem breiten Frequenzband zwischen 20–120 Hz an. Ein typisches Messsignal einer Tramdurchfahrt ist in Abb. 12.123 dargestellt.

Um die unterschiedlichen Aufstellbedingungen zu vergleichen, wurden jeweils die Amplitudenspektren ermittelt. In der Abb. 12.124 sind beispielhaft die Spektren für den Fall des auf den Betonboden geklebten Sensors und für den Sensor in der üblichen Konfiguration auf den Stellschrauben dargestellt.

In den ermittelten Amplitudenspektren fällt auf, dass im Falle des geklebten Sensors der Frequenzbereich sehr gut dem entspricht was erwartet wird, während man bei der Aufstellung auf den Stellschrauben in den horizontalen Richtungen zwischen 200–300 Hz und in der vertikalen Richtung bei ca. 400 Hz zusätzliche Frequenzspitzen sieht. Bei allen untersuchten Fällen, bei denen der Sensor auf den Stellschrauben auf dem Betonboden steht, können diese zusätzlichen Spitzen, jedoch bei unterschiedlichen Frequenzen, erkannt werden. Stehen die Stellschauben auf einer Stahlplatte oder ist der Sensor am Boden festgeklebt sind die Spitzen nicht zu erkennen und das ermittelte Spektrum ist sehr vergleichbar. Die Untersuchung deutete darauf hin, dass es sich bei den kleinen zusätzlichen Spitzen im Amplitudenspektrum um Resonanzen handelt. Es wird vermutet, dass der schwere steife Sensor in Kombination mit der Steifigkeit der eher kleinen Aufstellflächen der Stellschrauben auf dem Beton in Resonanz angeregt wird und die Messergebnisse entsprechen verfälschen kann.

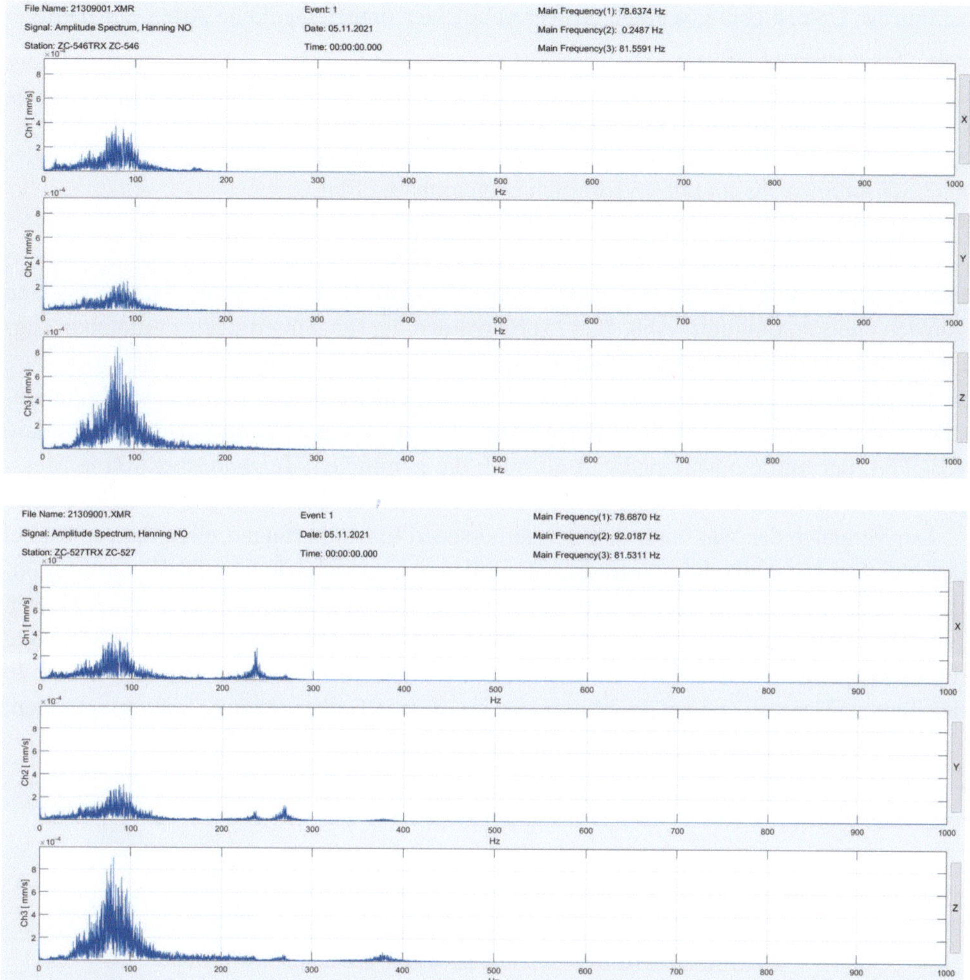

Abb. 12.124 Aus den gemessenen Tramerschütterungen ermittelte engbandige Amplitudenspektren. Oben für den Fall des auf den Betonboden geklebten Sensors und unten für den Fall des Sensors auf den Stellschrauben

12.33 Frei-Feld Messung

Für einige Messaufgaben ist es notwendig die Erschütterungen auf dem gewachsenen Baugrund zu erfassen, so zum Beispiel, wenn ein Neubau an den Bahngleisen geplant ist und eine Prognose der zu erwartenden Erschütterungs- und Körperschallimmissionen erarbeitet werden soll. Es stellt sich die Frage, wie der Sensor auf dem gewachsenen Baugrund angebracht werden soll, so dass aussagekräftige Erschütterungen gemessen werden.

Für die Untersuchung wurden Sensoren auf vier unterschiedliche Arten auf dem gewachsenen Boden montiert:

- 3 Sensoren auf einem 70 cm langen Erdspiess
- 2 Sensoren ca. 40 cm tief im Erdreich eingegraben und zugeschüttet
- 2 Sensoren ca. 40 cm tief im Erdreich eingegraben, offen
- 2 Sensoren auf einer Gartenplatte an der Oberfläche

Die Sensoren wurden an einer viel befahrenen Bahnstrecke, jeweils im gleichen Abstand von den Gleisen, montiert (Abb. 12.125) Es wurden die Erschütterungen zahlreicher Zugdurchfahrten aufgezeichnet und ausgewertet.

Um die gemessenen Erschütterungen zu beurteilen, wurde aus zahlreichen Zugdurchfahrten der gemittelte Mittelwert der gemessenen Schwinggeschwindigkeit, der mittlere KB-Wert, der mittlere Maximalwert als auch die gemittelten Terzbandspektren je Messpunkt dargestellt (Abb. 12.126).

Der Vergleich der Maximalwerte der gemessenen Erschütterungen zeigt, dass selbst bei den gleichen Aufstellbedingungen doch signifikante Unterschiede festgestellt werden können. Bei den über die Zeit gemittelten RMS-Werten sind die Unterschiede deutlich kleiner. Betrachtet man die Terzbandspektren, so kann erkannt werden, dass bei der Verwendung der Gartenplatten die Amplituden bei gewissen Frequenzen doch erheblich abweichen. In den Terzbandspektren zeigen die Messungen im offenen Erdloch eher zu hohe Amplituden.

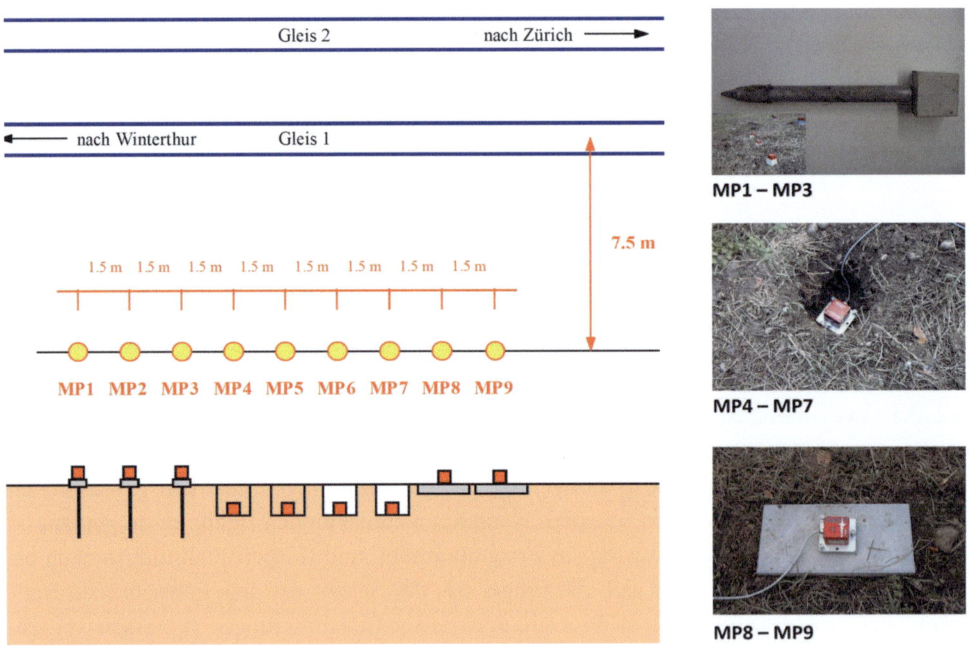

Abb. 12.125 Sensoren mit unterschiedlichen Aufstellbedingungen im Freien-Feld neben einer Eisenbahnlinie

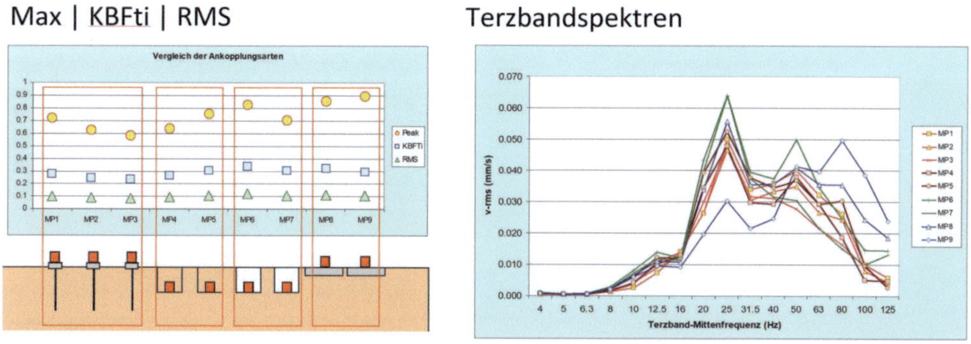

Abb. 12.126 Links: gemittelte Mittelwerte (RMS), gemittelte KB-Werte und mittlere Maximalwerte der gemessenen vertikalen Schwinggeschwindigkeiten aller Zugdurchfahrten. Rechts: gemittelte Terzbandspektren aller Zugdurchfahrten

Ohne die korrekten Erschütterungsamplituden zu kennen, kann ausgesagt werden, dass Vorsicht bei der Wahl der Sensoranbindung auf dem gewachsenen Boden geboten ist. Folgende Vermutungen werden festgehalten:

- Gartenplatten sind wahrscheinlich eher ungeeignet
- Sensor in Loch direkt auf der Erde ist eher ungeeignet
- Sensor in Loch vergraben scheint o.k.
- Sensor auf Erdspiess scheint o.k.

Besondere Vorsicht ist auch mit Messungen der horizontalen Richtungen geboten, hier ist die Ankopplung an den Grund doch noch heikler. Um die Aussagen oben dann doch etwas zu relativieren, sei auf die effektive Messgenauigkeit der Sensoren hingewiesen. Nach der DIN 45669-1 liegt diese im Bereich von ±10 %.

12.34 Tiefe Frequenzen

Die horizontalen Schwinggeschwindigkeiten und -deformationen eines Kirchturmes mit einer Eigenfrequenz von 2.8 Hz sollen gemessen und beurteilt werden. Dazu wurden im Kirchturm Schwinggeschwindigkeitssensoren (Typ MS2003+) aber auch Beschleunigungssensoren (Typ MS2004+) installiert. Die Kirchturmschwingungen wurden während dem konstanten Läuten einzelner Glocken aufgezeichnet. Um aus den gemessenen Beschleunigungen die Schwingdeformation des Turmes zu ermitteln, werden die Beschleunigungen numerisch zweifach integriert, beziehungsweise aus den gemessenen Schwinggeschwindigkeiten durch einfache numerische Integration.

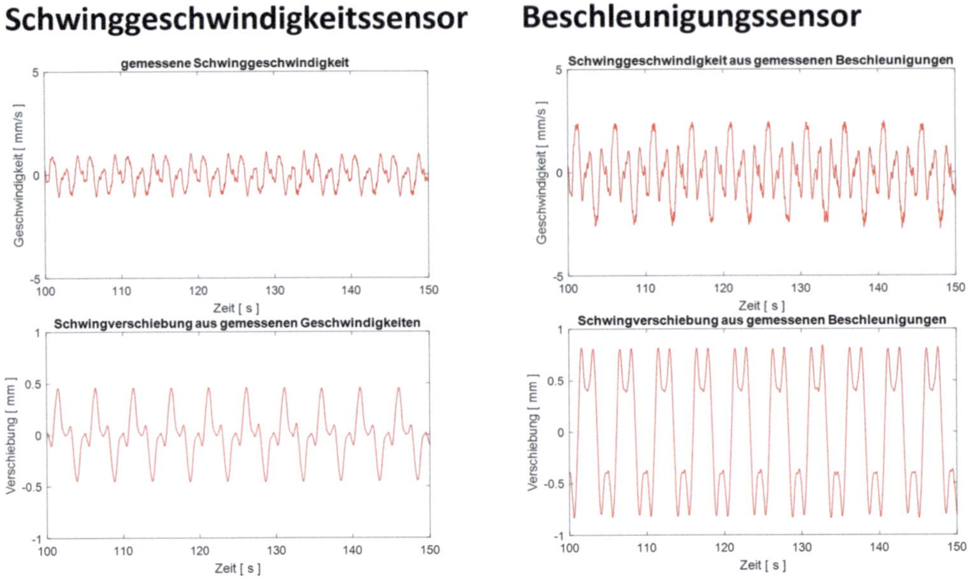

Abb. 12.127 Mit einem Schwinggeschwindigkeits- und mit einem Beschleunigungssensor ermittelten horizontalen Schwinggeschwindigkeiten und -deformationen eines Kirchturmes (gleicher Sensorstandort)

In Abb. 12.127 sind oben die gemessenen oder die durch Integration ermittelten Schwinggeschwindigkeiten und unten die durch eine weitere Integration ermittelten Schwingdeformationen eines Messpunktes auf Höhe des Glockenstuhles dargestellt. Es kann erkannt werden, dass einerseits die Form der Signale doch sehr unterschiedlich ist und andererseits, dass die gemessenen Amplituden sich um einen Faktor 2 und mehr unterscheiden.

Wie können diese doch erheblichen Unterschiede erklärt werden? In Abb. 12.128 ist das Amplitudenspektrum, welches aus den mit dem Beschleunigungssensor gemessenen und daraus ermittelten Schwinggeschwindigkeiten berechnet wurde. Das Spektrum zeigt klar auf, dass die Schwingung nicht von der Turmeigenfrequenz (2.8 Hz) dominiert wird, sondern dass die Glockenschlagzahl (46 Schläge, entspricht 0.384 Hz) die Schwingung dominiert und somit die quasi statische Deformation des Turmes massgebend ist.

Bei den 0.38 Hz misst der verwendete Schwinggeschwindigkeitssensor zu kleine Schwinggeschwindigkeiten, der verwendete Sensor arbeitete erst ab Frequenzen von 1 Hz korrekt. Unterhalb von 1 Hz werden die Amplituden reduziert als auch die Phase der erfassten Frequenzen wird verschoben. Diese künstliche Phasenverschiebung ist der Grund für die „asymmetrischen“ ermittelten Schwingdeformationen.

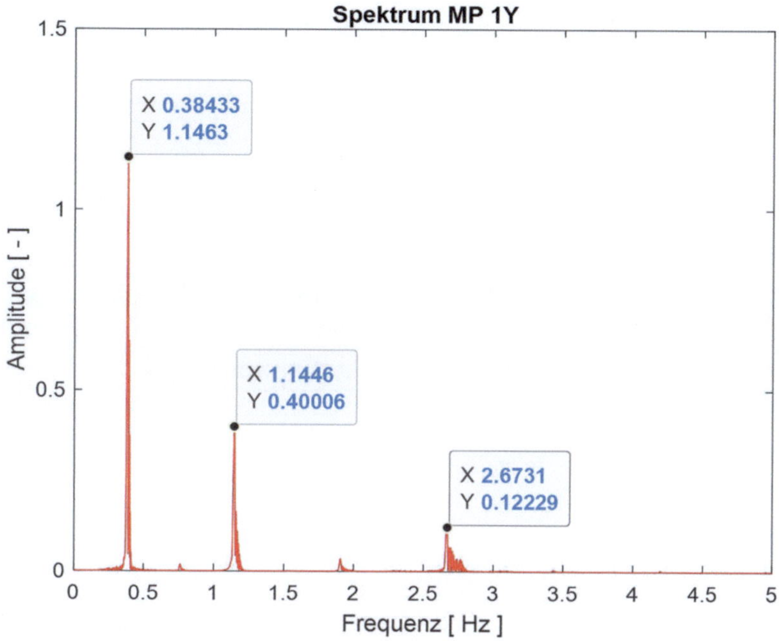

Abb. 12.128 Amplitudenspektrum der Schwinggeschwindigkeiten welche mit dem Beschleunigungssensor erfasst wurden

12.35 Luftpolster

In einem neugebauten Forschungsgebäude sollen im Untergeschoss, in einem Reinraum, erschütterungssensitive Anlagen aufgestellt werden. Um die Anforderungen der Erschütterungsarmut zu erfüllen, ist geplant, diese Anlagen auf massive, elastisch gelagerte Betonsockel zu stellen. Die elastische Lagerung mit einer Abstimmfrequenz von 6 Hz ist in der Lage, Erschütterungen ab Frequenzen von 8.5 Hz effizient zu reduzieren. Damit lassen sich insbesondere gebäudeinterne Erschütterungen soweit abmindern, dass diese keinen störenden Einfluss auf die sehr sensitiven Prozesse haben.

Aufgrund der sehr hohen Anforderungen an die Reinheit der Luft im Raum, musste der gesamte Boden mit den Sockeln mit einer elastischen Schicht vollständig überdeckt werden. In der Planung wurde darauf hingewiesen, dass die unter dem Sockel eingeschlossene Luft bei dynamischen Bewegungen durch Kanäle nach aussen entweichen muss, so dass kein Luftkissen entsteht. Ein solches Luftkissen bringt zusätzliche Steifigkeit in das System, wodurch die Abstimmfrequenz empfindlich erhöht würde.

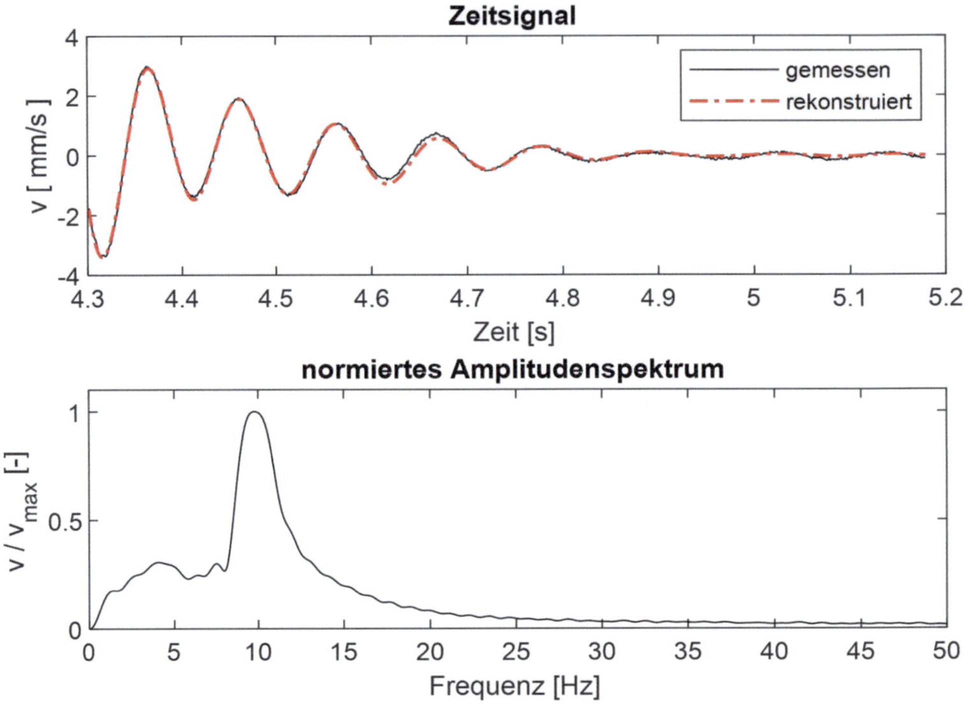

Abb. 12.129 Gemessenes Ausschwingverhalten des belasteten Sockels. Oben Zeitsignal und unten Amplitudenspektrum

Nach Fertigstellung des Reinraumes, bevor die Geräte installiert wurden, sind Erschütterungsmessungen auf den Sockeln durchgeführt worden. Dazu wurden die Sockel entsprechend der vorgesehenen Anlagengewichte mit Zementsäcken beladen. Die Sockelplatten wurden mit einem Impuls angeregt und das Ausschwingverhalten beurteilt und ausgewertet. In Abb. 12.129 ist das Ausschwingverhalten dargestellt. Die Gemessene Abstimmfrequenz beträgt nicht wie geplant 6 Hz, sondern knapp 10 Hz. Die Ursache wurde relativ schnell gefunden, da der vorgegebene Luftausgleich nicht realisiert wurde.

Um den Luftaustausch temporär zu gewährleisten, wurden je Sockel zwei Bohrungen mit Durchmesser 150 mm vertikal in die Sockelplatte gebohrt und das Ausschwingverhalten erneut gemessen (Abb. 12.130). Die aus den gemessenen Schwinggeschwindigkeiten bestimmte Abstimmfrequenz des elastisch gelagerten Sockels beträgt nun die geplanten knapp 6 Hz.

Damit in Zukunft keine verschmutzte Luft auf dem Zwischenraum des Sockels in den Reinraum gelangt, mussten die Bohrlöcher nachträglich mit einer aufwändigen Filterkonstruktion nachgerüstet werden. Die Filter mussten so konstruiert werden, dass diese den Schmutz zurückhalten, aber auch keinen zu grossen Widerstand bieten, so dass wie-

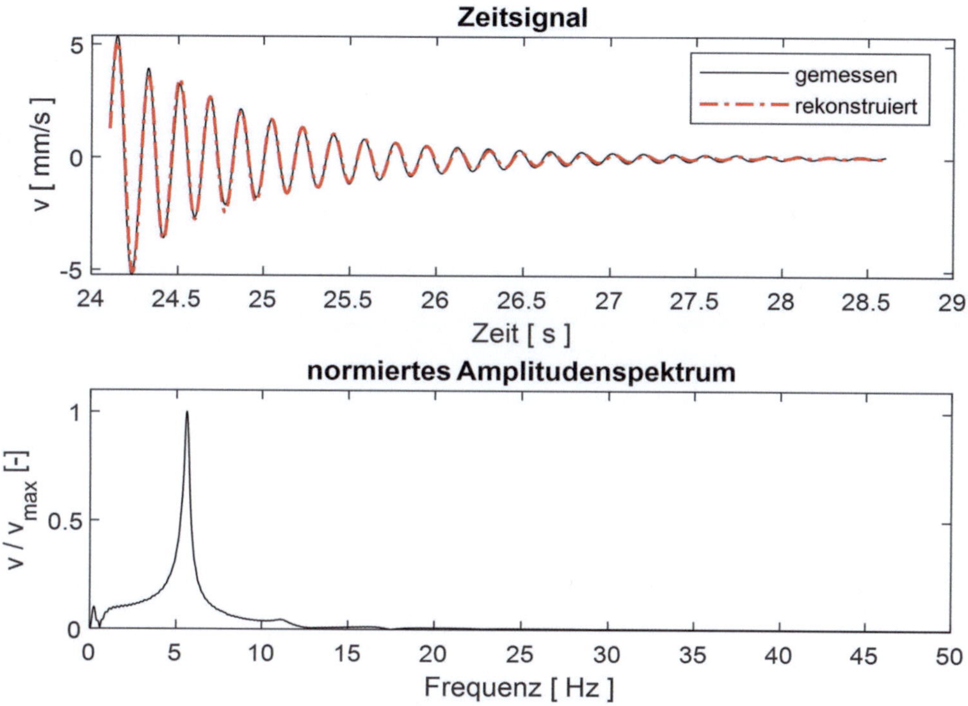

Abb. 12.130 Gemessenes Ausschwingverhalten des belasteten Sockels mit Luftausgleichsbohrungen. Oben Zeitsignal und unten Amplitudenspektrum

derum ein Luftpolster aufgebaut werden könnte. Zu erwähnen ist zudem, dass in einen ersten Schritt lediglich eine Bohrung mit Durchmesser 50 mm ausgeführt wurde, was das Problem noch nicht gelöst hatte.

Stichwortverzeichnis

A. Ziegler et al., *Bauwerksdynamik und Erschütterungsmessungen*,
https://doi.org/10.1007/978-3-658-38022-9

MIX
Papier aus verantwortungsvollen Quellen
Paper from responsible sources
FSC® C105338

If you have any concerns about our products,
you can contact us on
ProductSafety@springernature.com

In case Publisher is established outside the EU,
the EU authorized representative is:
Springer Nature Customer Service Center GmbH
Europaplatz 3, 69115 Heidelberg, Germany

Printed by Libri Plureos GmbH
in Hamburg, Germany